◎

目录

俄罗斯数学精品译丛

"十二五"国家重点图书

解析几何学教程（下）

Analytic Geometry Tutorial (II)

●［俄罗斯］穆斯赫利什维利 著

●《解析几何学教程》编译组 译

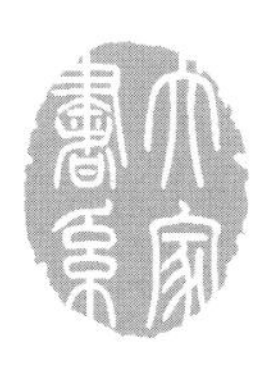

HITP

哈爾濱工業大學出版社

HARBIN INSTITUTE OF TECHNOLOGY PRESS

内容简介

本书系根据苏联国立技术理论书籍出版社(Государственное издательство технико-теоретической литературы)出版的,穆斯赫利什维利(Н. И. Мусхелишвили)著《解析几何学教程》(Курсаналитической геометрии)1947年第三版增订本译出.原书经苏联高等教育部审定为综合大学数理系教科书.

本书的内容和性质是为使初学者明了将分析应用于几何学是有明确的普遍方法,并发展学生在这一领域内的技能,同时使学生习惯于矢量运算及行列式论和一次、二次方式论的实际应用.

本书适合于大学师生及数学爱好者参考阅读.

图书在版编目(CIP)数据

解析几何学教程.下/(俄罗斯)穆斯赫利什维利著;《解析几何学教程》编译组译.—哈尔滨:哈尔滨工业大学出版社,2016.1(2023.3 重印)

ISBN 978-7-5603-5486-6

Ⅰ.①解…　Ⅱ.①穆…②解…　Ⅲ.①解析几何-教材　Ⅳ.①O182

中国版本图书馆 CIP 数据核字(2015)第280410号

策划编辑　刘培杰　张永芹
责任编辑　张永芹　李宏艳
封面设计　孙茵艾
出版发行　哈尔滨工业大学出版社
社　　址　哈尔滨市南岗区复华四道街10号　邮编150006
传　　真　0451-86414749
网　　址　http://hitpress.hit.edu.cn
印　　刷　哈尔滨久利印刷有限公司
开　　本　787mm×1092mm　1/16　印张18.75　字数333千字
版　　次　2016年1月第1版　2023年3月第2次印刷
书　　号　ISBN 978-7-5603-5486-6
定　　价　38.00元

第七章　圆锥截线的简化方程和初步性质

从代数的观点看来,除了一级曲线(即直线)以外,当以二级曲线为最简单的曲线.将来我们可以见到,一条(实的)二级曲线,只要它不分解为两条直线的集合,定是椭圆,或双曲线,或抛物线.在下面各节,我们将列举这三种曲线的定义.它们通常总称为圆锥截线,因为它们都是用平面去截寻常圆锥面所得的截口,这将于 §201 ~ §202 说明.

我们从椭圆、双曲线、抛物线的简单定义开始,依次推求它们的简单方程.

本章所讨论的曲线,如果没有相反的声明,总是指在同一平面上的曲线.

Ⅰ.圆锥截线的标准方程

§195. 椭圆的定义和它的标准方程　椭圆是一动点的几何轨迹,由此动点到两个定点的距离之和为常量.在这定义里所提及的定点,叫作椭圆的焦点.用 F 和 F' 代表焦点.而用 $2c$ 表示焦点间的距离,再设 $2a$ 代表正的常量,等于椭圆上一点 M 到两焦点的距离的和(图 122).

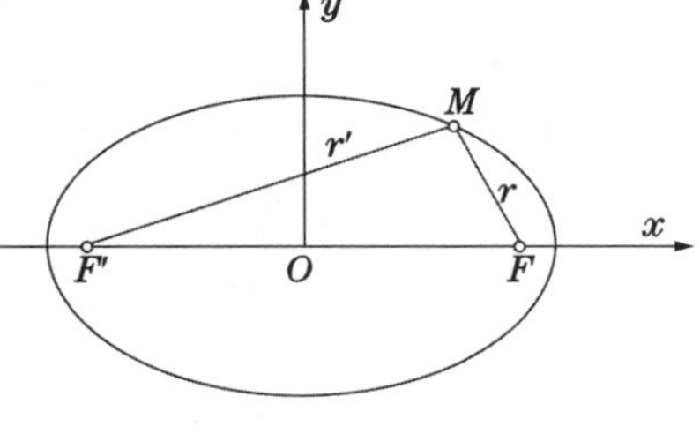

图 122

由定义得

$$r' + r = 2a \qquad (1)$$

这里

$$r' = |F'M|, r = |FM|$$

要使这条轨迹能存在,显然必须 $2c \leqslant 2a$.

当 $2c = 2a$,这条轨迹显然为夹于 F' 和 F 中间的线段.因为对于这个情形不感兴趣,我们不加以讨论,将来总是假定 $2c < 2a$,即

$$c < a \qquad (2)$$

如果 $c = 0$,那么 F' 和 F 叠合,而

$$|F'M| = |FM| = a$$

在这情形,椭圆化为圆,以 a 为半径.故圆是椭圆的特例.

设取线段 FF' 的中点为直角坐标的原点,又沿着这条线取定轴 Ox 的正向,使两点 F' 和 F 的坐标分别为

$$(-c,0),(+c,0)$$

由点 $M(x,y)$ 到这两点的距离 r 和 r',由公式

$$r' = \sqrt{(x+c)^2+y^2}, r = \sqrt{(x-c)^2+y^2} \tag{3}$$

来决定,式(1)得

$$\sqrt{(x+c)^2+y^2} + \sqrt{(x-c)^2+y^2} = 2a \tag{4}$$

这便是在所选坐标系里椭圆的方程.若把根号去掉,这式可以显著地化简.要达到这目的,先把第二个方根移到右边,然后两边自乘,得

$$(x+c)^2+y^2 = 4a^2 - 4a\sqrt{(x-c)^2+y^2} + (x-c)^2+y^2$$

由此,再把方根移到左边,其他各项移到右边,相消得

$$a\sqrt{(x-c)^2+y^2} = a^2 - cx \tag{5}$$

再进行自乘,跟着化简,得

$$(a^2-c^2)x^2 + a^2y^2 = a^2(a^2-c^2)$$

因为 $c < a$,数量 a^2-c^2 为正数.引入记号

$$b^2 = a^2-c^2, b = \sqrt{a^2-c^2}\ (b < a) \tag{6}$$

再用 a^2b^2 除两边,最后得到方程

$$\frac{x^2}{a^2} + \frac{y^2}{b^2} = 1 \tag{7}$$

这叫作椭圆的标准方程.

在未利用这个方程去研究椭圆的形状之前,先举一个简单的作图方法,用连续运动来作椭圆的图,其法如下:

取长度 $2a$ 而没有伸缩性的丝线,固定它的两端于焦点 F',F,用铅笔尖把丝线拉紧,引到纸面上,沿着丝线滑动,此时笔尖画出一个椭圆,与上述定义所规定的正相符合.

注 在推求椭圆的标准方程时,我们必须把方程(4)里的根号去掉,为着这个目的,我们两次把方程的两边自乘起来.就一般来说,依我们所知,由这些运算得到的方程,可能不和原来的方程等价,而变成这样一个方程,它不但含有原来的解答,并且含有别的“额外的”解答.因此,产生一个问题:方程(7)所代表的曲线,是否含有那些不适合于原来方程(4)的点,即不适合于条件 $r'+r=2a$ 的点?我们很容易证明,这是不可能的.事实上,若把运算的次序倒转来施行,可见凡是坐标适合方程(7)的那些点,都适合下面的条件

$$\pm r' \pm r = 2a$$

现在证明最后的方程只有采取上边一套符号时，才能为实点所适合. 事实上，方程 $-r'-r=2a$ 显然没有解，因为 $r>0, r'>0$. 同理，$r'-r=2a$ 也没有解，如果 $r'<r$，又当 $r'\geqslant r$，这个方程也没有解，因为我们知道三角形两边的差，总不能大于第三边，由此推得

$$r'-r\leqslant 2c<2a$$

根据这式，可知方程 $r'-r=2a$ 无解. 最后只剩下一个可能：$r'+r=2a$，故本题得证.

§196. 椭圆的形状的研究　§195 所推得的椭圆标准方程

$$\frac{x^2}{a^2}+\frac{y^2}{b^2}=1 \tag{1}$$

表明一件事实：如果点 $M(x,y)$ 属于椭圆，则点 $M_1(x,-y), M_2(-x,-y), M_3(-x,y)$ 也都属于这个椭圆，因为在方程(1) 里只含有量 x, y 的平方，故把一个坐标变号，对于等式没有影响.

这表明坐标轴 Ox 和 Oy 都是椭圆的对称轴①，这两条直线可简称为椭圆的轴.

由上面所说，显见椭圆对称于点 O，因此 O 叫作椭圆的中心.

显而易见，椭圆为有限的曲线. 事实上，由式(1) 得

$$\frac{x^2}{a^2}\leqslant 1, \frac{y^2}{b^2}\leqslant 1$$

由此得

$$-a\leqslant x\leqslant +a, -b\leqslant y\leqslant +b$$

这些不等式表明椭圆全部被包含在图 123 所表示的矩形之内，图中

$$|OA'|=|OA|=a$$

$$|OB'|=|OB|=b$$

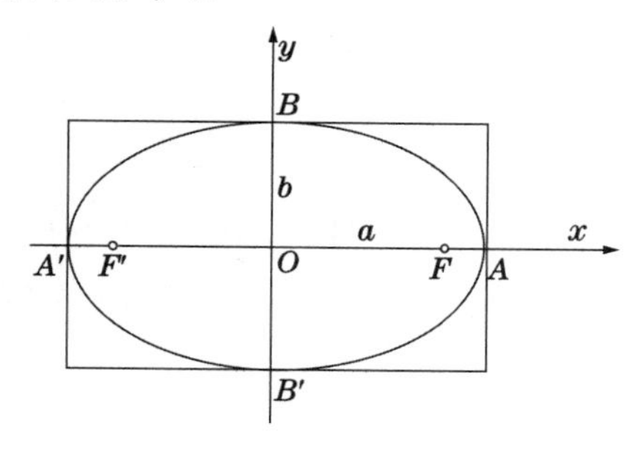

图 123

现在更详细地来研究椭圆的形状，解

① 一个已知的几何图形称为对称于某平面 Π：如果该图形上每一点 M 可和同图形上另外一点 M' 相对应，使得线段 MM' 和平面 Π 垂直，且为 Π 所平分. 一个图形称为对称于某直线 Δ：如果该图形上每一点 M 可和同图形上另外一点 M' 相对应，使得线段 MM' 和 Δ 垂直，且为 Δ 所平分. 最后，一个图形称为对称于某点 C：如果该图形上每一点 M 可和同图形上另外一点 M' 相对应，使得线段 MM' 经过点 C，且为 C 所平分. 在第一种情形，Π 叫作对称平面；第二种情形，Δ 叫作对称轴；第三种情形，C 叫作对称中心或简称为中心.

方程(1) 求 y,得

$$y = \pm \frac{b}{a}\sqrt{a^2 - x^2} \tag{2}$$

由于这曲线的对称性,我们只需研究在第一象限里所包括的那一部分. 因此,只需取根号前面的正号,即取

$$y = + \frac{b}{a}\sqrt{a^2 - x^2} \tag{2a}$$

当 $x = 0$ 时,$y = b$. 当 x 递增时,纵坐标 y 递减,又当 $x = a$ 时,y 化为0.

因此,我们获得这条曲线的一部分 BA;其余的部分,可以根据对称性来补足.

由图 123 我们便知椭圆为封闭曲线.

距离轴 Ox 最远的点为 B 和 B',位于 Oy 轴上(和 Ox 的距离等于 b). 距离轴 Oy 最远的点为 A 和 A',位于 Ox 轴上(和 Oy 的距离等于 a). 这四点 A,A',B,B' 叫作椭圆的顶点.

数量$2a$叫作椭圆的长轴,$2b$叫作短轴[①]. 数量a和b分别叫作椭圆的长半轴和短半轴.

如果 $a = b$,那么,椭圆方程化为下式

$$x^2 + y^2 = a^2$$

即是椭圆化为圆,以 a 为半径,在这种情形,数量

$$c = \sqrt{a^2 - b^2}$$

(即由焦点至中心的距离) 化为0.

如果 $a \neq b$,数量c不等于0,它可作为椭圆离开圆周的偏差的指标,叫作椭圆的离心距. 实质上,椭圆的形状,不仅依赖于 c 而且依赖于 c 和一条半轴,例如,长半轴 a 的比值.

这个比值

$$e = \frac{c}{a} = \frac{\sqrt{a^2 - b^2}}{a} \tag{3}$$

叫作数字离心率(因为它是抽象的量) 或简称为椭圆的离心率. 依照公式(3)所示,椭圆的离心率总是小于1.

---

① 注意这一个"轴" 字,有两种意义:以前用作"对称轴" 的意义,所指的是全条直线;现在用作线段长度的意义,即是对称轴上在两顶点中间的线段. 这样两歧的意义当然不会引起误会,因为按照所说的内容,总可以分辨清楚.

设 a 与 c 为已知,那么,这个椭圆便完全确定,因为短半轴可由公式

$$b = \sqrt{a^2 - c^2} = \sqrt{a^2 - a^2 e^2}$$

确定,由此得

$$b = a\sqrt{1 - e^2} \tag{4}$$

习题和补充

1. 求椭圆 $4x^2 + 9y^2 = 1$ 的半轴 a,b,离心距 c 和离心率 e.

答:$a = \frac{1}{2}, b = \frac{1}{3}, c = \frac{\sqrt{5}}{6}, e = \frac{\sqrt{5}}{3}$.

2. 椭圆作为一个圆经过仿射变换后的结果. 求证:可用仿射变换把一个圆变成椭圆,所用的仿射变换是沿着两个互相垂直方向的两个伸缩变换所组成①(参看 §76).

证:取圆心为直角坐标系的原点. 因此,圆的方程为

$$x^2 + y^2 = r^2$$

这里 r 为圆的半径. 上面所说的仿射变换具有形式 $x' = kx, y' = ly$,这里 k,l 为常数,把数值 $x = \frac{x'}{k}, y = \frac{y'}{l}$ 代入圆的方程,便得这圆所变成的曲线的方程

$$\frac{x'^2}{k^2} + \frac{y'^2}{l^2} = r^2$$

即

$$\frac{x'^2}{a^2} + \frac{y'^2}{b^2} = 1$$

这里 $a = kr, b = lr$. 故这条曲线为椭圆.

3. 椭圆作为一个圆的投影. 求证:以 a,b 为半轴的椭圆,可以看作一个半径为 a 的圆,在另一个平面上的直角投影. 这个平面和椭圆所在的平面的夹角为 α,这里

$$\cos\alpha = \frac{b}{a}\left(\text{即 } \alpha = \arccos\frac{b}{a}\right)$$

证:设 Π' 为圆的平面,Π 为投影平面. 在平面 Π' 上选取直角坐标系 $x'O'y'$,使得轴 $O'x'$ 和平面 Π 平行,而坐标原点 O' 和被投影的圆的中心叠合,设 xOy 为 $x'O'y'$ 投到平面 Π 上的(也是直角的)坐标系.

若 $M'(x',y')$ 为被投影的圆上任意点,那么,投到平面 Π 上后,投影点 M 的

① 以后(§234)将说明每个仿射变换,把圆变成椭圆(或仍旧变成圆).

坐标 x,y 显然是 $x = x', y = y'\cos\alpha$. 但因

$$\frac{x'^2}{a^2}+\frac{y'^2}{a^2}=1$$

故

$$\frac{x^2}{a^2}+\frac{y^2}{a^2\cos^2\alpha}=1$$

即

$$\frac{x^2}{a^2}+\frac{y^2}{b^2}=1$$

由此本题得证.

§197. 双曲线的定义和它的标准方程 双曲线是一动点的几何轨迹,由此动点到两个定点的距离之差(指绝对值)为常量. 这两个定点叫作双曲线的焦点,以 F 和 F' 表示,它们的距离以 $2c$ 表示;自双曲线上一点到两焦点的距离的差的绝对值,以 $2a$ 表示. 显然这些数值应当受条件:$2c \geqslant 2a$ 的限制. 当 $2c = 2a$ 时,动点显然落在通过 F,F' 的直线上,其轨迹为线段 FF' 之外的各点所组成. 我们撇开这情形不加讨论,以后总是假定 $c > a$.

由定义得(图 124(a),(b))

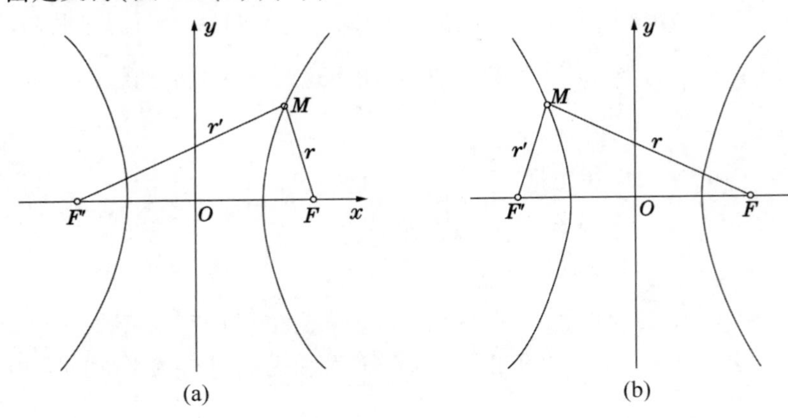

图 124

$$r' - r = \pm 2a \tag{1}$$

这里 $r' = |F'M|, r = |FM|$. 当 $r' > r$ 时,右边取正号(图 124(a));当 $r' < r$ 时,则取负号(图 124(b)).

由双曲线定义,这条曲线显然含有两条分支,在一支上,$r' > r$;在另一支上,$r' < r$.

这也可从双曲线的方程推得. 现在我们求这方程.

我们取焦点的连线为轴 Ox,并取它们的中点为直角坐标系原点,选取轴的

方向,使得点 F' 和点 F 的坐标分别为$(-c,0)$ 和$(c,0)$.

由此,方程(1) 化为

$$\sqrt{(x+c)^2+y^2}-\sqrt{(x-c)^2+y^2}=\pm 2a \tag{2}$$

把第二个根号移项到等式的右边,然后两边自乘,经过浅显化简得(比较 §195)

$$\pm a\sqrt{(x-c)^2+y^2}=cx-a^2 \tag{3}$$

两边再进行自乘并化简,得方程

$$(a^2-c^2)x^2+a^2y^2=a^2(a^2-c^2)$$

方法和椭圆的情形完全相同,所差只是在此 $a<c$,引入记号

$$b^2=c^2-a^2, b=\sqrt{c^2-a^2} \tag{4}$$

两边除以数量 $a^2(a^2-c^2)=-a^2b^2$,最后得

$$\frac{x^2}{a^2}-\frac{y^2}{b^2}=1 \tag{5}$$

这便是双曲线方程的标准式①.

双曲线定义,给我们一个利用连续运动来作双曲线的简单方法. 取两条丝线,其长的差等于 $2a$,把每条丝线的一端,分别固定于点 F' 和 F. 用手将其他两端一起握住,用铅笔尖沿丝线移动,注意把丝线压在纸面上,全部拉紧,并使两线贴合,从笔尖在 FF' 之间的一点开始,一直画到用手握住的那一端,这样笔尖便画出了双曲线一支的一部分(用线愈长所画得的部分愈大,图 125).

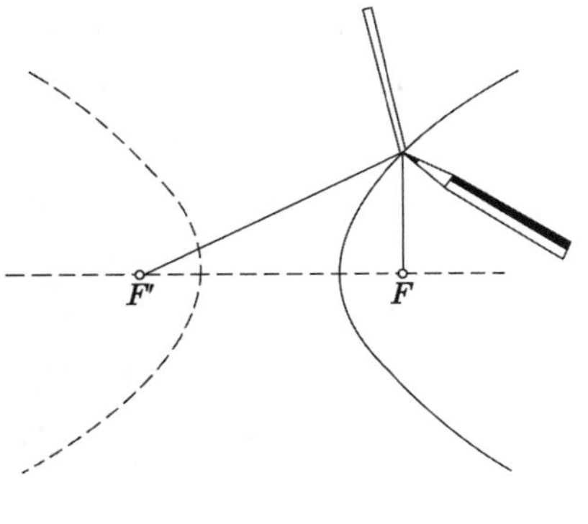

图 125

再把两点 F' 和 F 的地位对调,可得另一支的一部分.

§198. 双曲线的形状的研究. 渐近线　和椭圆的情形一样,我们容易说明坐标轴 Ox,Oy 为双曲线的对称轴,它们也简称轴;原点 O 为双曲线的对称中心,因此也简称中心.

根据上面所说,我们只需讨论双曲线在 $x\geqslant 0$,$y\geqslant 0$ 区域内的部分便够.

解　§197 方程(5) 求 y 得

① 留给读者自行证明:由方程(2) 变到方程(5),不会引起额外点(比较 §195 末的注).

$$y=\pm\frac{b}{a}\sqrt{x^2-a^2} \tag{1}$$

这公式说明 $x^2\geqslant a^2$ 即 $x\geqslant a$ 或 $x\leqslant -a$ 是必要的条件;否则 y 便得虚解.

因此,双曲线完全位于两条直线 $x=-a$ 和 $x=a$ 所夹平面区域之外.

现在讨论双曲线在 $y\geqslant 0, x\geqslant a$ 区域内的部分. 此时

$$y=+\frac{b}{a}\sqrt{x^2-a^2}$$

当 $x=a$ 时,得 $y=0$. 当 x 由 a 递增到 ∞, y 也由 0 递增到 ∞. 因此,这部分趋向无穷远;应用双曲线对于两轴 Ox 和 Oy 的对称性,可以推得其他部分(图 126).

双曲线和轴 Ox 的交点 A,叫作它的顶点,数量 $AA'=2a$ 叫作双曲线的横轴,数量 $2b$ 叫作纵轴(数量 $2b$ 的几何意义将在下面说明).

数量 a 和 b 分别叫作横半轴和纵半轴.

数量 $2a$ 有时也叫作双曲线的实轴,数量 $2b$ 为虚轴(a 和 b 分别叫作实半轴和虚半轴).

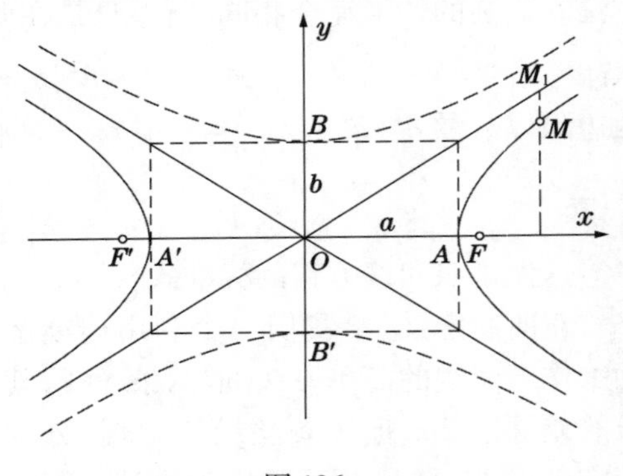

图 126

如果我们要求双曲线和轴 Oy 的交点,那么,在式(1)里,令 $x=0$,得 $y=\pm ib$,这是“虚轴”命名的由来. 因此,我们可以说:双曲线和轴 Oy 有两个(虚)交点,它们在轴 Oy 上所夹的线段的数值等于 $2ib$,所以,数值 $2ib$ 叫作虚轴. 但如上面所述,数量 $2b$ 通常也叫作虚轴.

数量 $c=\sqrt{a^2+b^2}$ 叫作双曲线的离心距,而数量

$$e=\frac{c}{a}=\frac{\sqrt{a^2+b^2}}{a} \tag{2}$$

叫作数字离心率或简称离心率. 双曲线的离心率,显然总是大于 1.

如果 $a=b$,那么,便说双曲线是等腰的.

如果要比较准确地知道双曲线在无穷远处的情形,必须引入它的渐近线,现在证明渐近线的存在.

回忆所谓曲线的渐近线,是一条直线(如果存在的话),它具有下面的性质:

当一点沿着直线走向无穷远时,它和曲线上的点便无限地接近. 我们容易证明,双曲线具有两条渐近线. 事实上,我们考虑方程(1)便可以见到,当 x 取很

大的数值时,如果我们把在根号里面的有限数量 a^2 弃掉,不会产生很大的相对误差,这就是说,替代了数量

$$y=\pm\frac{b}{a}\sqrt{x^2-a^2}$$

我们取数量

$$y=\pm\frac{b}{a}\sqrt{x^2}$$

即

$$y=\pm\frac{b}{a}x \tag{3}$$

这方程决定两条直线

$$y=+\frac{b}{a}x \text{ 和 } y=-\frac{b}{a}x$$

即

$$\frac{x}{a}-\frac{y}{b}=0 \text{ 和 } \frac{x}{a}+\frac{y}{b}=0 \tag{3a}$$

现在证明这两条直线实际上都是双曲线的渐近线. 由于双曲线的对称性质,我们只需讨论双曲线在 $x>0,y>0$ 区域内的一部分便够. 设 $M(x,y)$ 为这部分上的任意点,而 $M_1(x,y_1)$ 为直线 $y_1=+\frac{b}{a}x$ 上对应于同一横坐标的点(图126),则得

$$y=\frac{b}{a}\sqrt{x^2-a^2},y_1=\frac{b}{a}x$$

由此得

$$MM_1=y_1-y=\frac{b}{a}(x-\sqrt{x^2-a^2})>0$$

更且有

$$\begin{aligned}\lim_{x\to\infty}(y_1-y)&=\frac{b}{a}\lim_{x\to\infty}(x-\sqrt{x^2-a^2})\\&=\frac{b}{a}\lim_{x\to\infty}\frac{(x+\sqrt{x^2-a^2})(x-\sqrt{x^2-a^2})}{x+\sqrt{x^2-a^2}}\\&=\frac{b}{a}\lim_{x\to\infty}\frac{a^2}{x+\sqrt{x^2-a^2}}\\&=0\end{aligned}$$

因为这分数的分子为有限数量,而分母趋向∞. 由此可见 $MM_1 \to 0$,因而证明这直线是渐近线.

根据对称性,我们推知直线(3)为双曲线两支的两条渐近线. 双曲线位于它们所夹的且含有轴 Ox 的两个对顶角内.

渐近线的斜率分别等于 $+\frac{b}{a}$ 和 $-\frac{b}{a}$. 如果双曲线是等腰的(即 $a=b$),那么,渐近线互相垂直(逆定理亦成立).

我们同时讨论已知双曲线及以下面的方程做定义的双曲线,常是很有用的

$$\frac{x^2}{a^2}-\frac{y^2}{b^2}=-1 \tag{4}$$

或

$$\frac{y^2}{b^2}-\frac{x^2}{a^2}=1$$

看这方程便知它所代表的,实际上是双曲线,因为它可以由原来双曲线的方程,把两轴 Ox,Oy 和数量 a,b 互调位置而得来. 我们容易推知,这条双曲线和原来的双曲线,具有相同的渐近线,但位于它们所夹的另外一对对顶角内. 这样的一对双曲线叫作共轭的双曲线.

双曲线的纵轴(虚轴)可以看作它的共轭双曲线的横轴(实轴).

习　题

1. 求双曲线 $x^2-2y^2=5$ 的半轴 a,b,离心距 c 和数字离心率 e.

答:$a=\sqrt{5}$,$b=\sqrt{\frac{5}{2}}$,$c=\sqrt{\frac{15}{2}}$,$e=\sqrt{\frac{3}{2}}$.

2. 求双曲线 $2x^2-3y^2=3$ 的渐近线方程.

答:$\sqrt{2}x\pm\sqrt{3}y=0$.

§199. 焦距的性质. 椭圆和双曲线的准线和这些曲线的新定义　在没有讲到抛物线的定义之前,我们再举一个为椭圆和双曲线所共有的重要性质,这性质可用来做抛物线定义的出发点.

我们在 §195 已得到的公式(5),现在写作

$$ar=a^2-cx$$

或

$$r=a-ex \tag{1}$$

这里 r 表示椭圆上的点(x,y)到焦点 $F(c,0)$ 的距离. F 可简称为"右"焦点. 由类似公式,我们可推得点(x,y)到"左"焦点 $F'(-c,0)$ 的距离 r'. 事实上,由椭

圆的定义 $r' + r = 2a$ 得 $r' = 2a - r$,即

$$r' = a + ex \tag{1a}$$

在双曲线的情形,我们在 §197 有了公式(3),现在写作(以 $\pm a$ 除全式)

$$r = \pm (ex - a) \tag{2}$$

这里 r 表示双曲线的点(x,y) 到右焦点的距离,在曲线的右支应取正号,左支取负号.

关于左焦点的讨论,我们可以根据公式 $r' - r = \pm 2a$ 得来(正负号的选择,仍依照上述法则). 由这公式得

$$r' = r \pm 2a = \pm ex \mp a \pm 2a$$

即

$$r' = \pm (ex + a) \tag{2a}$$

在这公式里和在式(2) 里一样,右支取正号,左支取负号.

公式(1) ~ (2a) 证明上述曲线的焦点的重要性质如下:

由这些曲线上的点到它们的焦点的距离,可用笛氏坐标的一次函数表示[①].

上面所推得的公式,有很简单的几何意义,现在说明如下:

就椭圆而论,把公式(1) 写作如下的形式

$$r = e\left(\frac{a}{e} - x\right) \tag{3}$$

数量 $\delta = \frac{a}{e} - x$ 显然表示椭圆上的点 $M(x,y)$ 到直线 Δ 的距离. 这里,Δ 和轴 Oy 平行,而和它的距离为$\frac{a}{e}$(所以直线 Δ 和轴 Ox 的交点 K 的横坐标等于$\frac{a}{e}$). 这条直线 Δ 显然在椭圆之外,因为 $e < 1$,所以$\frac{a}{e} > a$(图 127).

现在公式(3) 可以写作 $r = e\delta$,即

$$\frac{r}{\delta} = e \tag{4}$$

根据对称,我们推断另一条直线 Δ' 和焦点 F' 相应,这条直线 Δ' 也和轴 Oy 平行,它和轴 Ox 的交点 K' 的横坐标为$-\frac{a}{e}$. 它也具有性质如 $r' = e\delta'$,即

① 依照所选的坐标系,这距离仅为一个坐标 x 的函数.

$$\frac{r'}{\delta'} = e \qquad (4a)$$

这里 r' 和 δ' 分别表示点 M 到焦点 F' 和直线 Δ' 的距离.

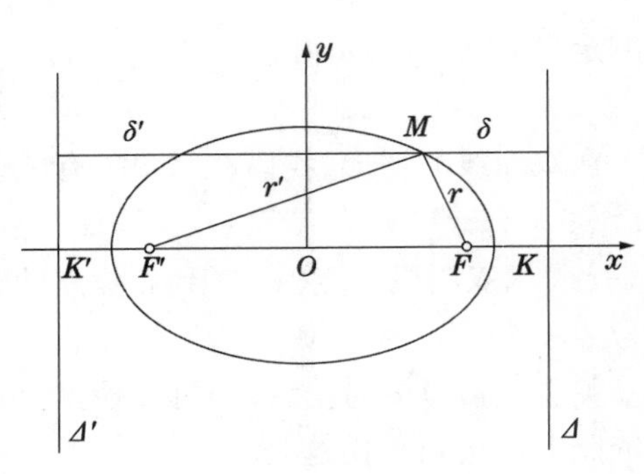

图 127

直线 Δ 和 Δ' 叫作椭圆的准线,分别与焦点 F 和 F' 相对应.

根据式(4) 和(4a),这些直线具有如下的性质:

由椭圆的任意点到焦点和到相对应的准线的距离的比是一个常数(等于离心率).

同样根据公式(2) 和(2a),我们容易推得双曲线之焦点 F 和 F' 各与直线 Δ 和 Δ' 相对应,这两条直线叫作准线,它们和轴 Oy 平行,又和轴 Ox 分别相交于两点 $x = +\frac{a}{e}$ 和 $x = -\frac{a}{e}$,而且具有如下性质:

由双曲线的点到焦点和到相对应准线的距离的比为一个常数(等于离心率).

在这种情形,因为 $e > 1, \frac{a}{e} < a$,所以,双曲线的准线介于它的两支之间(图 128).

我们容易证明上述的性质为椭圆和双曲线的特征,即是说:如果由动点到给定点 F 和到给定直线 Δ 的距离的比值,为一个不是1的常数,它的几何轨迹是椭圆或双曲线. 如果用 e 表上面所说的常数比值,那么,当 $e < 1$,轨迹为椭圆;当 $e > 1$,它为双曲线.

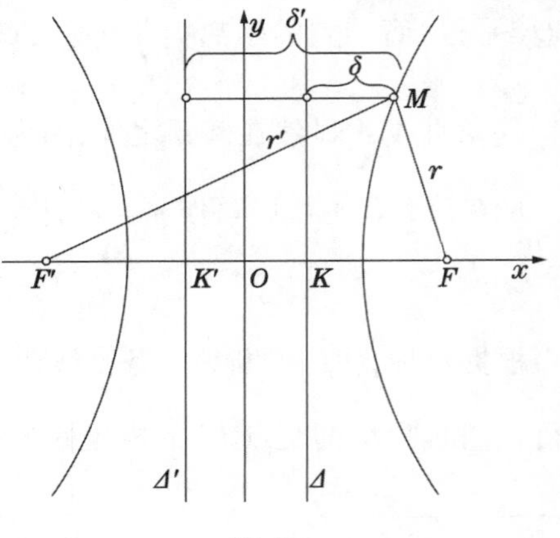

图 128

事实上,选取直角坐标系,使轴 Oy 和直线 Δ 平行,而轴 Ox 经过点 F,又选择坐标原点,使点 F 与直线 Δ 和轴 Ox 的交点 K 分别取得横坐标如下

$$OF = ae, OK = \frac{a}{e}$$

这里 a 是某个正数,要用下面条件来决定:

如果 l 为由 F 到 Δ 的距离（这个数值 l 正如数量 e 一样，要算作已知的），那么

$$l = |KF| = \left|\frac{a}{e} - ae\right| = \frac{a|1-e^2|}{e}$$

由此得

$$a = \frac{el}{|1-e^2|} \tag{5}$$

设 $M(x,y)$ 为这条轨迹上的任意点，那么，由条件应得 $r = e\delta$，这里

$$r = \sqrt{(x-ae)^2 + y^2}$$

又

$$\delta = \left|\frac{a}{e} - x\right|$$

所以

$$\sqrt{(x-ae)^2 + y^2} = \left|\frac{a}{e} - x\right| e$$

两边自乘得

$$x^2 - 2aex + a^2e^2 + y^2 = a^2 - 2aex + e^2x^2$$

经过浅易的简化得

$$\frac{x^2}{a^2} + \frac{y^2}{a^2(1-e^2)} = 1$$

如果 $e < 1$，那么，设 $a^2(1-e^2) = b^2$，便得椭圆方程；如果 $e > 1$，则设 $a^2(e^2-1) = b^2$，便得双曲线方程.

当 $e = 1$，坐标轴便不能依照上述的方法选定，因为依照公式(5) 在这情形得 $a = \infty$. 我们即将见到当 $e = 1$ 时所得的曲线为抛物线，与椭圆和双曲线有区别.

§200. 抛物线的定义和它的标准方程　抛物线是一动点的几何轨迹，由此动点到一给定点（叫作焦点）和到一给定直线（叫作准线）的距离相等.

这样，抛物线是介于椭圆和双曲线之间的曲线，因为这三条曲线都可用

$$r = e\delta \tag{1}$$

的性质（参看 §199) 来做定义. 这里 r 为曲线上的点到焦点的距离，δ 为这点到对应准线的距离，而 e 为常数. 当 $e < 1$ 得椭圆；$e = 1$ 得抛物线；$e > 1$ 得双曲线.

现在推求抛物线的方程. 设 Δ 为抛物线的准线，F 为焦点. 用 p 表示焦点到准线的距离，取经过焦点而和准线垂直的直线作轴 Ox. 取焦点和准线的距离的中点为直角坐标的原点，于是焦点 F 的坐标为$\left(+\frac{p}{2},0\right)$，而准线 Δ 和轴 Ox 的交

点 K 的坐标为$\left(-\frac{p}{2},0\right)$.

由定义

$$r=\delta \tag{2}$$

这里 $$r=\sqrt{\left(x-\frac{p}{2}\right)^2+y^2},\delta=x+\frac{p}{2}$$

因此,抛物线的方程为

$$\sqrt{\left(x-\frac{p}{2}\right)^2+y^2}=x+\frac{p}{2}$$

经过两边自乘后化简,得

$$y^2=2px \tag{3}$$

这是抛物线的最简单方程,叫作标准方程.

我们可见抛物线完全位于轴 Oy 的右边(因为显然应有 $x\geqslant 0$). 当 $x=0$ 得 $y=0$,即抛物线经过坐标原点. 当 x 递增,两个数值 $y=\pm\sqrt{2px}$ 也各无限递增. 因此,这曲线的形状如图 129 所示.

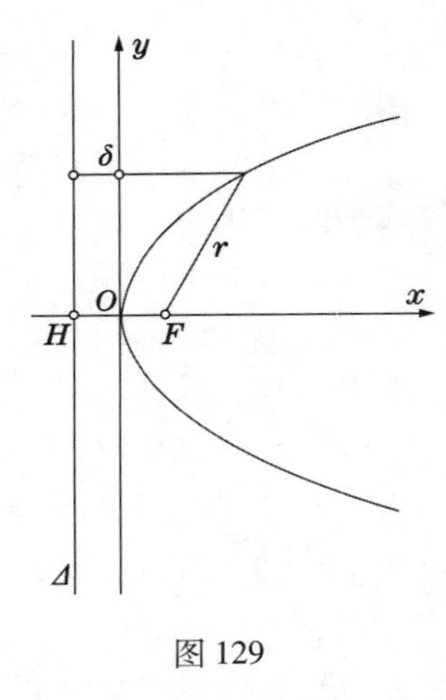

图 129

轴 Ox 显然为抛物线的对称轴,因此叫作抛物线的轴;点 O 为抛物线的顶点;数量 p 叫作抛物线的参数.

一望而知,抛物线与椭圆和双曲线不同,它没有中心,它的另一特殊性是它只有一个焦点,一条准线.

我们容易肯定抛物线没有渐近线. 事实上,非常明显,渐近线不能和轴 Ox 或轴 Oy 平行,故纵使渐近线存在,它应有方程如下式

$$y=ax+b$$

这里 a 和 b 为常数,且 $a\neq 0$. 沿着这条直线趋向无穷远的点,应有

$$\lim_{x\to\infty}\frac{y}{x}=\lim_{x\to\infty}\left(a+\frac{b}{x}\right)=a$$

如果这条直线为抛物线的渐近线,那么,在抛物线上,定有一点(x,y_1)和点(x,y)有相同的横坐标. 由渐近线的定义,得

$$\lim_{x\to\infty}(y_1-y)=0$$

由此可得

$$\lim_{x\to\infty}\frac{y_1}{x}=\lim_{x\to\infty}\frac{y}{x}=a$$

但对于在抛物线上的点 $y_1=\pm\sqrt{2px}$,故得

$$\frac{y_1}{x}=\pm\frac{\sqrt{2px}}{x}=\pm\frac{\sqrt{2p}}{\sqrt{x}}$$

所以

$$\lim_{x\to\infty}\frac{y_1}{x}=0$$

这和上文矛盾.

最后我们举一个简单方法,利用连续运动来作抛物线的图.

固定直尺,使它的边和准线叠合. 又把三角板的一腰贴着尺旁. 在另一腰上的某点固定一条丝线的一个端点,取丝线的长使当沿三角板的腰拉紧时,它的第二个端点适可达到直角顶点 C. 然后把丝线的第二个端点固定在焦点上(图 130). 现在把三角板沿着直尺移动,同时用铅笔尖 M 扣紧这条丝线,使它贴紧三角板的腰,那时笔尖画出抛物线的一部分(这腰和丝线愈长,则所作得的部分愈大).

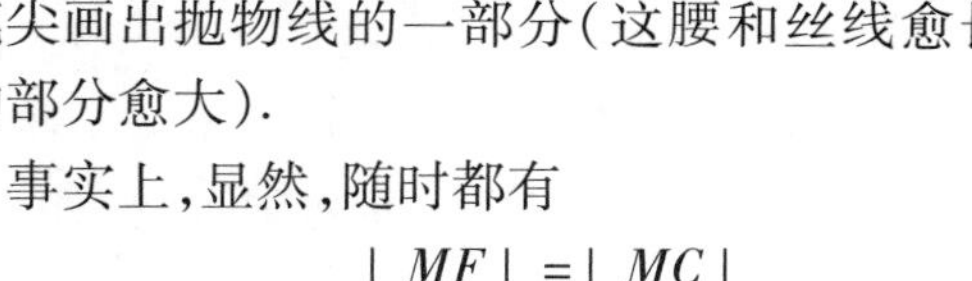

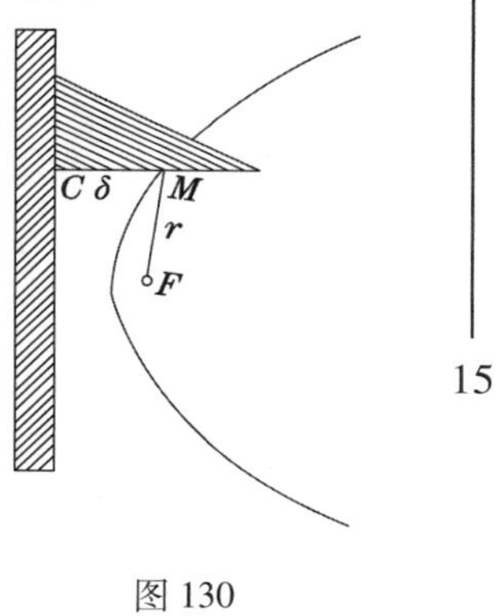

图 130

事实上,显然,随时都有

$$|MF|=|MC|$$

习题和补充

1. 曲线 $y^2=3x+4$ 为抛物线,求它的参数和顶点的位置.(提示:把坐标原点沿轴 Ox 移动,便可消去常数项)

答:$p=\frac{3}{2}$. 顶点位置于点$(-\frac{4}{3},0)$.

2. 求证:曲线 $y=ax^2+2bx+c(a\neq 0)$ 为抛物线,它的轴和轴 Oy 平行.

证:所给的方程,可以写作下式

$$y=a(x+\frac{b}{a})^2+c-\frac{b^2}{a}$$

即

$$y-\beta=a(x-\alpha)^2$$

这里

$$\beta=c-\frac{b^2}{a},\alpha=-\frac{b}{a}$$

设取新坐标系 $x'O'y'$,它的轴和旧轴平行,原点为 $O'(\alpha,\beta)$,则上式(在新

坐标系）化为下式

$$y' = ax'^2$$

即 $$x'^2 = \frac{1}{a}y'$$

如果 $a > 0$,那么,设$\frac{1}{a} = 2p$,得方程

$$x'^2 = 2py'$$

这显然是以 p 为参数的抛物线的方程,它的轴和 $O'y'$ 同正向. 如果 $a < 0$,那么,设$\frac{1}{a} = -2p$,得

$$x'^2 = -2py'$$

把轴 $O'y'$ 的方向倒转,即改 y' 为 $-y'$. 我们仍得以 p 为参数的抛物线方程,它的轴和新轴 $O'y'$ 同正向(这条抛物线的凸方,反而向着旧轴 Oy 的正向). 因此,在两种情形下所得的抛物线,都具有参数

$$p = \frac{1}{2|a|}$$

3. 求证下面的命题:如果自某曲线上的动点 $M(x,y)$ 到某定点 $F(a,b)$ 的距离,可以表为这点 M 的笛氏坐标的一次函数值(配上"+"号或"-"号). 那么,这条曲线或为椭圆,或为双曲线,或为抛物线(或为这些曲线中某一条的一部分).

证:设 $r = |FM|$. 由条件得

$$r = \pm (Ax + By + C) \qquad (*)$$

这里 A,B,C 是常数. 我们讨论直线

$$Ax + By + C = 0$$

我们可以把坐标系作为直角系,显然无损普遍性. 我们熟知由点 M 到直线的距离 δ 由下面公式给定

$$\delta = \frac{Ax + By + C}{\pm \sqrt{A^2 + B^2}}$$

由此得 $$\pm (Ax + By + C) = \delta \sqrt{A^2 + B^2}$$

根据式(*)得

$$r = e\delta$$

这里 $$e = \sqrt{A^2 + B^2}$$

由此显见,点 M 所属的曲线为双曲线,当 $e > 1$;为抛物线,当 $e = 1$;为椭

圆,当 $e<1$.

4. 焦点的一般定义和它们的探求. 关于二级曲线的焦点,我们采取下面的定义:

曲线的焦点 F 是那些从曲线上任意点到 F 和到某定直线 Δ 的距离的比值为常量的点. 由这个定义出发,试求椭圆、双曲线和抛物线的所有的焦点. 先讨论椭圆,它的方程(用直角坐标)如

$$\frac{x^2}{a^2}+\frac{y^2}{b^2}=1(a\geqslant b) \qquad (**)$$

设 $F(\alpha,\beta)$ 为所求的焦点. 又设直线 Δ 的方程为 $A'x+B'y+C'=0$. 由定义得

$$\sqrt{(x-\alpha)^2+(y-\beta)^2}=\pm k(A'x+B'y+C')$$

这里 k 为常数因子. 用 A,B,C 表 kA',kB',kC',得

$$(x-\alpha)^2+(y-\beta)^2=(Ax+By+C)^2$$

去掉括号,得

$$(1-A^2)x^2+(1-B^2)y^2-2ABxy-2(\alpha+AC)x-2(\beta+BC)y$$
$$=C^2-\alpha^2-\beta^2 \qquad (***)$$

适合这方程的(x,y)值,应当同时适合方程(**);由此可知,这两个方程的系数成比例. 即,应有

$$AB=0,\alpha+AC=0,\beta+BC=0$$
$$(1-A^2)a^2=(1-B^2)b^2=C^2-\alpha^2-\beta^2$$

第一个方程表明 $A=0$ 或 $B=0$. 首先,设 $B=0$,因此 $\beta=0$. 由上面各方程我们容易推得

$$A=\pm\frac{\sqrt{a^2-b^2}}{a}=\pm e,C=\pm a,\alpha=\pm ae=\pm\sqrt{a^2-b^2}$$

正如以前所知,所得的焦点在长轴上.

其次,讨论 $A=0$ 的情形. 完全和上文相仿,得

$$\alpha=0,\beta=\pm\mathrm{i}\sqrt{a^2-b^2}$$

因此,如果所讨论的以实元素为限,$A=0$ 的情形便可放弃,但我们也可以说这种情形相当于两个虚焦点,“位于”短轴上. 所以,椭圆具有四个焦点,但其中只有两个为实点.

留待读者自行证明:双曲线具有四个焦点,其中只有两个为实点(正如我们以前所知).

在抛物线的情形,把方程(***)和方程

$$y^2 - 2px = 0$$

比较,我们决定

$$1 - A^2 = 0, AB = 0, \beta + BC = 0$$

$$C^2 - \alpha^2 - \beta^2 = 0, 1 - B^2 = \frac{\alpha + AC}{p}$$

由第一个方程得 $A = \pm 1$;由第二个方程得 $B = 0$;由第三个方程得 $\beta = 0$;由最后的两个方程,得 $\alpha = p \pm C$ 和 $\alpha^2 = C^2$. 这只有当 $\alpha = \frac{p}{2}, \pm C = -\frac{p}{2}$ 时才有可能,因此,我们得一个焦点(这是我们早已熟知的).

Ⅱ. 椭圆,双曲线,抛物线,作为正圆锥面的截线

§201. 正圆锥面和平面的交线 我们曾经提及椭圆、双曲线、抛物线都可以看作圆锥和平面的交线. 这里所谓圆锥,是指正圆锥面而言. 它是直线的几何轨迹,所有直线都通过一个定点(顶点)和一个定圆,定圆的平面垂直于圆心和顶点的连线(这连线叫作锥轴). 在初等几何里,通常只讨论介于顶点和准圆之间的那一部分锥面. 现在我们讨论锥面的全体,从顶点向两侧,扩张到无穷远. 在第五章里我们已经知道正圆锥面是一个二级曲面①.

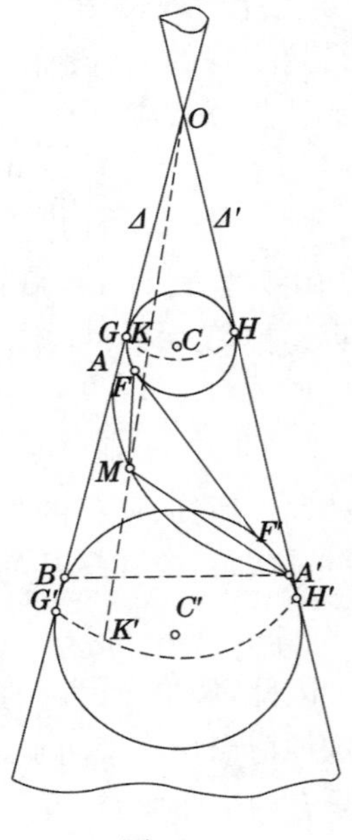

图 131

我们讨论这个锥面和不经过顶点的任意平面 Π(在图 131 里通过 A, M, A' 三点的平面)的截线. 通过锥轴作一平面(即图的平面)垂直于截面 Π. 所作的这个平面和锥面相交于两条母线 Δ, Δ',而与平面 Π 相交于直线 AA'.

现在分别讨论三种情形:

1. 设平面 Π 只和锥面的一叶相交又不和任何母线平行(图 131). 因此,直线 AA' 和母线的交点 A, A' 都在顶点 O 的同侧. 再在锥面的内部作圆与母线 OA, OA',和直线 AA' 相切. 这样的圆有两个,其一为 $\triangle OAA'$ 的内切圆;其二为旁切圆,在 $\triangle OAA'$ 之外,但在锥面之内. 这两圆的中心 C, C',显然都在锥轴上. 设 F, F' 分别为

① 我们将于下文见到,斜圆锥面也是二级曲面. 它的平面截线与正圆锥面的平面截线并无分别.

两圆和直线 AA' 的切点. 如果这两圆绕锥轴旋转，那么，它们画成两个球面，分别和锥面相切于两圆 GH，$G'H'$，这两圆的平面和锥轴垂直（G，H，G'，H' 同时为这两球面和母线 OA，OA' 的切点）.

这两球面分别和平面 Π 相切于点 F，F'.

今设 M 为平面 Π 和锥面的截线上的一点. 经过点 M 引锥面的母线，与圆 GH 和 $G'H'$ 相交于点 K 和 K'. 显然，长度 $|KK'|=|GG'|=|HH'|$ 与点 M 在截线上的位置无关.

又显然可见 $|MF|=|MK|$. 因为 MF 和 MK 为自 M 至第一球面的两条切线；同理，显然，$|MF'|=|MK'|$.

因此，$|MF|+|MF'|=|MK|+|MK'|=|KK'|$，即，由点 M 到两点 F，F' 的距离的和为常量. 所以这条截线为椭圆，焦点为 F，F'，长轴为 $2a=|KK'|$.

设自点 A' 引和直线 GH 平行的直线，再设点 B 为这条直线和母线 OA 的交点. 那么，在这条母线上，线段 AB 的长等于焦距 $|FF'|$. 事实上，长度 $|FF'|$ 是从长轴 $|AA'|$ 减去长度 $|AF|$ 和 $|A'F'|$ 得来. 在另一方面

$$|AA'|=2a=|GG'|,\ |AF|=|AG|,\ |A'F'|=|A'H'|=|BG'|$$

由此，这焦距等于

$$|GG'|-|AG|-|BG'|=|AB|$$

又设直线 D 和 D'（在图上没有画出）为平面 Π 与两圆 GH 和 $G'H'$ 的平面的交线，那么，D，D' 便是椭圆的准线. 留待读者自行证明.

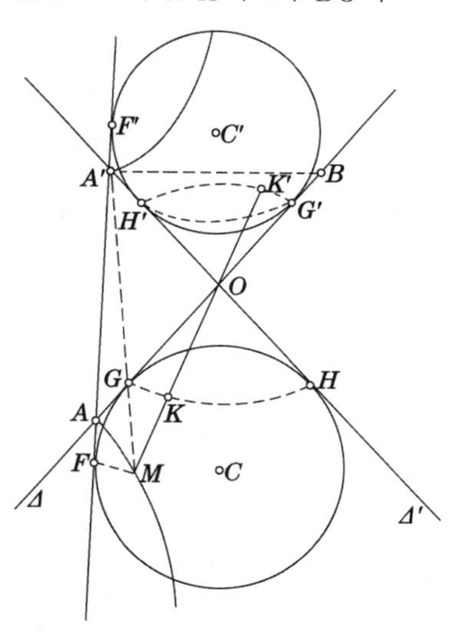

图 132

2. 现在讨论平面 Π 和锥面的两叶都相交的情形. 那时两点 A，A' 分别在锥面的两叶之上（图 132）.

在这情形，平面 Π 和锥面的两条母线平行. 这两条母线是通过顶点且和平面 Π 平行的平面与锥面相交的直线.

又在锥面内部作两个圆，分别与母线 OA，OA' 和直线 AA' 相切. 设 F，F' 为与直线 AA' 的切点.

这两圆的中心 C，C' 都在锥轴上.

把这两圆绕锥轴旋转，便得两个球面，分别和平面 Π 相切于点 F，F'. 又知锥面相切于圆周 GH，$G'H'$，这两圆的平面和锥轴垂直（在图中 G，H，G'，H' 同时

表示这两球面和母线 OA,OA' 的切点).

平面 Π 和锥面的截线,显然分为两支,分别在锥面的两叶上. 设 M 为截线上任意一点,经过点 M 作锥面的母线,与两圆 GH,$G'H'$ 相交于两点 K,K',而且 $|KK'|=|GG'|=|HH'|$ 显然是常量,与点 M 的位置无关.

有

$$|MF|=|MK|,|MF'|=|MK'|$$

因此
$$|MF'|-|MF|=|MK'|-|MK|=|KK'|$$

现在所取的点 M,与点 A 同在一叶上. 如果 M 在其他一叶上,那么,得

$$|MF|-|MF'|=|KK'|$$

所以由点 M 到两点 F,F' 的距离的差为常量,因而这条截线为双曲线. 这双曲线的横轴 $|AA'|=2a$ 等于数量 $|KK'|=|GG'|=|HH'|$,可由上面的公式见到.

如果经过点 A' 作直线 $A'B$,平行于 GH,与母线 OA 相交于点 B,那么,在这母线上的线段 AB 的长等于焦距 $|FF'|$. 证法和椭圆情形的证明完全相仿.

两圆 GH,$G'H'$ 的平面和平面 Π 的交线(在图中没有画出)为双曲线的准线. 留待读者自行证明.

3. 设平面 Π 只和一叶相交,但平行于一条母线,例如 Δ'. 那时,直线 AA' 只与另一条母线 Δ 相交于某点 A(图 133).

在锥面内作一圆,和三条直线 Δ,Δ',AA' 相切,设 G,H,F 分别为它们的切点. 这个圆的中心 C 在锥轴上.

把这圆绕轴旋转,便得一个球面,它和锥面相切于圆周 GH,这圆周的平面垂直于锥轴. 设 Δ_0 为平面 Π 和圆 GH 的平面相交的直线.

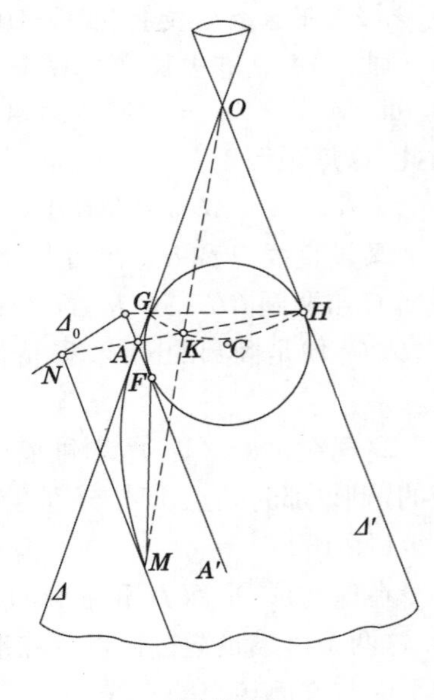

图 133

平面 Π 和锥面的截线,显然可以引申到无穷远,而且只有一支. 设 M 为这条曲线上任意点,经过 M 引锥面的母线(它和圆周 GH 相交于点 K),又由 M 作直线 Δ_0 的垂线 MN. 这条直线 MN 和 AA' 平行,因此它也和母线 Δ' 平行,所以,直线 MN,Δ' 在同一平面上,而这平面也通过 OM. 因此,N,K,H 三点同在一条直线上,这就是所述平面和圆周 GH 的平面的交线.

$\triangle KNM$ 和 $\triangle KHO$ 显然相似. 又因为 $|OK| = |OH|$，那么，$|MN| = |MK|$，因而 $|MN| = |MF|$. 因此，由点 M 到点 F 和到直线 Δ_0 的距离相等. 这便证明这条曲线为抛物线，以 F 为焦点，Δ_0 为准线.

椭圆、双曲线、抛物线作为圆锥和平面的截线，在古希腊早已熟知. 阿波罗尼(Apollonius) 著有圆锥截线论(约在公元前 225 年) 列举他那时代所已经知道的和他本人所发现的圆锥截线的基本性质.

在本节所举焦点和准线的作法，以及关于圆锥截线的焦点和准线的性质的证明，是 1822 年丹特林(Dandelin) 所给的. 我们的复述，是取材于布里奥(Briot) 和布凯(Bouquet) 的著名的教本[1](有几处略有更动).

§202. 由给定的圆锥面求给定的圆锥截线　任何椭圆和任何抛物线都可用适当的平面去截任何一个给定的锥面而得来，这是不难证明的. 但在双曲线情形，则须附加某些限制，此点将于下文指出.

首先，讨论椭圆的情形. 设已给它的长轴 $2a$ 和焦距 $2c < 2a$. 沿用 §201 的记号，在图 131 里，我们可以看到 $\triangle AA'B$ 的边 $|AB| = 2c$，$|AA'| = 2a$，$\angle ABA' = \frac{\pi}{2} - \alpha$，这里 α 为锥面母线和锥轴所夹的锐角. 这样的三角形，总是可以作成的. 事实上，在图的平面上过任意点 B 引半直线 BA'，再作线段 BA，长为 $2c$ 而与 BA' 作成夹角 $\frac{\pi}{2} - \alpha$；最后，以 A 为中心，$2a$ 为半径作圆弧. 圆弧必与半直线相交于某点 A'(因为，由所设，$2a > |BA| = 2c$).

作 $\triangle AA'B$，在它的边 $A'B$ 上作中垂线，与边 BA 的延长线相交于 O.

这样，我们求得 $\triangle OAA'$ 的所有元素(图 131)，它们都适合所设的条件.

我们进而讨论双曲线的情形. 设已给定 $2a$(横轴) 和 $2c$(焦距). 现在的问题是：求作 $\triangle AA'B$，使它的两边为 $|AA'| = 2a$，$|AB| = 2c$，而边 AA' 所对的 $\angle ABA' = \frac{\pi}{2} - \alpha$(如图 132)，因为现在有 $2c > 2a$，所以作图不一定是可能的. 使作图成为可能的必要而又充分的条件，显然为：边 $|AA'| = 2a$ 不小于由 A 到直线 $A'B$ 所作垂线的长，这长度显然等于 $|AB| \cdot \cos\alpha = 2c\cos\alpha$. 故可能作图的必要和充分条件为 $2a \geqslant 2c\cos\alpha$，亦即

$$\cos\alpha \leqslant \frac{a}{c}$$

---

① 解析几何学，第四版，巴黎，1893.

设 2β 表双曲线的渐近线所夹的角(包含双曲线在内的角),那么,$\cos\beta=\frac{a}{c}$,所以,上面的不等式化为 $\cos\alpha\leqslant\cos\beta$,即 $\alpha\geqslant\beta$. 因此,要用平面去截给定的锥面求得给定的双曲线的可能性,其必要而又充分的条件为:所给双曲线的渐近线的夹角 2β 不能大于锥顶角 2α.

最后,讨论抛物线的情形:设给定它的参数 p,联结球心 C 与点 A 和点 G(如图133,用同样记号),得 $\mathrm{Rt}\triangle CAG$,它的一腰 $AG=\frac{p}{2}$,$\angle CAG=\frac{\pi}{2}-\alpha$. 因此,问题变为已知一腰和一锐角,求作直角三角形,这总是可能的简单作图题.

如果已作得这三角形,则只要由 C 引 AC 的垂线,和直线 AG 相交于 O,便得到确定截面位置的线段 OA.

Ⅲ. 圆锥截线方程的某些简单形式. 相似的圆锥截线

下面叙述椭圆、双曲线、抛物线的方程的一些其他简单形式,它们在各种问题上都有极大的用处.

§203. 取渐近线为坐标轴的双曲线方程 如取双曲线的渐近线作坐标轴,则双曲线方程可得到特别简单的形式.

事实上,双曲线的标准方程,可以写为

$$\left(\frac{x}{a}-\frac{y}{b}\right)\left(\frac{x}{a}+\frac{y}{b}\right)=1 \qquad (*)$$

如果我们采取渐近线

$$\frac{x}{a}-\frac{y}{b}=0 \text{ 和 } \frac{x}{a}+\frac{y}{b}=0$$

为笛氏坐标 $x'Oy'$ 的两轴,那么,我们得变换公式如下(§99)

$$x'=k_1\left(\frac{x}{a}+\frac{y}{b}\right),y'=k_2\left(\frac{x}{a}-\frac{y}{b}\right) \qquad (**)$$

这里 k_1 和 k_2 为不等于0的常数因子. 因此,在新坐标系,双曲线方程(*)变为下式

$$x'y'=k \qquad (1)$$

这里 $k=k_1k_2$ 是常数. 就坐标一般来说,新坐标系的坐标矢量不是单位矢量. 如果要用狭义坐标系,那便需要适当地选择 k_1 和 k_2. 为着这目的,解坐标系(**)求 x,y,得

$$x = l_1x' + l_2y', y = m_1x' + m_2y'$$

这里$(l_1, m_1) = (\frac{a}{2k_1}, \frac{b}{2k_1})$，$(l_2, m_2) = (\frac{a}{2k_2}, -\frac{b}{2k_2})$为新坐标轴的坐标矢量，一如我们所熟知. 如果使新坐标系为狭义坐标，需有$l_1^2 + m_1^2 = 1$，$l_2^2 + m_2^2 = 1$，由此得

$$k_1^2 = k_2^2 = \frac{a^2 + b^2}{4}$$

令k_1和k_2为正数，$k_1 = k_2 = \frac{\sqrt{a^2 + b^2}}{2}$，因此

$$k = \frac{a^2 + b^2}{4} \tag{2}$$

我们容易见到，与所给双曲线成共轭的双曲线，对于这新坐标系的方程为

$$x'y' = -k \tag{3}$$

在图 134 里，我们用完整线条和间断线条画出这两条双曲线(1)和(3)以示区别.

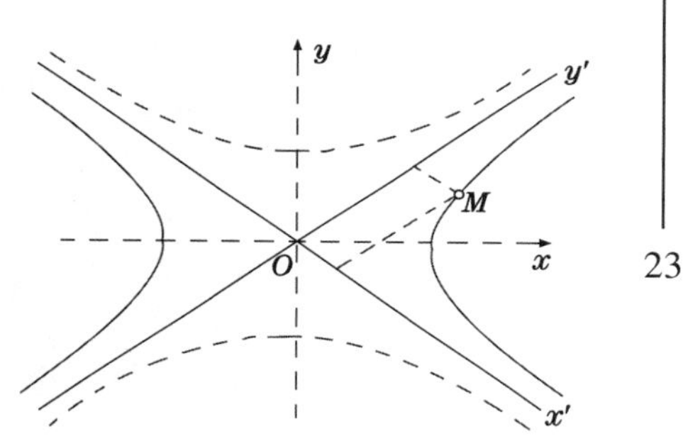

图 134

由方程(1)可以再次说明坐标轴Ox'，Oy'为双曲线的渐近线. 事实上，例如设

$$y' = \frac{k}{x'}$$

由此即见：当x'趋向无穷大时，y'趋向0，这就是双曲线的点无限接近于轴Ox'. 依同理得证：当y'趋向无穷大时，x'趋向0.

方程(1)具有简单的几何意义如下：

如过双曲线上任一点M作渐近线的平行线，那么，这两条平行线和两条渐近线组成的平行四边形的面积为常量，而与点M在曲线上的位置无关. 事实上，这面积显然等于$x'y'\sin v = k\sin v$，这里v为渐近线所夹的角.

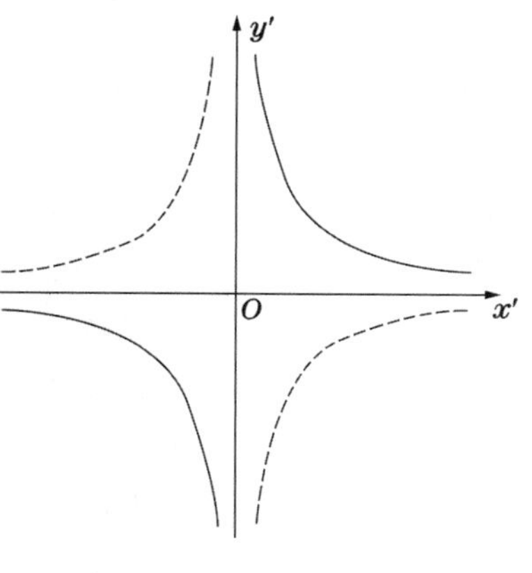

图 135

在等腰双曲线情况$(a = b)$，渐近线所夹的角为直角. 因此，坐标轴$x'Oy'$为直角坐标系(图 135).

§ 204. 圆锥截线的参数表示. 逐点作图法 由椭圆方程

$$\frac{x^2}{a^2}+\frac{y^2}{b^2}=1 \tag{1}$$

求两个变数 x 或 y 的任一个,所得的是含有其他一个变数的二值函数. 例如解方程(1) 求 y,得

$$y=\pm b\sqrt{1-\frac{x^2}{a^2}} \tag{2}$$

所以,我们有时希望借用一个新的辅助变数(参数),以单值函数[①]来表示 x,y.

达到这个目的的一个简单方法如下:

注意对于椭圆上各点,都是 $\left|\frac{x}{a}\right|\leqslant 1$,我们可以假设

$$\frac{x}{a}=\cos\varphi,\text{即 } x=a\cos\varphi$$

而且数量 φ 总可假定在区间 $(0,\pi)$ 之内;给定了 x,这便完全决定 φ 的数值. 由此,公式(2) 化为 $y=\pm b\sin\varphi$. 因有条件 $0\leqslant\varphi\leqslant\pi$,得 $\sin\varphi>0$,所以在上弧的点 $(y>0)$ 取"+"号,在下弧的点取"-"号. 但若容许变数 φ 在区间 $(0,2\pi)$ 之内取值,我们就可去掉"±"号,而只保留"+"号. 事实上,由上文可以见到,当 φ 由 0 至 π 变值时,坐标

$$x=a\cos\varphi,y=b\sin\varphi \tag{3}$$

所确定的点,循一个方向移动,画成椭圆的上弧;又当 φ 由 π 至 2π 变值时,画成椭圆的下弧.

参数 φ 具有很简单的几何意义,事实上,以点 O 为中心,以 a 和 b 为半径作两个圆(图 136). 由点 O 作射线,与轴 Ox 组成一角等于 φ. 设它与大圆和小圆分别相交于点 A 和点 B. 又由点 B 作与轴 Ox 平行的直线;由 A 作轴 Ox 的垂线. 设 $M(x,y)$ 为这两条直线的交点. 显然,$x=a\cos\varphi$,$y=b\sin\varphi$. 所以,$M(x,y)$ 为椭圆上的点而与所给参数 φ 的值相对应.

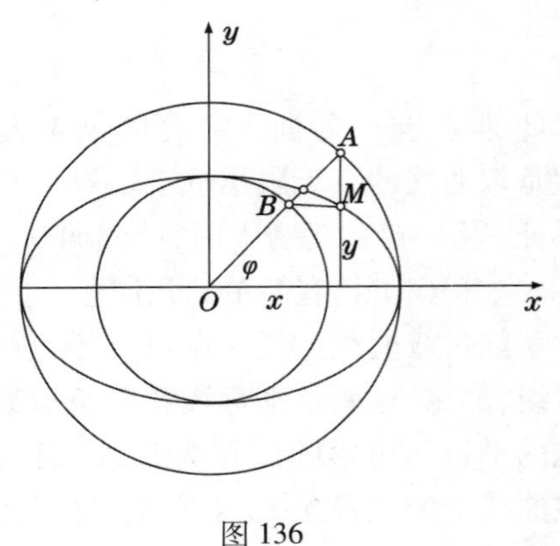

图 136

① 如用术语说,就是把函数关系(1) 单值化.

这样,在方程(3)里,参数 φ 的几何意义便很明确:φ 为轴 Ox 与射线 OA 所成的角,这里 A 为大圆上的点,与点 M 具有同一横坐标,而且与点 M 在 Ox 的同侧.

同时,我们获得一个简单的方法,用圆规直尺作出椭圆上任意多的点.我们只需向各方向作射线 OA,然后依照上述方法,分别作出各点 M.

留待读者自行证明,双曲线

$$\frac{x^2}{a^2}-\frac{y^2}{b^2}=1 \tag{4}$$

可用参数表示如下

$$x=\frac{a}{\cos\varphi},y=b\tan\varphi \tag{5}$$

欲得双曲线上所有的点,只需令 φ 在区间 $0\leqslant\varphi\leqslant 2\pi$ 之内变值,或令 φ 在区间 $-\frac{\pi}{2}\leqslant\varphi\leqslant\frac{3\pi}{2}$ 之内变值,也是一样.当 φ 由 $-\frac{\pi}{2}$ 递增至 $+\frac{\pi}{2}$,点 (x,y) 画成双曲线的右支,又当 φ 由 $\frac{\pi}{2}$ 递增至 $\frac{3\pi}{2}$,便得左支.φ 等于 $-\frac{\pi}{2},\frac{\pi}{2}$ 的值,和双曲线的"无穷远"点对应,即是说,当 φ 趋近于这两值中的一个,点 (x,y) 趋向无穷远.

从下面所举,由给定 φ 的数值作出双曲线上的对应点的方法,可以看出 φ 的几何意义.

以点 O 为中心,以 a,b 为半径,分别作两圆(图137在双曲线的情形,b 可以大于或小于或等于 a),经过点 O 作射线,与 Ox 组成角 φ;设点 A,B 分别为这条射线和第一、第二个圆的交点.又设 AK,BL 为这条射线的垂线,分别与轴 Ox 相交于点 K 和点 L.如果我们现在自点 K 作轴 Ox 的垂线,又取点 M 与 A,B 同在 Ox 的一侧,使得 $|KM|=|LB|$,那么,点 M 为双曲线上的一点,而与所给的参数 φ 的值相对应.

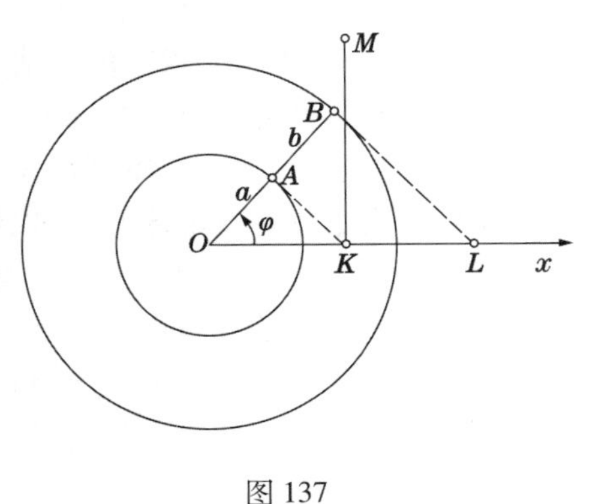

图 137

这样,我们可用简单作图法,求得双曲线上任意多的点.

现在讨论抛物线方程

$$y^2=2px \tag{6}$$

这式表示 x 为 y 的单值函数,所以我们如果设 $y = t$,便得抛物线的简单参数表示,即下面的单值函数

$$x = \frac{t^2}{2p}, y = t \qquad (7)$$

只要令 t 由 $-\infty$ 变到 $+\infty$,我们便得抛物线上所有的点.

由方程(6) 直接引出下面所举,用圆规直尺去作抛物线上任意多点的方法. 设 A 表示在轴 Ox 上以 $-2p$ 为横坐标的(固定) 点. 如要求作抛物线上以 $OM = x$ 为横坐标的点,其法如下:

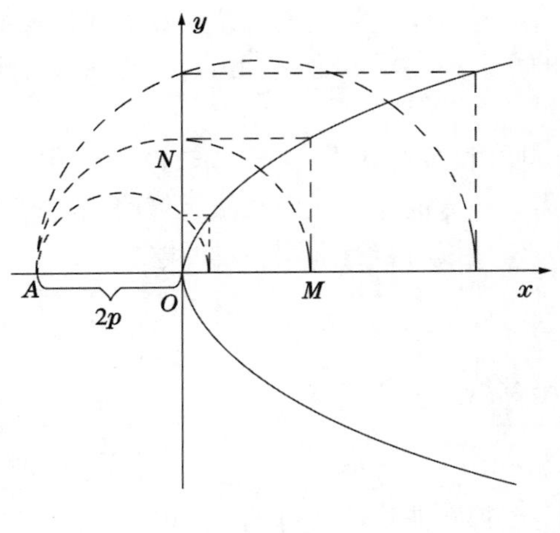

图 138

以 AM 为直径作圆. 设 N 为这个圆与轴 Oy 相交的一点,在 M 和 N 分别作坐标轴的垂线,便得所求两点之中的一点(另一点对于 Ox 成对称).

事实上,由初等几何,我们知道,直角三角形的高为斜边上两线段的比例中项;现在的情形,$|ON| = |y|$ 为 $\mathrm{Rt}\triangle ANM$(在图138 中没有画出) 的高,直角顶点为 N. 因此,$|ON|^2 = 2p|OM|$,即 $y^2 = 2px$.

注 已给曲线,显然有无穷多种参数表示法,特别是椭圆、双曲线、抛物线的参数表示,除了上述方法之外,还有无穷多种. 注意抛物线的参数表示(7),曲线上的点的坐标,不但是参数的单值函数,而且都是有理函数. 我们可证明椭圆和双曲线也有同样性质,即也可以用有理函数(并且是很简单的有理函数)作为它们的参数表示. 但在此不拟详述.

§205. 圆锥截线的极坐标方程(以焦点为极点) 所有这三种圆锥截线都可以很简单地用极坐标方程表示,采用一个焦点为极点(在抛物线只有一个焦点). 为着明确起见,我们选取从作为极点的焦点到和它最近的顶点,作为极轴的正向(在抛物线只有一个顶点).

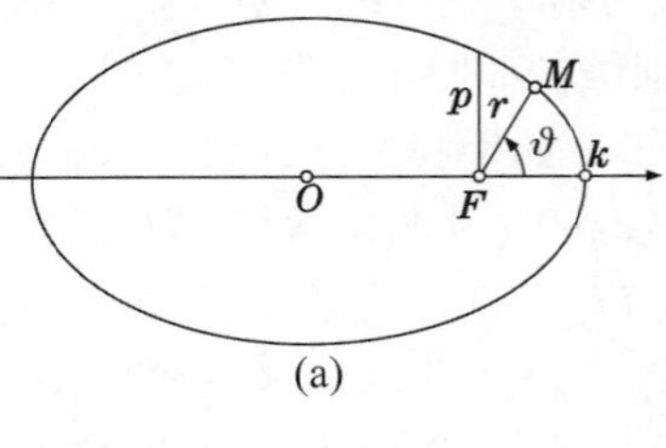

(a)

图 139

取椭圆的情形为例,取右边的焦点为极点. 由此,根据规定,极轴向右(图139(a)).

由 §199 的公式(1) 得

$$r = a - ex$$

但在另一方面

$$x = \Pi p_x \overrightarrow{OM} = \Pi p_x(\overrightarrow{OF} + \overrightarrow{FM}) = c + r\cos\vartheta = ae + r\cos\vartheta$$

把 x 的数值代入上面公式,经过化简得

$$r = \frac{p}{1 + e\cos\vartheta} \tag{1}$$

这里 $p = a(1 - e^2)$,又因 $e^2 = \frac{a^2 - b^2}{a^2} = 1 - \frac{b^2}{a^2}$ 得

$$p = a(1 - e^2) = \frac{b^2}{a} \tag{2}$$

方程(1)为所求的椭圆的极坐标方程.因在椭圆 $e < 1$,所以,$1 + e\cos\vartheta$ 总是一个正数.

在双曲线情形,设仍取右焦点作为极点.因此极轴的正向与轴 Ox 相反(图139(b)).根据 §199 的公式(2)得

$$r = \pm(ex - a)\text{(右支取正号,左支取负号)}$$

但因

$$x = \Pi p_x \overrightarrow{OM} = \Pi p_x \overrightarrow{OF} + \Pi p_x \overrightarrow{FM} = ae + \Pi p_x \overrightarrow{FM}$$

而且因为极轴和轴 Ox 反向,那么,$\Pi p_x \overrightarrow{FM} = -r\cos\vartheta$,所以

$$r = \pm(ae^2 - er\cos\vartheta - a)$$

因此

$$r = \pm\frac{p}{1 \pm e\cos\vartheta} \tag{3}$$

这里

$$p = a(e^2 - 1) = \frac{b^2}{a} \tag{4}$$

而且在式(3)里右支取正号,左支取负号.

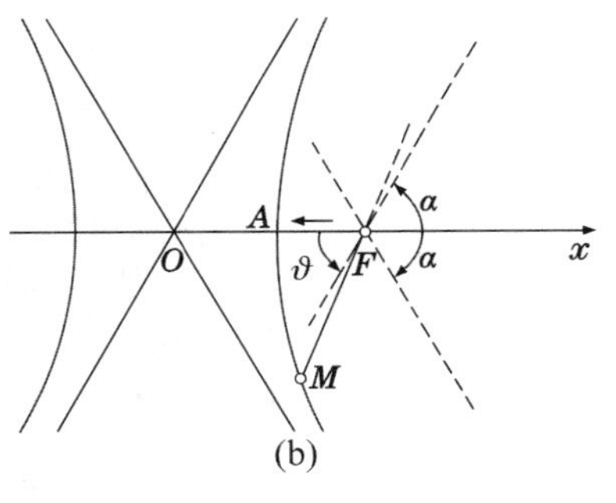

(b)

图 139

我们可以只取上边符号,即是取

$$r = \frac{p}{1 + e\cos\vartheta}$$

设 r 也可取负值,于是矢量 $\overrightarrow{FM}$ 所指的方向,不是对应于角 ϑ,而是角 $\pi + \vartheta$,即这矢量的方向与角 ϑ 所定的方向相反(即"广义极坐标系").

事实上,如果在上式里,以 $\pi + \vartheta$ 替代 ϑ,以 $-r$ 代 r,便得公式

$$-r = \frac{p}{1 - e\cos\vartheta}$$

即
$$r = \frac{-p}{1 - e\cos\vartheta}$$
这就和式(3)的下边符号相当.

变数 ϑ 的区间(宽度 2π),可以采取
$$-\pi + \alpha \leqslant \vartheta \leqslant \pi + \alpha$$
这里 α 表示渐近线和轴 Ox 所成的锐角①.

在右边一支,我们取 $-\pi + \alpha < \vartheta < \pi - \alpha$,而在左边一支,取 $\pi - \alpha < \vartheta < \pi + \alpha$,参阅下面习题 1.

最后,在抛物线情形. 根据 §200 得(图 139(c))
$$r = \frac{p}{2} + x$$
这里
$$x = \Pi p_x\,\overrightarrow{OM} = \Pi p_x\,\overrightarrow{OF} + \Pi p_x\,\overrightarrow{FM} = \frac{p}{2} - r\cos\vartheta$$
把这个值代入上式得

$$r = \frac{p}{1 + \cos\vartheta}$$

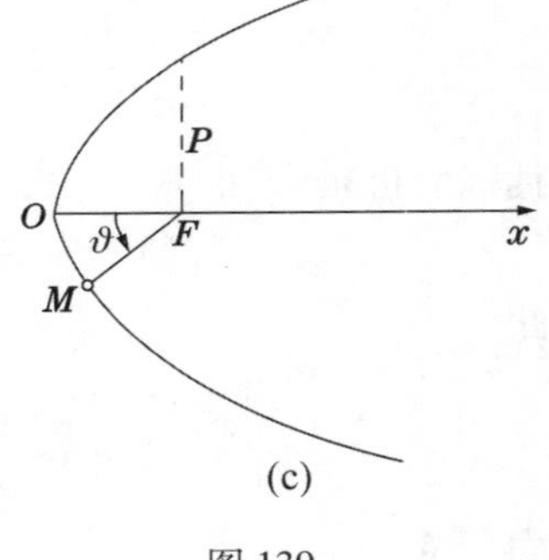

(c)

图 139

这样,在所有三种情形,圆锥截线的方程都得式(1),它们的差别在于 $e < 1$ 为椭圆,$e = 1$ 为抛物线,$e > 1$ 为双曲线.

在抛物线情形,数量 p 称为它的参数.

在椭圆和双曲线的方程里,数量 $p = \frac{b^2}{a}$ 也分别叫作各该曲线的参数. 在所有三种情形里,参数都有很简单的几何意义:由焦点作轴的垂线,与圆锥截线相交. 那么,p 等于从焦点到交点的距离. 换句话说,p 为"焦点上的纵坐标". 事实上,这纵坐标的数值,可以在式(1)里,令 $\vartheta = \frac{\pi}{2}$,便得
$$r = p$$

---

① 这个角的定义为
$$\tan\alpha = \frac{b}{a}$$
这里
$$\cos\alpha = \frac{1}{\sqrt{1 + \tan^2\alpha}} = \frac{a}{\sqrt{a^2 + b^2}} = \frac{1}{e}$$

习　题

1. 应用公式(1),讨论双曲线的情形,当角 ϑ 变值时,r 怎样跟着变值.

答:当 $\vartheta = \pm(\pi - \alpha)$ 得

$$\cos\vartheta = -\cos\alpha = -\frac{1}{e}$$

故
$$1 + e\cos\vartheta = 0$$

当 ϑ 在区间 $-(\pi-\alpha) < \vartheta < \pi - \alpha$ 里,$1 + e\cos\vartheta > 0$,故 $r > 0$. 当 ϑ 由 $-(\pi-\alpha)$ 递增至 $+(\pi-\alpha)$,r 先由 $+\infty$ 递减到最小值$\frac{p}{1+e}$(在 $\vartheta = 0$ 时,与顶点 A 相当);然后再递增到 $+\infty$. 当 ϑ 经过数值 $\pi-\alpha$ 时,r 由 $+\infty$ 突变为 $-\infty$,因而点 M 由右支突然跳到左支.

保持着它的负号,r 再度开始递增(绝对值递减)直到数值 $-\frac{p}{e-1}$(那时 $\vartheta = \pi$,与顶点 A' 相当),以后当 ϑ 趋近 $\pi + \alpha$ 时又递减至 $-\infty$.

2. 求证极坐标方程

$$r = \frac{p}{1 + e\cos(\vartheta - \vartheta_0)}$$

代表圆锥截线,这里 ϑ_0 为常数. 它的焦点在极点,由焦点到最近顶点的焦轴[①]与极轴组成角 ϑ_0.

3. 设取中心为极点,取焦轴和极轴同向,求椭圆和双曲线的极坐标方程.

答:椭圆
$$\frac{1}{r^2} = \frac{\cos^2\vartheta}{a^2} + \frac{\sin^2\vartheta}{b^2}$$

双曲线
$$\frac{1}{r^2} = \frac{\cos^2\vartheta}{a^2} - \frac{\sin^2\vartheta}{b^2}$$

§206. 取顶点为原点的圆锥截线方程　我们再举椭圆和双曲线方程的一种形式,和抛物线方程 $y^2 = 2px$ 相类似.

取曲线(椭圆或双曲线)的一个顶点为笛氏直角坐标的原点,取轴 Ox 指向最近的焦点,设以前(在 §195 和 §197)用 xOy 表示的坐标系,现在改用 $x'O'y'$ 来表示,对于这坐标系而论,椭圆和双曲线的方程,可分别写作

$$\frac{x'^2}{a^2} + \frac{y'^2}{b^2} = 1 \text{ 和 } \frac{x'^2}{a^2} - \frac{y'^2}{b^2} = 1 \qquad (*)$$

---

① 这便是对称轴,通过两焦点(在抛物线情形,通过焦点).

在椭圆情形,取左顶点为原点,那时轴 Ox 和 $O'x'$ 同向.但在双曲线情形,我们需把原点移到右顶点,才能如第一种情形,使轴 Ox 和轴 $O'x'$ 取得同一的正向.

在椭圆情形,旧的坐标(x',y')和新的坐标(x,y)的关系可表如下式

$$x' = x - a, y' = y$$

把这些式子代入式(*)的第一个方程,经过显浅的化简得

$$y^2 = 2px - qx^2$$

这里

$$p = \frac{b^2}{a}$$

为椭圆的参数(§205),又

$$q = \frac{b^2}{a^2}$$

在双曲线情形,我们便有 $x' = x + a, y' = y$,而式(*)的第二个方程化为

$$y^2 = 2px + qx^2$$

这里 $p = \frac{b^2}{a}$ 为双曲线的参数,又 $q = \frac{b^2}{a^2}$.如此,p,q 的表示式都和椭圆取得一致.

现在比较上面所举的抛物线方程,我们得结果如下:

如果取圆锥截线的顶点为直角坐标系的原点 O,而轴 Ox 指向最近的焦点,那么

$$y^2 = 2px - qx^2 \text{(就椭圆来说)} \tag{1}$$

$$y^2 = 2px \text{(就抛物线来说)} \tag{2}$$

$$y^2 = 2px + qx^2 \text{(就双曲线来说)} \tag{3}$$

公式(1)~(3)可以统一起来,如果我们回忆在椭圆情形,$q = \frac{b^2}{a^2} = \frac{a^2 - c^2}{a^2} = 1 - e^2$,而在双曲线情形,$\frac{b^2}{a^2} = \frac{c^2 - a^2}{a^2} = e^2 - 1$.因此,这些公式可以合并为一式如下

$$y^2 = 2px + (e^2 - 1)x^2 \tag{4}$$

当 $e < 1$ 得椭圆;$e > 1$ 得双曲线;$e = 1$ 得抛物线.

图 140 表示这三种曲线对于同一坐标系的情形.由公式(1)~(3)显见对于同一个参数值,椭圆、抛物线、双曲线的点(x,y_1),(x,y_2),(x,y_3)如有相同的横坐标 $x > 0$,就有纵坐标

$$|y_1| < |y_2| < |y_3|$$

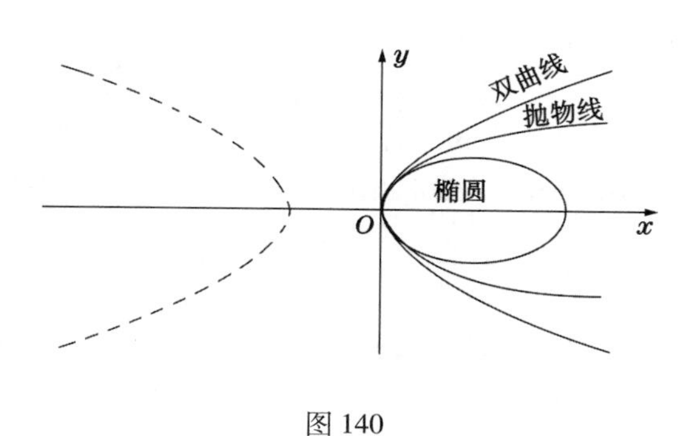

图 140

习　题

在椭圆和双曲线的情形，表示半轴 a 为 p 和 e 的函数，并研究：当 p 为常数，而离心率 e 趋近于 1 时，这两条曲线如何改变形状.

答：$a=\frac{p}{1-e^2}$（就椭圆来说），$a=\frac{p}{e^2-1}$（就双曲线来说）. 所以当 e 趋近于 1 时，椭圆的右顶点趋向无穷远，而椭圆趋近于抛物线 $y^2=2px$. 同时双曲线的左支整支趋向无穷远，而右支趋近于同一抛物线.

§207. 相似的圆锥截线　本章最后讨论关于圆锥截线的相似问题①.

首先，考虑椭圆的情形. 今证明所有和椭圆相似的图形，也是椭圆，而它们的半轴和所给椭圆的半轴成比例.

事实上，设有一个图形和已给的椭圆 Γ 相似，把它放在和椭圆 Γ 成透射的位置②，然后把它平行移动使它们的相似中心和椭圆的中心叠合③；这图形的新位置以 Γ' 表示，椭圆 Γ 用标准方程表示

$$\frac{x^2}{a^2}+\frac{y^2}{b^2}=1 \tag{1}$$

设 $M'(x',y')$ 为在图形 Γ' 上的点，与椭圆的点 $M(x,y)$ 对应. 由所设，得

$$\overrightarrow{OM'}=k\cdot\overrightarrow{OM}$$

这里 k 为常数，由此得

$$x'=kx,y'=ky,x=\frac{x'}{k},y=\frac{y'}{k}$$

① 这指广义的相似. 参看 §77.

② 参看 §77.

③ 在 §77 已经证明，这样做法，总是可能的.

把这些数值代入式(1),便得曲线 Γ' 的方程

$$\frac{x'^2}{k^2a^2}+\frac{y'^2}{k^2b^2}=1 \tag{2}$$

因此,Γ' 为椭圆,和所给的椭圆有相同的中心和相同的对称轴. 它的半轴等于

$$a'=|k|a, b'=|k|b \tag{3}$$

而本题得以证明. 反过来说,如果两个椭圆的半轴成比例,那么,它们显然相似.

两个相似椭圆 Γ, Γ' 的离心率 e, e' 显然相等,因为

$$e'^2=\frac{k^2a^2-k^2b^2}{k^2a^2}=\frac{a^2-b^2}{a^2}=e^2$$

反过来说,如果 $e'=e$,那么,两个椭圆的半轴显然成比例,因为在这情况之下

$$\frac{a'^2-b'^2}{a'^2}=\frac{a^2-b^2}{a^2}$$

因此

$$\frac{b'^2}{a'^2}=\frac{b^2}{a^2}, \text{即} \frac{a'}{a}=\frac{b'}{b}$$

同样,我们证明所有一切和已知双曲线相似的图形,也都是双曲线. 它们的纵横两半轴分别和已知双曲线的纵横两半轴成比例. 反过来说,如果有两条双曲线适合上述条件,那么,它们一定相似.

由此推得,相似双曲线的离心率相等. 反过来说,离心率相等的双曲线相似.

最后,我们证明和抛物线相似的任何图形,都是抛物线,而且所有抛物线都彼此相似. 事实上,设 Γ' 为一个图形,和抛物线

$$y^2=2px$$

相似. 把它移动,使得相似中心和坐标原点叠合. 仿照上面一样,得

$$x=\frac{x'}{k}, y=\frac{y'}{k}$$

由此得

$$y'^2=2pkx'$$

这也是抛物线,它的顶点和轴与所给抛物线的顶点和轴叠合. 事实上,如果 $k>0$,那么,设 $p'=pk$,便得抛物线的标准方程 $y'^2=2p'x'$,以 p' 为参数. 又如果 $k<0$,那么,设

$$p'=-kp>0$$

我们得

$$y'^2 = -2p'x'$$

如果改换轴 Ox 的正向,那么,x' 应当改为 $-x'$,而得方程

$$y'^2 = 2p'x'$$

这抛物线凹入的方向恰和所给抛物线凹入的方向相反. 在两种情形之下,抛物线 Γ' 的参数同是

$$p' = |k| \cdot p$$

采取适当的 $|k|$,可得具有任意参数的抛物线,和已知的抛物线相似. 故所有一切的抛物线都彼此相似.

由上所述推得,两条圆锥截线相似的必要且充分条件为它们的离心率相等.

尚须注意,如果两条圆锥截线在透射位置,它们的对称轴互相平行(特别是焦轴互相平行). 这可由上面所述推得,因为把其中一条曲线平行移动,总可使对称轴互相叠合(而且焦轴也互相叠合).

最后,我们容易看出:如果两椭圆或两双曲线在透射位置,具有相似比值 k,那么,它们也在具有相似比值 $-k$ 的透射位置.

在透射的椭圆(或双曲线)有同一中心的情形,这是非常明显的,举椭圆为例,把 k 改为 $-k$,方程(2) 不变.

如果再注意到,当把其中一个图形平行移动时,透射性保持不变,并且相似比值也保持不变(只是改变它们的相似中心),那么,上述的命题显然成立.

第八章　二次曲线[1]的投影性质.切线和极线

现在着手研究已知一般式方程的二级曲线.根据 §179 末尾所述(同时参阅 §78),我们自然要从研究这些曲线的投影性质开始,然后转到仿射性质和度量性质.现在也将这样进行,虽然在前一章中我们为了要把直觉的教材放在比较抽象的教材的前面,曾颠倒这个次序,从度量性的定义开始.

Ⅰ.二级曲线的投影分类

§208. 记号　设 x,y 表示点的(不齐次)笛氏坐标.对于这些,变数的一般二次方程具有下面的形式

$$ax^2+bxy+cy^2+dx+ey+f=0$$

用齐次笛氏坐标 x_1,x_2,x_3($x=\frac{x_1}{x_3},y=\frac{x_2}{x_3}$),这方程化为(§174)

$$ax_1^2+bx_1x_2+cx_2^2+dx_1x_3+ex_2x_3+fx_3^2=0$$

为了使公式对称化,我们采用别的记号改写这些系数,即用 $2a_{ij}$(当 $i\neq j$)表乘积 x_ix_j 的系数,用 a_{ii} 表 x_i^2 的系数.设用简写记号 $\Phi(x_1,x_2,x_3)$ 代表上式的左边,就有[2]

$$\Phi(x_1,x_2,x_3)\equiv a_{11}x_1^2+2a_{12}x_1x_2+a_{22}x_2^2+2a_{13}x_1x_3+2a_{23}x_2x_3+a_{33}x_3^2 \tag{1}$$

多项式 $\Phi(x_1,x_2,x_3)$ 为含有三个变数 x_1,x_2,x_3 的二次方式[3].如用不齐次笛氏坐标,则对应于这方程的左边的式子为

$$F(x,y)\equiv a_{11}x^2+2a_{12}xy+a_{22}y^2+2a_{13}x+2a_{23}y+a_{33} \tag{1a}$$

$F(x,y)$ 为二次多项式(一般不是齐次的).

---

① 译者注:沿用我国通用的名词,因为不可分解的二级曲线同时也是二阶曲线,故可通称二次曲线.参看本章 §223.

② 在这里我们认为 a_{ji} 与 a_{ij} 是一样的.只是为了方便起见才用不同的次序来写出 a 的下标.

③ 参看附录 §10.

二级曲线方程的一般式,在齐次坐标为

$$\Phi(x_1,x_2,x_3)=0 \tag{2}$$

而在不齐次坐标为

$$F(x,y)=0 \tag{3}$$

多项式 $F(x,y)$ 和方式 $\Phi(x_1,x_2,x_3)$ 两者之间的关系为

$$F(x,y)=\Phi(x,y,1) \tag{4}$$

换句话说,在 $F(x,y)$ 里,改 x,y 为 x_1,x_2 而以 x_3 的某些方幂乘各项使它变成齐次的二次多项式,这样便得 $\Phi(x_1,x_2,x_3)$(“补成齐次法”).

将来我们还需采用下面的记号:方式 $\Phi(x_1,x_2,x_3)$ 对于 x_1,x_2,x_3 的偏微商的半值,分别用 Φ_1,Φ_2,Φ_3,来表示

$$\begin{cases}\Phi_1=\dfrac{1}{2}\dfrac{\partial\Phi}{\partial x_1}=a_{11}x_1+a_{12}x_2+a_{13}x_3\\ \Phi_2=\dfrac{1}{2}\dfrac{\partial\Phi}{\partial x_2}=a_{21}x_1+a_{22}x_2+a_{23}x_3\\ \Phi_3=\dfrac{1}{2}\dfrac{\partial\Phi}{\partial x_3}=a_{31}x_1+a_{32}x_2+a_{33}x_3\end{cases} \tag{5}$$

这里显然为着对称起见,把在不同一行中的同一系数写成不同的形式. 例如,系数 a_{12} 在第二行中写作 a_{21}. 这样就可使在第一行中各个系数的第一个下标都是1,在第二行中都是2,在第三行中都是3.

同样,我们可以写

$$\begin{cases}F_1=\dfrac{1}{2}\dfrac{\partial F}{\partial x}=a_{11}x+a_{12}y+a_{13}\\ F_2=\dfrac{1}{2}\dfrac{\partial F}{\partial y}=a_{21}x+a_{22}y+a_{23}\end{cases} \tag{6}$$

用直接验算可以证明恒等式(“欧拉恒等式”)

$$\Phi(x_1,x_2,x_3)=x_1\Phi_1+x_2\Phi_2+x_3\Phi_3 \tag{7}$$

设 $x_3=1,x_1=x,x_2=y$,上面的恒等式可写作下式

$$F(x,y)=x\Phi_1(x,y,1)+y\Phi_2(x,y,1)+\Phi_3(x,y,1) \tag{7a}$$

我们可以用记号 $F_1(x,y)$ 和 $F_2(x,y)$ 替代 $\Phi_1(x,y,1)$ 和 $\Phi_2(x,y,1)$,但为保持公式的对称性,不采用这种写法.

最后,我们往往在讨论二次方式 $\Phi(x_1,x_2,x_3)$ 时,需要同时讨论与它有关

的,以 x_1,x_2,x_3,y_1,y_2,y_3 为变数的双一次方式[①]

$$\begin{aligned}\Omega(x_1,x_2,x_3;y_1,y_2,y_3) &= y_1\Phi_1(x_1,x_2,x_3)+y_2\Phi_2(x_1,x_2,x_3)+\\&\quad y_3\Phi_3(x_1,x_2,x_3)\\&=(a_{11}x_1+a_{12}x_2+a_{13}x_3)y_1+\\&\quad(a_{21}x_1+a_{22}x_2+a_{23}x_3)y_2+\\&\quad(a_{31}x_1+a_{32}x_2+a_{33}x_3)y_3\end{aligned}\tag{8}$$

这个双一次方式,显然是对称的,即把 x 和 y 互易地位,它的数值不变

$$\Omega(x_1,x_2,x_3;y_1,y_2,y_3)=\Omega(y_1,y_2,y_3;x_1,x_2,x_3)\tag{9}$$

为着书写的简便,将来常用 $\Omega(x;y)$ 代替 $\Omega(x_1,x_2,x_3;y_1,y_2,y_3)$.

方式 $\Phi(x_1,x_2,x_3)$ 可由 $\Omega(x_1,x_2,x_3;y_1,y_2,y_3)$ 推得,如果我们令 $x_1=y_1$, $x_2=y_2,x_3=y_3$,便有 $\Phi(x_1,x_2,x_3)=\Omega(x_1,x_2,x_3;x_1,x_2,x_3)$,或简写作

$$\Omega(x;x)=\Phi(x_1,x_2,x_3)\tag{10}$$

双一次方式 Ω 叫作对于二次方式 Φ 的极式.

我们容易用直接计算验明下面的恒等式,这是我们将来常常用到的

$$\Phi(x_1+y_1,x_2+y_2,x_3+y_3)=\Omega(x;x)+2\Omega(x;y)+\Omega(y;y)\tag{11}$$

在右边的 $\Omega(x;x)$ 和 $\Omega(y;y)$ 可以分别写作 $\Phi(x_1,x_2,x_3)$ 和 $\Phi(y_1,y_2,y_3)$. 但为保留对称的形式,我们不这样做.

我们尚须注意下面的一个恒等式. 这式很容易由上文推得,也容易直接验明

$$\begin{aligned}F(x+x',y+y') &= \varphi(x,y)+2[xF_1(x',y')+yF_2(x',y')]+\\&\quad F(x',y')\end{aligned}\tag{11a}$$

这里

$$\varphi(x,y)=a_{11}x^2+2a_{12}xy+a_{22}y^2\tag{12}$$

$\varphi(x,y)$ 为多项式 $F(x,y)$ 里二次项所组成的二次方式.

有时为着简化记法,将齐次坐标 x_1,x_2,x_3 改写为 x,y,t,在这些公式里,设 $t=1$,便得到不齐次坐标的对应公式.

截至现在,x_1,x_2,x_3 代表一点的齐次笛氏坐标,但 x_1,x_2,x_3 也可代表齐次投影坐标.

就一般来说,在本章里,如果没有相反的声明,我们用 x_1,x_2,x_3(或 x,y,t)代表一般的齐次投影坐标.

---

① 参看附录 §10.

我们总是假定系数 a_{ij} 不同时为0. 并且,如果没有相反的声明,我们假定所有的系数 a_{ij} 为实数.

我们常常要用到行列式

$$A=\begin{vmatrix} a_{11} & a_{12} & a_{13} \\ a_{21} & a_{22} & a_{23} \\ a_{31} & a_{32} & a_{33} \end{vmatrix} \tag{13}$$

这叫作二次方式 $\Phi(x_1,x_2,x_3)$ 的判别式.

各元 a_{ij} 的代数余子式,用 A_{ij} 表示. 特别是

$$A_{33}=\begin{vmatrix} a_{11} & a_{12} \\ a_{21} & a_{22} \end{vmatrix}=a_{11}a_{22}-a_{12}^2 \tag{14}$$

它是公式(12)里二次方式 $\varphi(x,y)$ 的判别式.

注　判别式 A 构成的法则是很容易记忆的:取方式 Φ 对于 x_1,x_2,x_3 的偏微商的半值,然后取所得的三个一次方式 Φ_1,Φ_2,Φ_3 的系数,排成行列式;参看公式(5). 例如,若

$$\Phi(x_1,x_2,x_3)=x_1^2+x_2^2-8x_1x_3+x_3^2$$

那么

$$\Phi_1=\frac{1}{2}\frac{\partial\Phi}{\partial x_1}=1\cdot x_1+0\cdot x_2-4\cdot x_3$$

$$\Phi_2=\frac{1}{2}\frac{\partial\Phi}{\partial x_2}=0\cdot x_1+1\cdot x_2+0\cdot x_3$$

$$\Phi_3=\frac{1}{2}\frac{\partial\Phi}{\partial x_3}=-4\cdot x_1+0\cdot x_2+1\cdot x_3$$

因此

$$A=\begin{vmatrix} 1 & 0 & -4 \\ 0 & 1 & 0 \\ -4 & 0 & 1 \end{vmatrix}=-15$$

A_{33} 为这行列式里右下角的元的代数余子式

$$A_{33}=\begin{vmatrix} 1 & 0 \\ 0 & 1 \end{vmatrix}=1$$

§209. 二级曲线的可分解和不可分解. 二级曲线的叠合　设

$$\Phi(x_1,x_2,x_3)=0 \tag{1}$$

为二级曲线的齐次坐标方程(Φ 为齐次二次多项式,即二次方式). 我们知道(§174)如果这条曲线和某条直线

$$a_1x_1 + a_2x_2 + a_3x_3 = 0 \tag{2}$$

相交多于两点,则直线(2)全条属于曲线(1),而多项式 $\Phi(x_1, x_2, x_3)$ 分解为两个因子,其一为 $a_1x_1 + a_2x_2 + a_3x_3$;而另一个因子应该也是一次的.因此,在这情形,可得恒等式

$$\Phi(x_1, x_2, x_3) = (a_1x_1 + a_2x_2 + a_3x_3)(b_1x_1 + b_2x_2 + b_3x_3) \tag{3}$$

当这种情形出现时,曲线(1)便分解为两条直线,因此,它叫作可分解的或退化的.更特别的情形是:在式(3)里出现的两个一次方式,可能彼此只差一个常数因子,即

$$b_1x_1 + b_2x_2 + b_3x_3 = k(a_1x_1 + a_2x_2 + a_3x_3)$$

此时得

$$\Phi(x_1, x_2, x_3) = k(a_1x_1 + a_2x_2 + a_3x_3)^2 \tag{4}$$

因此,曲线(1)为两条叠合的直线所组成("两重直线").

根据 §174 所说,我们容易求得两条二次曲线

$$\Phi(x_1, x_2, x_3) = 0 \text{ 和 } \Psi(x_1, x_2, x_3) = 0$$

叠合的条件.

事实上,如果这两条曲线叠合,即上面两个方程等价,那么,多项式 Φ 和 Ψ 应该由相同的不可分解因子所组成.因此,Φ 和 Ψ 彼此只能相差一个常数因子,即得恒等式

$$\Psi(x_1, x_2, x_3) = k\Phi(x_1, x_2, x_3) \tag{5}$$

这里 k 为不等于 0 的常数.反过来说,显然地,如果这个恒等式成立,那么,曲线 Φ 和 Ψ 叠合.

下面(§212)将要证明,两条二级曲线只需有五个公共点便彼此叠合,这五点中,要没有四点同在一直线上.

§210. 二级曲线可分解的条件 设二级曲线的方程为

$$\Phi(x_1, x_2, x_3) = a_{11}x_1^2 + 2a_{12}x_1x_2 + a_{22}x_2^2 + 2a_{13}x_1x_3 + 2a_{23}x_2x_3 + a_{33}x_3^2 = 0$$

我们很容易辨别它是否可以分解.

事实上,方式 $\Phi(x_1, x_2, x_3)$ 可以分解为两个一次因子的必要且充分条件(参看附录 §13)为这方式的判别式的秩,亦即是行列式

$$A = \begin{vmatrix} a_{11} & a_{12} & a_{13} \\ a_{21} & a_{22} & a_{23} \\ a_{31} & a_{32} & a_{33} \end{vmatrix} \tag{1}$$

的秩等于2或1. 又因这行列式是三级的,如果它等于0,它的秩便适合所要求的条件. 因此,二级曲线可分解的必要且充分条件为

$$A = 0 \tag{2}$$

如果判别式A的秩等于2,那么,这条曲线便分解为两条不相同的实直线,或虚直线. 如果它的秩等于1,那么,方程Φ化为下式

$$\Phi = k(a_1x_1 + a_2x_2 + a_3x_3)^2$$

这条曲线为两条叠合的直线的集合. 它们总是实直线①.

由二级曲线分解而成的两直线的公共点,叫作曲线的二重点. 当这曲线为两条叠合直线的情形,它上面一切的点,都是二重点.

§211. 用投影坐标时二级曲线的典型方程,投影的分类　我们知道(参看附录 §12)用齐次平直代换

$$\begin{cases} x_1 = l_{11}x_1' + l_{12}x_2' + l_{13}x_3' \\ x_2 = l_{21}x_1' + l_{22}x_2' + l_{23}x_3' \\ x_3 = l_{31}x_1' + l_{32}x_2' + l_{33}x_3' \end{cases} \tag{*}$$

可把任一二次方式$\Phi(x_1,x_2,x_3)$化为典型式

$$\Phi'(x_1',x_2',x_3') = \varepsilon_1x_1'^2 + \varepsilon_2x_2'^2 + \varepsilon_3x_3'^2 \tag{**}$$

式中$\varepsilon_1,\varepsilon_2,\varepsilon_3$为常数. 如果,照我们通常的假定,这方式$\Phi$的系数为实数,那么,上述的简化法,可用实系数的代换来进行,而最后所得的$\varepsilon_1,\varepsilon_2,\varepsilon_3$也是实数;我们以后经常这样规定.

因此,一切二级曲线的方程

$$\Phi(x_1,x_2,x_3) = 0 \tag{1}$$

都可以化为"典型式"②

$$\Phi'(x_1',x_2',x_3') = \varepsilon_1x_1'^2 + \varepsilon_2x_2'^2 + \varepsilon_3x_3'^2 \tag{2}$$

如果方式Φ的判别式不是0(在这情形,我们已经知道这曲线是不可分解的),那么,系数$\varepsilon_1,\varepsilon_2,\varepsilon_3$里没有一个是0(参看附录 §12). 再经一个平直代换,我们可以使它们取得数值③ ± 1. 如果所有三个数值同号,那么,方程(2)在改用新变数后,将取得如下形式(如有必要,可把各项一起变号)

$$x_1'^2 + x_2'^2 + x_3'^2 = 0 \tag{3}$$

① 参看 §211.

② 这简化法的几何意义,将在 §222 中指出.

③ 例如,设$\varepsilon_1 > 0$,令$\sqrt{\varepsilon_1}x_1' = x_1''$,于是项$\varepsilon_1x_1'^2$化为$x_1''^2$;又设$\varepsilon_1 < 0$,令$\sqrt{-\varepsilon_1}x_1' = x_1''$,于是$\varepsilon_1x_1'^2 = -x_1''^2$. 其他变数,可照样进行.

但如 $\varepsilon_1,\varepsilon_2,\varepsilon_3$ 三个系数中,有两个同号,一个异号,它便取得下式(必要时,可把下标互换)

$$x_1'^2+x_2'^2-x_3'^2=0 \tag{4}$$

因此,用齐次平直代换,可以把所有不可分解的二级曲线方程化为式(3)或式(4).

如果判别式 A 的秩等于2,那么,在方程(2) 里 $\varepsilon_1,\varepsilon_2,\varepsilon_3$ 有一个等于0,因此,这方程可以化为下面两式中的一个

$$x_1'^2+x_2'^2=0,\text{即}(x_1'+\mathrm{i}x_2')(x_1'-\mathrm{i}x_2')=0 \tag{5}$$

或

$$x_1'^2-x_2'^2=0,\text{即}(x_1'+x_2')(x_1'-x_2')=0 \tag{6}$$

在第一种情形得两条共轭虚直线 $x_1'+\mathrm{i}x_2'=0$ 和 $x_1'-\mathrm{i}x_2'=0$ 的集合,以点①(0,0,1) 为二重点;在第二种情形为两条实直线的集合,以点(0,0,1) 为二重点.

最后,如果 A 的秩等于1,那么,$\varepsilon_1,\varepsilon_2,\varepsilon_3$ 中有两个等于0,例如 $\varepsilon_2=\varepsilon_3=0$,$\varepsilon_1\neq 0$;方程(3) 取得下式

$$x_1'^2=0 \tag{7}$$

它总是代表叠合的实直线,这线上各点,都是二重点.

为简单起见,我们将假定 x_1,x_2,x_3 代表一点的笛氏(齐次) 坐标.

变换式(*) 可用两种不同观点来讨论:

1° 数量 x_1',x_2',x_3' 可看作点(x_1,x_2,x_3) 对于某个投影坐标系的坐标,这坐标系被代换式(*) 的系数所完全决定,参看 §177. 这时可把结果表达如下:

用适宜选择的投影坐标系,一切二级曲线方程,都可化为典型式(2),这里 $\varepsilon_1,\varepsilon_2,\varepsilon_3$ 等于 ±1 或0. 因各种情形的不同,我们将得式(3),(4),(5),(6),(7)中的一个. 除了式(3),(4),即是 $A\neq 0$ 的情形之外,所得的曲线都是可分解的.

2° 我们也可把 x_1',x_2',x_3' 看作某一点 M' 的齐次笛氏坐标,它和点 $M(x_1,x_2,x_3)$ 是对于同一坐标系的两点. 这时(§179) 代换式(*) 决定了某个平面上点的投影变换(即直射变换),我们可述如下命题:

用适宜的直射变换,一切二级曲线,都可变为由式(3) ~ (7) 中的一个方程所代表的曲线.

特别是一切不可分解的二级曲线,都可以变为曲线(3) 或曲线(4).

---

① 事实上,直线 $x_1'+\mathrm{i}x_2'=0$,$x_1'-\mathrm{i}x_2'=0$ 的交点的坐标为 $x_1'=0$,$x_2'=0$,x_3' 为任意数(不为0),但我们总可假定 $x_3'=1$.

我们总可假定对于已知的曲线和变换后的曲线所取的笛氏坐标系是直角坐标系. 用不齐次坐标改写式(3) 和(4),分别可得

$$x^2+y^2+1=0 \tag{3a}$$

和

$$x^2+y^2-1=0 \tag{4a}$$

第一个方程,显然不为任何实值 x,y 所适合,即是,它表示一条虚曲线. 第二个为圆的方程. 因此,我们知道,用投影变换,一切不可分解的实二级曲线都可变成圆. 由此可得(并且这是最主要的结果),一切不可分解的实二级曲线都可用直射变换把其中一条曲线变为另一条.

从投影几何观点,所有曲线,可用投影变换由其中一条变为另一条的,都是等价的曲线. 故依照这观点来说,一切不可分解的实二级曲线都等价(依此,从投影的观点,椭圆、双曲线、抛物线是没有区别的).

总结来说:从投影的观点,一切二级曲线,分为如下的两类:

(a) 不可分解的曲线;

(b) 可分解的曲线.

在(a) 类中,可再分为两组:(a_1) 实曲线和(a_2) 虚曲线.

在(b) 类中,可再分为:(b_1) 两条不同直线的集合和(b_2) 两条叠合直线的集合. 最后(b_1) 组更可分为:(b_1') 不同的实直线和(b_1'') 共轭虚直线.

注　在所有可分解的二级曲线的情形,典型式 Φ' 可以写为($\varepsilon_3=0$)

$$\Phi'=\varepsilon_1 x_1'^2=\varepsilon_2 x_2'^2$$

(当 $\varepsilon_2=0$,得二重直线). 根据这式,这条曲线的二重点,显然适合三个方程①

$$\Phi_1'=\varepsilon_1 x_1'=0,\Phi_2'=\varepsilon_2 x_2'=0,\Phi_3'=\varepsilon_3 x_3'=0 \tag{8}$$

(最后一式便是恒等式 $0=0$). 但回到旧变数 x_1,x_2,x_3,方程系②

$$\begin{cases}\Phi_1=a_{11}x_1+a_{12}x_2+a_{13}x_3=0\\ \Phi_2=a_{21}x_1+a_{22}x_2+a_{23}x_3=0\\ \Phi_3=a_{31}x_1+a_{32}x_2+a_{33}x_3=0\end{cases} \tag{9}$$

和方程系(8) 等价,因此,解这方程系,可求得二重点. 如果行列式 A 的秩等于 2,那么,只得一个二重点(正如以前所见过);如果秩等于 1,那么,方程系(9)里只有一个独立方程,而我们所得的直线,完全由二重点组成(这便是二重直

① 我们已经见过,当 $\varepsilon_2\neq 0$,这二重点适合条件 $x_1'=x_2'=0$. 又当 $\varepsilon_2=0$,线上所有的点都是二重点,亦都适合条件 $x_1'=0$.

② 参看附录 §11.

线).

通常,我们把坐标适合于方程系(9) 的点叫作二重点. 如果 $A \neq 0$,即如果曲线为不可分解的,那么,方程系(9) 没有(非零的) 解答. 那便是说,不可分解的曲线没有二重点.

§212. 用五点决定二级曲线 设

$$a_{11}x^2 + 2a_{12}xy + a_{22}y^2 + 2a_{13}xt + 2a_{23}yt + a_{33}t^2 = 0 \tag{1}$$

为用齐次坐标时的二级曲线的方程,这里是用 x,y,t 表示齐次坐标. 在这方程里有六个常数系数 $a_{11},a_{12},a_{22},a_{13},a_{23},a_{33}$,但如果把这些常数分别改为和它们成比例的常数,这条曲线不受影响. 所以,起作用的显然不是这些常数本身,而是它们中的五个和第六个的比值. 因此,二级曲线的形状和位置被五个常数所决定. 由此可知,二级曲线,就一般来说,应被五个已知条件所决定.

特别是,已知曲线上的五点,就一般来说,这条二级曲线便被完全确定. 换句话说, 如果在平面上给定五点 $M_1(x_1,y_1,t_1),M_2(x_2,y_2,t_2),\cdots,M_5(x_5,y_5,t_5)$,那么,就一般来说,通过这五点,我们可求得一条且只一条二级曲线(这个命题的严格说法,参看下文). 事实上,如果式(1) 为所求的曲线方程,那么,把它经过已知点的条件表示出来,就得五个方程

$$\begin{cases} a_{11}x_1^2 + 2a_{12}x_1y_1 + a_{22}y_1^2 + 2a_{13}x_1t_1 + 2a_{23}y_1t_1 + a_{33}t_1^2 = 0 \\ a_{11}x_2^2 + 2a_{12}x_2y_2 + a_{22}y_2^2 + 2a_{13}x_2t_2 + 2a_{23}y_2t_2 + a_{33}t_2^2 = 0 \\ a_{11}x_3^2 + 2a_{12}x_3y_3 + a_{22}y_3^2 + 2a_{13}x_3t_3 + 2a_{23}y_3t_3 + a_{33}t_3^2 = 0 \\ a_{11}x_4^2 + 2a_{12}x_4y_4 + a_{22}y_4^2 + 2a_{13}x_4t_4 + 2a_{23}y_4t_4 + a_{33}t_4^2 = 0 \\ a_{11}x_5^2 + 2a_{12}x_5y_5 + a_{22}y_5^2 + 2a_{13}x_5t_5 + 2a_{23}y_5t_5 + a_{33}t_5^2 = 0 \end{cases} \tag{2}$$

它们对于六个未知量 $a_{11},\cdots,a_{33}$ 为一次齐次的. 就一般来说,这五个方程可以完全决定五个未知量对于第六个的比值.

但当五个已知点在某一些特殊位置时,上面所述便可能不成立. 例如,这些已知点中如有四点在同一直线上,则显然有无穷多条二级曲线通过它们:每一曲线为两直线的集合,其中一条直线通过四个已知点,另一条为经过第五点的任意直线. 在更特殊的情形,如果所有五点都在同一直线上,那么,这个问题的解答为两直线的集合,其一通过这些已知点,其二为完全任意的直线.

我们不难证明,除了上述特殊情形之外,总可得到一条完全确定的二级曲线. 就是说,通过平面上任何五个不同的点,其中没有四点同在一直线上,有一条且只一条二级曲线.

上述命题的证明:我们知道(参看附录 §6) 齐次一次方程系(2) 也许能够

完全确定未知数 $a_{11},\cdots,a_{33}$ 的比值. 也许方程系(2) 中有某几个方程为其他方程的平直组合. 在第一种情形,我们便得完全确定的二级曲线. 在第二种情形,最低限度有一个方程,假设是最后一个,可由其他方程推出. 这便是说,任一经过 M_1,M_2,M_3,M_4 的二级曲线,都要经过 M_5. 我们首先证明,只有当 M_1,M_2,M_3,M_4 中有三点同在一直线上时,这个情形才可能发生. 事实上,设这四点中没有三点共线,则一对直线 M_1M_2 和 M_3M_4(图 141) 组成经过四点 M_1,M_2,M_3,M_4 的二级曲线;同时一对直线 M_1M_3,M_2M_4 也组成具有同样性质的二级曲线,但这两条二级曲线除了 M_1,M_2,M_3,M_4 之外,没有任何其他公共点;因此,它们不能够同时经过点 M_5,而与所给的条件矛盾.

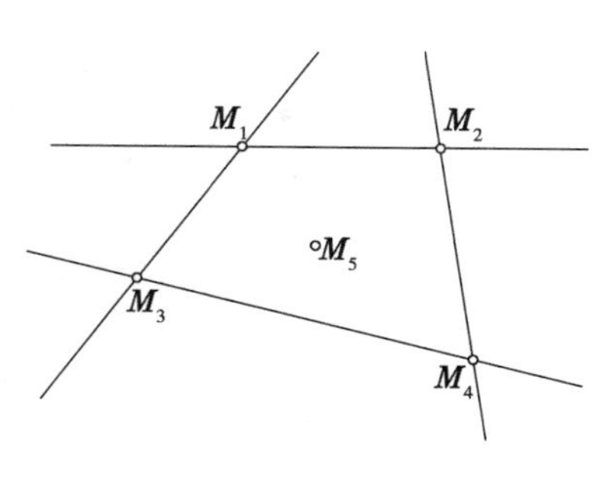

图 141

因此,可再假定三点 M_1,M_2,M_3 在同一直线上,今证明点 M_5 也在这条直线上.

因为,在相反的情形,我们可作一条二级曲线经过 M_1,M_2,M_3,M_4 而不经过 M_5;这只需取两条直线的集合,其中一条经过 M_1,M_2,M_3,另一条经过 M_4 而不经过 M_5.

所以要使方程系(2) 中的一个方程为其他方程的结果,只有当已知点中有四点同在一直线上时才有可能. 那时,这问题便没有唯一解答,而有无穷多个解答,正如上面所说.

注 1　从五点决定一条二级曲线这命题的证法,我们推知:如果两条二级曲线所有的点都是公共的,那么,两个方程里的系数成比例①.

事实上,在其中一条曲线上,取五个不同的点. 如果这些点中没有四点在同一直线上,那么,方程系(2) 完全确定了系数 $a_{11},\cdots,a_{33}$ 的比值. 且因第二条曲线的方程的系数 $a_{11}',\cdots,a_{33}'$ 也适合同一方程系,所以它们应该和系数 $a_{11},\cdots,a_{33}$ 成比例.

但如果所选的五点中有四点同在一直线上,那么,每条曲线分解为两条直线,那时这个命题也容易直接验明.

注 2　所有上面的讨论,当然可用不齐次坐标来推演,但在某些情形,需做关于假元素的补充的讨论.

① 这命题曾用另一法推得(§209).

习　题

求作二级曲线,经过下列各点(用不齐次坐标)

$$M_1(3,0),M_2(-3,0),M_3(0,2),M_4(0,-2),M_5(\frac{3\sqrt{3}}{2},1)$$

解:所求曲线方程的系数,由下面方程系确定

$$9a_{11}+6a_{13}+a_{33}=0$$

$$9a_{11}-6a_{13}+a_{33}=0$$

$$4a_{22}+4a_{23}+a_{33}=0$$

$$4a_{22}-4a_{23}+a_{33}=0$$

$$\frac{27}{4}a_{11}+3\sqrt{3}a_{12}+a_{22}+3\sqrt{3}a_{13}+2a_{23}+a_{33}=0$$

从第一个方程减去第二个方程,得 $a_{13}=0$,第三个方程减去第四个方程,得 $a_{23}=0$,因此,这方程系化简如下

$$9a_{11}+a_{33}=0,4a_{22}+a_{33}=0$$

$$\frac{27}{4}a_{11}+3\sqrt{3}a_{12}+a_{22}+a_{33}=0$$

由前面两个方程,得

$$a_{11}=-\frac{a_{33}}{9},a_{22}=-\frac{a_{33}}{4}$$

把这些数值代入后一个方程得 $a_{12}=0$. 因此,最后得 $a_{13}=a_{12}=a_{23}=0$,而得所求曲线的方程如下式(用 a_{33} 除全式)

$$-\frac{1}{9}x^2-\frac{1}{4}y^2+1=0$$

或

$$\frac{x^2}{9}+\frac{y^2}{4}=1$$

§213. 二级曲线束　根据 §212 所说,经过平面上四个已知点,有无穷多条二级曲线. 如果已知的四点不在同一直线上,那么,这些曲线的集合,依赖于一个参数(现在即将证明),这个集合叫作二级曲线束.

求束内二级曲线的一般方程. 设 M_1,M_2,M_3,M_4 为不在同一直线上的给定点,任意取第五点 M',经过五点 $M_1,\cdots,M_4,M'$ 作二级曲线 $\Phi(x,y,t)=0$. 然后再取任意点 M'',M'' 不在曲线 $\Phi(x,y,t)=0$ 上. 经过五点 M_1,M_2,M_3,M_4,M'' 再作二级曲线 $\Psi(x,y,t)=0$. 当然它和前条曲线不相同. 这样,我们得两条二级

曲线都经过四个给定点. 求证:经过这四个给定点的任何二级曲线都可用下面的方程来表示

$$\lambda\Phi(x,y,t)+\mu\Psi(x,y,t)=0 \tag{1}$$

这里 λ,μ 为常数,且不同时等于0.

事实上,方程(1) 显然代表一条二级曲线[①]经过四个给定点. 尚须证明,给予 λ 和 μ 适当的数值,可以得到经过这些点的所有二级曲线. 令 $\Phi_0(x,y,t)=0$ 为经过这四点的一条二级曲线,我们在其上取任意点 $M_0(x_0,y_0,t_0)$,M_0 不与所给点 M_1,M_2,M_3,M_4 中的任何三点在同一直线上,并选取参数 λ 和 μ,使得曲线(1) 也经过这点 M_0. 这只需给予 λ 和 μ 那些数值(不同时等于0 的),使得

$$\lambda\Phi(x_0,y_0,t_0)+\mu\Psi(x_0,y_0,t_0)=0 \tag{2}$$

显然这总是可能的. 如果参数 λ 和 μ 取得了上述的数值,那么,曲线(1) 和曲线 $\Phi_0(x,y,t)=0$ 都经过五点 M_1,M_2,M_3,M_4,M_0,所以它们相叠合.

方程(1) 含有两个任意参数 λ 和 μ,但这方程所表示的曲线,显然只是依赖于这两参数的比值,即只依赖于一个参数 $k=\frac{\lambda}{\mu}$. 当 $k=0$,得曲线 $\Psi=0$;又当 $k=\infty$(即当 $\mu=0,\lambda\neq0$),得曲线 $\Phi=0$.

特别是我们若取两对直线 (M_1M_2,M_3M_4) 和 (M_1M_3,M_2M_4) 作为曲线 $\Phi=0$ 和 $\Psi=0$,便可免去找寻曲线 $\Phi=0$ 和 $\Psi=0$ 的困难. 这样,设 $f_1=0$, $f_2=0$, $f_3=0$, $f_4=0$ 为直线 $M_1M_2,M_3M_4,M_1M_3,M_2M_4$ 的方程,这里 f_1,f_2,f_3,f_4 为变数 x,y,t 的一次方式,那么,经过这四点的二级曲线,便有一般方程如下

$$\lambda f_1f_2+\mu f_3f_4=0 \tag{3}$$

或

$$f_3f_4+kf_1f_2=0 \tag{3a}$$

这里

$$k=\frac{\lambda}{\mu} \tag{4}$$

根据上面所述,求作二级曲线通过五个已知点的问题,极易解决:只要先写出一般方程(3),代表经过已知点中任何四点的曲线,然后选择 $\frac{\lambda}{\mu}$ 的比值,使这条曲线经过第五点.

① 这方程的左边,不会恒等于0,否则,两条曲线 $\Phi=0$ 和 $\Psi=0$ 便不是不相同的曲线了.

习题和补充

1. 应用 §213 末尾所述的方法来解决 §212 所举的习题.

解:直线 M_1M_2,M_3M_4,M_1M_3,M_2M_4 的方程分别为(用不齐次坐标)

$$y=0,x=0,2x+3y-6=0,2x+3y+6=0$$

因此,经过四点 M_1,M_2,M_3,M_4 的二级曲线的一般方程为

$$\lambda xy+\mu(2x+3y-6)(2x+3y+6)=0$$

因为这曲线经过点 $M_5(\frac{3\sqrt{3}}{2},1)$,故得 $\lambda=-12\mu$. 例如,我们可取 $\mu=1$,$\lambda=-12$. 把这些值代入,便得所求曲线的方程

$$4x^2+9y^2-36=0$$

2. 求二级曲线的一般方程,它经过已知二级曲线 $\Phi=0$ 和两条已知直线 $f_1=0$,$f_2=0$ 的四个交点.

答:
$$\lambda\Phi+\mu f_1f_2=0$$

3. 求二级曲线的一般方程,已知它经过二级曲线 $\Phi=0$ 和直线 $f_1=0$ 相交的两点.

答:$\lambda\Phi+f_1f_2=0$,这里 λ 为任意常数,而 f_2 为任意一次方式,即 $f_2=ax+by+ct$,这里 a,b,c 都是任意数. 我们可见这条曲线依赖于三个任意参数(即数量 λ,a,b,c 中任何三个和第四个的比值).

§214. 巴斯卡定理 我们已经知道二级曲线完全被它的五点所决定,只要这五点中没有四点是共线的. 因此,曲线上任意的第六点应当和这已知的五点有确定的关系. 下面的巴斯卡定理说明这种关系的几何意义:二级曲线的内接六边形的对边的交点在同一直线上.

首先,说明这定理的内容. 设 M_1,M_2,M_3,M_4,M_5,M_6 为给定的二级曲线上六个不同的点. 用直线把它们依次联结起来(依照上面所写的次序),我们得六边形. 各边为 M_1M_2,M_2M_3,M_3M_4,M_4M_5,M_5M_6,M_6M_1(如果依照别一个次序联结各点,我们另得一个六边形;这定理,对于任何一个六边形,都能成立). 依照上列的次序,用记号表示各边如下(图 142)

$$f_1,f_2,f_3,g_1,g_2,g_3$$

每两边 f_1 和 g_1,f_2 和 g_2,f_3 和 g_3 叫作对边. 巴斯卡定理断定三点 (f_1g_1),(f_2g_2),(f_3g_3) 同在一直线上,这里我们用记号 (fg) 表示直线 f 和 g 的交点.

为了更清楚起见,我们在证明里将假定已知曲线为不可分解的,因此,各顶点 M_1,…,M_6 之中,没有三点共线,但一般情形的证明,也很容易推得.

经过点(f_3g_1)和(g_3f_1)作辅助直线φ，便得两个四边形分别以f_1,f_2,f_3,φ和g_1,g_2,g_3,φ为边. 每一个都是这二级曲线的内接四边形.

为了易于辨别，仍用字母f_1,f_2等表示直线f_1,f_2等的方程的左边（因此，直线f_1的方程为$f_1=0$. 其余类推）.

根据 §213 所说，二级曲线方程，可以写成下面两式中的任何一种形式

$$f_1f_3+\lambda f_2\varphi=0 \text{ 和 } g_1g_3+\mu g_2\varphi=0$$

式中λ,μ为适宜选择的数[①]. 但因这两个方程代表同一二级曲线，所以有恒等式

$$g_1g_3+\mu g_2\varphi=v(f_1f_3+\lambda f_2\varphi)$$

式中v为一个常数因子.

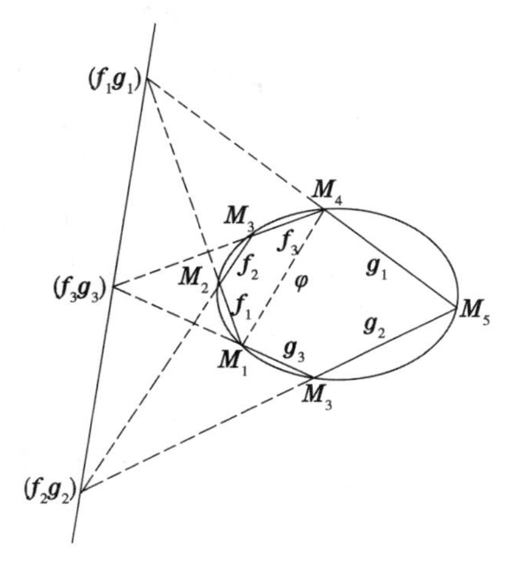

图 142

我们可设$v=1$，而不损害普遍性，因为因子v可以包括在一次函数f_1和f_2的系数之内. 这样便得恒等式

$$g_1g_3+\mu g_2\varphi=f_1f_3+\lambda f_2\varphi$$

由此得

$$g_1g_3-f_1f_3=\varphi\cdot(\lambda f_2-\mu g_2) \tag{1}$$

方程$\varphi\cdot(\lambda f_2-\mu g_2)=0$代表两条直线，其一为$\varphi$；以$\varphi'$表示另外一条. 这条直线$\varphi'$显然经过点$(f_2g_2)$[②]，由恒等式(1)，方程$g_1g_3-f_1f_3=0$也代表和上述相同的两条直线. 这两条直线显然经过四点(g_1f_1)，(g_3f_3)，(g_1f_3)，(g_3f_1)，后面两点在直线φ上. 前面两点显然不在φ上[③]，因此它们一定在直线φ'上，但φ'含有点(f_2g_2). 因此，三点(f_1g_1)，(f_2g_2)，(f_3g_3)同在一直线φ'上，因而定理得以证明.

巴斯卡定理，提供二级曲线作图的方法：已知二级曲线上的五点，可只用直尺，求作这曲线上任意多的其他点，留为读者自行说明.

§215. 用两个投影线束产生二级曲线　我们再来证明下面的一个命题，

① 这里的λ和μ和 §213 的符号k，意义相同.

② 因这条直线的方程为$\varphi'=\lambda f_2-\mu g_2=0$.

③ 如要点(g_1f_1)在φ上，只当g_1或f_1（或它们一起）和φ合成一条线才有可能. 但那时点M_2或点M_5（或同时两点）也需在φ上，即它和M_1,M_4共线，这便与假设矛盾.

这也和巴斯卡定理一样,可作为二级曲线的纯粹投影的定义.

设 F 和 G 为二级曲线 Γ 上的两点(图 143). 现在讨论以 F 和 G 为中心的两个线束. 取这两线束内,经过曲线 Γ 上同一点 M 的直线 f 和 g 作为对应线. 用这种对应方法所构成的线束,彼此间存有投影关系. 反过来说,两个投影线束的对应线的交点,构成经过两个线束中心的二级曲线.

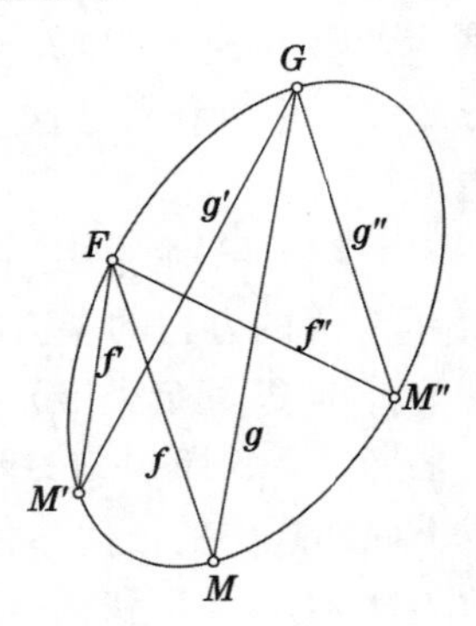

图 143

证 设 f' 和 f'' 为第一个线束内两条直线,而 g' 和 g'' 为第二个线束内和它们对应的直线. 因为这条曲线经过线偶 f', g' 和线偶 g'', f'' 的交点,那么,这曲线的方程可表示为下式

$$f'g'' - kf''g' = 0$$

这里 k 为常数,或者把 k 包含在一次函数 f'' 或 g' 之内,便成下式

$$f'g'' - f''g' = 0 \tag{1}$$

亦即

$$\frac{f''}{f'} = \frac{g''}{g'} \tag{1a}$$

所以这曲线上所有各点的坐标,都适合方程(1a).

现在设 f 为第一线束内的任意直线,而 g 为第二线束内和 f 对应的直线. 这两条直线的方程分别为

$$f' - \lambda f'' = 0 \text{ 和 } g' - \mu g'' = 0 \tag{2}$$

这里 λ 和 μ 为常数.

这两条直线有公共点 M 在所给曲线上. 把点 M 的坐标代入式(2),并应用方程(1a),便得

$$\lambda = \mu$$

即,要使两个线束里的直线成对应,我们可取 $\lambda = \mu$,由此可知这样的对应为投影对应(§189).

反过来说,设两个线束式(2) 具有投影对应的关系,我们总可令这个投影对应用等式 $\lambda = \mu$ 来表示(§189). 因此,两线束里的对应直线分别有方程

$$f' = \lambda f'', g' = \lambda g''$$

这里的 λ 是相同的. 这两条直线的交点的坐标,适合这两个方程. 消去 λ,我们得方程(1a) 或方程(1),由此显见,对应直线的交点构成二级曲线(1);这条曲

线，显然经过点 G 和 F.

Ⅱ. 二级曲线和直线的交点. 切线

§216. 在齐次坐标系决定二级曲线和直线的交点的方程　讨论二级曲线和直线的相交，乃是研究二级曲线性质的主要方法之一. 在前面我们曾多次谈到代数曲线和直线相交的问题，特别是二级曲线和直线相交的问题.

现在要比较详细地来讨论这个问题，首先推求一个很简单而且对称的方程，用它来确定已知的二级曲线和直线的交点.

设已知二级曲线的齐次坐标方程为

$$\Phi(x_1,x_2,x_3)=0 \tag{1}$$

这里沿用记号（§208）

$$\Phi(x_1,x_2,x_3)=a_{11}x_1^2+2a_{12}x_1x_2+a_{22}x_2^2+2a_{13}x_1x_3+2a_{23}x_2x_3+a_{33}x_3^2 \tag{2}$$

又设已知某直线，其参数表示为[1]

$$x_1=\lambda x_1{}'+\mu x_1{}'',x_2=\lambda x_2{}'+\mu x_2{}'',x_3=\lambda x_3{}'+\mu x_3{}'' \tag{3}$$

这里 $x_1{}',x_2{}',x_3{}'$ 和 $x_1{}'',x_2{}'',x_3{}''$ 为所给直线上任意两个不相同的点.

把式(3) 代入方程(1)，再引用 §208 的公式(11)，就得方程

$$\lambda^2\Omega(x';x')+2\lambda\mu\Omega(x';x'')+\mu^2\Omega(x'';x'')=0 \tag{4}$$

这里依照 §208 的记号

$$\begin{aligned}\Omega(x';x'')&=\Omega(x_1{}',x_2{}',x_3{}';x_1{}'',x_2{}'',x_3{}'')\\&=x_1{}''\Phi_1(x_1{}',x_2{}',x_3{}')+x_2{}''\Phi_2(x_1{}',x_2{}',x_3{}')+x_3{}''\Phi_3(x_1{}',x_2{}',x_3{}')\\&=x_1{}''(a_{11}x_1{}'+a_{12}x_2{}'+a_{13}x_3{}')+x_2{}''(a_{21}x_1{}'+a_{22}x_2{}'+a_{23}x_3{}')+\\&\quad x_3{}''(a_{31}x_1{}'+a_{32}x_2{}'+a_{33}x_3{}')\end{aligned} \tag{5}$$

但 $\Omega(x';x')=\Phi(x_1{}',x_2{}',x_3{}')$ 由 $\Omega(x';x'')$ 推得，如果把 $x_1{}'',x_2{}'',x_3{}''$ 改为 $x_1{}'$，$x_2{}',x_3{}'$，同样可得 $\Omega(x'';x'')$.

方程(4) 决定了比值

$$h=\frac{\lambda}{\mu}$$

因为以 μ^2 除方程(4)，便得决定 h 的方程

$$h^2\Omega(x';x')+2h\Omega(x';x'')+\Omega(x'';x'')=0 \tag{4a}$$

---

① 参看 §167（对于笛氏坐标）和 §178a（对于投影坐标）.

如果这个二次方程的三个系数都等于0,那么,它化为恒等式,因此所说的直线整条属于这二次曲线(只有当这曲线为可分解时才可能).把这情形除外,我们总可设 $\Omega(x';x') \neq 0$,即点(x_1',x_2',x_3') 不在所论的二次曲线上①.由此,方程(4a) 的解答用下式来表示

$$h=\frac{-\Omega(x';x'')\pm\sqrt{[\Omega(x';x'')]^2-\Omega(x';x')\Omega(x'';x'')}}{\Omega(x';x')} \tag{6}$$

这样我们得两交点(实的或虚的,不相同的或叠合的).

§217. 二级曲线的切线 如果直线 Δ 和二级曲线 Γ 的两个交点相叠合,那么,直线 Δ 叫作已知二级曲线的切线.这个叠合的交点,叫作切点.

首先,讨论和已知二级曲线

$$\Phi(x_1,x_2,x_3)=0 \tag{1}$$

相切于它的点 M_0 的切线方程.设 y_1,y_2,y_3 为这切点的坐标;由假设,点 M_0 在已知曲线上,故有

$$\Phi(y_1,y_2,y_3)=0$$

设 $M(x_1,x_2,x_3)$ 为所求切线上其他某一(任意的)点(图144).我们欲求点 M 的坐标所应适合的方程(这就是切线方程),只需把直线 M_0M 和曲线 Γ 的两个交点相叠合这个事实用式子表达出来.为了这个目的,我们可应用 §216 的方程(4a),把其中的点(x_1',x_2',x_3') 改作 $M(x_1,x_2,x_3)$,而把点(x_1'',x_2'',x_3'') 改作点 $M_0(y_1,y_2,y_3)$.

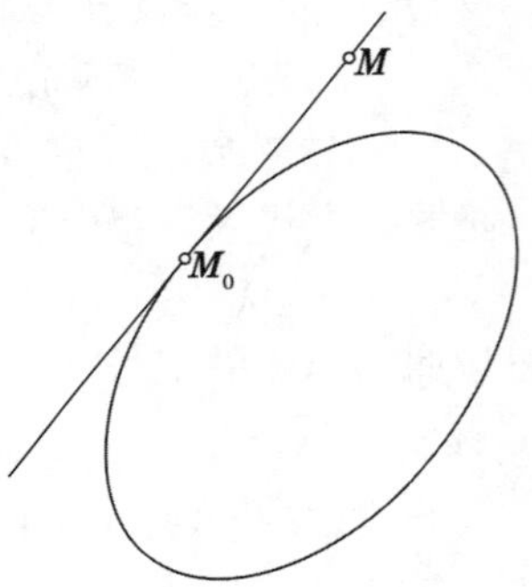

因为,依照假设,$\Omega(y;y)=\Phi(y_1,y_2,y_3)=0$.故上面所说的方程取得下式

$$h^2\Omega(x;x)+2h\Omega(x;y)=0 \tag{*}$$

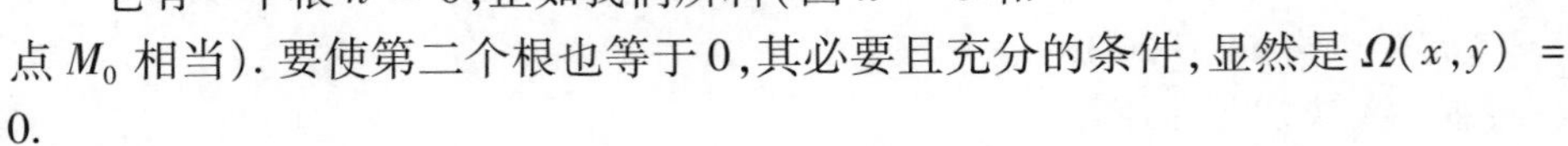

图144

它有一个根 $h=0$,正如我们所料(因 $h=0$ 和点 M_0 相当).要使第二个根也等于0,其必要且充分的条件,显然是 $\Omega(x,y)=0$.

因此,在点 $M_0(y_1,y_2,y_3)$ 的切线有方程如下式

$$\Omega(x_1,x_2,x_3;y_1,y_2,y_3)=0 \tag{2}$$

详细写出为

---

① 这假设不是主要的.当 $\Omega(x';x')=0$,只是公式(6) 失效而已.

$$x_1\Phi_1(y_1,y_2,y_3)+x_2\Phi_2(y_1,y_2,y_3)+x_3\Phi_3(y_1,y_2,y_3)=0 \tag{3}$$

依照 §208 的记号,这里的 Φ_1,Φ_2,Φ_3 为 $\Phi(y_1,y_2,y_3)$ 分别对于 y_1,y_2,y_3 的偏微商的半值. 因此方程(3) 可写作

$$x_1\frac{\partial\Phi}{\partial y_1}+x_2\frac{\partial\Phi}{\partial y_2}+x_3\frac{\partial\Phi}{\partial y_3}=0 \tag{3a}$$

这方程和方程(3),只有一个常数因子 2 的差别.

在这方程里,y_1,y_2,y_3 为常数(切点的坐标),而 x_1,x_2,x_3 为流动坐标.

方程(3) 代表一条完全确定的直线,除非同时有

$$\Phi_1(y_1,y_2,y_3)=\Phi_2(y_1,y_2,y_3)=\Phi_3(y_1,y_2,y_3)=0 \tag{4}$$

但只有当 Γ 为可分解的曲线,而 $M_0(y_1,y_2,y_3)$ 为它的二重点时才有这种可能(参看 §211 注).

因此,通过曲线 Γ 上每一点 M_0,可以作它的一条且只一条切线. 只有当 Γ 为可分解的曲线,而 M_0 为它的二重点时,才是例外.

在这个例外情形,任一经过这个二重点的直线,都可算作"切线",因为这条直线和曲线相交于两个叠合的点,显而易见,如果点 M_0 在 Γ 所分解而成的一条直线上(而不是它们的交点),那么,在点 M_0 的切线便和那条直线重合.

实际上常用不齐次坐标来写切线的方程,欲得这个方程,可在方程(3) 里,令

$$x_1=x,x_2=y,x_3=1,y_1=x_0,y_2=y_0,y_3=1$$

用 §208 的记号,得方程

$$x\Phi_1(x_0,y_0,1)+y\Phi_2(x_0,y_0,1)+\Phi_3(x_0,y_0,1)=0 \tag{5}$$

这个方程可写成另外一种形式. 例如:因点 $M(x_0,y_0)$ 在这曲线上,可得 $F(x_0,y_0)=\Phi(x_0,y_0,1)=0$. 而由 §208 的恒等式(7a) 得

$$x_0\Phi_1(x_0,y_0,1)+y_0\Phi_2(x_0,y_0,1)+\Phi_3(x_0,y_0,1)=0 \tag{**}$$

由方程(5) 减去方程(* *),便得切线方程如下式

$$(x-x_0)\Phi_1(x_0,y_0,1)+(y-y_0)\Phi_2(x_0,y_0,1)=0 \tag{6}$$

亦即是(参看 §208 的记号)

$$(x-x_0)\frac{\partial F(x_0,y_0)}{\partial x_0}+(y-y_0)\frac{\partial F(x_0,y_0)}{\partial y_0}=0 \tag{6a}$$

§218. 切线作为割线的极限　上面所述切线的纯粹代数的定义,适用于二级曲线. 我们容易把这个定义推广到高级代数曲线(也可推广到那些所谓"分析的"曲线). 现在将不讨论这些推广方法,而只讨论在微分几何里所常用的,且可以适用于一般曲线的切线的定义.

我们将会看到这个定义用于二级曲线时所得的结果和上述的一致(如果把下面即将讲及的一个特殊情形作为例外).

已给某一条曲线,设 M_0 和 M_1 为它的任意两点,而 Δ_1 为经过这两点的直线(即割线)(图 145). 现在设想点 M_0 不动,而点 M_1 永远沿着这条曲线,趋近于 M_0. 令 Δ 表示当 M_1 趋向 M_0 时,割线 Δ_1 所趋向的极限位置,这直线 Δ 叫作所给曲线在点 M_0 的切线.

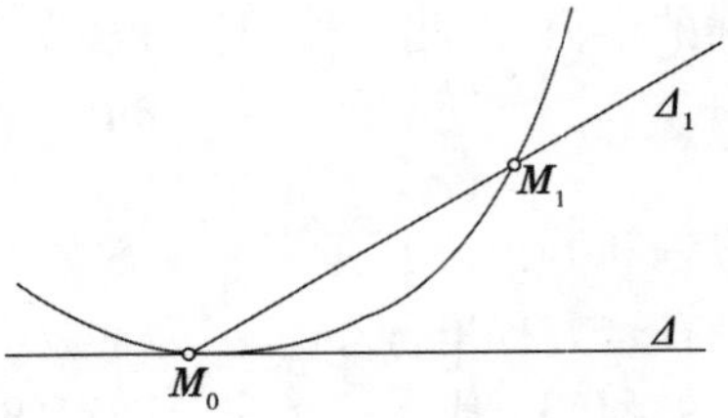

图 145

一个可能发生的情形是当 M_1 趋向 M_0 时,割线 Δ_1 不趋向一定的极限位置. 那时我们说这曲线在点 M_0 没有切线.

上述的切线定义,不仅可施用于平曲线,也可施用于空间曲线①.

仅就平曲线而论,我们将详细说明在哪些条件之下,所给的曲线在所给点上才有切线,而且怎样求得这条切线.

设

$$F(x,y)=0 \tag{1}$$

为平面上已知曲线的不齐次笛氏坐标方程.

我们假定函数 $F(x,y)$ 在变数 x 和 y 的某个区间内,不但是连续的而且有连续一级偏微商存在. 我们只就这个区间内讨论.

设 (x_0,y_0) 为曲线(1)上的点. 如果在点 (x_0,y_0) 最少有一个偏微商 $\frac{\partial F}{\partial x}$, $\frac{\partial F}{\partial y}$ 不是 0,那么,这点叫作所讨论的曲线上的寻常点;又如果

$$\frac{\partial F(x_0,y_0)}{\partial x_0}=0, \frac{\partial F(x_0,y_0)}{\partial y_0}=0$$

那么,点 (x_0,y_0) 叫作奇异点.

我们以后假定 (x_0,y_0) 为这曲线的寻常点,因此在这点上,两个数量 $\frac{\partial F}{\partial x}$, $\frac{\partial F}{\partial y}$ 中至少有一个不为 0. 例如,设 $\frac{\partial F}{\partial y}\neq 0$.

根据著名的隐函数定理,关系式(1)决定 y 为 x 的单值函数

$$y=f(x) \tag{2}$$

如果我们规定,只是考虑那些十分靠近于点 (x_0,y_0) 的点 (x,y). 在这样规定之

① 读者未熟习微分学基础以前,可略去 §218 里下面的部分.

下, 函数 $f(x)$ 在数值 $x = x_0$ 的邻近, 有完全确定的连续的微商.

由方程(2), 我们容易求得这曲线的参数表示. 例如, 设

$$x = t, y = f(t) \tag{3}$$

更普遍地, 可设 $x = \varphi_1(t)$, 这里 $\varphi_1(t)$ 为 t 的任意函数, 由此得

$$y = f[\varphi_1(t)] = \varphi_2(t)$$

这式曾经在 §81 提过, 但现在我们做主要的补充说明如下:

设 (x_0, y_0) 为这曲线的寻常点, 那么, 我们总可选取它的参数表示

$$x = \varphi_1(t), y = \varphi_2(t) \tag{4}$$

使得当参数值 t 在某个充分小的区间 $(t_0 - h, t_0 + h)$ 内时(这里 t_0 为对应于点 (x_0, y_0) 的参数值), 两个函数 $\varphi_1(t)$ 和 $\varphi_2(t)$ 都是单值的, 并有连续的微商, 而且这两个微商之中, 至少有一个在这区间内不化为 0.

事实上, 只需选定任意的函数为 $\varphi_1(t)$, 使 $\varphi_1(t_0) = x_0$ 且使它在所给区间内, 有不化为 0 的连续微商. 那时, $\varphi_2(t) = f[\varphi_1(t)]$ 便也有连续微商(在充分小的区间 $(t_0 - h', t_0 + h')$ 内), 因为我们知道函数 $f(x)$ 有连续的微商.

我们的论断是根据

$$\frac{\partial F(x_0, y_0)}{\partial y_0} \neq 0$$

的假设. 但如果 $\frac{\partial F(x_0, y_0)}{\partial y_0} = 0$, 那么, 由假定 $\frac{\partial F(x_0, y_0)}{\partial x_0} \neq 0$, 那时只要把 x 和 y, $\varphi_1(t)$ 和 $\varphi_2(t)$ 调换地位, 便可得同样的结果.

如果函数 $\varphi_1(t)$ 和 $\varphi_2(t)$ 具有上述性质, 我们便说公式(4) 是这条曲线在点 (x_0, y_0) 的邻近的标准参数表示. 这个标准表示的主要性质是参数 t 的每一个数值(在数值 t_0 邻近) 和曲线上一个确定的点对应; 反过来说, 在点 (x_0, y_0) 邻近, 曲线上每一点 (x, y) 和一个确定的参数值(在数值 t_0 邻近) 对应. 这命题的前半, 由函数 φ_1 和 φ_2 的单值性推得. 它的后半, 也容易证明. 因为由规定, 至少有一个微商 φ_1' 或 φ_2' 不是 0(在数值 $t = t_0$ 的邻近). 例如, 设 $\varphi_1'(t) \neq 0$, 则根据隐函数定理, 当给定 x 一个数值(在 x_0 的邻近) 时, 关系式 $x = \varphi_1(t)$ 便能完全确定 t 的一个数值.

现在来求在点 (x_0, y_0) 的切线, 我们就会见到, 在规定的假定之下, 切线总是存在的.

事实上, 设 t_0 和 t_1 为参数 t 对于点 M_0 和 M_1 的对应值. 这两点的坐标 (x_0, y_0) 和 (x_1, y_1) 由下式给定

$$x_0 = \varphi_1(t_0), y_0 = \varphi_2(t_0); x_1 = \varphi_1(t_1), y_1 = \varphi_2(t_1)$$

我们可取矢量(x_1-x_0,y_1-y_0)作为经过M_0和M_1的直线Δ_1的方向矢量，或取任一个和它平行的矢量(X,Y)；例如取

$$X=\frac{x_1-x_0}{t_1-t_0},Y=\frac{y_1-y_0}{t_1-t_0}$$

当t_1趋向t_0，数量X和Y趋向一定的极限X_0,Y_0，即

$$X_0=\lim_{t_1\to t_0}X=\lim_{t_1\to t_0}\frac{\varphi_1(t_1)-\varphi_1(t_0)}{t_1-t_0}=\varphi_1{}'(t_0),Y_0=\varphi_2{}'(t_0)$$

矢量(X_0,Y_0)不是零矢量，因为，由规定，至少有一个数量$\varphi_1{}'(t_0)$或$\varphi_2{}'(t_0)$不为0. 因此，这矢量有确定的方向. 由上面所述，可知当$t_1\to t_0$时，直线Δ_1趋向一条完全确定的直线Δ，它经过M_0而以(X_0,Y_0)为其方向矢量. 所以，切线存在，且它的方程为

$$\frac{x-x_0}{X_0}=\frac{y-y_0}{Y_0}\tag{5}$$

或

$$\frac{x-x_0}{x_0{}'}=\frac{y-y_0}{y_0{}'}\tag{6}$$

这里$x_0{}'$和$y_0{}'$表示微商$x'=\frac{\mathrm{d}x}{\mathrm{d}t},y'=\frac{\mathrm{d}y}{\mathrm{d}t}$在$t=t_0$时的数值，而参数值$t=t_0$和切点$M_0$对应.

如果所给的曲线方程，用显函数式(2)，那么，可设$x=t,y=f(t)$，得

$$x'=1,y'=f'(t),y_0{}'=f'(t_0)=f'(x_0)$$

而切线方程(6)可以写作

$$y-y_0=f'(x_0)(x-x_0)\tag{7}$$

如果所给的曲线方程为一般式，那么，推求切线方程时，实际上无须化成参数表示式；只要知道这样表示法是可能的便够了. 设想在曲线方程

$$F(x,y)=0$$

里面的x和y，已经用参数t表达出来. 因此，这方程化为恒等式. 把它求微分(用复合函数的微分法则)得

$$\frac{\partial F(x,y)}{\partial x}\frac{\mathrm{d}x}{\mathrm{d}t}+\frac{\partial F(x,y)}{\partial y}\frac{\mathrm{d}y}{\mathrm{d}t}=0$$

由此，把数值t_0代替t，得

$$\frac{\partial F(x_0,y_0)}{\partial x_0}x_0{}'+\frac{\partial F(x_0,y_0)}{\partial y_0}y_0{}'=0$$

因为,由规定,至少有一个数量$\frac{\partial F}{\partial x_0}$,$\frac{\partial F}{\partial y_0}$不为0. 那么,上面的关系完全决定数量$x_0{}'$和$y_0{}'$的比值. 代替这$x_0{}'$,$y_0{}'$我们可用和它们成比例的数量$x-x_0$,$y-y_0$(根据式(6)),便得切线方程如下式

$$(x-x_0)\frac{\partial F(x_0,y_0)}{\partial x_0}+(y-y_0)\frac{\partial F(x_0,y_0)}{\partial y_0}=0 \tag{8}$$

特别是,如果$F(x,y)$为二次多项式,则所讨论的曲线为二级曲线;只有当曲线可分解为两直线时,它才有奇异点. 这奇异点为两直线的交点,即二重点. 事实上,如果

$$\frac{\partial F(x_0,y_0)}{\partial x_0}=0,\frac{\partial F(x_0,y_0)}{\partial y_0}=0$$

即如果

$$\Phi_1(x_0,y_0,1)=\Phi_2(x_0,y_0,1)=0$$

那么,根据 §217 公式(* *),得$\Phi_3(x_0,y_0,1)=0$. 因此,在这情形有

$$\Phi_1(x_0,y_0,1)=0,\Phi_2(x_0,y_0,1)=0,\Phi_3(x_0,y_0,1)=0$$

故所得的奇异点为二重点(参看 §217).

如果把(x_0,y_0)为奇异点的情形除外,那么,本章所说的切线定义和以前所说的定义,所得结果一致.

关于在奇异点的切线问题,我们将不再叙述.

注　在空间曲线的情形,已给参数表示

$$x=\varphi_1(t),y=\varphi_2(t),z=\varphi_3(t)$$

这里$\varphi_1,\varphi_2,\varphi_3$为单值函数,它们在某区间之内,都有连续微商,而且这些微商至少要有一个不为0. 那时,切线存在,它的方程为

$$\frac{x-x_0}{x_0{}'}=\frac{y-y_0}{y_0{}'}=\frac{z-z_0}{z_0{}'} \tag{9}$$

要加证明,只需把 §218 的讨论逐字复述一遍.

Ⅲ. 极点和极线. 切线坐标方程

§219. 从平面上已知点作切线. 极点和极线　现在提出问题如下:已知平面上任意点$N(y_1,y_2,y_3)$,求过N作直线和已知的二级曲线Γ相切. 设

$$\Phi(x_1,x_2,x_3)=0 \tag{1}$$

为曲线 Γ 的方程. 以后假定它是不可分解的[①](如果没有相反的声明). 又设 $M'(x_1', x_2', x_3')$ 为经过点 N 而和曲线 Γ 相切的一条切线的切点(暂时未知)(图 146). 切于点 M' 的切线有方程如下式

$$\Omega(x_1, x_2, x_3; x_1', x_2', x_3') = 0$$

这里 x_1', x_2', x_3' 为常数,而 x_1, x_2, x_3 为流动坐标. 要使这条切线适合问题所规定的条件,它应该经过点 $N(y_1, y_2, y_3)$. 把这个条件表达出来,得

$$\Omega(y_1, y_2, y_3; x_1', x_2', x_3') = 0$$

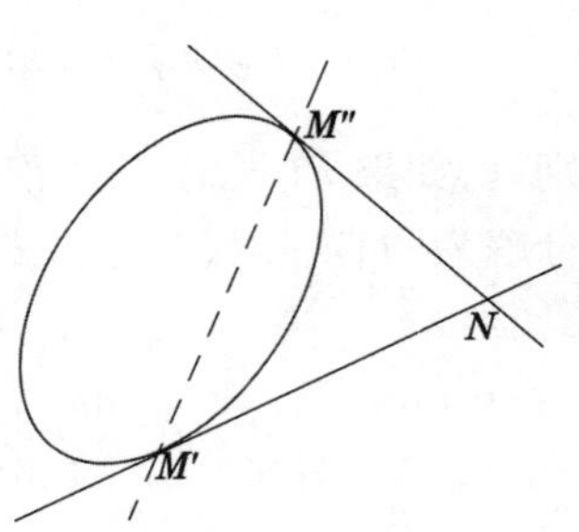

图 146

因此,切点 $M'(x_1', x_2', x_3')$ 的坐标应该适合上述方程和表示点 M' 在曲线 Γ 上的方程 $\Phi(x_1', x_2', x_3') = 0$.

为了书写简便起见,可把撇号去掉,则所求切点的坐标 x_1, x_2, x_3 适合两个方程: 方程(1) 和 $\Omega(y_1, y_2, y_3; x_1, x_2, x_3) = 0$. 或将后者详细写作

$$x_1\Phi_1(y_1, y_2, y_3) + x_2\Phi_2(y_1, y_2, y_3) + x_3\Phi_3(y_1, y_2, y_3) = 0 \qquad (2)$$

在这方程里,如果把 x_1, x_2, x_3 看作流动坐标,那么,我们可见所求的切点,落在直线(2) 和曲线 Γ 的交点上.

这条直线[②](2) 和 Γ 相交于两点 M' 和 M''(实的,虚的,不相同的或叠合的),每一交点显然适合问题的规定.

因此,欲解决所提出的问题,只需求得直线(2) 和曲线 Γ 的交点 M', M'',然后在这两点上分别作 Γ 的切线,便解决了我们的问题.

我们可见从平面上任意点到已知的二级曲线,可作两条,而且只有两条切线(实的,虚的,不相同的或叠合的).

若 N 为实点,直线(2) 总是实线,并称为点 N 对于曲线 Γ 的极线[③];而 N 叫作直线(2) 对于 Γ 的极点.

把方程(2) 写作

$$u_1x_1 + u_2x_2 + u_3x_3 = 0 \qquad (2a)$$

---

① 对于可分解曲线的情形,所提问题的解答,并不引起兴趣. 因为在那种情形下解答太明显了.

② 这是完全确定的直线,因为我们假定曲线 Γ 为不可分解的,故方程(2) 的系数,不会同时等于 0.

③ 注意极线方程在形式上和切线方程相同;只是在极线方程里的 y_1, y_2, y_3 表示任意点的坐标,而不一定落在 Γ 上.

这里

$$\begin{cases} u_1 = \Phi_1(y_1, y_2, y_3) = a_{11}y_1 + a_{12}y_2 + a_{13}y_3 \\ u_2 = \Phi_2(y_1, y_2, y_3) = a_{21}y_1 + a_{22}y_2 + a_{23}y_3 \\ u_3 = \Phi_3(y_1, y_2, y_3) = a_{31}y_1 + a_{32}y_2 + a_{33}y_3 \end{cases} \tag{3}$$

数量 u_1, u_2, u_3 为直线(2) 的(齐次) 坐标,即点 $N(y_1, y_2, y_3)$ 的极线的坐标. 因为,由假设,曲线 Γ 为不可分解的,那么,行列式

$$A = \begin{vmatrix} a_{11} & a_{12} & a_{13} \\ a_{21} & a_{22} & a_{23} \\ a_{31} & a_{32} & a_{33} \end{vmatrix}$$

不是 0. 解方程(3) 求 y_1, y_2, y_3

$$\begin{cases} y_1 = b_{11}u_1 + b_{12}u_2 + b_{13}u_3 \\ y_2 = b_{21}u_1 + b_{22}u_2 + b_{23}u_3 \\ y_3 = b_{31}u_1 + b_{32}u_2 + b_{33}u_3 \end{cases} \tag{4}$$

这里

$$b_{ij} = \frac{A_{ij}}{A} = \frac{A_{ji}}{A} \tag{5}$$

这里 A_{ij} 为在行列式① A 中,元 a_{ij} 的代数余子式.

由式(4) 可知,相当于平面上每一条直线 $\Delta(u_1, u_2, u_3)$ 有一个完全确定的极点 $N(y_1, y_2, y_3)$,这即是说,有一点 N,它的极线为 Δ.

现在要说明一个重要的问题:什么时候极点落在它自己的极线上?

如果点 $N(y_1, y_2, y_3)$ 落在它的极线上,那么,这点属于曲线 Γ,而它的极线化为 Γ 在点 N 的切线. 事实上,如果点 N 在极线(2) 上,那么它的坐标应该适合方程(2),由此得

$$\begin{aligned} & y_1\Phi_1(y_1, y_2, y_3) + y_2\Phi_2(y_1, y_2, y_3) + y_3\Phi_3(y_1, y_2, y_3) \\ = & \Phi(y_1, y_2, y_3) \\ = & 0 \end{aligned}$$

所以,点 N 属于 Γ. 这时,方程(2) 显然为 Γ 在点 N 的切线的方程.

反过来说,如果点 N 属于 Γ,那么,它落在它的极线上,那时极线化为在点 N 的切线;这可由点 N 的极线方程(2) 直接推得.

因为每一条已知直线只有一个极点,那么,Γ 所有的各条切线的极点就是

① $A_{ij} = A_{ji}$,因为行列式 A 是对称的. 即 $a_{ij} = a_{ji}$.

切点.

我们在上面已经知道,由已知点到二级曲线,可作两条切线;这两条切线可能叠合. 根据刚才所述,当且仅当点 N 属于曲线 Γ 时它们才会叠合. 事实上,在这情形,两点 M' 和 M'' 必须叠合,即点 M 的极线必须化为 Γ 的切线.

如果由已知点 N 到 Γ 所作的两条切线,彼此不同而且都是虚线,则点 N 叫作 Γ 的内点;如果这两条切线是不同的实线,则点 N 叫作 Γ 的外点. 我们已经知道,如果两条切线叠合,则这点落在曲线 Γ 上.

§220. 极点和极线的另一定义. 共轭点　极点和极线的最重要的性质,最容易从它们的另一定义推出,在述出这个定义之前,先引入对于已知二级曲线 Γ 的共轭点的概念.

两点 M 和 N 对于二级曲线 Γ 称为互相共轭,如果这两点对于直线 MN 和 Γ 的交点 A,B 成调和共轭(图 147),即

$$(M,N,A,B)=-1$$

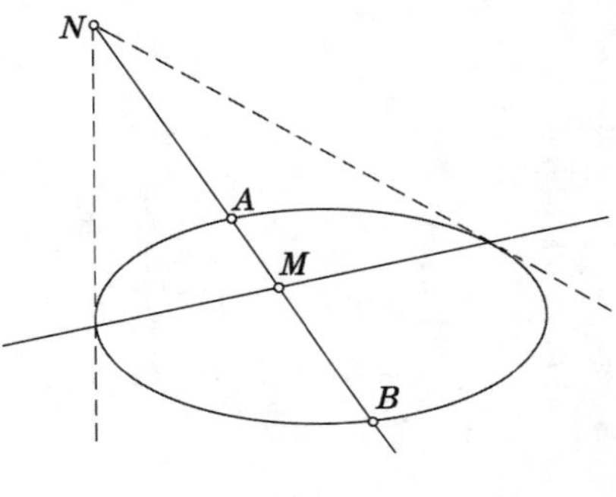

图 147

这每一条和 Γ 相交于不同的两点(或实或虚)的直线 δ 上,有无穷多对共轭点存在,这条直线上每一点,对应于一个完全确定的共轭点. 这个对应是一个对合(§190). 对合的重点为 δ 和 Γ 的交点 A,B.

我们试求两共轭点 $M(x_1,x_2,x_3)$ 和 $N(y_1,y_2,y_3)$ 坐标间的关系. 为此,我们先求直线 MN 和 Γ 的交点 A,B 所必须适合的方程. 设已给 Γ 的方程为

$$\Phi(x_1,x_2,x_3)=0$$

采用 §216 的记号(在这里用 x_1,x_2,x_3 代替 x_1',x_2',x_3',用 y_1,y_2,y_3 代替 x_1'',x_2'',x_3'')得

$$h^2\Omega(x;x)+2h\Omega(x;y)+\Omega(y;y)=0$$

这方程的两根 h_1 和 h_2 与两交点 A 和 B 相当. 欲使两对点偶 (M,N) 和 (A,B) 互相调和隔离的必要且充分条件①(§187 注)为 $h_1=-h_2$,即 $h_1+h_2=0$. 因此,上面方程中的第二项系数等于 0,即

$$\Omega(x;y)=0 \tag{1}$$

此即为两共轭点 M,N 的坐标间的关系. 它对于这两点 M,N 是对称的,因为

① 我们知道(§187)参数 h 可以看作在直线 MN 上点的投影坐标,以 M 和 N 为基点.

$\Omega(x;y) = \Omega(y;x)$.

现在我们在平面上任意取固定点 $N(y_1, y_2, y_3)$,求点 $M(x_1, x_2, x_3)$ 的几何轨迹,使 M 和 N 对于 Γ 成为共轭. 这轨迹显然以方程 $\Omega(x;y) = 0$ 来表示,详细写作

$$x_1\Phi_1(y_1, y_2, y_3) + x_2\Phi_2(y_1, y_2, y_3) + x_3\Phi_3(y_1, y_2, y_3) = 0 \tag{2}$$

这里 y_1, y_2, y_3 为常数,而 x_1, x_2, x_3 为流动坐标. 可见所求的轨迹为直线,这直线称为点 N 对于曲线 Γ 的极线.

方程(2) 和 §219 的方程(2) 相同,故极线的两个定义是一致的.

点 N 叫作直线(2) 对于 Γ 的极点.

根据上面所述,显然可知关系式(1) 表示:点 M 在点 N 的极线上,点 N 也在点 M 的极线上. 因此,下面的性质可作为共轭点的特征:两点 M 和 N 对于 Γ 成共轭,如果两点中的每一点都在另一点的极线上. 显然,我们只需说,例如,点 M 在点 N 的极线上便够了,因为由此已可推得点 N 也在点 M 的极线上. 由于 $\Omega(x;y) = \Omega(y;x)$ 直接便得这个结论.

注　当 Γ 为可分解的二级曲线时,极线的定义仍可适用,但在这个情形,极点与极线的关系不是单值可逆的.

下面的命题留待读者自行证明:设 Γ 分解为两条不同的直线 δ', δ'',这两条直线相交于一点 O. 那么,除了点 O 以外,每一点 N 的极线 Δ 为经过点 O 的一条完全确定的直线. 两直线 Δ 和 ON 对于两直线 δ' 和 δ'' 成调和共轭. 点 O 的极线为不定的直线. 经过 O 的每一条直线,有无限多个极点;这些极点的轨迹为直线 Δ',它通过点 O,而且和 Δ 对于 δ' 和 δ'' 成调和共轭.

不经过 O 的一切直线,都以点 O 为极点.

所有这些,都可用本节的极线定义来证明,或采用 §219 的方程(2) 作为极线的定义来加以证明.

当 Γ 为两条叠合的直线所组成的情形,留待读者自行讨论.

§221. 二级曲线所决定的配极对应　同前一样,设

$$\Phi(x_1, x_2, x_3) = 0 \tag{1}$$

为不可分解的二级曲线 Γ 的方程. 我们知道这条曲线在平面上引起一种对应,以每一点 $M(x_1, x_2, x_3)$ 为极点,有一条完全确定的直线 $\Delta(u_1, u_2, u_3)$ 为极线,反过来也如此,极点和极线的坐标间的关系为(§219)

$$\begin{cases} u_1 = a_{11}x_1 + a_{12}x_2 + a_{13}x_3 \\ u_2 = a_{21}x_1 + a_{22}x_2 + a_{23}x_3 \\ u_3 = a_{31}x_1 + a_{32}x_2 + a_{33}x_3 \end{cases} \tag{2}$$

解这方程求 x_1, x_2, x_3,得

$$\begin{cases} x_1 = b_{11}u_1 + b_{12}u_2 + b_{13}u_3 \\ x_2 = b_{21}u_1 + b_{22}u_2 + b_{23}u_3 \\ x_3 = b_{31}u_1 + b_{32}u_2 + b_{33}u_3 \end{cases} \tag{3}$$

这里,沿用前面的记号,$b_{ij} = \dfrac{A_{ij}}{A}$.

平面上点和直线的关系式(2) 或式(3) 是两个叠合平面间的对射(对偶)的特殊形式(§194);这种形式的特征为代换式(2) 的系数表是对称的,因而代换式(3) 的系数表也是对称的.

这样的对射叫作配极对应. 如果给定了配极对应,即给定了任何具有对称系数表[①]的对射式(2),那么,总有一条决定这个配极对应的二级曲线存在:这条曲线的方程就是式(1),这里 $\Phi(x_1, x_2, x_3)$ 代表以 a_{ij} 为系数的二次方式.

和一般的对射不同,配极对应有它的几何特征,那便是 §220 末尾所述的性质:如果点 M 在点 N 的极线上,则点 N 也在点 M 的极线上.

特别是,由上面所述的性质可以推得:如果直线 Δ' 绕着点 M 转动,那么,直线 Δ' 的极点 M' 描出点 M 的极线 Δ. 又如果点 M 沿着某一直线 Δ' 上移动,那么,点 M 的极线 Δ 绕着直线 Δ' 的极点 M' 转动.

换句话说:在以点 M 为中心的线束内,各线的极点组成一个点列,以点 M 的极线 Δ 为底线;在以 Δ 为底线的点列内,各点的极线组成一个线束,以直线 Δ 的极点 M 为束的中心.

从对射的一般性质(§194),可知上述的点列和线束间存在着投影的关系.

§222. 自配极三角形 我们可以作无穷多个三角形,具有下面的性质:对于一个已知的不可分解的二级曲线 Γ,三角形的每一顶点都是它的对边的极点. 事实上,先取不在 Γ 上的任意点 A,作它的极线(图 148);在这条极线上,再取不在 Γ 上的任意点 B,和点 B 的共轭点 C. 我们容易见到这个 $\triangle ABC$ 适合于所提出的条件. 因为,由作图便知 BC 为点 A 的极线. 而且 CA 也是点 B 的极线,因为点 B 的极线既需通过点 A(直线 BC 的极点) 又需通过点 C(C 和 B 是共轭点). 同理,AB 也是点 C 的极线.

具有上述性质的三角形,叫作对于 Γ 的自配极三角形或自共轭的三角形.

---

① 我们假定它的行列式不是 0.

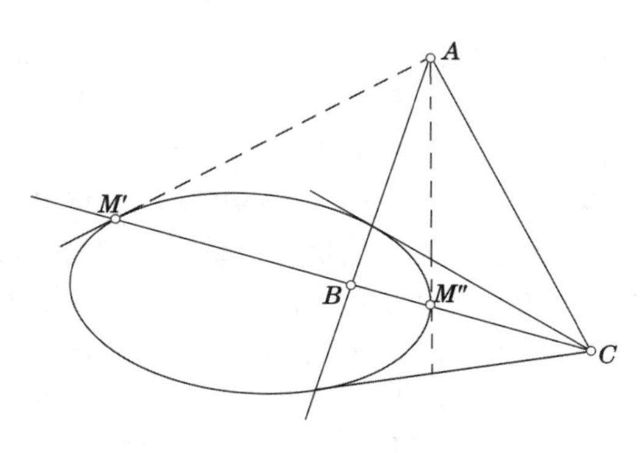

图 148

如果我们选取这个三角形作为投影坐标系的基础三角形,那么,曲线 Γ 的方程取得很简单的形式. 事实上,设 $\Phi(x_1,x_2,x_3)=0$ 是曲线 Γ 对于这样的一个坐标系的方程. 点 $A(1,0,0)$ 的极线的方程为

$$x_1\Phi_1(1,0,0)+x_2\Phi_2(1,0,0)+x_3\Phi_3(1,0,0)=0$$

即

$$x_1a_{11}+x_2a_{21}+x_3a_{31}=0$$

但这条极线,根据条件,就是直线 BC,而 BC 的方程为

$$x_1=0$$

因此,我们应得

$$a_{21}=a_{31}=0$$

同样得证一切具有不同下标的系数 a_{ij} 都等于0,而曲线 Γ 的方程化为下式

$$a_{11}x_1^2+a_{22}x_2^2+a_{33}x_3^2=0$$

或用别的记号写作

$$\lambda_1x_1^2+\lambda_2x_2^2+\lambda_3x_3^2=0 \tag{1}$$

反过来说也很显然,如果曲线 Γ 的方程取得式(1),那么,它的基础三角形对于这条曲线是自配极三角形.

现在我们看出,以前在 §211 所说的,二级曲线的方程简化为式(1)的几何意义.

注　在上面我们假定曲线 Γ 是不可分解的,但在可分解曲线的情形①也容易作自配极三角形. 留给读者自行作图,并自行证明,在这情形我们所得的方程仍为式(1),不过三个数 $\lambda_1,\lambda_2,\lambda_3$ 不是完全都不为0.

§223. 共轭直线. 二级曲线的切线坐标方程. 阶的概念　和共轭点的概念

① 参看 §220 末尾的注.

成对偶的是共轭直线的概念. 两条直线对于二级曲线 Γ 称为互相共轭,如果它们中每一条经过其他一条的极点. 例如,在图 148 里,直线 AB 和 AC 成共轭(同样,自配极三角形的任何两边都成共轭).

在 Γ 上的任何切线,都和自己共轭(因为切线经过自己的极点). 反过来说:和自己共轭的直线,就是切线(因为含有自己的极点的直线,就是切线).

由已知点 A(不在 Γ 上的)作两直线 AB,AC 对于 Γ 成共轭,它们都与由 A 到 Γ 所作的两条切线 AM',AM'' 成调和共轭. 事实上(图 148),设 M',M'' 为切点,则直线 $M'M''$ 为点 A 极线. 直线 AB,AC 和这条极线的交点 B,C 与点 M',M'' 成调和隔离(因为,例如 B 为 AC 的极点),因此直线 AB,AC 和直线 AM',AM'' 成调和隔离.

因此,在以已知点 A 为中心的线束内,共轭直线决定一个对合关系,这对合的重线为由 A 到 Γ 的切线.

现在试求两条已知直线 $\Delta(u_1,u_2,u_3)$ 和 $\Delta'(v_1,v_2,v_3)$ 互相共轭的条件的分析表示. 仍照上面,假设 Γ 为不可分解的曲线.

直线 Δ 的极点 $M(x_1,x_2,x_3)$ 由公式(4)(§219)给出

$$\begin{cases} x_1 = b_{11}u_1 + b_{12}u_2 + b_{13}u_3 \\ x_2 = b_{21}u_1 + b_{22}u_2 + b_{23}u_3 \\ x_3 = b_{31}u_1 + b_{32}u_2 + b_{33}u_3 \end{cases} \tag{1}$$

这里,依照前设,$b_{ij} = \dfrac{A_{ij}}{A}$.

要使直线 Δ' 经过 M,必须且只需有等式

$$v_1x_1 + v_2x_2 + v_3x_3 = 0 \tag{2}$$

式

$$\begin{aligned} & v_1(b_{11}u_1 + b_{12}u_2 + b_{13}u_3) + \\ & v_2(b_{21}u_1 + b_{22}u_2 + b_{23}u_3) + \\ & v_3(b_{31}u_1 + b_{32}u_2 + b_{33}u_3) \\ = {} & 0 \end{aligned} \tag{3}$$

用 $\Psi(u_1,u_2,u_3)$ 表示以 b_{ij} 为系数的二次方式

$$\Psi(u_1,u_2,u_3) = \sum_{i,j} b_{ij}u_iu_j \tag{4}$$

于是关系(3)可写作

$$v_1\Psi_1(u_1,u_2,u_3) + v_2\Psi_2(u_1,u_2,u_3) + v_3\Psi_3(u_1,u_2,u_3) = 0 \tag{3a}$$

这里

$$\begin{cases} \Psi_1(u_1,u_2,u_3) = \dfrac{1}{2}\dfrac{\partial \Psi}{\partial u_1} \\ \Psi_2(u_1,u_2,u_3) = \dfrac{1}{2}\dfrac{\partial \Psi}{\partial u_2} \\ \Psi_3(u_1,u_2,u_3) = \dfrac{1}{2}\dfrac{\partial \Psi}{\partial u_3} \end{cases} \tag{5}$$

这样，我们所得到的和共轭点的坐标间的关系完全相仿，只是以直线坐标代替了点坐标，而以方式 Ψ 代替了方式 Φ.

两个方式 Φ 和 Ψ 的系数 a_{ij} 和 b_{ij} 如有关系

$$b_{ij} = \frac{A_{ij}}{A} \tag{*}$$

便叫它们作联属的方式. 显而易见①，我们也有

$$a_{ij} = \frac{B_{ij}}{B} \tag{**}$$

这里

$$B = \begin{vmatrix} b_{11} & b_{12} & b_{13} \\ b_{21} & b_{22} & b_{23} \\ b_{31} & b_{32} & b_{33} \end{vmatrix}$$

而 B_{ij} 为行列式 B 里各元 b_{ij} 的代数余子式，又 B 不为 0，这可由方程系(1) 对于 u_1,u_2,u_3 的可解性推知.

要使直线 $\Delta(u_1,u_2,u_3)$ 为曲线 Γ 的切线，必须且只需它和它的共轭直线叠合②即 v_1,v_2,v_3 和 u_1,u_2,u_3 成比例；因为比例因子不起作用，我们可以设

$$v_1 = u_1, v_2 = u_2, v_3 = u_3$$

在式(3) 或(3a) 里，以 u_1,u_2,u_3 代替 v_1,v_2,v_3 得方程

$$\Psi(u_1,u_2,u_3) = 0 \tag{6}$$

这便是直线 $\Delta(u_1,u_2,u_3)$ 为 Γ 的切线的必要且充分的条件.

因此，方程(6) 叫作用切线坐标来表示曲线 Γ 的方程，或叫作切线坐标方程，或叫作线素方程.

如果已知一个非特殊的二次方式 $\Psi(u_1,u_2,u_3)$，那么，我们总可求得二级

---

① 事实上，解(1) 求 u_1,u_2,u_3，我们仍得 §219 的关系(3)，(只是在此用 x_1,x_2,x_3 代替 y_1,y_2,y_3)，由此也可推得我们的命题.

② 事实上，Γ 的切线含有它的极点，所以它是自共轭的，反过来说也行.

曲线 Γ,以方程(6) 来作它的切线坐标方程. 这条曲线的点坐标方程为 $\Phi(x_1, x_2, x_3) = 0$,这里 Φ 是和 Ψ 相联属的方式.

就一般来说(关于这点,现在不详论),我们可以证明任何代数曲线的切线的齐次坐标 u_1, u_2, u_3,适合一个具有 $\Psi(u_1, u_2, u_3) = 0$ 的形式的代数方程,这里 Ψ 为齐次多项式. 这个方程叫作所给曲线的切线坐标方程,而它的次数叫作这曲线的阶. 一般曲线的级和阶并不相同. 但在不可分解的二级曲线的情形,我们已经知道它的阶也等于 2. 因此,不可分解的二级曲线,同时也是二阶曲线.

我们可给一条曲线的阶下一个几何的定义,它是从不在这条曲线上的任意一点所能作成和曲线相切的直线的数目.

事实上,设 $M(x_1, x_2, x_3)$ 为平面上某一点. 自点 M 所作这条曲线的切线的坐标 (u_1, u_2, u_3) 应同时适合两个方程

$$\Psi(u_1, u_2, u_3) = 0 \text{ 和 } u_1x_1 + u_2x_2 + u_3x_3 = 0$$

就一般来说,这方程系的解答的数目,等于多项式 Ψ 的次数. 由此得证我们的命题(所指的解答当然不是数量 u_1, u_2, u_3 本身,而是它们的比值).

§224. 对偶原则应用于二级曲线的情形 由于二级曲线的点坐标方程和切线坐标方程的类似性,使我们在这里又能应用对偶原则. 这便是说,二级曲线可以作为点的轨迹,也可作为直线(它的切线) 的包络.

从所有关于极点、极线和切线的一切命题,我们可以得到"对偶" 的命题,只要把"属于曲线的点" 与"曲线上的切线" 互换,"极点" 与"极线" 互换,其他一切依照以前在 §170 所述的规则而改变.

我们不在这里详细讨论对偶原则的基础. 但读者可以用它作为指导的方针,去证明和以前已经证明过的一些命题相对偶的命题.

作为一个应用,我们建议读者证明下面的命题:

1° 布利安桑定理(和巴斯卡定理对偶):联结二级曲线的外切六边形的对顶的三直线,相交于一点.

2° 和 §215 的定理对偶的定理:

(a) 设 f 和 g 为二级曲线 Γ 的两条切线. 考虑在它们上面的两个点列,并建立彼此间的对应关系为:取 Γ 的每一切线与 f 和 g 的交点作为对应点. 这样得到的对应关系为投影关系.

(b) 联结两个投影点列的对应点的直线,为某一条二级曲线的切线. 这曲线和所给的两点列的底线相切.

第九章　二次曲线的仿射性质和度量性质

Ⅰ.仿射分类.中心,直径,渐近线

§225. 二级曲线的仿射分类　我们知道仿射变换(在平面上)组成投影群的子群,它的特征是假直线经过仿射变换之后仍为假直线(参看 §179 末尾).因此,图形的仿射性质,以它和假直线相互的关系为特征.从这个观点出发,我们将从二级曲线和假直线的交点的讨论开始,着手研究二级曲线的仿射性质.

设

$$F(x,y) = a_{11}x^2 + 2a_{12}xy + a_{22}y^2 + 2a_{13}x + 2a_{23}y + a_{33} = 0 \tag{1}$$

为二级曲线的方程,用的是不齐次笛氏坐标 x,y,又设

$$\Phi(x,y,t) = a_{11}x^2 + 2a_{12}xy + a_{22}y^2 + 2a_{13}xt + 2a_{23}yt + a_{33}t^2 = 0 \tag{1a}$$

为同一曲线的方程,但用齐次笛氏坐标①.

我们以后(如无相反的声明)总是假定系数 a_{11},a_{12},a_{22} 不同时为0,否则对于真点来说,曲线(1)就不是一条二级曲线.还要注意,我们假定一切系数都是实数.

试求曲线(1a)和假直线

$$t = 0 \tag{2}$$

的交点,即,求在所给曲线上的假点.以 $t = 0$ 代入(1a)得方程

$$a_{11}x^2 + 2a_{12}xy + a_{22}y^2 = 0 \tag{3}$$

这个方程确定比值 $\frac{y}{x}$(或 $\frac{x}{y}$),先设 $a_{22} \neq 0$,则不可能有 $x = 0$(因为,若 $x = 0$,我们就有 $y = 0$,但 x,y,t 不能同时等于0).因此可用 x^2 除方程(3),化成方程

① 和前章的情形不同,我们现在基本上采用笛氏坐标(不用一般的投影坐标).因为研究仿射性质时,假直线起了特殊的作用,所以通常以用不齐次笛氏坐标较为便利.但将来也有些例外情形(例如本节),到时总有声明.

$$a_{11}+2a_{12}k+a_{22}k^2=0 \tag{3a}$$

它确定了角系数 $k=\frac{y}{x}$,这便是所求的假点的方向.

方程(3a)的根的性质,依赖于表示式 $a_{11}a_{22}-a_{12}^2$ 的符号,这式就是在§208所引进的行列式 A_{33}

$$a_{11}a_{22}-a_{12}^2=\begin{vmatrix} a_{11} & a_{12} \\ a_{21} & a_{22} \end{vmatrix}=A_{33} \tag{4}$$

它是二次方式 Φ 的判别式

$$A=\begin{vmatrix} a_{11} & a_{12} & a_{13} \\ a_{21} & a_{22} & a_{23} \\ a_{31} & a_{32} & a_{33} \end{vmatrix} \tag{5}$$

里,元 a_{33} 的代数余子式.要注意 A_{33} 也是二次方式

$$\varphi(x,y)=a_{11}x^2+2a_{12}xy+a_{22}y^2 \tag{6}$$

的判别式.这里,φ 是从 Φ 里删除含有 t 的各项得来的.

如果 $A_{33}>0$,那么,方程(3a)有两个共轭虚根,而假直线和这条曲线相交于两个虚点;又如果 $A_{33}<0$,那么,这个方程有两个实根,而假直线和这条曲线相交于两个不同的实点;最后,如果 $A_{33}=0$,那么,这个方程有一个二重根,而假直线为这条曲线的"切线".容易验证,当 $a_{22}=0$ 时,上面的结论仍然有效①.

在第一种情形($A_{33}>0$)我们说这条曲线属于椭圆类型;在第二种情形($A_{33}<0$)它属于双曲类型;在第三种情形($A_{33}=0$)它属于抛物类型.

椭圆类型的不可分解曲线叫作椭圆;双曲类型的不可分解曲线叫作双曲线;抛物类型的不可分解曲线叫作抛物线.

我们在下面(§238)就将见到由椭圆、双曲线和抛物线的这些定义所得到的结果和由以前(第七章)的定义所得的一致,所不同的,只在于这里所述椭圆的定义,不仅可为实曲线(即以前所说的情形),也可为虚曲线.但在此点尚未经证明以前,所谓椭圆、双曲线、抛物线,我们将用本节所述的定义.

我们知道,可分解的二级曲线以等式 $A=0$ 为特征,这里 A 为行列式(5).因此,我们得到椭圆、双曲线、抛物线的鉴别法则

当 $A\neq 0, A_{33}>0$,曲线为椭圆

① 事实上,当 $a_{22}=0$ 得 $A_{33}=-a_{12}^2$.如 $a_{12}\neq 0$,则 $A_{33}<0$,因此方程(3a)有两个实根,其中有一个为 ∞,另一个为有限数.又如 $a_{12}=0$,则 $A_{33}=0$,方程(3a)有一个二重根 $k=\infty$.

$$当 A \neq 0, A_{33} < 0, 曲线为双曲线$$

$$当 A \neq 0, A_{33} = 0, 曲线为抛物线$$

并且当$A = 0$,我们得到可分解的二级曲线,或为椭圆类型(当$A_{33} > 0$),或为双曲类型(当$A_{33} < 0$),或为抛物类型(当$A_{33} = 0$).

我们将在下面(§234)见到,在第一种情形,这条曲线分解为两条不平行的共轭虚直线;在第二种情形得两条不平行的实直线;在第三种情形为两条平行直线. 最后一种情形,在§225a即予证明.

§225a. 抛物类型的可分解曲线　可分解的抛物类型的曲线,以下面二个等式为特征

$$A = 0, A_{33} = 0 \tag{1}$$

今证明在这情形,曲线为两条平行直线的集合. 同时并求出这两条直线的方程.

首先,注意由等式(1)可再推得两个等式①

$$A_{13} = A_{23} = 0$$

因此得

$$A_{13} = A_{23} = A_{33} = 0 \tag{2}$$

详细写出为

$$a_{12}a_{23} - a_{22}a_{13} = a_{12}a_{13} - a_{11}a_{23} = a_{11}a_{22} - a_{12}^2 = 0$$

也即是

$$a_{12}a_{23} = a_{22}a_{13}, a_{12}a_{13} = a_{11}a_{23}, a_{11}a_{22} = a_{12}^2 \tag{2a}$$

反过来说,由式(2)或式(2a)显然也可推得式(1).

根据(2a),我们容易把曲线方程

$$F(x,y) = a_{11}x^2 + 2a_{12}xy + a_{22}y^2 + 2a_{13}x + 2a_{23}y + a_{33} = 0 \tag{3}$$

化为另一个形式,从此即可推得所求的结果. 事实上,例如,设$a_{11} \neq 0$(如果

---

① 由条件$A = 0$可知,在下表

$$\begin{matrix} A_{11} & A_{12} & A_{13} \\ A_{21} & A_{22} & A_{23} \\ A_{31} & A_{32} & A_{33} \end{matrix}$$

里所有的二级行列式都等于0(参看附录§6a的推论),特别是

$$\begin{vmatrix} A_{11} & A_{13} \\ A_{31} & A_{33} \end{vmatrix} = A_{11}A_{33} - A_{13}^2 = 0, \begin{vmatrix} A_{22} & A_{23} \\ A_{32} & A_{33} \end{vmatrix} = A_{22}A_{33} - A_{23}^2 = 0$$

但因$A_{33} = 0$,所以$A_{13}A_{23} = 0$.

$a_{11}=0$,必有 $a_{22}\neq 0$[①] 因此,把 a_{11} 和 a_{22} 对调位置,可得同一结论).

以 a_{11} 乘方程(3)的两边,得

$$a_{11}^2x^2+2a_{11}a_{12}xy+a_{11}a_{22}y^2+2a_{11}a_{13}x+2a_{11}a_{23}y+a_{11}a_{33}=0$$

或由等式(2a)得

$$a_{11}^2x^2+2a_{11}a_{12}xy+a_{12}^2y^2+2a_{11}a_{13}x+2a_{12}a_{13}y+a_{11}a_{33}=0$$

这方式显然可以写作

$$(a_{11}x+a_{12}y+a_{13})^2+a_{11}a_{33}-a_{13}^2=0$$

或依照我们的记号

$$a_{11}a_{33}-a_{13}^2=\begin{vmatrix} a_{11} & a_{13} \\ a_{31} & a_{33} \end{vmatrix}=A_{22} \tag{*}$$

(A_{22} 为在判别式 A 里,元 a_{22} 的代数余子式).上式也可写作

$$a_{11}x+a_{12}y+a_{13}=\pm\sqrt{-A_{22}} \tag{4}$$

换句话说,这条曲线为下面两条平行直线的集合

$$\begin{cases} a_{11}x+a_{12}y+a_{13}-\sqrt{-A_{22}}=0 \\ a_{11}x+a_{12}y+a_{13}+\sqrt{-A_{22}}=0 \end{cases} \tag{5}$$

当 $A_{22}<0$,这两条直线为实线;当 $A_{22}>0$,它们为虚线;当 $A_{22}=0$,它们互相叠合.

如果 $a_{22}\neq 0$,那么,把 x 和 y 对调,同时也把下标 1 和 2 对调,则这两条直线的方程可以表为

$$a_{21}x+a_{22}y+a_{23}\pm\sqrt{-A_{11}}=0 \tag{6}$$

式中

$$A_{11}=\begin{vmatrix} a_{22} & a_{23} \\ a_{32} & a_{33} \end{vmatrix}=a_{22}a_{33}-a_{23}^2 \tag{**}$$

如果两个数量 a_{11} 和 a_{22} 都不是 0,那么,方程(4)和(6)同时适用.由此得一附带的结果,在一般情形下,A_{11} 和 A_{22} 是同号的(当虚曲线时它们同为正数,当实曲线时它们同为负数).这也容易直接加以证明.

如果 $a_{11}=0$,$a_{22}\neq 0$,那么,根据(2a)和(*)容易得 $a_{12}=a_{13}=A_{22}=0$,因而方程(4)成为恒等式 $0=0$,正如我们所预料,因为它是由于以等于 0 的数 a_{11} 乘原给的方程而得来的.因此,在这情形,必须取用方程(6).在 $a_{22}=0$,

① 如果 $a_{11}=a_{22}=0$,那么,由 $a_{11}a_{22}-a_{12}^2=0$ 得 $a_{12}=0$.那便是说 $a_{11}=a_{22}=a_{12}=0$,这和以前所规定的条件矛盾.

$a_{11}\neq 0$ 的情形也有同样的补充说明.

注　在二级曲线方程里,我们假定系数 a_{11},a_{12},a_{22} 不同时等于 0. 但虽然 $a_{11}=a_{12}=a_{22}=0$ 有时也取得意义①. 那时这条曲线的齐次坐标方程如下式

$$2a_{13}xt+2a_{23}yt+a_{33}t^2=(2a_{13}x+2a_{23}y+a_{33}t)t=0$$

所以这条曲线分解为两条直线

$$2a_{13}x+2a_{23}y+a_{33}t=0\text{ 和 }t=0$$

其中的第二条为假直线(当 $a_{13}=a_{23}=0$ 时,第一条也是假直线).

这样的可分解的曲线应属于抛物类型,因为它是有一公共假点②的两直线的集合.

§226. 渐近方向　已知曲线的假点所决定的方向,叫作渐近方向. 设 X, Y,0 为这条曲线上一个假点的齐次坐标,那么,这假点便趋向矢量 $\boldsymbol{X},\boldsymbol{Y}$ 的方向;这个矢量的坐标适合方程(§225)

$$\varphi(\boldsymbol{X},\boldsymbol{Y})=a_{11}X^2+2a_{12}XY+a_{22}Y^2=0 \tag{1}$$

反过来说,适合这条件的方向,就是渐近方向.

关于抛物类型的曲线,我们可设 $a_{22}\neq 0$ 而并不影响普遍性(如果 $a_{22}=0$,把 X 和 Y 对调地位,仍得类似的结论). 当 $a_{22}\neq 0$ 必有 $X\neq 0$(与 §225 比较),故可把方程(1) 写作

$$a_{22}\left(\frac{Y}{X}\right)^2+2a_{12}\frac{Y}{X}+a_{11}=0$$

解这方程,得(注意 $a_{11}a_{22}-a_{12}^2=0$)

$$\frac{Y}{X}=-\frac{a_{12}}{a_{22}}=-\frac{a_{11}}{a_{12}} \tag{2}$$

由此得

$$\begin{cases}a_{11}X+a_{12}Y=0\\a_{12}X+a_{22}Y=0\end{cases} \tag{3}$$

换句话说,对于抛物类型曲线,渐近方向矢量的坐标适合条件(3),反过来说,由式(3) 便知$(\boldsymbol{X},\boldsymbol{Y})$ 的方向为渐近方向. 事实上,如果用 X 和 Y 分别乘式(3) 里的两个方程,相加便得方程(1).

由式(3),如果曲线为两条平行直线的集合,那么,渐近方向$(\boldsymbol{X},\boldsymbol{Y})$ 和这两条直线平行(参看 §225 中这两条直线的方程).

---

① 例如在研究二级曲面和平面相交的问题时,特别地,我们可能遇见这里所讨论的情形.

② 抛物类型的可分解曲线的特征条件 $A=0,A_{33}=0$,在这里显然成立.

§227. 在不齐次笛氏坐标系决定二级曲线和直线的交点的方程 依照前面,设

$$F(x,y)=a_{11}x^2+2a_{12}xy+a_{22}y^2+2a_{13}x+2a_{23}y+a_{33}=0 \tag{1}$$

为已知二级曲线在不齐次笛氏坐标系的方程.

现在求作决定曲线(1)和直线Δ的交点的方程.设Δ的参数表示为(§88)

$$x=x_0+Xs,y=y_0+Ys \tag{2}$$

我们回忆x_0,y_0表示直线Δ上某一(任意选定的)固定点M_0的坐标,$(X;Y)$为这条直线的方向矢量,而s为参变数.s的几何意义为:如果M为对应于某一参数值s的点,那么,s就是矢量$\overrightarrow{M_0M}$和方向矢量$\boldsymbol{P}(X,Y)$的比值.即是

$$\overrightarrow{M_0M}=s\cdot\boldsymbol{P}$$

如我们欲求交点,把x,y的表示式(2)代入式(1).应用§208的公式(11a),把该式中的x,y改为$X\cdot s,Y\cdot s$,而把x',y'分别改为x_0,y_0,这样代入后所得的结果可以立即写成

$$\varphi(X,Y)s^2+2[XF_1(x_0,y_0)+YF_2(x_0,y_0)]s+F(x_0,y_0)=0 \tag{3}$$

这里仍用以前的记号

$$\varphi(X,Y)=a_{11}X^2+2a_{12}XY+a_{22}Y^2 \tag{4}$$

$$F_1(x,y)=a_{11}x+a_{12}y+a_{13},F_2(x,y)=a_{21}x+a_{22}y+a_{23} \tag{5}$$

方程(3)有两个根s_1,s_2.把它们代入(2),便得两交点(x_1,y_1)和(x_2,y_2).如果

$$\varphi(X,Y)=a_{11}X^2+2a_{12}XY+a_{22}Y^2=0 \tag{6}$$

那么,至少有一个根等于无穷大,因此,交点之中有一为假点.在这情形,所给直线取得了渐近方向,正如我们所料.

习题和补充

1. 由方程(3)出发,直接求已知二级曲线上点(x_0,y_0)的切线方程.

解:在方程(3)里,把x_0,y_0当作所给曲线上一点的坐标,使得$F(x_0,y_0)=0$.在这情形之下,方程(3)的根有一个为$s=0$.把第二个根也等于0的条件表达出来,得

$$XF_1(x_0,y_0)+YF_2(x_0,y_0)=0$$

把X,Y改为和它们成比例的数量$x-x_0,y-y_0$,这里x,y为切线上任意点的坐标,我们得到所求的方程

$$(x-x_0)F_1(x_0,y_0)+(y-y_0)F_2(x_0,y_0)=0$$

这与 §217 的方程(6a) 相符.

2. 已给曲线的方程如下式,求它们的渐近方向:

(1) $\frac{x^2}{a^2}+\frac{y^2}{b^2}=1$;(2) $\frac{x^2}{a^2}-\frac{y^2}{b^2}=1$;(3) $y^2=2px$.

答:渐近方向的角系数,由下面的公式给出:

(1) $k=\frac{Y}{X}=\pm \mathrm{i}\frac{b}{a}$(虚方向);(2) $k=\pm\frac{b}{a}$;(3) $k=0$.

3. 当曲线为两条相交直线的集合,求证:渐近方向分别和这两条直线平行. 这在几何上可直接看出.

§228. 二级曲线的中心　具有如下性质的点,叫作二级曲线的中心:任何经过这点的弦,都被这点所平分(联结曲线上任意两点的直线段叫作弦). 现在说明二级曲线是否都有中心,并且找出决定中心的方法.

设(x_0,y_0)为所求中心 C 的坐标. 经过 $C(x_0,y_0)$ 作任意具有非渐近方向的直线 $x=x_0+Xs, y=y_0+Ys$. 这条直线和曲线相交于两点 M_1 和 M_2,它们的位置由 §227 方程(3) 决定. 如果要使点 C 为弦 M_1M_2 的中点,必要且充分的条件为

$$s_1=-s_2, \text{即 } s_1+s_2=0$$

这里 s_1 和 s_2 为上述方程的两个根. 但要使这条件成立,必须且只需在这方程里,s 的一次项的系数等于 0. 即是

$$XF_1(x_0,y_0)+YF_2(x_0,y_0)=0 \tag{1}$$

如果点 C 为中心,那么,这条件对于割线的所有可能的方向都应适合,即是对于所有可能的 X 和 Y 值都应适合. 因此,我们应有

$$\begin{cases}F_1(x_0,y_0)=a_{11}x_0+a_{12}y_0+a_{13}=0\\F_2(x_0,y_0)=a_{21}x_0+a_{22}y_0+a_{23}=0\end{cases} \tag{2}$$

反过来说,适合上面两个方程的任一点 $C(x_0,y_0)$,显然都是中心.

我们显见,中心为下列两条直线[①]的交点所决定

$$\begin{cases}F_1(x,y)=a_{11}x+a_{12}y+a_{13}=0\\F_2(x,y)=a_{21}x+a_{22}y+a_{23}=0\end{cases} \tag{3}$$

在椭圆和双曲类型的情形,行列式

$$\begin{vmatrix}a_{11} & a_{12}\\a_{21} & a_{22}\end{vmatrix}=A_{33}\neq 0$$

① 这两条直线的几何意义,将在 §230 说明.

所以方程(3) 有一个且只有一个解答.

因此椭圆类型和双曲类型的曲线,有一个完全确定的中心.

在抛物类型的情形,$A_{33} = 0$,而式(3) 所代表的两条直线平行. 如果它们不是叠合的,那么,在正常意义来说,它没有中心,但我们有时也说它有一个假中心,这就是直线(3) 的假交点. 又如果直线(3) 是叠合的,线上一切的点都是中心,在这情形它便有中心直线. 显然在这个情形之下,我们所讨论的二级曲线为两条平行直线的集合. 事实上,如果直线(3) 叠合,那么,它们的方程的系数应成比例,由此,推知行列式

$$A = \begin{vmatrix} a_{11} & a_{12} & a_{13} \\ a_{21} & a_{22} & a_{23} \\ a_{31} & a_{32} & a_{33} \end{vmatrix}$$

等于0(因为它有两行成比例). 所以,$A = A_{33} = 0$,因而得证我们的命题(参看§225a). 反过来,如果已知曲线为两条平行直线的集合,那么,直线(3) 叠合,这可由等式(§225a)

$$A_{13} = A_{23} = A_{33} = 0$$

推出.

由上所述,可知:抛物线作为抛物类型的不可分解曲线,它是没有中心的,或最好说它有一个假中心,这个假中心的方向显然便是它的渐近方向①.

还有一个问题应该加以解释:在什么情形之下,二级曲线的中心落在曲线本身之上(我们所指的中心是真点)?

我们知道,如果点(x_0,y_0) 在曲线上,又如果它的坐标同时适合方程(2),那么,这条曲线是可分解的,而(x_0,y_0) 为这条曲线的二重点②. 因此,如果中心落在曲线本身之上,那么,这条曲线便可分解;那时中心便是这条曲线的二重点.

下面的声明是重要的:如果坐标原点是二级曲线的中心(或是许多中心的一个),那么,在它的方程里一次项不出现. 事实上,在这情形,方程(3) 应为数值 $x = 0, y = 0$ 所适合,由此得 $a_{13} = a_{23} = 0$. 那时曲线的方程化为下式

① 直线(3) 的角系数(在平行时的情形) 等于

$$k = -\frac{a_{11}}{a_{12}} = -\frac{a_{21}}{a_{22}}$$

即是它等于渐近方向的角系数. 参看 §226 公式(2).

② 参看 §218 末尾.

$$a_{11}x^2+2a_{12}xy+a_{22}y^2+a_{33}=0 \qquad (4)$$

反过来说,由方程(4)所表示的曲线显然有中心(或许多中心的一个)在坐标原点.

此后我们所谓有中心曲线,是指具有唯一确定的真中心的曲线.

习　题

1. 求下面曲线的中心

$$x^2-xy+3y^2+x-1=0$$

解:令左边对于 x 和 y 的偏微商等于0,得

$$2x-y+1=0,\ -x+6y=0$$

解这些方程得

$$x=-\frac{6}{11},y=-\frac{1}{11}$$

因此这条曲线有(唯一的)中心,位于点$\left(-\frac{6}{11},-\frac{1}{11}\right)$.

2. 求下面曲线的中心

$$x^2+2xy+y^2+2x+y-5=0$$

解:决定中心的方程为

$$2x+2y+2=0,2x+2y+1=0$$

这两个方程没有公共的解答,因为它们表示两条平行而不叠合的直线. 因此,这条曲线没有中心(有假中心).

3. 求下面曲线的中心

$$x^2+2xy+y^2+x+y-5=0$$

解:在这情形,决定中心的方程为

$$2x+2y+1=0,2x+2y+1=0$$

这条曲线有无穷多个中心,即是直线 $2x+2y+1=0$ 上一切的点.

§229. 渐近线　二级曲线的渐近线,现在可以说是那些直线,它和这曲线的两交点,叠合于一个假点①. 换句话说,渐近线就是和这条曲线相切于假点的直线. 显然,渐近线的方向便是渐近方向.

因为椭圆没有实的假点,所以它没有实的渐近线;双曲线有两个不同的假

① 以前(参看 §198)我们曾给渐近线另一个定义,容易证明,在二级曲线的情形这两个定义是一致的,只要把这曲线为两条平行直线的集合的情形除外. 参看 §229 末尾和习题.

点,它有两条实的渐近线;最后,抛物线的两个假点叠合,因此,假直线和抛物线相切于这假点,即是说,抛物线的(唯一)渐近线就是假直线.抛物线没有真的渐近线.

所有这些都容易用分析法加以证明,同时并可求得渐近线的方程.我们首先解决求渐近线的方程的问题.

设(X,Y)为所求渐近线的方向矢量,又设$M(x,y)$为它上面的任意点.如果在§227的方程(3)里,取点$M(x,y)$作为点$M_0(x_0,y_0)$,那么,在这个方程里,s和s^2的系数应该都化为0,才能够使它的两个根都等于∞.因此,得

$$\varphi(X,Y)=a_{11}X^2+2a_{12}XY+a_{22}Y^2=0 \tag{1}$$

和

$$XF_1(x,y)+YF_2(x,y)=0 \tag{2}$$

第一个方程决定比值$\frac{Y}{X}$,而它所表达的,就是说矢量(X,Y)的方向为渐近方向.

把适合第一个方程的X,Y作为常数,第二个方程便是渐近线的方程.方程(2)展开后可写作

$$(a_{11}X+a_{21}Y)x+(a_{12}X+a_{22}Y)y+(a_{13}X+a_{23}Y)=0 \tag{2a}$$

如果这条曲线有中心,即$a_{11}a_{22}-a_{12}^2\neq 0$,那么,$x$和$y$的系数,即数量

$$a=a_{11}X+a_{21}Y,b=a_{12}X+a_{22}Y$$

便不会同时等于0.因此,在这情形,直线(2)为真直线,而且它们显然经过中心①.

因此,有中心曲线的渐近线,就是经过中心且取得渐近方向的直线.在双曲类型的曲线,渐近线为实直线;在椭圆类型的曲线,渐近线为虚直线.

现在讨论抛物类型的曲线.在这情形,我们知道它的渐近方向适合$a=b=0$(§226).

因此,在抛物类型的曲线,渐近线或为假直线,或为不完全确定的直线(只能确定它的方向X,Y),后一个情形可能产生,只当同时有

$$a_{11}X+a_{21}Y=0,a_{12}X+a_{22}Y=0,a_{13}X+a_{23}Y=0 \tag{*}$$

但这些等式,显然,只有当

$$A_{13}=A_{23}=A_{33}=0$$

即只有当这条曲线为两条平行直线的集合(参看§225a)时,才有可能.

因此,按正常意义,抛物线没有渐近线;它的唯一渐近线是假直线.在一对

① 因为中心为两条直线$F_1=0$和$F_2=0$的交点.

平行线的情形，显而易见地，每一条和它们平行的直线，都是渐近线. 这是因为一对平行线和每条和它们平行的直线相交于一个“二重”假点.

习题和补充

1. 求下面曲线的渐近线

$$\frac{x^2}{a^2}-\frac{y^2}{b^2}=1$$

答：两条直线 $\frac{x}{a}-\frac{y}{b}=0,\frac{x}{a}+\frac{y}{b}=0$

即由方程 $\frac{x^2}{a^2}-\frac{y^2}{b^2}=0$ 给定的一对直线.

2. 求下面曲线的渐近线

$$y^2=2px$$

答：渐近线为假直线.

3. 求证一对相交直线的渐近线就是这两直线本身.

§230. 二级曲线的直径　下面讨论与任何已知的非渐近方向平行的直线.

这些直线的每一条和已知二级曲线相交于两点 M_1 和 M_2（实的或虚的），并确定弦 M_1M_2. 这些弦的中点的轨迹，叫作和已知方向共轭的直径. 这样，对于已知二级曲线，和已知方向成共轭的直径，就是和这方向平行的诸弦的中点的轨迹. 这个概念是初等几何里熟知的圆的直径这一概念的直接推广. 但如果由现在的定义出发，而只限于讨论圆上的实点，那么，在圆内和已给方向共轭的直径，只是夹于圆内的直线段，它经过圆心而垂直于所给的方向（图 149）. 我们将在下文见到，如果同时考虑圆上的虚点，那么，这条直径便指上述直线的全部.

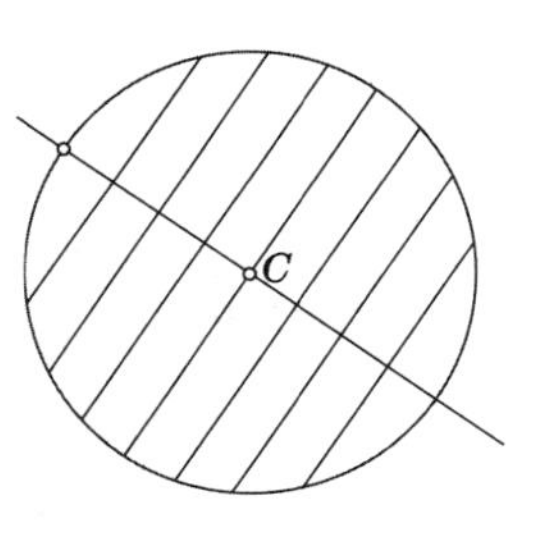

图 149

现在提出问题：求二级曲线的直径，和已知的方向成共轭.

设 $\boldsymbol{P}=(X,Y)$ 为已知方向（不是渐近方向）的矢量. 又设 (x_0,y_0) 为所求直径上的任一点. 求这点的坐标所适合的方程.

经过 (x_0,y_0) 而平行于已知方向 (X,Y) 的直线，可以用参数表示如下

$$\begin{cases}x=x_0+Xs\\ y=y_0+Ys\end{cases}\tag{1}$$

用从前的记号,由 §227 方程(3) 所决定的数值 s_1, s_2 对应于二级曲线与直线(1) 的交点 M_1 和 M_2.

要使点(x_0, y_0)为弦 M_1M_2 的中点,必须且只需 $s_1 + s_2 = 0$. 而要使 $s_1 + s_2 = 0$,必须且只需有(与 §228 比较)

$$XF_1(x_0, y_0) + YF_2(x_0, y_0) = 0$$

这个等式表达必要且充分条件,使点(x_0, y_0)在与方向(X, Y)共轭的直径上. 为简便计,用 x, y 代替 x_0, y_0,我们可把上面的方程,即所求直径的方程,改写作下式

$$XF_1(x, y) + YF_2(x, y) = 0 \tag{2}$$

或将 F_1 和 F_2 的值代入,得

$$X(a_{11}x + a_{12}y + a_{13}) + Y(a_{21}x + a_{22}y + a_{23}) = 0 \tag{2a}$$

我们可见和已知方向共轭的直径,是一条直线①. 要记住构成直径方程的法则:求函数 $F(x, y)$ 对于 x 和 y 的偏微商,分别乘以 X 和 Y(已知方向的系数),把所得结果相加而令它们的和等于 0②.

特别地,和方向 $X \neq 0, Y = 0$(即轴 Ox 的方向)共轭的直径为直线 $F_1 = 0$,即

$$a_{11}x + a_{12}y + a_{13} = 0 \tag{3a}$$

又和轴 Oy 的方向$(X = 0, Y \neq 0)$共轭的直径为直线 $F_2 = 0$,即

$$a_{21}x + a_{22}y + a_{23} = 0 \tag{3b}$$

直线(3a) 和(3b) 在 §228 已经见过;我们用这些直线的交点来决定曲线的中心. 现在才明确了它们的几何意义.

所有直线(2) 都经过这两条直线(3a) 和(3b) 的交点. 因此,一切直径都经过中心(真的或假的). 如果曲线具有中心直线,那么,一切直径都和中心直线叠合. 又如果中心是假点,那么,一切直径互相平行(都经过同一的假点).

如果依照现在的假定,即方向(X, Y)不是渐近方向,那么,直线(2) 不能是假的或不确定的.

事实上,方程(2a) 可以写作

$$ax + by + c = 0 \tag{2b}$$

这里 $a = a_{11}X + a_{21}Y, b = a_{12}X + a_{22}Y, c = a_{13}X + a_{23}Y$.

如果 $a = b = 0$,那么(参看 §229),这条曲线必须是抛物类型,而(X, Y)为

① 我们在下文即将见到,如果(X, Y)不是渐近方向,那么,直线(2) 是真直线而且是确定的.

② 用这个方法所得的方程和(2) 或(2a) 只差一个因数 2.

渐近方向. 因此,在非渐近方向(X,Y),直线(2)总是真的而且是确定的.

到此为止,我们假定(X,Y)为非渐近方向. 现在放弃这个规定,即对于任何的X,Y(不同时为0的),直线(2)都叫作和方向(X,Y)共轭的直径. 如果(X,Y)不是渐近方向,则所得的为寻常意义的直径. 如果(X,Y)为渐近方向,则方程(2)化为渐近线的方程(参看 §229). 因此,渐近线可以说是自身共轭的直径. 又如果$a=b=c=0$,方程(2b)为不定方程. 在这情形,这条二级曲线为两条平行直线的集合[①]而方向(X,Y)和这两条直线平行. 在这情形,一切直线都可以看作和渐近方向共轭的"直径".

就各种情形普遍来说,所有经过中心(或许多中心的一个)的直线,都可以称为直径. 例如,在一对平行直线的情形,所有一切直线都和中心线相交(交于真点或假点). 因此,它们都可以算作直径.

现在详细讨论有中心曲线(即有一个真的中心)的情形.

我们容易求得直径的角系数和它的共轭方向角系数$k=\dfrac{Y}{X}$的关系. 直径的角系数k'可用k表示如下式

$$k'=-\frac{a_{11}X+a_{12}Y}{a_{21}X+a_{22}Y}=-\frac{a_{11}+a_{12}k}{a_{21}+a_{22}k}\tag{4}$$

在所论的有中心曲线情形,上式的右边不会不确定,因为在这情形之下,不会同时有

$$a_{11}X+a_{12}Y=a_{21}X+a_{22}Y=0$$

从关系(4)消去分母,可得下式

$$a_{22}kk'+a_{12}(k+k')+a_{11}=0\tag{5}$$

此式对于k和k'完全对称. 解式(5)求k,我们得到用k'表示k的公式

$$k=-\frac{a_{11}+a_{12}k'}{a_{21}+a_{22}k'}\tag{6}$$

这是我们可以意料到的. 因为根据关系(5),k和k'有对称关系,故只要在公式(4)里把k和k'对调,便可得到公式(6). 现在考虑两条直径Δ'和Δ,已知Δ'和Δ的方向成共轭. 这两条直径的角系数k'和k有关系(4),由此推得关系(6),这便证明了Δ和Δ'的方向也成共轭.

因此,两条直径Δ和Δ'中每一条平分和其他一条平行的诸弦. 这样的两条直径叫作共轭直径.

---

① 参看 §229.

图 150 表示两条共轭直径 Δ 和 Δ' 及平行于它们的诸弦.

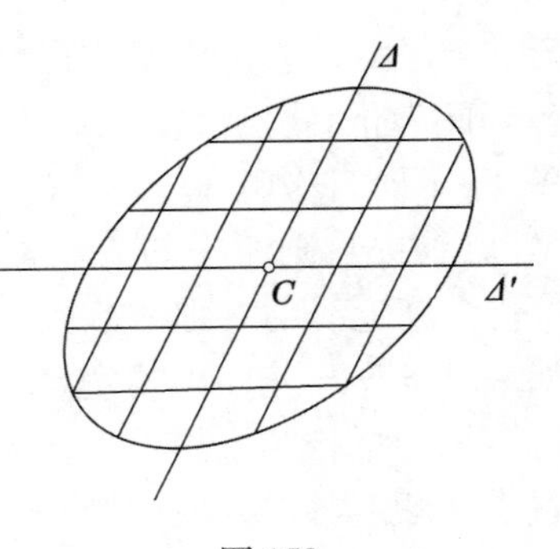

图 150

我们留意,共轭直径的关系是一个对合(§190),这可由关系(5)的形式推见. 这个对合的二重线的角系数适合方程

$$a_{22}k^2 + 2a_{12}k + a_{11} = 0$$

这是由式(5)令 $k' = k$ 得来. 但这个方程为渐近方向的特征,更因这些直线经过中心,那么,它们便是渐近线. 因此,由共轭直径所决定的对合的二重线是渐近线. 因此,我们又有理由把渐近线叫作本身共轭的直径.

现在再谈没有中心的曲线(或者更适合地,有一个假中心的曲线),即抛物线. 在这情形,直线(3a)和(3b)平行,但不叠合. 它们的公共方向为渐近方向,因为它们的角系数

$$k = -\frac{a_{11}}{a_{12}} = -\frac{a_{21}}{a_{22}} \tag{7}$$

为渐近方向的角系数. 因此,一切直径都和渐近方向平行;这是我们意料得到的,因为一切直径都经过在渐近方向的无穷远点,即假中心.

最后,如果曲线是一对平行直线,那么,我们在上面已经见过,和非渐近方向共轭的直径,都与中心直线叠合,而和渐近方向共轭的直径,是不定的直线.

注 上面曾经提及,直径为一直线(而不是线段). 但有时把曲线和直径的交点叫作这条直径的端点,并且我们也称夹在两端点之间的线段为直径(如果两端点都在有限距离内),我们同时采用这两种说法而不会发生误会,因为根据所说的内容显然看出所指的是哪一种.

和已知(实的)方向平行的诸弦,有些是实的线段有些是虚的线段,但即使线段是虚的,它们的中点总是实点,因为,如果实直线和曲线相交于虚点,则这些交点总是两个共轭的虚点①. 因此,它们所夹的线段的中点为实点.

§231. 直径和切线的关系 现在要证明下面一个几乎是已知的性质:试取二级曲线上任意点的切线,经过切点的直径和切线的方向成共轭. 这命题可用初等的方法,由切线和直径的定义出发,直接加以证明.

设 Δ 为经过曲线上一点 M_0 的直径(图 151). 考虑被这条直径所平分的弦 $M'M''$,令 M 为这弦的中点. 如果把弦 $M'M''$ 平行移动,那么,点 M 就沿直径 Δ 移

① 我们总是假定所给二级曲线方程里的系数都是实数.

动. 当点 M 趋近于点 M_0，这两点 M' 和 M'' 也趋于点 M_0. 因此，M' 和 M'' 所决定的直线的极限位置化为切线. 由此得证本题.

这命题也容易用分析方法证明. 设 (x_0, y_0) 为切点的坐标，我们知道和方向 (X, Y) 共轭的直径的方程为

$$XF_1(x, y) + YF_2(x, y) = 0$$

如果直径经过点 (x_0, y_0)，那么，应有

$$XF_1(x_0, y_0) + YF_2(x_0, y_0) = 0$$

由此求得和这直径共轭的弦的角系数

$$\frac{Y}{X} = -\frac{F_1(x_0, y_0)}{F_2(x_0, y_0)}$$

但由切线的方程我们知道这也是切于点 (x_0, y_0) 的切线的角系数. 因此本题得证.

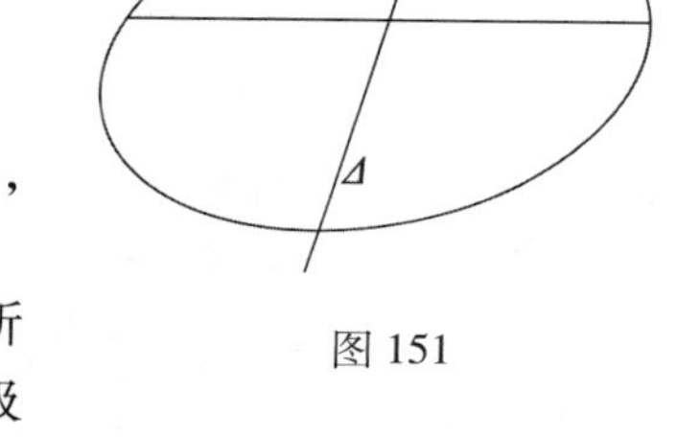

图 151

特别是由此推知，在同一直径的两端点所作的两条切线，互相平行. 反过来说，如果二级曲线有两条平行切线，那么，它们的切点的联线为直径，这直径和两切线的方向共轭.

§232. 直径作为假点的极线　和已知方向共轭的直径，尚可定义为在所给方向的假点的极线.

如果我们回忆在 §220 所述的极线的定义，就容易对这点加以证明. 事实上，设点 $M_0(X, Y, 0)$ 为方向矢量 (X, Y) 上的假点. 由定义点 M_0 的极线为在经过点 M_0（即和方向 (X, Y) 平行）的直线 δ 上对于 δ 和二级曲线的交点 A，B 与点 M_0 成调和共轭的点的轨迹. 但因点 M_0 在无穷远，所以它的共轭点为线段 AB 的中点，由此得证本题.

在分析上很容易验明现在所举的直径定义和以前所述的一致. 设极线的方程（§219）为

$$y_1\Phi_1(x_1, x_2, x_3) + y_2\Phi_2(x_1, x_2, x_3) + y_3\Phi_3(x_1, x_2, x_3) = 0$$

用 $y_1 = X, y_2 = Y, y_3 = 0, x_1 = x, x_2 = y, x_3 = 1$ 代入，所得的方程就是 §230 的方程(2).

依同理，可见二级曲线的中心 C 是假直线的极点.

因为假直线上各点的极线都经过它的极点 C，故一切直径都经过中心 C，这是以前曾经用别的方法证明过的. 特别是，如果中心为假点，则一切直径平行.

共轭直径显然是两条直线，经过曲线的中心，而且对于这曲线成共轭. 共轭的意义，依照 §223 所述.

自身共轭的直径为共轭直径的对合的二重线,即是经过中心的切线. 因此,它们为渐近线,正如我们以前所述.

就一般来说,§231 所证明的关于中心和直径的性质,可由现在所给的定义容易地推得. 特别是,经过同一直径的两个端点所作的切线互相平行,这是因为它们应该相交于直径的极点,即相交于一个假点.

§233. 已知二级曲线的图形求作中心和直径. 互补的两弦 如果二级曲线的图形已经画出,那么,极容易作出和已知方向共轭的直径:只要作任意两条弦,和已知方向平行,经过它们的中点作直线便是(图 152).

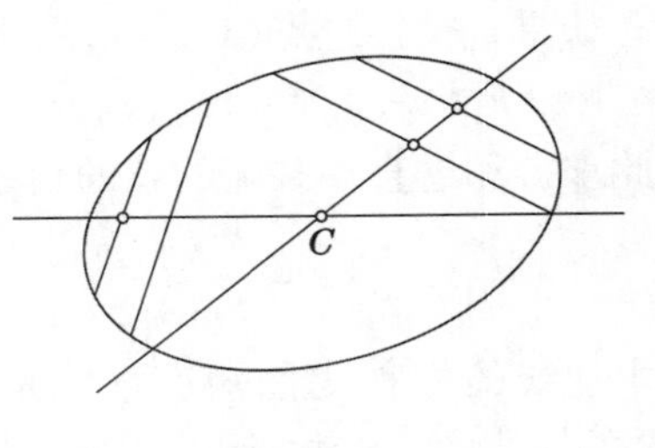

图 152

再任取另一个方向,作出它的共轭直径. 这两条直径的交点便是曲线的中心.

有中心二级曲线的互补两弦的概念对于作图是很有用的. 它们就是两条弦,联结曲线上任一点 M 到任一条直径 AB 的两个端点(参看图 153(a),153(b)).

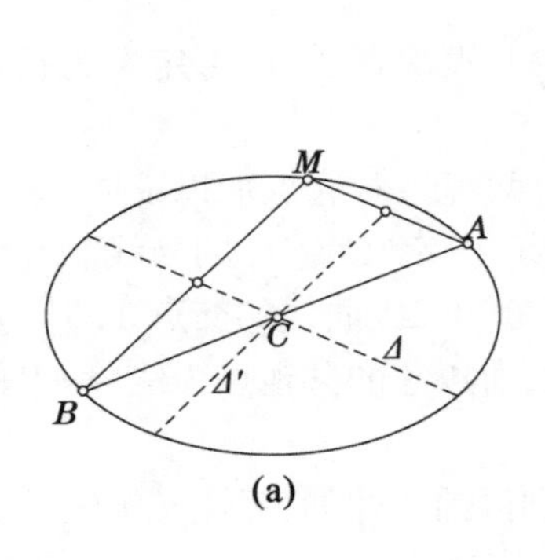

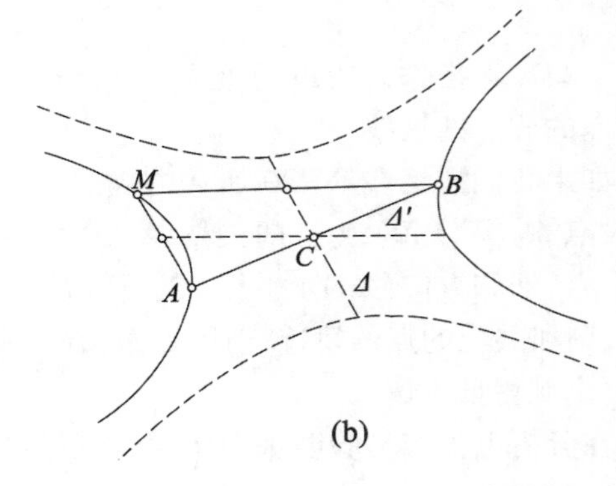

图 153

容易看出,和两条互补的弦平行的直径为共轭直径. 事实上,和弦 AM 平行的直径 Δ 平分弦 BM(因为 Δ 经过三角形 ABM 的边 BA 的中点,而平行于边 AM). 所以,直径 Δ 和弦 BM 的方向共轭,即是,Δ 和平行于弦 BM 的直径 Δ' 共轭.

§234. 有中心二级曲线的方程,取共轭直径为坐标轴 我们知道一切有中心的二级曲线都有无穷多对的共轭直径. 如果取中心作坐标原点,取两条共轭直径为坐标轴,今求在这情形下二级曲线的方程取得何种形式.

因为中心在坐标原点,那么,曲线方程的一次项消失,而成为下式

$$a_{11}x^2 + 2a_{12}xy + a_{22}y^2 + a_{33} = 0 \tag{1}$$

(参看 §228). 与轴 Ox 成共轭的直径的方程为(§230)

$$a_{11}x + a_{12}y = 0$$

因为这条直线应和轴 Oy 叠合,所以有 $a_{12} = 0$. 因此,如果坐标轴为共轭直径,有中心二级曲线的方程为

$$a_{11}x^2 + a_{22}y^2 + a_{33} = 0 \tag{2}$$

在这方程里,a_{11} 和 a_{22} 都不是0,否则数量 $A_{33} = a_{11}a_{22}$ 便等于0,因而这条曲线便不是有中心的.

首先,讨论 $a_{33} \neq 0$ 的情形. 以 a_{33} 除式(2) 的两边,又设

$$\lambda_1 = -\frac{a_{11}}{a_{33}}, \lambda_2 = -\frac{a_{22}}{a_{33}}$$

则得方程

$$\lambda_1 x^2 + \lambda_2 y^2 = 1 \tag{3}$$

如果 λ_1 和 λ_2 都是正数,那么,引用记号

$$\lambda_1 = \frac{1}{a^2}, \lambda_2 = \frac{1}{b^2}$$

则得方程

$$\frac{x^2}{a^2} + \frac{y^2}{b^2} = 1 \tag{4}$$

如果 λ_1 和 λ_2 都是负数,那么,设

$$\lambda_1 = -\frac{1}{a^2}, \lambda_2 = -\frac{1}{b^2}$$

则得方程

$$\frac{x^2}{a^2} + \frac{y^2}{b^2} = -1 \tag{5}$$

如果 λ_1 和 λ_2 的符号不相同,那么,不妨碍普遍性,我们可以假设$\lambda_1 > 0$, $\lambda_2 < 0$(在相反的情形,只需把两轴 Ox 和 Oy 对调);设

$$\lambda_1 = \frac{1}{a^2}, \lambda_2 = -\frac{1}{b^2}$$

得

$$\frac{x^2}{a^2} - \frac{y^2}{b^2} = 1 \tag{6}$$

其次,讨论 $a_{33} = 0$ 时的情形. 如果 a_{11} 和 a_{22} 同号,可以假设 $a_{11} > 0, a_{22} >$

0(在相反的情形,只要把这方程的两边一起变号),设

$$a_{11}=k_1^2, a_{22}=k_2^2$$

则得方程

$$k_1^2x^2+k_2^2y^2=0 \tag{7}$$

这表示下面两条虚直线的集合

$$k_1x+ik_2y=0 \text{ 和 } k_1x-ik_2y=0$$

又如果 a_{11} 和 a_{22} 的符号相反,依类似的方法得方程

$$k_1^2x^2-k_2^2y^2=0 \tag{8}$$

这表示下面两条实线的集合

$$k_1x+k_2y=0 \text{ 和 } k_1x-k_2y=0$$

因此,一切有中心二级曲线的方程都可化为式(4) ~ (8) 中的一个形式.

根据 §225 所下的定义,我们可以说在式(4) 和式(5) 两个情形,曲线为椭圆. 因为在这些情形,我们容易验明曲线属于椭圆类型同时是不可分解的①. 在情形(5),这条曲线没有一个实点,所以叫作虚椭圆.

在情形(6),这条曲线属于双曲类型而且是不可分解的②,所以它是双曲线.

更且,我们显见,可分解的有中心二级曲线为方程(7) 或(8) 的一个所表示. 在情形(7) 属于椭圆类型③,在情形(8) 属于双曲类型④.

因此,可分解的椭圆类型曲线为两条不平行的共轭虚直线的集合;又可分解的双曲类型曲线为两条实直线的集合.

如果适当选择坐标矢量的长度,方程(4) ~ (8) 可以再化简,即是,它们可

---

① 事实上,这里的 $F(x,y)=\frac{x^2}{a^2}+\frac{y^2}{b^2}-1$;$a_{11}=\frac{1}{a^2}, a_{22}=\frac{1}{b^2}, a_{12}=a_{13}=a_{23}=0$

$$a_{33}=-1, A_{33}=\frac{1}{a^2}\cdot\frac{1}{b^2}>0, A=\begin{vmatrix}\frac{1}{a^2} & 0 & 0\\ 0 & \frac{1}{b^2} & 0\\ 0 & 0 & -1\end{vmatrix}\neq 0.$$

② 比较上面的注脚.

③ 事实上,在这情形,$F(x,y)=k_1^2x^2+k_2^2y^2$;$A_{33}=k_1^2\cdot k_2^2>0$

$$A=\begin{vmatrix}k_1^2 & 0 & 0\\ 0 & k_2^2 & 0\\ 0 & 0 & 0\end{vmatrix}=0$$

④ 比较上面的注脚.

分别化为如下各式

$$x^2 + y^2 = 1 \tag{4a}$$

$$x^2 + y^2 = -1 \tag{5a}$$

$$x^2 - y^2 = 1 \tag{6a}$$

$$x^2 + y^2 = 0 \tag{7a}$$

$$x^2 - y^2 = 0 \tag{8a}$$

例如,由式(4),把 ax 和 by 代替 x 和 y,便得到(4a),这在实质上,就是改变坐标矢量的长;依同理可得其余的方程.

由(4a) 直接推得,一切实椭圆,都可用仿射变换由一个变为另一个. 事实上,设在平面上已给两个椭圆,用适当选择的新坐标系 $x'O'y'$ 和 $x''O''y''$,这两个椭圆的方程可以分别写作 $x'^2 + y'^2 = 1$ 和 $x''^2 + y''^2 = 1$ 的形式. 用仿射变换

$$x' = x'', y' = y''$$

就可把其中的一个椭圆变为另一个椭圆.

依同理,式(4) ~ (8) 的其余各情形都是如此. 但相反的,每一情形的曲线显然不能通过仿射变换变为另一情形的曲线.

显然地,通过仿射变换,原来曲线的共轭直径,变为变换后的曲线的共轭直径,因为弦的中点,经过仿射变换之后仍为中点.

就一般来说,在本段所列举的性质,和前章所说的,在仿射变换之下,都保持不变. 因为截至现在所用的一切定义,只是仿射性的(或者甚至只是投影性的).

注 1　如果取两条共轭直径作坐标轴,曲线方程化为式(2),这个情形,可从下面事实直接推出:两条共轭直径和假直线构成一个自配极三角形(参看 §222, §232).

注 2　直至现在,我们还未能断定依照 §225 里的定义所得的实椭圆和双曲线是否便是我们在开始时(§195 和以后各节)所引进的实椭圆和双曲线. 我们还需证明现在所谓实椭圆和双曲线,在采用适宜选择的直角笛氏坐标后,也可分别化为式(4) 和式(6) 的形式. 这将留待下面(§238) 证明.

§235. 抛物类型曲线的简化方程　我们知道,抛物类型的曲线的直径互相平行,因此,不能取两条共轭直径来作坐标轴.

但我们取任一条不和直径平行的直线,作为轴 Oy,而取和 Oy 的方向共轭的直径作为 Ox,可将这类型的曲线的方程化简. 和 Oy 的方向共轭的直径,应有方程

$$a_{21}x + a_{22}y + a_{23} = 0$$

因为这条直径和轴 Ox 叠合,所以应有 $a_{21}=a_{23}=0,a_{22}\neq 0$,又因为 $a_{11}a_{22}-a_{12}^2=a_{11}a_{22}=0$(因为这条曲线是抛物类型的),所以 $a_{11}=0$. 因此,曲线的方程为

$$a_{22}y^2+2a_{13}x+a_{33}=0 \tag{1}$$

首先,讨论 $a_{13}\neq 0$ 的情形,那时曲线和轴 Ox 相交. 事实上,设 $y=0$ 得交点的横坐标 $x=-\frac{a_{33}}{2a_{13}}$. 把坐标原点移到这交点(坐标矢量不改变),我们容易验证这条曲线的方程取得下面的形式

$$a_{22}y^2+2a_{13}x=0$$

或引入记号 $-\frac{a_{13}}{a_{22}}=p$,得

$$y^2=2px \tag{2}$$

把行列式 A 写出便能容易地验明这方程所代表的为不可分解的曲线. 所以,它是抛物线. 轴 Ox 为抛物线的直径,轴 Oy 是这条直径和抛物线的交点上的切线,这可由 §231 所述而推得(也不难直接验明).

如果 $a_{13}=0$,那么,方程(1) 取如下形式

$$a_{22}y^2+a_{33}=0$$

即

$$y=\pm\sqrt{-\frac{a_{33}}{a_{22}}} \tag{3}$$

所以,在这情形的曲线,为两条平行直线的集合,或为实直线(如果 a_{22} 和 a_{33} 不同号)或为虚直线(如果 a_{22} 和 a_{33} 同号). 如果 $a_{33}=0$,便得两条叠合的直线.

因此,抛物类型的曲线或为抛物线,那时它的方程可以化为式(2) 或为两条平行直线的集合,正如我们以前(§225a) 已经见过的.

适当地选择坐标矢量的长(与 §234 比较),抛物线方程可以取得下式

$$y^2=2x \tag{2a}$$

由此可特别推得:所有一切抛物线,都可用仿射变换由一条变为另一条. 不但如此,所有一切抛物线彼此相似;这一点要等我们证明(在 §238) 目前所指的抛物线就是以前(在 §200) 所述的抛物线后才能明白,我们已经证明(在 §207),以前所述的抛物线彼此都相似.

§236. 二级曲线的方程取切线和经过切点的直径为坐标轴　在抛物线情形,我们已经得出这样的方程. 现在要同样地求出任意一条不可分解的二级曲线的方程. 设

$$a_{11}x^2 + 2a_{12}xy + a_{22}y^2 + 2a_{13}x + 2a_{23}y + a_{33} = 0 \quad (1)$$

为对于上述坐标系的二级曲线方程. 因为这条曲线经过点 O,所以 $a_{33} = 0$. 而且在点 O 的切线方程为

$$a_{13}x + a_{23}y = 0$$

又因这条直线应与轴 Oy 叠合,故有①

$$a_{23} = 0, a_{13} \neq 0$$

最后,和轴 Oy 的方向共轭的直径有方程

$$a_{12}x + a_{22}y = 0$$

因为 $a_{23} = 0$. 这条直径应和轴 Ox 叠合,即应有 $a_{12} = 0, a_{22} \neq 0$.

因此,方程(1) 取得如下形式

$$a_{11}x^2 + a_{22}y^2 + 2a_{13}x = 0 \quad (2)$$

或

$$y^2 = 2px + qx^2 \quad (3)$$

这里

$$p = -\frac{a_{13}}{a_{22}}, q = -\frac{a_{11}}{a_{22}}$$

对于方程 $y^2 - 2px - qx^2 = 0$ 把数量 A_{33} 写出,就可以说明:当 $q < 0$ 时得椭圆;当 $q > 0$ 时得双曲线;当 $q = 0$ 时得抛物线. 这样我们便推广了 §206 的结果.

Ⅱ. 主直径. 在直角坐标系的标准方程

我们从主直径的问题出发去研究圆锥截线的度量性质. 在本段里,我们完全采用直角坐标系.

§237. 主直径　二级曲线的直径叫作主直径,如果它和它的共轭方向垂直. 主直径显然为曲线的对称轴,因此,它们也叫作曲线的轴. 轴和曲线的交点,叫作顶点.

现在的问题是求二级曲线的主直径.

设

$$a_{11}x^2 + 2a_{12}xy + a_{22}y^2 + 2a_{13}x + 2a_{23}y + a_{33} = 0 \quad (1)$$

为已知曲线的方程(用直角坐标系).

首先,讨论有确定中心($A_{33} \neq 0$) 的曲线. 在这情形,曲线的主直径是两条

---

① 切线方程当然是确定的,因为这条曲线是不可分解的曲线.

互相垂直的共轭直径.

设 k_1 和 k_2 为这两共轭直径的斜率. 它们有关系(§230)

$$a_{22}k_1k_2 + a_{12}(k_1 + k_2) + a_{11} = 0 \tag{2}$$

现在再加上垂直条件

$$k_1k_2 = -1 \tag{3}$$

先设 $a_{12} \neq 0$,于是可将方程(2) 和(3) 写成

$$k_1 + k_2 = -\frac{a_{11} - a_{22}}{a_{12}}, k_1k_2 = -1 \tag{4}$$

这表明 k_1 和 k_2 为二次方程

$$a_{12}k^2 + (a_{11} - a_{22})k - a_{12} = 0 \tag{5}$$

的两个根.

因为数量$(a_{11} - a_{22})^2 + 4a_{12}^2$ 显然是正数,所以,方程(5) 有两个实根,这便是所求的两条主直径的斜率.

我们曾经把 $a_{12} = 0$ 作为例外情形;但容易直接验证,在一切情形(对于有中心的曲线),从方程(5) 都能求得主直径的方向. 事实上,如果 $a_{12} = 0$,但 $a_{11} - a_{22} \neq 0$,那么,方程(5) 有两根:$k_1 = 0, k_2 = \infty$;另一方面,由直接验证可得出结论:即当 $a_{12} = 0$ 时,和方向$(X_1 \neq 0, Y_1 = 0)$,即轴 Ox 的方向,成共轭的直径平行于轴 Oy,就是说它的斜率 $k_2 = \infty$. 最后,若 $a_{12} = 0$,同时 $a_{11} = a_{22}$,那么,方程(5) 化为恒等式 $0 = 0$;在这情形,一切直径都是主直径,且如在 §239 所见,所给的曲线是一个圆(实圆或虚圆).

如欲求主直径的方程,只要在直径的一般方程

$$XF_1(x,y) + YF_2(x,y) = 0 \tag{6}$$

里以数偶(X_1, Y_1)或(X_2, Y_2)代替X, Y便行. 数偶(X_1, Y_1)和(X_2, Y_2)由下面的关系决定

$$\frac{Y_1}{X_1} = k_1 \text{ 或 } \frac{Y_2}{X_2} = k_2 \tag{7}$$

这里 k_1 和 k_2 为方程(5) 的根. 当 $a_{12} = 0, a_{11} - a_{22} \neq 0$ 时,即当 $k_1 = 0, k_2 = \infty$ 时,这方法依然可行. 在 $a_{12} = 0, a_{11} = a_{22}$ 的情形,数量 X 和 Y 可以给予任何两个不同时为 0 的数值.

现在讨论抛物类型的情形. 那时

$$A_{33} = a_{11}a_{22} - a_{12}^2 = 0$$

在这情形,一切直径都互相平行,它们的斜率为(§230)

$$k = -\frac{a_{11}}{a_{12}} = -\frac{a_{12}}{a_{22}} \tag{8}$$

(两个比值$\frac{a_{11}}{a_{12}}$和$\frac{a_{12}}{a_{22}}$中至少有一个不是未定式,因为如果,例如,$a_{11} = a_{12} = 0$,那么,必定有 $a_{22} \neq 0$,否则这条曲线便不是二级的了).

和这方向垂直的弦的斜率 k',适合公式

$$\frac{Y}{X} = k' = -\frac{1}{k} = \frac{a_{12}}{a_{11}} = \frac{a_{22}}{a_{12}} \tag{9}$$

把适合这个比值的任意两个数(不同时等于0的)代入式(6)的 X 和 Y,便得主直径的方程. 例如,我们可取

$$X = a_{11}, Y = a_{12} \text{ 或 } X = a_{12}, Y = a_{22}$$

(如第一对 $a_{11} = a_{12} = 0$,便须取第二对).

因此,主直径方程,可以写作

$$a_{11}F_1 + a_{12}F_2 = 0 \text{ 或 } a_{12}F_1 + a_{22}F_2 = 0 \tag{10}$$

求主直径的问题,也可用另外一个较为对称的方法去解决,使能推广到三元度空间(或甚至到任何多元度的空间),但在此不拟详述,因为在研究二级曲面方程的化简问题时(第十一章),我们要把所说的那个方法应用于三元度的情形,到时读者就可以把它毫无困难地移用于二元度的情形.

注　利用互补两弦(§233)我们容易由已知椭圆和双曲线的图形作出它们的主直径. 作法:作已知曲线的任一条直径 AB. 以 AB 为直径作圆. 令点 M 为这个圆和已知曲线的一个交点,那么,两弦 AM 和 MB 为互相垂直的互补弦,而和它们平行的直径便是主直径. 又这两条主直径和曲线的交点,便是已知曲线的顶点.

要作抛物线的主直径,只需先作任一条直径 Δ,再作弦和它垂直. 再经过这弦的中点,作直线平行于 Δ. 这条直线就是抛物线的主直径. 它和抛物线的交点,便是顶点.

§238. 圆锥截线在直角笛氏坐标系的标准方程　设已知曲线为有中心的二级曲线. 那么,取主直径作为直角笛氏坐标系的两轴,我们可以(参看 §234)把这曲线的方程化为下面各式中之一式(a, b, k_1, k_2, p, k 都是实数):

1° 实椭圆$\frac{x^2}{a^2} + \frac{y^2}{b^2} = 1$;

1°a 虚椭圆$\frac{x^2}{a^2} + \frac{y^2}{b^2} = -1$;

2° 双曲线$\frac{x^2}{a^2}-\frac{y^2}{b^2}=1$;

3° 不平行的共轭虚直线

$$k_1^2x^2+k_2^2y^2=0$$

4° 不平行的实直线

$$k_1^2x^2-k_2^2y^2=0$$

如果已知曲线没有一定的中心(没有中心[①]或有一条中心直线),那么,取主直径作为轴Ox,取在顶点[②]的切线作为轴Oy(在抛物线情形),或取主直径的任一条垂线作为Oy(在两条平行直线的情形),我们得(参看 §235):

5° 抛物线$y^2=2px$;

6° 一对平行直线$y^2=\pm k^2$(取上号得实线,取下号得虚线).

现在我们见到在 §225 称为椭圆,双曲线及抛物线的曲线和第七章所下的诸定义完全一致(除了虚椭圆之外,那是在第七章没有讨论过的).

我们曾经见过,从仿射几何的观点看来,一切椭圆都是等价的. 同理,对于一切双曲线或一切抛物线的情形也是一样(§234, §235).

从度量几何的观点看来,椭圆因大小和形状的不同(较长或较短)而各异[③];在椭圆中,最简单的是圆.

在双曲线(在双曲线中,占有和圆类似的地位的为等腰双曲线)和抛物线[④]也有同样的情形.

作为应用问题,试证 §76(在注脚里)所述的命题,即:任一仿射变换,可以当作运动,可能加上反射,和沿着两个垂直方向的伸缩变换所合成的结果.

设Γ为平面Π上的圆,经过仿射变换之后,平面Π变为平面Π',圆Γ变为在Π'上的一个椭圆. 这个椭圆的主直径和圆Γ的两条互相垂直的直径[⑤]对应. 所以总是有两条互相垂直的方向存在,经过变换之后,依然互相垂直. 设点O为Π上一点,又设$\boldsymbol{u},\boldsymbol{v}$为以$O$作起点的两个矢量,取得刚才所述的垂直方向. 设$O',\boldsymbol{u}',\boldsymbol{v}'$为在$\Pi'$上和它们对应的元素. 我们用运动(或可能加一反射),使点O

---

① 即中心为一假点.

② 即是主直径和曲线的交点.

③ 这里"度量"一字系按照狭义,把不同大小的图形看作不同.

④ 我们知道,一切抛物线彼此相似;如果按广义来了解"度量"一字(把相似图形看作等价),那么,一切抛物线都是等价的.

⑤ 我们知道,共轭直径经过仿射变换之后,仍然是共轭直径;在另一方面,圆的共轭直径,互相垂直.

和点 O' 叠合,又使矢量 $\boldsymbol{u},\boldsymbol{v}$ 和 $\boldsymbol{u}',\boldsymbol{v}'$(由假设,它们互相垂直)同向.

现在显然可见,只要沿着 $\boldsymbol{u}$ 和 $\boldsymbol{v}$ 的方向,适宜地伸缩,便得所求的结果.

§239. 圆的方程　我们已经知道方程(在直角坐标系)

$$(x-a)^2+(y-b)^2-r^2=0 \tag{1}$$

所代表的曲线为一个圆(§80). 我们称方程

$$(x-a)^2+(y-b)^2+r^2=0 \tag{1a}$$

所代表的曲线为虚圆,中心在(a,b),虚半径为 $\mathrm{i}r$(r 为实数).

如果把坐标原点移到中心,那么,方程(1)和(1a)变为下式

$$\frac{x^2}{r^2}+\frac{y^2}{r^2}=\pm 1$$

(实圆用正号,虚圆用负号),所以,圆为椭圆的特例.

下面的问题很易解决:求必要且充分条件,使方程(在直角坐标系)

$$a_{11}x^2+2a_{12}xy+a_{22}y^2+2a_{13}x+2a_{23}y+a_{33}=0 \tag{2}$$

代表一个圆(实圆或虚圆).

要使曲线(2)和(1)或(1a)表示同一曲线①.(把(1)或(1a)写作

$$(x-a)^2+(y-b)^2-K=0 \tag{1b}$$

这里 $K=\pm r^2$),必须且只需有恒等式

$$\begin{aligned}&a_{11}x^2+2a_{12}xy+a_{22}y^2+2a_{13}x+2a_{23}y+a_{33}\\&=k(x^2+y^2-2ax-2by+a^2+b^2-K)\end{aligned}$$

这里 k 为不是 0 的常数.

比较系数得

$$\begin{cases}a_{11}=k,a_{12}=0,a_{22}=k,a_{13}=-ka,a_{23}=-kb\\a_{33}=k(a^2+b^2-K)\end{cases} \tag{3}$$

特别地,由这些关系推知

$$a_{11}=a_{22}\neq 0,a_{12}=0 \tag{4}$$

反过来说,如果条件(4)适合,那么,方程(1)表示一个圆. 这句话实质上在 §80 已经证明了;现在再次证明,并略加补充. 如果条件(4)成立,我们可以找出各数 k,a,b,K 适合条件(3). 我们显然有

$$k=a_{11}=a_{22},a=\frac{-a_{13}}{a_{11}},b=\frac{-a_{23}}{a_{11}}$$

① 所谓同一曲线,既就实点来说,也就虚点来说.

$$K = a^2 + b^2 - \frac{a_{33}}{a_{11}} = \frac{a_{13}^2 + a_{23}^2 - a_{11}a_{33}}{a_{11}^2}$$

当 $K > 0$ 时,得实圆;当 $K < 0$ 时,得虚圆.

最后,如果 $K = 0$,那么,所给方程化为 $(x - a)^2 + (y - b)^2 = 0$,它只能被如下的实数值适合

$$x = a, y = b$$

在这情形,我们可以说,所得的是半径为 0 的圆.

半径为 0 的圆不是别的,就是两条迷向直线(§162) 的集合:$y - b = \mathrm{i}(x - a)$, $y - b = -\mathrm{i}(x - a)$,它们经过实点 (a, b).

我们在 §175 已经见过,一切的圆都经过假虚圆点,并且容易看出,这句话反过来说也成立:所有经过假虚圆点的二级曲线都是圆.

事实上,设曲线(用齐次坐标方程)

$$a_{11}x^2 + 2a_{12}xy + a_{22}y^2 + 2a_{13}xt + 2a_{23}yt + a_{33}t^2 = 0$$

经过两点 $(1, \mathrm{i}, 0)$ 和 $(1, -\mathrm{i}, 0)$,则得

$$a_{11} + 2a_{12}\mathrm{i} - a_{22} = 0$$
$$a_{11} - 2a_{12}\mathrm{i} - a_{22} = 0$$

由此得

$$a_{11} = a_{22}, a_{12} = 0$$

而本题便已证明. 作结论时,只需要求这曲线经过两个假虚圆点中的一个,例如 $(1, \mathrm{i}, 0)$,因为所得的方程 $a_{11} + 2a_{12}\mathrm{i} - a_{22} = 0$,已够保证(因为我们假定系数都是实数)

$$a_{11} - a_{22} = 0, a_{12} = 0$$

Ⅲ. 法线. 切线的焦性

若无相反声明,本段全部用直角坐标.

§240. 平曲线的法线　已知平曲线的法线,就是经过切点而垂直于切线的直线①(在所讨论曲线的平面上). 我们容易求出在直角笛氏坐标系的法线的方程.

① 法线的概念,不是仿射性质,又不是投影性质. 因为一般的说,经过仿射变换(投影变换更不用说) 直角不会变为直角.

根据切线方程①

$$(x-x_0)F_1(x_0,y_0)+(y-y_0)F_2(x_0,y_0)=0$$

的形式,我们断定以 $\boldsymbol{X}=F_1(x_0,y_0)$ 和 $\boldsymbol{Y}=F_2(x_0,y_0)$ 为坐标的矢量和切线垂直. 因此,可以取它为法线的方向矢量,所以,法线方程可以表为下式

$$\frac{x-x_0}{F_1(x_0,y_0)}=\frac{y-y_0}{F_2(x_0,y_0)} \tag{1}$$

§241. 椭圆切线的焦性　设椭圆的标准方程为

$$\frac{x^2}{a^2}+\frac{y^2}{b^2}-1=0 \tag{1}$$

因为在这情形

$$\Phi(x,y,t)=\frac{x^2}{a^2}+\frac{y^2}{b^2}-t^2$$

且

$$\Phi_1(x_0,y_0,1)=\frac{x_0}{a^2},\Phi_2(x_0,y_0,1)=\frac{y_0}{b^2},\Phi_3(x_0,y_0,1)=-1$$

所以切线方程得下式(§217,公式(5))

$$\frac{xx_0}{a^2}+\frac{yy_0}{b^2}=1 \tag{2}$$

这里 x_0,y_0 为切点 M_0 的坐标(图154).

我们试求这条切线和轴 Ox 的交点 $M_1(x_1,0)$. 在式(2)里令 $y=0$, $x=x_1$,得

$$\frac{x_1x_0}{a^2}=1$$

即

$$x_1=\frac{a^2}{x_0} \tag{3}$$

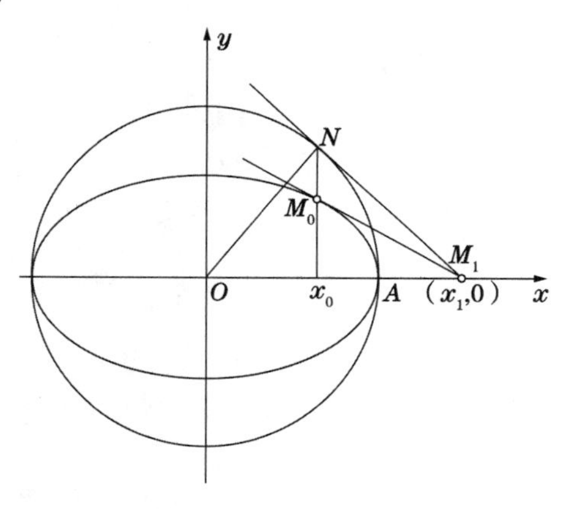

图154

公式(3)说明,如果已知切点 M_0,那么,我们可以用圆规和直尺作出点 M_1. 作图法:以点 O 为中心,a 为半径作圆. 过点 M_0 作轴 Ox 的垂线,和这圆相交于点

① 参看 §217 的方程(6). 沿用 §208 的记号

$$F_1=\frac{1}{2}\frac{\partial F}{\partial x},F_2=\frac{1}{2}\frac{\partial F}{\partial y}$$

N. 最后,由 N 作 ON 的垂线,这垂线与轴 Ox 的交点便是所求的点 M_1. 证:由初等几何,显见 $|ON|^2 = a^2 = x_0x_1$.

已得点 M_1,再和点 M_0 联成直线,我们便解决了切线的作图问题.

公式(3) 同时说明了点 M_1 的位置,仅仅依赖于 a 和 x_0,所以对于一切具有同一长轴 AA' 的椭圆,凡是切点的横坐标为 x_0 的切线都经过点 M_1. 特别是,以点 O 为中心 a 为半径的圆,也有同样的性质;这句话再次证明上述点 M_1 的作图法.

现在要证明一个非常重要的性质:

椭圆的切线,和自焦点到切点的两条联线,分别组成相等的角.

设 F' 和 F 为椭圆的两焦点,M_0 为切点. 这条切线显然在 $\angle F'M_0F$ 之外. 现在欲证明两个方向 M_0F', M_0F 分别和切线组成的锐角相等. 即是,切线平分 M_0F 和 $F'M_0$ 的延长线所成的角(图 155).

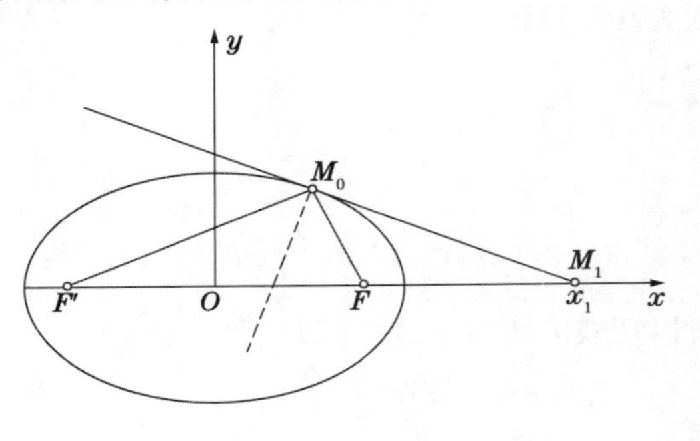

图 155

由初等几何知道,$\triangle F'M_0F$ 在点 M_0 的内角或外角平分线,把对边分割为两段,和两边的长 $|F'M_0|$ 和 $|FM_0|$ 成比例. 反过来说,如果直线 M_0M_1 和边 $F'F$ 交于点 M_1,并且适合条件

$$\frac{|F'M_0|}{|FM_0|} = \frac{|F'M_1|}{|FM_1|} \tag{4}$$

那么,M_0M_1 平分在点 M_0 的外角(如果点 M_1 在线段 $F'F$ 之外)或内角(如果点 M_1 在线段 $F'F$ 之内). 在现在情形下,点 M_1 显然是在线段 $F'F$ 之外. 现在证明等式(4) 成立.

根据 §199 由椭圆上一点到焦点的距离的公式,得

$$|F'M_0| = a + ex_0,\ |FM_0| = a - ex_0$$

这里 $e = \frac{c}{a}$ 表示离心率;又根据本节公式(3)

$$|F'M_1| = |x_1 + c| = \left|\frac{a^2}{x_0} + c\right| = \frac{a(a + ex_0)}{|x_0|}$$

同理

$$|FM_1| = \frac{a(a - ex_0)}{|x_0|}$$

所以
$$\frac{|F'M_1|}{|FM_1|}=\frac{a+ex_0}{a-ex_0}=\frac{|F'M_0|}{|FM_0|}$$
便得所求的证明.

由已经证明的定理,更得推论,椭圆在点 M_0 的法线,为 $\angle F'M_0F$ 平分线.

把椭圆绕着长轴旋转所得的曲面,叫作长旋转椭圆面.想象有一个反光镜,根据几何光学里反射的基本定律("入射线和反射线各与法线成等角")可断定这样的镜子具有下面的性质:置光源于其中一个焦点上,所发出的射线,经反射之后,集中于其他一个点上(这个性质说明了"焦点"命名的意义).

§242. 双曲线切线的焦性　设双曲线的标准方程为
$$\frac{x^2}{a^2}-\frac{y^2}{b^2}-1=0 \tag{1}$$
在这情形
$$\Phi(x,y,t)=\frac{x^2}{a^2}-\frac{y^2}{b^2}-t^2$$
且切于点 $M_0(x_0,y_0)$ 的切线方程为
$$\frac{xx_0}{a^2}-\frac{yy_0}{b^2}=1 \tag{2}$$

这条切线和轴 Ox 的交点 $M_1(x_1,0)$,由下面的公式决定
$$\frac{x_1x_0}{a^2}=1,\text{即 } x_1=\frac{a^2}{x_0} \tag{3}$$

因为对于双曲线的(实)点,$|x_0|\geqslant a$,所以 $|x_1|\leqslant a$.因此点 $M_1(x_1,0)$ 在双曲线的两个顶点之间.

公式(3)说明在给定 a 和 x_0 后我们总可用圆规和直尺非常简单地求作点 M_1;留待读者自行作图(比较椭圆的情形).已得点 M_1,把它和点 M_0 联成直线,便得双曲线在所给点 M_0 的切线(图 156).

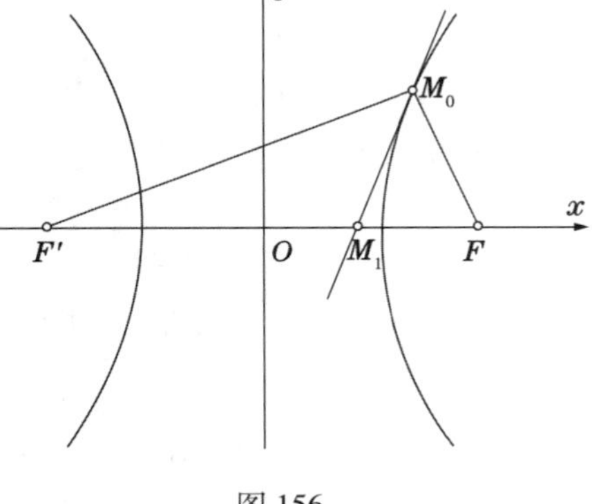

图 156

和椭圆的情形完全一样,容易证明:双曲线的切线,平分从切点到两焦点的两条联线所成的角;这里所讨论的角为 $\angle F'M_0F$ 或其对顶角.

欲得证明,只需验证

$$\frac{|F'M_1|}{|FM_1|}=\frac{|F'M_0|}{|FM_0|}$$

便行,留给读者自做.

由上述切线性质推知,双曲线的法线平分线段 M_0F 和线段 $F'M_0$ 的延长线所成的角.

把双曲线绕着轴 $F'F$ 旋转,便得一个曲面,它由两部分（叶）组成,叫作双叶旋转双曲面. 设想有一个反光的凹镜,镜面呈双曲面的一叶的形状. 由上述的法线性质可知:置光源于焦点 F 由它发出的射线,经过镜面反射之后,所进行的方向,恰如光线由焦点 F' 发出一样.

如果已给双曲线方程

$$xy = k \tag{4}$$

即是,如果取渐近线作坐标轴(一般来说是斜角的)(§203),那么

$$\Phi(x,y,t) = xy - kt^2$$

$$\Phi_1(x_0,y_0,1) = \frac{1}{2}y_0,\Phi_2(x_0,y_0,1) = \frac{1}{2}x_0,\Phi_3(x_0,y_0,1) = -k$$

所以,切线方程取如下形式

$$xy_0 + yx_0 = 2k$$

为简便起见,采用狭义坐标. 在坐标轴上,被切线所截成的线段分别为(图 157)

$$OA = \frac{2k}{y_0},OB = \frac{2k}{x_0}$$

如再应用关系 $x_0y_0 = k$,即得

$$OA = 2x_0,OB = 2y_0 \tag{5}$$

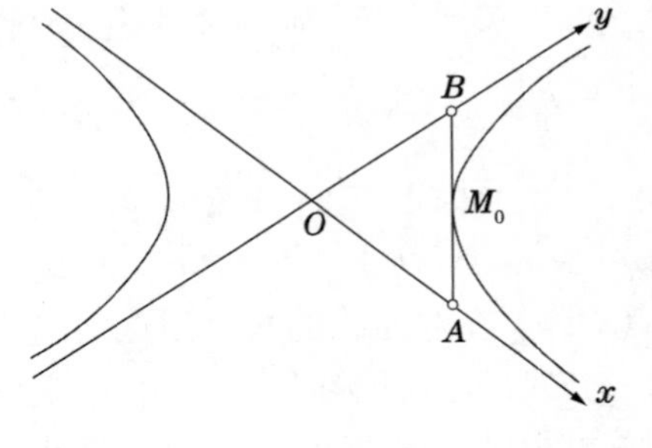

图 157

由此附带推得:切线上被渐近线所截成的线段,为切点所平分.

且根据公式(5) 可以证明:双曲线的渐近线和切线所组成的三角形的面积为常量(即与切点的位置无关).

事实上,这面积等于

$$\frac{1}{2}|OA|\cdot|OB|\sin\nu = 2|x_0y_0|\sin\nu = 2k\sin\nu$$

这里 ν 为渐近线所成的角.

§243. 抛物线切线的焦性 取抛物线的标准式方程

$$y^2 - 2px = 0 \tag{1}$$

得

$$\Phi(x,y,t) = y^2 - 2pxt$$

$$\Phi_1(x_0,y_0,1) = -p, \Phi_2(x_0,y_0,1) = y_0, \Phi_3(x_0,y_0,1) = -px_0$$

所以，切线方程为

$$-px + y_0y - px_0 = 0$$

即

$$y_0y = p(x + x_0) \tag{2}$$

切线和轴 Ox 交于点 $M_1(x_1,0)$，这里 $x_1 = -x_0$（图 158）. 由此可得很简单而明显的切线作图法.

现在求证：在抛物线上任意点 M 的切线与联结焦点到点 M 的辐矢和经过点 M 而平行于轴的直线，分别组成相等的角（这个性质可以看为椭圆切线的类似性质的极限情形；在这里有一个焦点在抛物线轴上趋向无穷远处）.

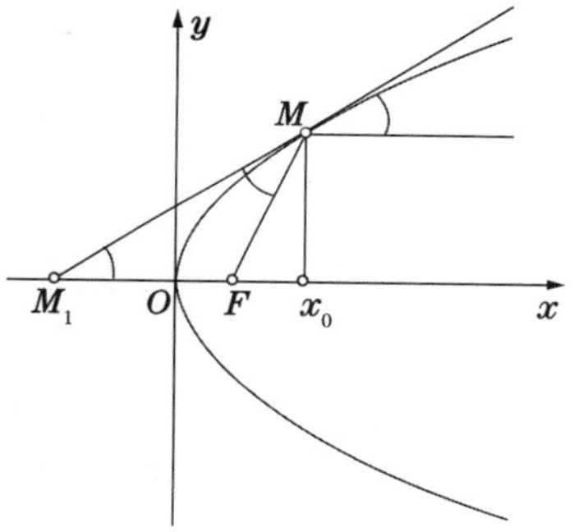

图 158

证　$\triangle M_1FM$ 是等腰的①，所以在 M_1 和 M 的内角相等. 但在 M_1 的内角等于这条切线和过 M 而平行于 Ox 的直线所成的角，而在 M 的内角，就是切线和辐矢所成的角.

由此推得下面的凹抛物镜面的性质，这个镜面是用抛物线绕轴旋转造成的：由焦点发出的射线，经过反射之后，便都和轴平行. 反过来说，沿着轴的方向放射的平行光线束，集中于焦点.

习题和补充（§241 ~ §243）

1. 求证：在椭圆情形，§219 末尾所引入的内点和外点的概念，与对口曲线的内点和外点的通常概念，互相一致.

证：现在所谓"外点"和"内点"，是指一般常用意义上的外点和内点. 我们证明这些名词，和 §219 所引入的概念一致.

设 $M(\xi,\eta)$ 为已知点，自点 M 求作椭圆的切线.

---

① 事实上，我们知道（§200），$|FM| = \frac{p}{2} + x_0$，但

$$|M_1F| = |x_1| + |OF| = \frac{p}{2} + x_0$$

因为，$p = 2|OF|$，而且上面已经证明 $|x_1| = |x_0|$. 所以

$$|MF| = |M_1F|$$

由椭圆

$$\frac{x^2}{a^2}+\frac{y^2}{b^2}=1$$

和点 M 的极线

$$\frac{x\xi}{a^2}+\frac{y\eta}{b^2}=1$$

相交,便决定切点.

故欲求切点,必须解这两方程求 x,y. 先消去 y,再化简,便得决定 x 的二次方程

$$Ax^2+2Bx+C=0$$

这里,为简单起见,设

$$A=\frac{\xi^2}{a^2}+\frac{\eta^2}{b^2}$$

$$B=-\xi$$

$$C=a^2\left(1-\frac{\eta^2}{b^2}\right)$$

这方程有实根,如果 $B^2-AC>0$;有虚根,如果 $B^2-AC<0$;有重根,如果 $B^2-AC=0$. 用简单的计算,得知

$$B^2-AC=\frac{a^2\eta^2}{b^2}\left(\frac{\xi^2}{a^2}+\frac{\eta^2}{b^2}-1\right)$$

因此,B^2-AC 的符号,为算式

$$\frac{\xi^2}{a^2}+\frac{\eta^2}{b^2}-1$$

的符号所决定.

我们容易推见,上面的算式得正值,如果点(ξ,η)在椭圆之外;得负值,如果点(ξ,η)在椭圆之内. 由此本题得以证明. 又如果这算式为0,那么,点(ξ,η)在椭圆上,而且只有一条切线(两条重合的切线),正如我们所预料.

2. 求证:从 §219 的定义的观点看来,对于双曲线的外点,应是介于双曲线两支之间的点,而其余的点(双曲线上的点除外)都是内点.

3. 求证:抛物线的外点,就是平面上不和焦点在抛物线同侧的那些点.

Ⅳ. 椭圆,双曲线,抛物线的直径的研究

现在要更详细地来讨论每一条不可分解的实二级曲线的直径问题.

在本节,如无相反的声明,所用的总是直角坐标系.

§244. 椭圆的直径　我们由椭圆开始,设它的标准方程为

$$\frac{x^2}{a^2}+\frac{y^2}{b^2}=1 \tag{1}$$

在这情形

$$a_{11}=\frac{1}{a^2},a_{12}=0,a_{22}=\frac{1}{b^2}$$

两条共轭直径Δ和Δ'的斜率k和k'的关系式,即 §230 的方程(5),化为如下的方程

$$kk'=-\frac{b^2}{a^2} \tag{2}$$

又设$k=\tan\varphi,k'=\tan\varphi'$,这里$\varphi$和$\varphi'$表示共轭直径$\Delta$和$\Delta'$分别和轴$Ox$所成的角,得

$$\tan\varphi\cdot\tan\varphi'=-\frac{b^2}{a^2} \tag{2a}$$

设直径Δ在第一象限(图 159)(因此也在第三象限). 这时可取

$$0\leqslant\varphi\leqslant\frac{\pi}{2},\tan\varphi=k\geqslant 0$$

由上面公式推得那时的

$$\tan\varphi'=k'\leqslant 0$$

即,和Δ共轭的直径Δ'在第二和第四象限,因此得

$$\frac{\pi}{2}\leqslant\varphi'\leqslant\pi$$

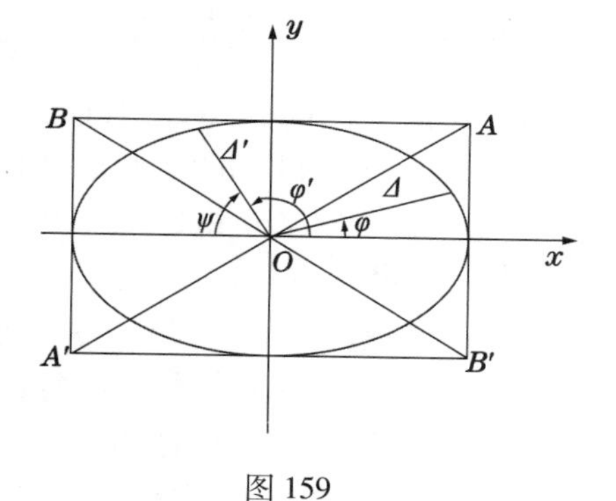

图 159

当$\varphi=0$,那么,根据(2a)得$\tan\varphi'=\infty$而$\varphi'=\frac{\pi}{2}$;又当$\varphi=\frac{\pi}{2}$,$\tan\varphi=\infty$,那么,根据同一公式得$\tan\varphi'=0$. 因此坐标轴都是主直径,即椭圆的轴. 正如以前所述.

我们容易验证,如果所讨论的椭圆,只是正常意义的椭圆($b<a$),而不是一个圆的话,那么,除了上述主直径之外,再没有其他主直径(轴).

事实上,要使两条共轭直径互相垂直,应有

$$kk'=-1$$

但在另一方面,由公式(2),$kk'=-\frac{b^2}{a^2}$,而且根据条件$\frac{b^2}{a^2}<1$,因此这样的

共轭直径不能存在,除非数量 k,k' 中有一个为 0,一个为无穷大,那时乘积 kk' 便为不定式. 但我们已经见到,在最后一个情形,所得的实际上为互相垂直的共轭直径.

其次讨论,当直径 Δ 绕 O 旋转,使 φ 由 0 递增到 $\frac{\pi}{2}$ 时,直径 Δ' 的方向怎样变动. 为较易明了起见,设 $\psi = \pi - \varphi'$,公式(2a) 化为下式

$$\tan\varphi \cdot \tan\psi = \frac{b^2}{a^2}$$

这便是说,当 $\tan\varphi < \frac{b}{a}$ 时,$\tan\psi > \frac{b}{a}$;当 $\tan\varphi = \frac{b}{a}$ 时,$\tan\psi = \frac{b}{a}$;并且当 $\tan\varphi > \frac{b}{a}$ 时,$\tan\psi < \frac{b}{a}$.

设 $A'A$ 和 $B'B$ 为矩形的对角线,这个矩形的中线① 为椭圆的两轴 $2a$ 和 $2b$(这个矩形显然外切于椭圆,因为它的各边都是顶点的切线). 又设 α 为这些对角线和轴 Ox 所成的锐角. 那么,$\tan\alpha = \frac{b}{a}$.

由上文推得,当 $\varphi < \alpha$,便有 $\psi > \alpha$. 即当 Δ 夹在 $\angle xOA$(和它的对顶角) 内时,Δ' 夹在 $\angle yOB$(和它的对顶角) 内. 当 Δ 趋近 $A'A$,则 Δ' 趋近 $B'B$. 当 Δ 进入 $\angle AOy$ 内,则 Δ' 进入 OB 和 Ox 的负轴所成的角内. 沿 $A'A$ 和 $B'B$ 两方向的直径,为唯一的一对共轭直径,对于椭圆的轴互相对称.

在圆的情形($b = a$) 得 $kk' = -1$;所以在这情形,所有的共轭直径都是互相垂直;每一条直径都是主直径,这当然是明显而直接可知的事实.

最后,如在两条共轭直径的端点,分别作椭圆的切线,这些切线组成椭圆的外切平行四边形. 事实上,在第一条直径的端点所作的切线,和第二条直径平行(§231). 这平行四边形的中线(即联结对边中点的直线) 显然便是所取的共轭直径.

习题和补充

1. 把一个圆和它的两条互相垂直的直径,投影到一个平面上,求证:这两条直径的投影为由圆投影而成的椭圆的共轭直径.

证:根据下面的事实:圆的平行弦经过投影,成为椭圆的平行弦,弦的中点,投影后仍为弦的投影的中点.

---

① 这是联结两对边中点的线段.

2. 把椭圆作为圆的投影来讨论,求证已知椭圆的外切平行四边形的面积为常量①.

提示:已知椭圆的外切平行四边形,显然为圆的外切正方形的投影.

§245. 双曲线的直径　讨论双曲线

$$\frac{x^2}{a^2}-\frac{y^2}{b^2}=1 \tag{1}$$

在这情形

$$a_{11}=\frac{1}{a^2},a_{12}=0,a_{22}=-\frac{1}{b^2}$$

且共轭直径的斜率,有关系

$$kk'=\frac{b^2}{a^2} \tag{2}$$

即

$$\tan\varphi\cdot\tan\varphi'=\frac{b^2}{a^2} \tag{2a}$$

如果 $\tan\varphi>0$,我们可以假设 $0\leqslant\varphi\leqslant\frac{\pi}{2}$,由(2a)求得 $\tan\varphi'>0$. 因此,我们也可假设 $0\leqslant\varphi'\leqslant\frac{\pi}{2}$.

当 $\varphi=0$ 得 $\tan\varphi=0$,因此,根据式(2),$\tan\varphi'=\infty$,即 $\varphi'=\frac{\pi}{2}$.

所以两轴 Ox 和 Oy 是互相垂直的共轭直径,即双曲线的主直径(轴).

由此可知,如果直径 Δ 在第一和第三象限,则和它共轭的直径 Δ' 也在相同的象限(图160). 同样地,根据对称关系,显而易见,如果直径在第二和第四象限,它的共轭直径也在这两个象限. 特别是,对称轴显然是唯一的一对互相垂直的共轭直径.

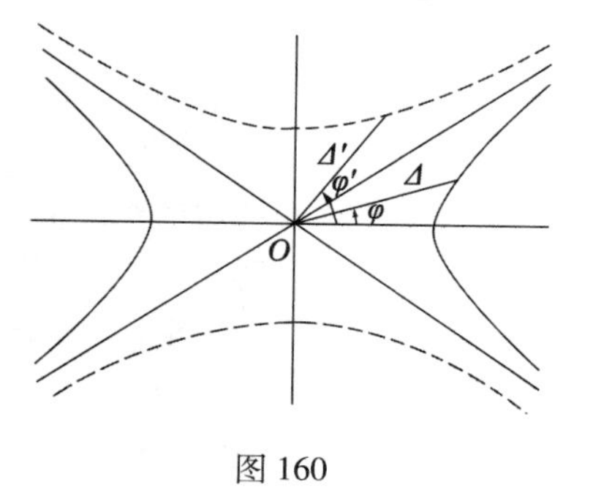

图160

设 α 表渐近线和轴 Ox 所成的锐角. 便得 $\tan\alpha=\frac{b}{a}$,由(2a)可知如果 $\tan\varphi<\frac{b}{a}$,便有 $\tan\varphi'>\frac{b}{a}$,即当 $\varphi<\alpha$ 时,

① 这叫作关于椭圆的阿波罗尼第二定理(参见 §251).

$\varphi' > \alpha$. 因此,共轭直径分别在渐近线的不同两侧;如果一条直径(在图 160 的直径 Δ) 和双曲线相交,那么,和它共轭的一条(在图 160 的直径 Δ') 就不会和这双曲线相交,而是和共轭双曲线相交(即在图中用间断线条画出的双曲线)

$$\frac{x^2}{a^2} - \frac{y^2}{b^2} = -1 \tag{1a}$$

当 Δ 趋向渐近线,则 Δ' 也同时趋近同一渐近线,所以渐近线可以作为自身共轭的直径,正如以前所述(§230).

公式(2) 同时对于两条双曲线(1) 和(1a) 都适合. 因此我们断定已知的双曲线(1) 和它的共轭双曲线(1a),有相同的直径;而且两条直径如果对于其中一条双曲线成共轭,则它们对于其他一条双曲线,也成共轭. 我们把已知的双曲线,和它的共轭双曲线同时讨论,可得一些便利,因为和其中一条交于虚点的直线,就会和其他一条交于实点,因而直径就可作为已知双曲线或其共轭双曲线的平行诸弦(恒为实弦) 的中点的轨迹. 例如,直径 Δ 在图 161 里用完整线条所表示的那部分平分在双曲线(1a) 上和直径 Δ' 平行的实弦;又直径 Δ 在图上用间断线条所表示的那部分则同时平分两条双曲线的实弦.

双曲线的渐近线的集合,是(可分解的) 二级曲线,它的方程为

$$\frac{x^2}{a^2} - \frac{y^2}{b^2} = 0 \tag{3}$$

对于这条曲线,共轭直径的斜率 k 和 k' 也有同样的关系式(2) 或(2a). 因此,如有两条直径对于这三条曲线(1),(1a) 或(3) 中之一条成共轭,它们对于其他二条,也成共轭.

由此不难推得下面的简单命题:同直线上介于双曲线和渐近线之间的线段彼此相等.

事实上,设割线 MM' 和双曲线(1) 相交于点 M 和 M'(图 161). 设 K 为弦 MM' 的中点. 因此 OK 是和这割线的方向成共轭的直径. 又设这条割线和渐近线相交于两点 N 和 N',根据上述,直径 OK 也平分曲线(3) 的弦 NN'. 因此,同时得

$$KM = KM', KN = KN'$$

由此推得 $MN = M'N'$,而得证明所求.

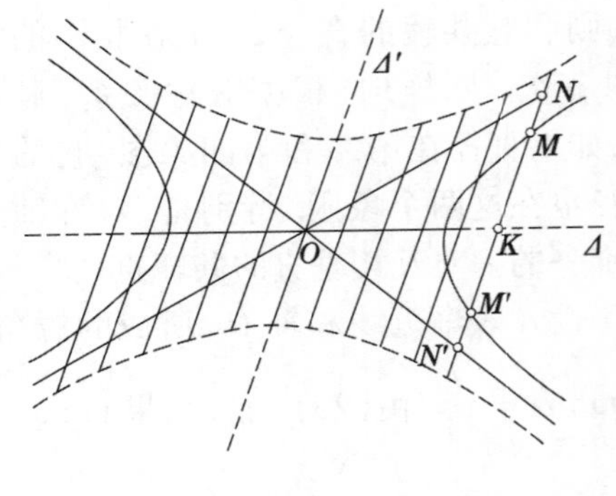

图 161

如果由二条共轭直径的端点 $A'A$, $B'B$(所谓直径的端点 B, B',不是它和双

曲线的交点，而是它和共轭双曲线的交点）分别作已知双曲线和共轭双曲线的切线，那么，所得的平行四边形（图162）以这两条直径为中线（比较 §244 末尾）.

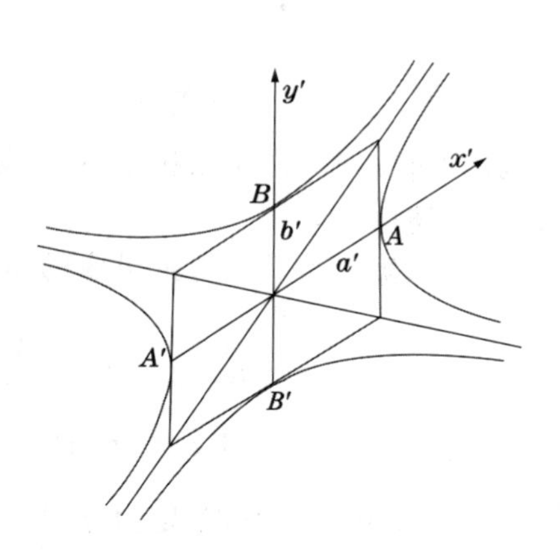

图 162

我们容易证明，这平行四边形的对角线和渐近线有相同的方向. 事实上，取所说的共轭直径为斜角笛氏坐标系的两轴 Ox'，Oy' 于是双曲线取得方程（§234）

$$\frac{x'^2}{a'^2}-\frac{y'^2}{b'^2}=1$$

这里，显见 a' 和 b' 分别为各半直径的长（事实上，设 $y'=0$，即得 $x'=\pm a'$）.

在这坐标系，渐近线的集合的方程，显然可见为如下形式[①]

$$\frac{x'^2}{a'^2}-\frac{y'^2}{b'^2}=0 \qquad (*)$$

更且，上面所说的对角线，在这新坐标系里的角系数等于 $\pm\frac{b'}{a'}$，这些数量显然也是渐近线（$*$）的角系数.

所说的平行四边形，我们简称为已知双曲线的外切平行四边形.

我们容易见到，已知曲线的外切平行四边形的面积为常量[②]. 事实上，这面积显然等于它的一边和两条渐近线所夹的三角形面积的四倍，而后者的面积为常量，在 §242 末尾已经证明.

关于椭圆的相类似的命题已在 §244 说明（习题 2）.

§246. 抛物线的直径　取抛物线的标准方程

$$y^2-2px=0 \qquad (1)$$

和方向 (X,Y) 共轭的直径的方程为

$$XF_1(x,y)+YF_2(x,y)=0$$

又因为在这情形，$F(x,y)=y^2-2px$，故得

$$-pX+yY=0$$

设 $\frac{Y}{X}=k$，所得的方程可以写作

① 参看 §229 习题 1（该处和这里所用的坐标系，都不必限定为直角坐标）.

② 这也叫作关于双曲线的阿波罗尼第二定理（参看 §251）.

$$y=\frac{p}{k} \tag{2}$$

我们可见一切直径互相平行(和轴 Ox 平行),正如以前所述(图 163).

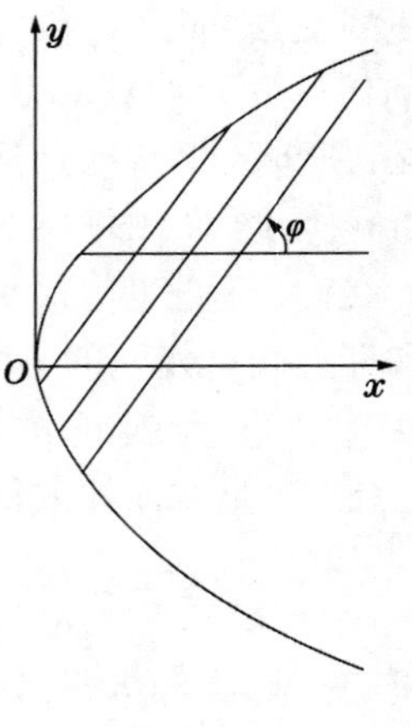

图 163

直径和被它所平分的弦组成的角 φ,由下面公式决定

$$\tan\varphi=k \tag{3}$$

只有当 $\varphi=\frac{\pi}{2}$,即 $k=\infty$ 时,直径成为主直径(轴). 在这情形,方程(2) 化为方程 $y=0$,即轴 Ox 的方程.

第十章　不变量.二次曲线的形状和位置的决定

我们早已知道二级曲线的直角坐标方程,可以化为哪些简单的形式.在本章里所要讨论的是:实际上如何进行这些简化法的问题,以及由曲线的方程直接决定它的形状和位置的问题.

不变量的概念,对于这些问题起了最主要的作用.

Ⅰ.不变量

§247.笛氏坐标变换对于方程的影响　我们首先研究下面的问题,当一个笛氏坐标系 xOy 改变为另一个笛氏坐标系 $x'O'y'$ 时,二级曲线方程的左边

$$F(x,y)=a_{11}x^2+2a_{12}xy+a_{22}y^2+2a_{13}x+2a_{23}y+a_{33} \tag{1}$$

的系数如何改变.

我们知道,经过这样的变换之后,同一点的旧坐标和新坐标有平直关系

$$\begin{cases}x=l_1x'+l_2y'+\alpha\\y=m_1x'+m_2y'+\beta\end{cases} \tag{2}$$

这里常数 $l_1,l_2,m_1,m_2,\alpha,\beta$ 与新坐标系对于旧坐标系的位置和坐标矢量的长度及方向有关.即是说 α,β 为新坐标系的原点 O' 对于旧坐标系的坐标,而(l_1,m_1)和(l_2,m_2)为新坐标系的坐标矢量.特别是如果两坐标系都是直角坐标系而且是同位的(§69),则新坐标系是由旧坐标系把原点移到点(α,β),再把两轴转过角 φ 得来,于是公式(2)取得下式

$$\begin{cases}x=x'\cos\varphi-y'\sin\varphi+\alpha\\y=x'\sin\varphi+y'\cos\varphi+\beta\end{cases} \tag{3}$$

如果把 x,y 的表示式(2)代入多项式(1),那么,$F(x,y)$ 便化为 x',y' 的多项式,并且也是二次的.以 $F'(x',y')$ 表示这个多项式,并以 $a_{11}',2a_{12}'$ 等分别表示它的系数,即有

$$F'(x',y')=a_{11}'x'^2+2a_{12}'x'y'+a_{22}'y'^2+2a_{13}'x'+2a_{23}'y'+a_{33}' \tag{4}$$

这样所决定的新系数 $a_{11}',\cdots,a_{33}'$ 当然依赖于旧系数 $a_{11},\cdots,a_{33}$ 和变换公式(2) 的系数. 关于用旧系数表新系数的问题,我们为计算简便起见,把它分为两部分讨论:只是坐标原点移动而坐标矢量不变的情形,和只是坐标矢量改变而原点不动的情形.

1° 原点的移动. 在这情形,设原点移到点 $O'(\alpha,\beta)$,那么,旧坐标 (x,y) 和新坐标 (x',y') 的关系如下

$$x = x' + \alpha, y = y' + \beta \tag{5}$$

把这些数值代入多项式(1),又应用公式(11a) §208,得

$$F'(x',y') = a_{11}x'^2 + 2a_{12}x'y' + a_{22}y'^2 + 2F_1(\alpha,\beta)x' + 2F_2(\alpha,\beta)y' + F(\alpha,\beta) \tag{6}$$

由此得到下面的简单结果,这结果需要好好记住.

把坐标原点移到点 (α,β) 之后,多项式 $F(x,y)$ 变成如下的形式:二次项系数保持不变;新变数 x' 和 y' 的一次项系数分别等于多项式 $F(x,y)$ 在点 (α,β) 的偏微商 $2F_1, 2F_2$;最后,常数项等于多项式 $F(x,y)$ 在点 (α,β) 的数值.

2° 坐标矢量改变,原点不变. 在这情形

$$\begin{cases} x = l_1x' + l_2y' \\ y = m_1x' + m_2y' \end{cases} \tag{7}$$

把这些表示式代入多项式 $F(x,y)$,得多项式 $F'(x',y')$. 因为变换公式(7) 是齐次式,很明显地,多项式 $F'(x',y')$ 中的二次项完全由 $F(x,y)$ 的二次项产生;同理,一次项由一次项产生,而零次项(即常数项) 不改变.

因此得

$$a_{11}x^2 + 2a_{12}xy + a_{22}y^2 = a_{11}'x'^2 + 2a_{12}'x'y' + a_{22}'y'^2 \tag{8}$$

$$a_{13}x + a_{23}y = a_{13}'x' + a_{23}'y' \tag{9}$$

$$a_{33} = a_{33}'$$

欲求在二次项中新系数的表示式,只要应用等式(8) 便够. 把表示式(7) 代入它的左边的 x,y,应得恒等式

$$a_{11}(l_1x' + l_2y')^2 + 2a_{12}(l_1x' + l_2y')(m_1x' + m_2y') + a_{22}(m_1x' + m_2y')^2$$
$$= a_{11}'x'^2 + 2a_{12}'x'y' + a_{22}'y'^2$$

去掉左边的括号,比较两边 $x'^2, x'y', y'^2$ 的系数,得

$$\begin{cases} a_{11}' = a_{11}l_1^2 + a_{22}m_1^2 + 2a_{12}l_1m_1 \\ a_{22}' = a_{11}l_2^2 + a_{22}m_2^2 + 2a_{12}l_2m_2 \\ a_{12}' = a_{11}l_1l_2 + a_{22}m_1m_2 + a_{12}(l_1m_2 + l_2m_1) \end{cases} \tag{10}$$

依同法,可以求得一次项中新系数的表示式. 应用式(9) 得

$$a_{13}(l_1x'+l_2y')+a_{23}(m_1x'+m_2y')=a_{13}'x'+a_{23}'y'$$

由此求得(比较系数)

$$\begin{cases}a_{13}'=a_{13}l_1+a_{23}m_1\\a_{23}'=a_{13}l_2+a_{23}m_2\end{cases}\tag{11}$$

最后,记得

$$a_{33}'=a_{33}$$

在直角坐标轴经过旋转的情形,变换公式为

$$x=x'\cos\varphi-y'\sin\varphi, y=x'\sin\varphi+y'\cos\varphi$$

即,在这里

$$l_1=\cos\varphi, m_1=\sin\varphi, l_2=-\sin\varphi, m_2=\cos\varphi$$

由上面各公式得出

$$\begin{cases}a_{11}'=a_{11}\cos^2\varphi+a_{22}\sin^2\varphi+2a_{12}\sin\varphi\cos\varphi\\a_{22}'=a_{11}\sin^2\varphi+a_{22}\cos^2\varphi-2a_{12}\sin\varphi\cos\varphi\\a_{12}'=-(a_{11}-a_{22})\sin\varphi\cos\varphi+a_{12}(\cos^2\varphi-\sin^2\varphi)\end{cases}\tag{10a}$$

$$\begin{cases}a_{13}'=a_{13}\cos\varphi+a_{23}\sin\varphi\\a_{23}'=-a_{13}\sin\varphi+a_{23}\cos\varphi\\a_{33}'=a_{33}\end{cases}\tag{11a}$$

我们将来主要地需要公式(10a). 这些公式可稍为化简,即由

$$\cos^2\varphi=\frac{1+\cos 2\varphi}{2}, \sin^2\varphi=\frac{1-\cos 2\varphi}{2}$$

$$\sin\varphi\cos\varphi=\frac{\sin 2\varphi}{2}$$

可得很简单的公式

$$\begin{cases}a_{11}'=\dfrac{a_{11}+a_{22}}{2}+\dfrac{a_{11}-a_{22}}{2}\cos 2\varphi+a_{12}\sin 2\varphi\\a_{22}'=\dfrac{a_{11}+a_{22}}{2}-\dfrac{a_{11}-a_{22}}{2}\cos 2\varphi-a_{12}\sin 2\varphi\\a_{12}'=-\dfrac{a_{11}-a_{22}}{2}\sin 2\varphi+a_{12}\cos 2\varphi\end{cases}\tag{12}$$

这些公式无须牢记.

如果所需的为一般的变换式(坐标原点移动,同时坐标矢量也改变),那么,新系数的数值也可由上面各公式推得,首先移动坐标原点,然后改变坐标矢

量(或反其次序而行).

应郑重指出下面一点(此点与下文有关):截至现在为止,我们所说的是当坐标系变换时,多项式 $F(x,y)$ 的变换.

如果我们就已知曲线的方程 $F(x,y) = 0$ 来说,那么,要得这曲线在新坐标系 $x'O'y'$ 的方程,可以把多项式 $F(x,y)$ 里的变数 x,y 换为 x',y' 便成. 但在换元之后我们再可用不等于0的任意常数因子 k 来乘所得的方程 $F'(x',y') = 0$. 因此新方程的各系数和上面公式所决定的各系数常不一致,但它们的差别只在一个常数因子(任意的常数,但不为0).

后面说到在变换坐标系时曲线方程的变换,我们总是指(如果没有相反的声明)未用常数因子来乘的变换,即是指多项式 $F(x,y)$ 的变换.

§248. 不变量的概念. 举例 现在我们来讨论一个重要问题,即和二级方程有关的不变量的问题.

首先,举例说明这个概念. 为了简单起见,用直角坐标. 把公式(12)的第一、二两式相加得

$$a_{11}' + a_{22}' = a_{11} + a_{22}$$

这说明虽然当坐标轴旋转时,数量 a_{11} 和 a_{22} 个别改变(变为新的数量 a_{11}', a_{22}')但它们的和保持不变. 又当两个坐标系不同位时,我们容易验明这个结果也成立. 除此之外,我们知道,当坐标原点移动时,a_{11} 和 a_{22} 都保持不变. 因此,在任何直角坐标变换之下,两个变数平方项的系数的和

$$S = a_{11} + a_{22} \tag{1}$$

保持不变. 我们说这个情形所表达的就是:在直角坐标变换之下,S 为多项式 $F(x,y)$ 的不变量.

一般来说,任何由多项式 $F(x,y)$ 的系数所组成的函数

$$f(a_{11},a_{12},a_{22},a_{13},a_{23},a_{33})$$

都叫作在直角坐标变换下的不变量,如果由给定的直角坐标系变到任何另一个直角坐标系时,那个函数的值保持不变,即,如果

$$f(a_{11}',\cdots,a_{33}') = f(a_{11},\cdots,a_{33})$$

如果注意下列一点,我们便能明白不变量概念的基本意义:一个具有 $f(a_{11},\cdots,a_{33})$ 形状的表示式,如能代表一个几何的量,这个量能表达所论曲线的特征,而与坐标轴的位置无关,它一定是一个不变量. 因此,找寻多项式 $F(x,y)$ 的不变量,成为二级曲线论的基本问题之一.

如上所述,我们暂时只找寻在直角坐标变换下的不变量,即所谓正交不变量;以后如果没有相反的特别声明,我们所说的不变量是指正交不变量.

现在再举一个不变量的例子.由 §247 公式(12)得

$$a_{11}' - a_{22}' = (a_{11} - a_{22})\cos 2\varphi + 2a_{12}\sin 2\varphi$$

$$2a_{12}' = -(a_{11} - a_{22})\sin 2\varphi + 2a_{12}\cos 2\varphi$$

把这两个等式自乘后相加,得

$$(a_{11}' - a_{22}')^2 + 4a_{12}'^2 = (a_{11} - a_{22})^2 + 4a_{12}^2$$

因此,算式

$$(a_{11} - a_{22})^2 + 4a_{12}^2 \tag{2}$$

也是不变量(在不同位坐标系,这个结果也成立).这算式可以写作

$$a_{11}^2 + a_{22}^2 - 2a_{11}a_{22} + 4a_{12}^2 = (a_{11} + a_{22})^2 - 4(a_{11}a_{22} - a_{12}^2)$$

现在注意下面的情形:

如果 $J_1, J_2, \cdots, J_n$ 为不变量,那么,它们的任一函数 $\Phi(J_1, J_2, \cdots, J_n)$ 都是不变量.这是显而易见的,因为当坐标变换时,如 $J_1, J_2, \cdots, J_n$ 保持不变,则 $\Phi(J_1, J_2, \cdots, J_n)$ 也保持不变.

这样说来,$S^2 = (a_{11} + a_{22})^2$ 也是不变量的一例,因为 S 是不变量.由刚才所得的不变量 $(a_{11} + a_{22})^2 - 4(a_{11}a_{22} - a_{12}^2)$ 减去 S^2,得到不变量 $-4(a_{11}a_{22} - a_{12}^2)$,或再去掉常数因子 -4,可得不变量

$$a_{11}a_{22} - a_{12}^2 = \begin{vmatrix} a_{11} & a_{12} \\ a_{21} & a_{22} \end{vmatrix} \tag{3}$$

在 §249 我们将用另一方法证明(3)为不变量.

§249. 二级曲线方程的基本不变量　§248 所得的不变量,可用另一方法根据二次方式的判别式的性质(参看附录 §11)去求得它们,且用同样方法可以再得一个不变量,因而获得二级曲线方程所有的基本正交不变量.

为了这个目的,我们讨论二次方式

$$\Phi(x, y, t) = a_{11}x^2 + 2a_{12}xy + a_{22}y^2 + 2a_{13}xt + 2a_{23}yt + a_{33}t^2 \tag{1}$$

这是由多项式 $F(x, y)$“补成齐次”得来的,和又一个二次方式

$$\varphi(x, y) = a_{11}x^2 + 2a_{12}xy + a_{22}y^2 \tag{2}$$

这是由多项式 $F(x, y)$ 的二次项集合而成.

首先,回忆二次方式(1)的判别式为

$$A = \begin{vmatrix} a_{11} & a_{12} & a_{13} \\ a_{21} & a_{22} & a_{23} \\ a_{31} & a_{32} & a_{33} \end{vmatrix} \tag{3}$$

而二次方式(2)的判别式为行列式 A 里元 a_{33} 的代数余子式

$$A_{33}=\begin{vmatrix}a_{11} & a_{12}\\ a_{21} & a_{22}\end{vmatrix}=a_{11}a_{22}-a_{12}^2 \tag{4}$$

其次,回忆下面的命题(参看附录 §11):

由已知二次方式,经过变数的齐次平直代换,换为另一个二次方式,所得方式的判别式,等于原来方式的判别式乘以代换行列式的平方.

由直角坐标系 xOy 换为直角坐标系 $x'O'y'$,在多项式 $F(x,y)$ 里的变数 x, y,经过不齐次的代换①

$$\begin{cases}x=x'\cos\varphi-y'\sin\varphi+\alpha\\ y=x'\sin\varphi+y'\cos\varphi+\beta\end{cases} \tag{5}$$

为了讨论二次方式 $\Phi(x,y,t)$ 里变数 x,y,t 的齐次平直代换,我们同意把这个代换写作

$$\begin{cases}x=x'\cos\varphi-y'\sin\varphi+\alpha t'\\ y=x'\sin\varphi+y'\cos\varphi+\beta t'\\ t=t'\end{cases} \tag{5a}$$

当 $t=t'=1$,这个代换化为代换(5),而原来的和变换后的方式 $\Phi(x,y,t)$ 和 $\Phi'(x',y',t')$ 化为原来的和变换后的多项式 $F(x,y)$ 和 $F'(x',y')$.

代换(5a)的行列式等于

$$\begin{vmatrix}\cos\varphi & -\sin\varphi & \alpha\\ \sin\varphi & \cos\varphi & \beta\\ 0 & 0 & 1\end{vmatrix}=\begin{vmatrix}\cos\varphi & -\sin\varphi\\ \sin\varphi & \cos\varphi\end{vmatrix}=\cos^2\varphi+\sin^2\varphi=1$$

因此,当坐标变换时,二次方式 $\Phi(x,y,t)$ 的判别式 A 保持不变,即有

$$A=\begin{vmatrix}a_{11} & a_{12} & a_{13}\\ a_{21} & a_{22} & a_{23}\\ a_{31} & a_{32} & a_{33}\end{vmatrix}=\begin{vmatrix}a_{11}' & a_{12}' & a_{13}'\\ a_{21}' & a_{22}' & a_{23}'\\ a_{31}' & a_{32}' & a_{33}'\end{vmatrix}$$

所以,判别式 A 为不变量.

应用同一定理于二次方式 $\varphi(x,y)$,我们讨论平直代换

---

① 为了叙述的简单化,我们只讨论两个坐标系同位的情形(§69).在不同位的坐标系,公式(5)应改为

$$x=x'\cos\varphi+y'\sin\varphi+\alpha$$
$$y=x'\sin\varphi-y'\cos\varphi+\beta$$

本节所说的一切结果,在这情形依然成立.

$$\begin{cases} x = x'\cos\varphi - y'\sin\varphi \\ y = x'\sin\varphi + y'\cos\varphi \end{cases} \tag{6}$$

因为这个代换的行列式等于1,所以二次方式 $\varphi(x,y)$ 的判别式

$$A_{33} = \begin{vmatrix} a_{11} & a_{12} \\ a_{21} & a_{22} \end{vmatrix}$$

在坐标轴的旋转下保持不变.更因坐标原点移动时,多项式 $F(x,y)$ 的系数 a_{11}, a_{12}, a_{22} 都不改变,所以在一切的直角坐标变换下 A_{33} 保持不变.这样,A_{33} 的不变性再一次得到证明.

更进一步,讨论二次方式①

$$\varphi(x,y) - \lambda(x^2 + y^2) = (a_{11} - \lambda)x^2 + 2a_{12}xy + (a_{22} - \lambda)y^2 \qquad (*)$$

这里 λ 为任意常数.

经过代换(6),这个二次方式变为

$$\varphi(x',y') - \lambda(x^{2\prime} + y^{2\prime}) = (a_{11}' - \lambda)x^{2\prime} + 2a_{12}'x'y' + (a_{22}' - \lambda)y^{2\prime} \qquad (**)$$

因为经过代换(6),有恒等式

$$x^2 + y^2 = x'^2 + y'^2$$

因为两个方式(*)和(**)的判别式应当相等,即

$$\begin{vmatrix} a_{11} - \lambda & a_{12} \\ a_{21} & a_{22} - \lambda \end{vmatrix} = \begin{vmatrix} a_{11}' - \lambda & a_{12}' \\ a_{21}' & a_{22}' - \lambda \end{vmatrix}$$

或展开行列式得

$$\lambda^2 - (a_{11} + a_{22})\lambda + (a_{11}a_{22} - a_{12}^2)$$
$$= \lambda^2 - (a_{11}' + a_{22}')\lambda + (a_{11}'a_{22}' - a_{12}'^2)$$

这关系对于一切的 λ 都成立,所以在左边和右边 λ 的各次项的系数应当一致,故得

$$a_{11} + a_{22} = a_{11}' + a_{22}',\ a_{11}a_{22} - a_{12}^2 = a_{11}'a_{22}' - a_{12}'^2$$

这里的第二个等式表示 A_{33} 为不变量,第一个再次证明

$$S = a_{11} + a_{22}$$

也是不变量,这个结果已在 §248 用别的方法求得.

因此,我们得到下面的重要结论:

算式

① 这里所用的方法为附录 §14 所述一般方法的特例.

$$A = \begin{vmatrix} a_{11} & a_{12} & a_{13} \\ a_{21} & a_{22} & a_{23} \\ a_{31} & a_{32} & a_{33} \end{vmatrix}, A_{33} = \begin{vmatrix} a_{11} & a_{12} \\ a_{21} & a_{22} \end{vmatrix}, S = a_{11} + a_{22} \qquad (7)$$

都是多项式 $F(x,y)$ 的正交不变量.

A 和 A_{33} 分别为方式 $\Phi(x,y,t)$ 和 $\varphi(x,y)$ 的判别式. 它们分别简称为多项式 $F(x,y)$ 的"大判别式"和"小判别式".

注 1 我们回忆等式 $A = 0$ 表示二级曲线可分解的必要且充分条件.

同时,等式 $A_{33} = 0$ 表示二次方式 $\varphi(x,y)$ 为完全平方,即使

$$\varphi(x,y) = a_{11}x^2 + 2a_{12}xy + a_{22}y^2 = \lambda(ax + by)^2$$

的必要且充分条件. 参看附录 §12 开端.

注 2 除了不变量(7)之外,我们可以构成无穷多个其他不变量:A, A_{33}, S 的任意函数都是不变量(参看 §248). 反过来,任一不变量是否都为上述三个不变量的函数,这个问题尚待下文讨论(§261).

特别应该注意的是二次方程

$$\begin{vmatrix} a_{11} - \lambda & a_{12} \\ a_{21} & a_{22} - \lambda \end{vmatrix} = \lambda^2 - S\lambda + A_{33} = 0 \qquad (8)$$

的两个根 λ_1 和 λ_2 也是不变量,因为这方程的系数不因直角坐标的变换而改变. 和不变量(7)相对立,数量 λ_1 和 λ_2 叫作无理不变量(即不能用多项式 F 的系数作有理表示). 不变量 S 和 A_{33} 都是 λ_1 和 λ_2 的函数

$$S = \lambda_1 + \lambda_2, A_{33} = \lambda_1\lambda_2$$

行列式 A 和 A_{33} 的秩也可看作不变量. 行列式 A 的秩,不仅是正交不变量,而且是投影不变量,因为经过任何一个投影变换(即任何一个施于 x,y,z,t 的非特殊的齐次平直代换,参看附录 §11)它总是保持不变.

§250. 在广义笛氏坐标情形下的度量不变量 表示二级曲线的度量性质[①]的公式,必须与这曲线对于笛氏坐标系的位置无关,但就一般来说,它们与坐标矢量 $\boldsymbol{u}, \boldsymbol{v}$ 的长和它们间的夹角 ν 有关(即度量性质与坐标系的形状与长度有关,但与坐标系和曲线的相对位置无关).

坐标系的形状和长度,被二次方式(这方式叫作基本度量方式)

$$g_{11}X^2 + 2g_{12}XY + g_{22}Y^2 \qquad (1)$$

的系数所完全决定,这方式表示任意矢量 $\boldsymbol{P}(X,Y)$ 的长的平方;这里采用 §56

① 所谓度量性质系就狭义来说(§78).

的记号. 事实上,我们有(§55)

$$g_{11}=|\boldsymbol{u}|^2, g_{22}=|\boldsymbol{v}|^2, g_{12}=|\boldsymbol{u}||\boldsymbol{v}|\cos\nu \tag{2}$$

如果已知[1] g_{11}, g_{22}, g_{12}. 那么 $|\boldsymbol{u}|$, $|\boldsymbol{v}|$ 和 $\nu(0<\nu<\pi)$ 便完全决定.

结合这些系数来说,所谓多项式 $F(x,y)$ 的度量不变量是指函数

$$f(a_{11}, a_{12}, a_{22}, a_{13}, a_{23}, a_{33}, g_{11}, g_{12}, g_{22})$$

它含有多项式 F 的各系数和基本度量方式(1) 的系数. 而当一个笛氏坐标系变换为任意其他一个笛氏坐标系时,这个函数保持不变.

我们试求度量不变量. 这是正交不变量 A, A_{33}, S 的推广,在直角坐标情形(即当 $g_{11}=g_{22}=1, g_{12}=0$) 它们化为正交不变量.

为了这个目的,注意下面事实:经过代换(比较 §249 公式(5a))

$$x=l_1x'+l_2y'+\alpha t', y=m_1x'+m_2y'+\beta t', t=t' \tag{3}$$

方式 $\Phi(x,y,t)$ 化为方式 $\Phi'(x',y',t')$;这两个方式的判别式 A 和 A' 有如下关系

$$A'=A\cdot\Delta^2 \tag{4}$$

这里

$$\Delta=\begin{vmatrix} l_1 & l_2 & \alpha \\ m_1 & m_2 & \beta \\ 0 & 0 & 1 \end{vmatrix}=\begin{vmatrix} l_1 & l_2 \\ m_1 & m_2 \end{vmatrix} \tag{5}$$

和代换(3) 相当的矢量坐标的代换为

$$\begin{cases} X=l_1X'+l_2Y' \\ Y=m_1X'+m_2Y' \end{cases} \tag{3a}$$

在这代换之下,方式(1) 化为方式

$$g_{11}'X'^2+2g_{12}'X'Y'+g_{22}'Y'^2 \tag{1'}$$

方式(1) 的判别式

$$G=\begin{vmatrix} g_{11} & g_{12} \\ g_{21} & g_{22} \end{vmatrix} \tag{6}$$

和方式(1′) 的判别式 G' 有关系如

$$G'=G\cdot\Delta^2 \tag{7}$$

根据式(5) 可看出在这里的 Δ 和在式(4) 里的 Δ,是同一个行列式. 由式(4) 和(7) 得

① 所给的 g_{11}, g_{12}, g_{22},总要使方式(1) 为正号方式,参看 §67,2°.

$$\frac{A'}{G'}=\frac{A}{G}$$

即$\frac{A}{G}$为度量不变量.

同理可证,$\frac{A_{33}}{G}$为在坐标原点不动的那些变换下的不变量. 这里A_{33}照旧表方式

$$\varphi(x,y)=a_{11}x^2+2a_{12}xy+a_{22}y^2$$

的判别式.

最后,讨论方式

$$\begin{aligned}&\varphi(x,y)-\lambda(g_{11}x^2+2g_{12}xy+g_{22}y^2)\\=&(a_{11}-\lambda g_{11})x^2+2(a_{12}-\lambda g_{12})xy+(a_{22}-\lambda g_{22})y^2\end{aligned}$$

根据上面所说,这方式的判别式和G的比值,即比值

$$\begin{vmatrix}a_{11}-\lambda g_{11} & a_{12}-\lambda g_{12}\\ a_{21}-\lambda g_{21} & a_{22}-\lambda g_{22}\end{vmatrix}:G$$

在原点不动的那些坐标系变换下为不变量. 把这行列式展开,再经过简单的整理,这比值等于

$$\lambda^2-\lambda\frac{a_{11}g_{22}+a_{22}g_{11}-2a_{12}g_{12}}{G}+\frac{A_{33}}{G}$$

因为这个算式对于一切λ的值都是不变量,那么,λ的各次项的系数都是不变量. 常数项和λ^2的系数,并非新的不变量,但有一个新增的不变量

$$\frac{a_{11}g_{22}+a_{22}g_{11}-2a_{12}g_{12}}{G}$$

这样,我们得到三个不变量

$$A^*=\frac{A}{G},A_{33}^*=\frac{A_{33}}{G},S^*=\frac{a_{11}g_{22}+a_{22}g_{11}-2a_{12}g_{12}}{G}\tag{8}$$

在目前我们只证明了在原点不动的条件下,后面两个算式的不变性;但原点的移动对于$a_{11},a_{12},a_{22},A_{33}$显然没有影响;同时对于$g_{11},g_{12},g_{22}$也是一样. 所以讨论它们的变换时,我们就用矢量坐标的变换公式(3a),那时原点的位置完全不起作用.

在狭义笛氏(斜角)坐标系里

$$g_{11}=1,g_{12}=\cos\nu,g_{22}=1$$

$$G = \begin{vmatrix} 1 & \cos\nu \\ \cos\nu & 1 \end{vmatrix} = \sin^2\nu$$

而不变量(8)取得形式

$$A^* = \frac{A}{\sin^2\nu}, A_{33}^* = \frac{A_{33}}{\sin^2\nu}, S^* = \frac{a_{11} + a_{22} - 2a_{12}\cos\nu}{\sin^2\nu} \tag{9}$$

当 $v = \frac{\pi}{2}$,这些不变量化为正交不变量 A, A_{33}, S.

§251. 应用:阿波罗尼定理　设在直角坐标系 xOy,椭圆方程为

$$\frac{x^2}{a^2} + \frac{y^2}{b^2} - 1 = 0 \tag{1}$$

取任意两条共轭直径作为狭义坐标系的新轴 Ox', Oy',得方程(§234)

$$\frac{x'^2}{a'^2} + \frac{y'^2}{b'^2} - 1 = 0 \tag{1'}$$

代表同一曲线.式(1′)的左边的多项式是从式(1)的左边的多项式经过坐标变换:$x = l_1x' + l_2y', y = m_1x' + m_2y'$ 而得来,并未用常数因子乘所得的结果,因为这两个多项式有相同的常数项.

构成这些多项式的不变量

$$S^* = \frac{a_{11} + a_{22} - 2a_{12}\cos\nu}{\sin^2\nu}, A_{33}^* = \frac{A_{33}}{\sin^2\nu}$$

我们得到两个显著的关系,这把半轴 a, b 与共轭半直径①的长 a', b' 和这些直径的夹角 ν 联系起来.

事实上,在 Ox, Oy 的坐标系里,得

$$a_{11} = \frac{1}{a^2}, a_{22} = \frac{1}{b^2}, a_{12} = 0, \nu = \frac{\pi}{2}$$

因此

$$S^* = S = \frac{1}{a^2} + \frac{1}{b^2}, A_{33}^* = A_{33} = \frac{1}{a^2b^2}$$

在以 Ox', Oy' 为轴的坐标系里,同样得

$$S^* = \left(\frac{1}{a'^2} + \frac{1}{b'^2}\right)\frac{1}{\sin^2\nu}, A_{33}^* = \frac{1}{a'^2b'^2\sin^2\nu}$$

令两式的右端相等,得

---

① a', b' 为在 Ox' 和 Oy' 方向的两条半直径的长,显然:在式(1′)令 $y' = 0$ 便得 $x' = \pm a'$;同样可得 b'.

$$a'^2b'^2\sin^2\nu = a^2b^2$$

$$\frac{a'^2 + b'^2}{a'^2b'^2\sin^2\nu} = \frac{a^2 + b^2}{a^2b^2}$$

由第一个式,第二个式化为

$$a'^2 + b'^2 = a^2 + b^2$$

因此,我们得如下的关系

$$a'^2 + b'^2 = a^2 + b^2; a'b'\sin\nu = ab \tag{2}$$

这些公式表达为两条阿波罗尼定理如下:

1. 椭圆的两条共轭半直径的平方和为常量(等于两条半轴的平方和).

2. 在椭圆的两条共轭半直径上所作平行四边形的面积为常量(等于在两条半轴上所作矩形的面积).

对于双曲线也有相仿的定理,即用和上面一样的方法,可得公式

$$a'^2 - b'^2 = a^2 - b^2, a'b'\sin\nu = ab \tag{3}$$

因此对于双曲线阿波罗尼第二定理,和在椭圆情形完全一样,但第一定理需改写如下:

双曲线的两条共轭半直径的平方差为常量(等于两条半轴的平方差).

注 对于椭圆,阿波罗尼第二定理在本质上和 §244 习题 2 所述的命题相同.

对于双曲线阿波罗尼第二定理在本质上和 §245 末尾所证明的命题相同.

Ⅱ.二级曲线方程的化简

§252. 对于中心的变换 如果二级曲线具有真点的中心(一个或无穷多个),那么,把坐标原点移到中心(或许多中心的一个),它的方程便可化简. 由 §228 我们知道,对于新坐标系(以中心为原点的),在这条曲线方程里的一次项消失,而这方程变成下式

$$a_{11}x'^2 + 2a_{12}x'y' + a_{22}y'^2 + a_{33}' = 0 \tag{1}$$

这里 a_{11}, a_{12}, a_{22} 的数值和在原方程里的一致,而 $a_{33}' = F(\alpha, \beta)$(参看 §247).

在有中心(有唯一确定的中心)曲线的情形,即当

$$A_{33} = a_{11}a_{22} - a_{12}^2 \neq 0 \tag{2}$$

的情形,显而易见系数 a_{33}' 也可用原方程的系数表示.

事实上,我们知道,原方程的左边的系数所组成的行列式

$$A = \begin{vmatrix} a_{11} & a_{12} & a_{13} \\ a_{21} & a_{22} & a_{23} \\ a_{31} & a_{32} & a_{33} \end{vmatrix}$$

为不变量,即是说,它等于方程(1) 左边的系数所组成的同样行列式. 但方程(1) 的左边和原方程的左边是不同的,在(1) 的左边数量 a_{13} 和 a_{23} 化为0,而 a_{33} 化为数量 a_{33}'. 因此

$$A = \begin{vmatrix} a_{11} & a_{12} & 0 \\ a_{21} & a_{22} & 0 \\ 0 & 0 & a_{33}' \end{vmatrix} = a_{33}'A_{33}$$

由此得

$$a_{33}' = \frac{A}{A_{33}} \tag{3}$$

因此,已知方程

$$a_{11}x^2 + 2a_{12}xy + a_{22}y^2 + 2a_{13}x + 2a_{23}y + a_{33} = 0$$

所代表的曲线如果有确定的中心(即 $A_{33} \neq 0$),那么,把坐标原点移到中心之后,这条曲线的方程取如下形式

$$a_{11}x'^2 + 2a_{12}x'y' + a_{22}y'^2 + \frac{A}{A_{33}} = 0 \tag{4}$$

这里推证时,我们用到了 A 和 A_{33} 在直角坐标变换下的不变性. 但在广义笛氏坐标的情形,我们也容易证明上面结果依然成立.

要证明这一点,只需在上面推证中,以不变量 $A^* = \frac{A}{G}$ 代替 A 便行. 这时代替等式 $A = a_{33}'A_{33}$,我们有

$$\frac{A}{G} = a_{33}'\frac{A_{33}}{G}$$

由此又可以重复推得公式(3).

公式(3) 的真确性可以直接证明,而不必用到数量 $\frac{A}{G}$(或 A,在直角坐标的情形) 的不变性质.

事实上,$a_{33}' = F(\alpha,\beta)$. 现在引进二次方式 $\Phi(x,y,t)$ 代替 $F(x,y)$,这方式当 $t = 1$ 时化为 $F(x,y)$. 在恒等式

$$x\Phi_1 + y\Phi_2 + t\Phi_3 = \Phi(x,y,t)$$

里,以 $\alpha,\beta,1$ 分别代替 x,y,t,这里 α,β 为中心的坐标. 又因为

$$\Phi_1(\alpha,\beta,1) = \Phi_2(\alpha,\beta,1) = 0$$

所以得

$$\Phi(\alpha,\beta,1) = F(\alpha,\beta) = \Phi_3(\alpha,\beta,1) = a_{31}\alpha + a_{32}\beta + a_{33}$$

但我们有①

$$\alpha = \frac{A_{31}}{A_{33}}, \beta = \frac{A_{32}}{A_{33}} \tag{5}$$

所以

$$a_{31}\alpha + a_{32}\beta + a_{33} = \frac{A_{31}a_{31} + A_{32}a_{32} + A_{33}a_{33}}{A_{33}} = \frac{A}{A_{33}}$$

由此推得所求的结果

$$F(\alpha,\beta) = \frac{A}{A_{33}} \tag{6}$$

习题和补充

1. 求曲线 $x^2 + 2y^2 - 4y = 0$ 的中心,并以中心为新原点变换它的方程.

答:中心为$(0,1)$ 以中心为新原点,方程变为

$$x'^2 + 2y'^2 - 2 = 0$$

2. 由公式(6) 出发,并假定已经证明 A_{33} 为不变量. 求证:判别式 A 为不变量(在直角坐标系).

证:首先设 $A_{33} \neq 0$. 设用新坐标系代替旧坐标系,又设 x, y 和 x', y' 为同一点对于这两系的坐标,那么,多项式 $F(x,y)$ 变为多项式 $F'(x',y')$,因此 $F'(x', y') = F(x,y)$. 特别是,$F'(\alpha',\beta') = F(\alpha,\beta)$,这里 α,β 和 α',β' 为中心对于旧系和新系的坐标.

因此,根据公式(6),得

$$\frac{A'}{A_{33}'} = \frac{A}{A_{33}}$$

这里 A' 和 A_{33}' 代表 $F'(x',y')$ 的系数所组成的行列式,正如 A 和 A_{33} 由 $F(x,y)$ 的系数所组成一样. 因此,比值$\frac{A}{A_{33}}$ 为不变量.

在直角坐标情形,我们知道 A_{33} 为不变量,所以算式 $A_{33} \cdot \frac{A}{A_{33}} = A$ 也为不变量.

---

① 这些公式由决定中心位置的方程 $a_{11}\alpha + a_{12}\beta + a_{13} = 0, a_{21}\alpha + a_{22}\beta + a_{23} = 0$ 推解得来.

这样,我们已经证明 A 为在直角坐标变换下的不变量.在证明时,我们假定 $A_{33} \neq 0$.但很容易说明,这个限制是无关紧要的.

事实上,设 $A_{33} = a_{11}a_{22} - a_{12}^2 = 0$.用 $a_{12} + \varepsilon$ 代替 a_{12},这里 $\varepsilon \neq 0$ 为一个任意小的数量.又设其他系数仍旧不改.此时显然有 $A_{33} \neq 0$,因此根据以前所证,得 $A' = A$.这式的左边和右边,分别为系数 $a_{11}', \cdots, a_{33}'$ 和 $a_{11}, \cdots, a_{33}$ 的连续函数(多项式);因此,当趋近极限 $\lim \varepsilon = 0$ 时,等式 $A' = A$ 依然成立,而本题得以证明.

§253. 用正交代换,把二元二次方式化为典型式　我们已经见到,把坐标原点移到中心(如果有中心存在的话),多项式 $F(x,y)$ 的一次项可以消去.

设我们采用直角坐标系.现在说明利用坐标轴的旋转,可得怎样的化简.

讨论方程

$$a_{11}x^2 + 2a_{12}xy + a_{22}y^2 = C \qquad (*)$$

这里 C 为常数,这方程代表有中心的或有中心直线的二级曲线.事实上,由于一次项的消失,可见坐标原点为曲线的中心.

首先,设中心是唯一的(即 $a_{11}a_{22} - a_{12}^2 \neq 0$),如果把坐标轴旋转,使一条轴和主直径中之一条叠合,那么,其他一条轴便和其他一条主直径叠合.我们得一个新方程,其中一定没有乘积 xy 的项.

在曲线(*)具有中心直线的情形,即当这条曲线为一对平行直线时,如果把其中一条坐标轴转到(唯一的)直径的方向,我们仍得同上的结果.在这(一对平行线)情形,凡和直径(符合正常定义的直径)垂直的(任何)直线,我们也破例叫它作主直径.

如此则在一切情形之下,如果两条坐标轴分别和两条主直径同方向,方程(*)里便没有 xy 项.

现在用直接证法证明下面的代数定理:

把直角坐标轴转过适宜的角,任一含有两个变数 x,y 的二次方式

$$a_{11}x^2 + 2a_{12}xy + a_{22}y^2 \qquad (1)$$

都可以化为典型式

$$\lambda_1 x'^2 + \lambda_2 y'^2 \qquad (2)$$

即只含变数平方项的二次方式;数量 λ_1 和 λ_2 为常数,它们是下面二次方程的根

$$\begin{vmatrix} a_{11} - \lambda & a_{12} \\ a_{21} & a_{22} - \lambda \end{vmatrix} = \lambda^2 - S\lambda + A_{33} = 0 \qquad (3)$$

如果 a_{11}, a_{12}, a_{22} 为实数,那么,λ_1 和 λ_2 也都是实数.

这定理为一条很重要的代数定理的特例,即用正交变换可把任意二次方式化为平方和①.

我们已经知道(§247),设新轴 Ox' 和旧轴 Ox 组成角 φ,那么方式(1)变为

$$a_{11}'x^{2\prime}+2a_{12}'x'y'+a_{22}'y^{2\prime} \tag{1a}$$

这里,特别是

$$a_{12}'=-\frac{a_{11}-a_{22}}{2}\sin 2\varphi+a_{12}\cos 2\varphi$$

选择这样的一个角 φ,使得 $a_{12}'=0$,即令

$$\tan 2\varphi=\frac{2a_{12}}{a_{11}-a_{22}} \tag{4}$$

可将方式(1)化成所求的式(2)的形式,式中

$$\lambda_1=a_{11}',\lambda_2=a_{22}'$$

把公式(4)所决定的 φ 值代入 §247 的公式(12),便可把数量 λ_1 和 λ_2 计算出来.

等式(4)的右边,只有在 $a_{12}=0,a_{11}=a_{22}$ 的情形下,才成为不定式.那时方式(1)仍旧保持原来的形状

$$a_{11}x^2+a_{22}y^2=\lambda(x^2+y^2)$$

这里 $\lambda=a_{11}=a_{22}$,而且对于一切的角 φ,它都保持这个形式.

在所有其他情形下,等式(4)所决定的轴 Ox' 有四种可能的正向,它们位于互相垂直的两条直线上.事实上,设 φ 为适合条件(4)的一个角(例如,锐角②),那么,其他可能的角为 $\varphi+\frac{\pi}{2},\varphi+\pi,\varphi+\frac{3\pi}{2}$ 以及和上面各角相差 2π 的倍数的一切角.

在上述四种可能的角中任取一角作为角 φ,新坐标轴 Ox' 和 Oy' 的方向就完全决定,再由 §247 公式(12),λ_1 和 λ_2 的数值也完全决定.

但数量 λ_1 和 λ_2 还可以用较简单的方法推算.我们知道

$$S=a_{11}+a_{22}=a_{11}'+a_{22}',A_{33}=a_{11}a_{22}-a_{12}^2=a_{11}'a_{22}'-a_{12}'^2$$

又因为

$$a_{11}'=\lambda_1,a_{22}'=\lambda_2,a_{12}'=0$$

---

① 一般的命题,参看附录 §15.

② 因为当 φ 由 0 变至 $\frac{\pi}{2}$ 时,$\tan 2\varphi$ 取得由 $-\infty$ 到 $+\infty$ 的一切数值,所以我们总可求得适合条件(4)的锐角 φ.

故得

$$\begin{cases}\lambda_1+\lambda_2=a_{11}+a_{22}=S\\ \lambda_1\lambda_2=a_{11}a_{22}-a_{12}^2=A_{33}\end{cases} \tag{5}$$

由此推得 λ_1 和 λ_2 为二次方程(3) 的两根,正如本定理所述.

同时说明只要 a_{11},a_{12},a_{22} 为实数,λ_1 和 λ_2 必为实数. 这个事实,可由 §247 公式(12) 直接推得,但也可根据

$$\begin{aligned}S^2-4A_{33}&=(a_{11}+a_{22})^2-4(a_{11}a_{22}-a_{12}^2)\\&=(a_{11}-a_{22})^2+4a_{12}^2\\&\geqslant 0\end{aligned} \tag{6}$$

推知方程(3) 的两根为实根.

为了决定方程(3) 的两根哪一个为 λ_1,哪一个为 λ_2,我们重新回到 §247 公式(12) 由它们的第一式减去第二式得

$$\begin{aligned}a_{11}'-a_{22}'&=(a_{11}-a_{22})\cos 2\varphi+2a_{12}\sin 2\varphi\\&=2a_{12}\left(\frac{a_{11}-a_{22}}{2a_{12}}\cos 2\varphi+\sin 2\varphi\right)\end{aligned}$$

更因

$$\frac{a_{11}-a_{22}}{2a_{12}}=\frac{1}{\tan 2\varphi}=\frac{\cos 2\varphi}{\sin 2\varphi}$$

和

$$a_{11}'=\lambda_1,a_{22}'=\lambda_2$$

得

$$\lambda_1-\lambda_2=\frac{2a_{12}}{\sin 2\varphi} \tag{7}$$

这个公式完全决定了两根的记号的选择. 例如,设角 φ 为锐角,则 $\lambda_1-\lambda_2$ 应该和 a_{12} 同号.

§254. 有中心二级曲线的方程的化简　通过 §253 所述,我们很容易解决二级曲线方程的化简问题.

首先,讨论有中心曲线的情形. 即当

$$A_{33}=a_{11}a_{22}-a_{12}^2\neq 0 \tag{1}$$

的情形. 把坐标原点移到曲线的中心 $C(\alpha,\beta)$,即设

$$x=\alpha+x',y=\beta+y'$$

所给的曲线方程化简为(§252)

$$a_{11}x'^2+2a_{12}x'y'+a_{22}y'^2+\frac{A}{A_{33}}=0 \tag{2}$$

再取坐标系 $\xi C\eta$ 代替坐标系 $x'Cy'$,这里轴 $C\xi$ 和 Cx' 所组成的角 φ,由方程

$$\tan 2\varphi = \frac{2a_{12}}{a_{11} - a_{22}} \tag{3}$$

决定. 把方程(2) 化简为

$$\lambda_1\xi^2 + \lambda_2\eta^2 + k = 0 \tag{4}$$

这里,为简便起见,令

$$k = \frac{A}{A_{33}} \tag{5}$$

而 λ_1 和 λ_2 为方程

$$\lambda^2 - S\lambda + A_{33} = 0 \tag{6}$$

的两根.

因为,由假设,$A_{33} \neq 0$,所以两根 λ_1 和 λ_2 都不等于0. 现在讨论方程(4) 里系数的符号所有可能的各种组合情形.

第一种情形:$k \neq 0$,即 $A \neq 0$. 这种情形显然又可分为三个特例:

(1a)λ_1,λ_2,k 同号. 那时我们可令

$$\frac{\lambda_1}{k} = \frac{1}{a^2}, \frac{\lambda_2}{k} = \frac{1}{b^2}$$

用 k 除方程(4),得

$$\frac{\xi^2}{a^2} + \frac{\eta^2}{b^2} + 1 = 0$$

这是虚椭圆的方程.

试看原方程的系数要具有哪些关系才有这个情形. 根据式(6),如要使 λ_1 和 λ_2 同号,必要且充分的条件为 $A_{33} > 0$.

更且,由上述条件和式(5),可知 k 和 A 同号. 又 λ_1,λ_2 和 $S = a_{11} + a_{22}$ 同号,因为 $\lambda_1 + \lambda_2 = S$.

因此,(1a) 情形(虚椭圆) 的特征条件为

$$A \neq 0, A_{33} > 0, A \text{ 和 } S \text{ 同号}$$

(1b)λ_1 和 λ_2 同号,但和 k 异号.

在这情形,设

$$\frac{\lambda_1}{k} = -\frac{1}{a^2}, \frac{\lambda_2}{k} = -\frac{1}{b^2}$$

方程(4) 化简为

$$\frac{\xi^2}{a^2} + \frac{\eta^2}{b^2} = 1$$

因此我们得到实椭圆的标准方程.和上文同样的讨论,可得1b情形(实椭圆)的特征条件如下

$$A \neq 0, A_{33} > 0, A \text{ 和 } S \text{ 异号}$$

我们以前曾经见过,条件$A \neq 0, A_{33} > 0$为椭圆的特征.现在我们知道怎样区分实椭圆和虚椭圆两种情形.

(1c)λ_1和λ_2异号,在这情形我们可令

$$\frac{\lambda_1}{k} = \mp \frac{1}{a^2}, \frac{\lambda_2}{k} = \pm \frac{1}{b^2}$$

(同时取上号或同时取下号),方程(4)化为

$$\frac{\xi^2}{a^2} - \frac{\eta^2}{b^2} = \pm 1$$

我们得双曲线的标准方程.双曲线情形的特征条件为(这是我们以前已经知道的)

$$A \neq 0, A_{33} < 0$$

第二种情形:$k = 0$,即$A = 0$.这里再可分为两特例:

(2a)λ_1和λ_2同号.在这情形,可以设

$$\lambda_1 = \pm k_1^2, \lambda_2 = \pm k_2^2$$

而方程(3)化为

$$k_1^2\xi^2 + k_2^2\eta^2 = 0$$

这方程代表两条共轭虚直线的集合

$$k_1\xi + \mathrm{i}k_2\eta = 0$$

$$k_1\xi - \mathrm{i}k_2\eta = 0$$

这情形的特征条件为我们以前已经得到过的

$$A = 0, A_{33} > 0$$

(2b)λ_1和λ_2异号.在这情形,方程(4)显然化为

$$k_1^2\xi^2 - k_2^2\eta^2 = 0$$

即

$$(k_1\xi + k_2\eta)(k_1\xi - k_2\eta) = 0$$

因此,这条曲线为两条相交的实直线的集合

$$k_1\xi + k_2\eta = 0, k_1\xi - k_2\eta = 0$$

这情形的特征条件,也和从前所得的一样

$$A = 0, A_{33} < 0$$

§255. 没有确定中心的曲线方程的化简　我们现在讨论剩下来的情形,即当方程

$$a_{11}x^2+2a_{12}xy+a_{22}y^2+2a_{13}x+2a_{13}y+a_{33}=0 \tag{1}$$

的系数适合抛物类型的特征条件

$$A_{33}=a_{11}a_{22}-a_{12}^2=0 \tag{2}$$

在这情形,曲线或者完全没有中心(即有一个假中心),或者有一条中心直线.

首先,旋转坐标轴,使二次方式 $a_{11}x^2+2a_{12}xy+a_{22}y^2$ 化为典型式(§253)

$$\lambda_1 x'^2+\lambda_2 y'^2$$

要化成这种形式,我们知道,必须使坐标轴所转过的角 φ 适合等式

$$\tan 2\varphi=\frac{2a_{12}}{a_{11}-a_{22}} \tag{3}$$

数量 λ_1 和 λ_2 也是二次方程 $\lambda^2-S\lambda+A_{33}=0$ 的两根.由式(2),这方程取得形式如 $\lambda^2-S\lambda=0$.因此,我们可取 $\lambda_1=0,\lambda_2=S$,于是方程(1)化为(我们知道,在转轴时常数项不变)

$$Sy'^2+2a_{13}'x'+2a_{23}'y'+a_{33}=0 \tag{4}$$

由上面所说再可附带推断,在现在情形 $S\neq 0$,否则这方程便不是二次的.

在未进行化简之前,我们注意方程(4)可以用另一方法求得,而且在实用上更为方便.

我们可以假定 $a_{11}\neq 0$,因为如果 $a_{11}=0$,则由式(2)得 $a_{12}=0$,而方程已成为所求的形式.

所以,设

$$a_{11}\neq 0$$

由此,我们可以写成

$$\begin{aligned}&a_{11}x^2+2a_{12}xy+a_{22}y^2\\=&\frac{1}{a_{11}}(a_{11}^2x^2+2a_{12}a_{11}xy+a_{11}a_{22}y^2)\\=&\frac{1}{a_{11}}(a_{11}^2x^2+2a_{12}a_{11}xy+a_{12}^2y^2)\\=&\frac{1}{a_{11}}(a_{11}x+a_{12}y)^2\end{aligned}$$

因可把方程(1)写成

$$\frac{1}{a_{11}}(a_{11}x+a_{12}y)^2+2a_{13}x+2a_{23}y+a_{33}=0 \tag{5}$$

欲把这方程化为(4)的形式,显然只需把坐标轴转动,使新轴 Ox' 和直线 $a_{11}x+a_{12}y=0$ 叠合,因为在这情况之下,我们得

$$a_{11}x + a_{12}y = ky' \tag{6}$$

这里 k 为常数(§99). 当轴转过了角 φ,就有

$$y' = -x\sin\varphi + y\cos\varphi$$

我们需按照条件(6) 来选择 φ,即使

$$a_{11}x + a_{12}y = k(-x\sin\varphi + y\cos\varphi)$$

由此得

$$k\sin\varphi = -a_{11}, k\cos\varphi = a_{12}$$

取它们的平方,相加得

$$k^2 = a_{11}^2 + a_{12}^2 = a_{11}^2 + a_{11}a_{22} = a_{11}S$$

即

$$k = \pm\sqrt{a_{11}S} \tag{7}$$

和

$$\cos\varphi = \frac{a_{12}}{\pm\sqrt{a_{11}S}}, \sin\varphi = \frac{-a_{11}}{\pm\sqrt{a_{11}S}} \tag{8}$$

这里根号之前,需同时取上号或下号. 公式(8) 可代以

$$\tan\varphi = -\frac{a_{11}}{a_{12}} = -\frac{a_{12}}{a_{22}} \tag{9}$$

最后部分,是根据等式 $a_{11}a_{22} = a_{12}^2$ 得来.

留给读者自行证明,公式(3) 是公式(8) 或(9) 的当然结果.

我们由此求得 $\cos\varphi$ 和 $\sin\varphi$. 又以用 x', y' 表 x, y 的算式代入式(5),同时注意到式(6),我们得

$$\frac{k^2}{a_{11}}y'^2 + 2a_{13}'x' + 2a_{23}'y' + a_{33} = 0$$

这里根据 §247 的公式(11a)

$$\begin{cases} a_{13}' = a_{13}\cos\varphi + a_{23}\sin\varphi = \dfrac{a_{12}a_{13} - a_{11}a_{23}}{\pm\sqrt{a_{11}S}} = \dfrac{A_{32}}{\pm\sqrt{a_{11}S}} \\ a_{23}' = -a_{13}\sin\varphi + a_{23}\cos\varphi = \dfrac{a_{11}a_{13} + a_{12}a_{23}}{\pm\sqrt{a_{11}S}} \end{cases} \tag{10}$$

更且,因为 $k^2 = a_{11}S$,我们重新得到方程(4).

由已知曲线方程直接出发,可求得系数 a_{13}' 的另一种表示式. 事实上,由方程(4) 的左边构成不变量 A

$$A = \begin{vmatrix} 0 & 0 & a_{13}' \\ 0 & S & a_{23}' \\ a_{13}' & a_{23}' & a_{33}' \end{vmatrix} = -Sa_{13}'^2$$

由此得①

$$a_{13}' = \pm\sqrt{\frac{-A}{S}} \tag{11}$$

比较公式(10)和(11),附带可得 $A_{32}^2 = -a_{11}A$ 的证明;但这等式也可直接加以证明(只在 $A_{33} = 0$ 的条件下,它才成立).

现在分别讨论两种情形:

第一种情形:$A \neq 0$(抛物线).此时根据式(11),$a_{13}' \neq 0$.我们可把坐标原点移到适当的点(α,β),使方程(4)左边的第三第四两项消去.事实上,设

$$x' = \alpha + \xi, y' = \beta + \eta$$

方程(4)化为

$$S\eta^2 + 2a_{13}'\xi + 2(S\beta + a_{23}')\eta + S\beta^2 + 2a_{13}'\alpha + 2a_{23}'\beta + a_{33} = 0$$

即

$$S\eta^2 + 2a_{13}'\xi + 2(S\beta + a_{23}')\eta + (S\beta + a_{23}')\beta + 2a_{13}'\alpha + a_{23}'\beta + a_{33} = 0$$

只要选择 α 和 β,使得

$$S\beta + a_{23}' = 0, 2a_{13}'\alpha + a_{23}'\beta + a_{33} = 0$$

便行,即取

$$\beta = -\frac{a_{23}'}{S}, \alpha = -\frac{1}{2a_{13}'}\left(a_{33} - \frac{a_{23}'^2}{S}\right) \tag{12}$$

便可使方程取得所求的形式

$$S\eta^2 + 2a_{13}'\xi = 0$$

以 S 除两边,这方程可以写作

$$\eta^2 = 2P\xi \tag{13}$$

这里设 $P = \frac{-a_{13}'}{S}$.我们可见抛物线的参数 p 等于 $|P|$,当 $P > 0$,$p = P$ 显然为参数.当 $P < 0$,我们可把轴 ξ 的方向反转,即改 ξ 为 $-\xi$,便得方程如 $\eta^2 = -2P\xi$ 的形式,即 $\eta^2 = 2p\xi$,这里 $p = -P > 0$.

我们容易用不变量 A 和 S 来表示参数 p.即根据式(11),由公式 $P = -\frac{a_{13}'}{S}$ 推得

$$p = |P| = +\sqrt{-\frac{A}{S^3}} \tag{14}$$

---

① 由公式(11)推得,在所讨论情况之下($A_{33} = 0$),不变量 A 和 S 应该异号.这是不难直接证明的.

(正如已经指出,这里的方根取正值).

轴 ξ 为抛物线的对称轴,而新原点为它的顶点.

现在说明上面所用的变换的几何意义:第一个变换,取轴 Ox' 和抛物线的轴平行;第二个变换,把坐标原点移到它的顶点.

第二种情形:$A=0$(一对平行直线). 在这情形,$a_{13}'=0$,而方程(4) 化为

$$Sy'^2+2a_{23}'y'+a_{33}=0$$

又把坐标原点移到点(α,β),即设

$$x'=\alpha+\xi,y'=\beta+\eta$$

它化为

$$S\eta^2+2(S\beta+a_{23}')\eta+S\beta^2+2a_{23}'\beta+a_{33}=0$$

令

$$S\beta+a_{23}'=0$$

即

$$\beta=-\frac{a_{23}'}{S}$$

而 α 可以任意选择(例如 $\alpha=0$),方程化为

$$S\eta^2+k=0 \qquad (15)$$

式中

$$k=a_{33}-\frac{a_{23}'^2}{S}$$

这便是一对平行线的简化方程.

如果 S 和 k 同号,这两条直线为虚直线. 如果这些数量异号,它们是两条不相同的实直线. 又如果 $k=0$,便得两条叠合的直线.

§256. 一对平行直线的方程的第二化简法. 条件不变量　当

$$A=0,A_{33}=0$$

即当二级曲线为两条平行直线的集合时,我们可以立刻写出这两条直线的方程,即如 §225a 所证明,它们的方程为

$$a_{11}x+a_{12}y+a_{13}\pm\sqrt{-A_{22}}=0 \qquad (1)$$

或为

$$a_{21}x+a_{22}y+a_{23}\pm\sqrt{-A_{11}}=0 \qquad (2)$$

如 $a_{11}\neq0$,宜取方程(1);如 $a_{22}\neq0$,则取方程(2);如两个数量 a_{11} 和 a_{22} 都不等于0,则两式都合用.

这些方程在广义笛氏坐标系也都适用.

再看 $a_{11}\neq0$ 的情形. 当它们为实直线,即当 $A_{22}<0$ 时,我们容易求得方程(1) 的两条平行线之间的距离.

设用直角坐标系,由坐标原点到直线(1) 的距离分别由下面公式给定

$$h_1 = \frac{a_{13} + \sqrt{-A_{22}}}{\pm\sqrt{a_{11}^2 + a_{12}^2}}, h_2 = \frac{a_{13} - \sqrt{-A_{22}}}{\pm\sqrt{a_{11}^2 + a_{12}^2}}$$

在两公式里分母的根号前面,应该取得一致的符号,如果我们同意作如下的规定:

当两直线在坐标原点的同侧,h_1 和 h_2 同号;当两直线在坐标原点的不同侧,h_1 和 h_2 异号. 如此则两直线的距离 h 等于 $|h_2 - h_1|$,即

$$h = \frac{2\sqrt{-A_{22}}}{\sqrt{a_{11}^2 + a_{12}^2}}$$

回忆 $a_{12}^2 = a_{11}a_{22}$,便得

$$a_{11}^2 + a_{12}^2 = a_{11}(a_{11} + a_{22}) = a_{11}S$$

由此得

$$h^2 = \frac{-4A_{22}}{a_{11}S} \tag{3}$$

如果 $a_{22} \neq 0$,那么,依照同样做法,由公式(2) 得

$$h^2 = \frac{-4A_{11}}{a_{22}S} \tag{4}$$

如果 $a_{11} \neq 0, a_{22} \neq 0$,那么,公式(3) 和(4) 都可应用,由此得

$$h^2 = -\frac{4A_{22}}{a_{11}S} = -\frac{4A_{11}}{a_{22}S} = \frac{-4A_{22} - 4A_{11}}{a_{11}S + a_{22}S}$$

即

$$h^2 = -\frac{4(A_{11} + A_{22})}{S^2} \tag{5}$$

当数量 a_{11}, a_{22} 里有一个等于 0 时,公式(5) 显然仍然有效①.

因为数量 h^2 不依赖于坐标轴的选择,那么,公式(5) 的右边为不变量(在直角坐标系);更因 S 为不变量,所以,我们作出如下的结论:

算式

① 事实上,例如,设 $a_{11} = 0$,则如我们从前所见(§225a 的末尾),$A_{22} = 0$. 而由公式(5) 得

$$h^2 = -\frac{4A_{11}}{S^2} = -\frac{4A_{11}}{a_{22}^2}$$

这便和公式(4) 相同,因为在这情形,$S = a_{22}$.

$$H = A_{11} + A_{22} \tag{6}$$

代表不变量(在直角坐标系),如果下面的条件

$$A = A_{33} = 0 \tag{7}$$

或和它们等价的条件(§225a)

$$A_{31} = A_{32} = A_{33} = 0 \tag{8}$$

成立. 这些是二级曲线可分解为两条平行直线的集合的特征条件.

在推求 h 的表示式时,我们曾经假设这条曲线分解为两条实直线(即分别假设 $A_{22} < 0$,或 $A_{11} < 0$). 但我们容易说明,可以去掉这个限制,而不损害对于

$$H = A_{11} + A_{22}$$

为不变量的结果的真实性.

数量 H 在条件(7)下的不变性也容易直接加以说明.

由此看来,数量 H 为不变量,只在条件(7),或和它相同的条件(8)的限制之下才能成立. 所以它叫作条件不变量.

应用数量 H,我们容易计算在简化方程 $S\eta^2 + k = 0$ 里的数量 k,因为在函数 $S\eta^2 + k$ 里

$$a_{11} = a_{12} = a_{13} = a_{23} = 0, a_{22} = S, a_{33} = k$$

由此得

$$A_{11} = Sk, A_{22} = 0$$

所以

$$H = Sk$$

又

$$k = \frac{H}{S} \tag{9}$$

最后,注意由这条曲线分解而成的直线,它们可以为虚线,如 $H > 0$;为实线,如 $H < 0$;或相叠合,如 $H = 0$. 这些都可从直线的方程推得,即

$$\eta^2 + \frac{k}{S} = 0$$

亦即

$$\eta^2 + \frac{H}{S^2} = 0$$

§257. 结果的总结. 1. 二级曲线的仿射分类　总结 §254 ~ §256 的结果,可分为如下三点:

(1) 二级曲线的仿射分类以及如何由曲线方程去决定曲线的特性(实椭圆、虚椭圆、双曲线、抛物线、两条不平行虚直线的集合、两条不平行实直线的集

合、两条平行的实直线或虚直线的集合);这分类法在前章已经说过(§225,§234,§245),但那时没有简单的法则由方程的形式去鉴别曲线的虚实.

(2) 如何由曲线的方程,去决定度量性的元素作为曲线的形状和大小的特征.

(3) 如何决定曲线在平面 xOy 上的位置.

现在由分类问题开始. 设已知二级曲线的方程为

$$a_{11}x^2 + 2a_{12}xy + a_{22}y^2 + 2a_{13}x + 2a_{23}y + a_{33} = 0 \tag{1}$$

这方程所表示的曲线的特性,用下面三个数量来决定. 它们为在直角坐标变换下的不变量

$$\begin{cases} A = \begin{vmatrix} a_{11} & a_{12} & a_{13} \\ a_{21} & a_{22} & a_{23} \\ a_{31} & a_{32} & a_{33} \end{vmatrix}, A_{33} = \begin{vmatrix} a_{11} & a_{12} \\ a_{21} & a_{22} \end{vmatrix} = a_{11}a_{22} - a_{12}^2 \\ S = a_{11} + a_{22} \end{cases} \tag{2}$$

最主要的为下面几条普遍原则:

1. 二级曲线可被分解为两条直线(实线或虚线),当且仅当 $A = 0$.

2. 不等式 $A_{33} > 0$ 为"椭圆类型"曲线的特征(包括:椭圆、虚椭圆、两条不平行共轭虚直线的集合).

3. 不等式 $A_{33} < 0$ 为"双曲类型"曲线的特征(包括:双曲线、两条相交的实直线的集合).

4. 等式 $A_{33} = 0$ 为"抛物类型"曲线的特征(包括:抛物线、两条实的或虚的平行直线的集合),这些曲线的另一特征是没有确定的中心:或者没有中心(抛物线)或者有一条中心直线(平行线).

详细总结列表如下:

Ⅰ. $A \neq 0$	Ⅱ. $A = 0$
不可分解的二级曲线. (1a) $A_{33} > 0$, A 和 S 同号:虚椭圆. (1b) $A_{33} > 0$, A 和 S 异号:椭圆. (2) $A_{33} < 0$:双曲线. (3) $A_{33} = 0$:抛物线.	两条直线的集合. (1) $A_{33} > 0$:两条不平行的共轭虚直线. (2) $A_{33} < 0$:两条不平行的实直线. (3) $A_{33} = 0$:两条平行的直线(实的或虚的,不同的或叠合的).

在表中右边最后一行的情形(即 $A = A_{33} = 0$)如果需要辨别它们是两条不

同的实线或叠合的直线①抑为虚直线,我们可根据 §256 所说,应用下面的法则:

$a_{11} \neq 0$ 的情形,如果 $A_{22} < 0$,这两条直线为不同的实线;如果 $A_{22} = 0$,它们为叠合的直线;如果 $A_{22} > 0$,它们为虚直线.在 $a_{11} = 0$ 的情形,可用同样法则,但以 A_{11} 代替 A_{22}.

这法则也可以用条件不变量 $H = A_{11} + A_{22}$ 代替.当 $H < 0$,这两条直线为不同的实线;当 $H = 0$,它们相叠合;当 $H > 0$,它们为虚直线.

虽然本节的结果,有些是用直角坐标系推求的,但在广义笛氏坐标系,它们仍然有效.

事实上,设方程(1)里所用的不是直角坐标系.除所给曲线外,我们考虑另一条曲线,它的方程也是(1),但用的是直角坐标系,这条新曲线显然为所给曲线经过仿射变换后的结果.所以就本节所讨论的意义来说,这两条曲线有相同的特性.但在另一方面,上述一切结果均适用于第二条曲线,由此得证本题.

§258. 结果的总结. 2 从二级曲线的方程去决定它的形状和大小　我们已经知道如何由曲线的方程去分辨它的特性(如椭圆、双曲线等).现在开始计算决定这曲线的形状和大小的元素.由上所述,除当曲线分解为两条平行线的情形之外,这些元素已完全被不变量

$$A, A_{33}, S$$

所决定(设用直角坐标系).

由 §254 ~ §256 所述,立即推得下面的原则:

1. 在椭圆和双曲线的情形,要决定半轴 a,b,只需解二次方程

$$\lambda^2 - S\lambda + A_{33} = 0 \tag{1}$$

设 λ_1 和 λ_2 为这方程的两根(它们必定是实根).那么:

(a) 在实椭圆的情形

$$a^2 = -\frac{A}{\lambda_1 A_{33}}, b^2 = -\frac{A}{\lambda_2 A_{33}} \tag{2}$$

设 $|\lambda_1| \leqslant |\lambda_2|$.因此,$a$ 为长半轴,b 为短半轴.当 $\lambda_1 = \lambda_2$,则得一个圆.

(b) 在双曲线的情形,设

$$-\frac{A}{\lambda_1 A_{33}} > 0, \frac{A}{\lambda_2 A_{33}} > 0 \tag{3}$$

就有

---

① 叠合的直线总是实线(因为我们总是假定曲线方程的系数为实数).

$$a^2 = -\frac{A}{\lambda_1 A_{33}}, b^2 = \frac{A}{\lambda_2 A_{33}} \tag{4}$$

这里 a 和 b 分别为横半轴和纵半轴.

2. 双曲线的渐近线所夹的角 2α,可用下式决定

$$\tan\alpha = \frac{b}{a} = \sqrt{-\frac{\lambda_1}{\lambda_2}} = \sqrt{-\frac{\lambda_1\lambda_2}{\lambda_2^2}} = \frac{\sqrt{-A_{33}}}{|\lambda_2|} \tag{5}$$

这里 λ_2 是方程(1)的一个根. 如果 2α 是指包括双曲线在内的角(而不是它的邻角),那么,必须按条件(3)来选择 λ_2.

我们也可用比较对称的公式代替公式(5). 这公式可推得如下

$$\cos 2\alpha = \frac{\cos^2\alpha - \sin^2\alpha}{\cos^2\alpha + \sin^2\alpha} = \frac{1-\tan^2\alpha}{1+\tan^2\alpha} = \frac{1+\dfrac{\lambda_1}{\lambda_2}}{1-\dfrac{\lambda_1}{\lambda_2}} = \frac{\lambda_2+\lambda_1}{\lambda_2-\lambda_1}$$

或因

$$\lambda_1 + \lambda_2 = S, \lambda_2 - \lambda_1 = \pm\sqrt{S^2 - 4A_{33}}$$

得

$$\cos 2\alpha = \frac{S}{\pm\sqrt{S^2 - 4A_{33}}} \tag{6}$$

显然地,当 $a > b$,(即 $|\lambda_1| < |\lambda_2|$),$\cos 2\alpha > 0$,又当 $a < b$(即 $|\lambda_1| > |\lambda_2|$),$\cos 2\alpha < 0$. 因为 $S = \lambda_1 + \lambda_2$,$S$ 和两数 λ_1, λ_2 中有较大绝对值的那一个同号. 那么,我们容易说明这根号前的符号,总是跟着 λ_2 的符号而定.

我们见到渐近线所夹的角,只依赖于曲线方程的前三项的系数 a_{11}, a_{12}, a_{22},正如我们所预料.

3. 如果二级曲线分解为相交的两条实直线,那么,它们所夹的角也适合同一公式(6),这一点留给读者自行证明(完全依照上面的方法).

4. 在抛物线的情形,它的参数 p 用下面公式决定

$$p = \sqrt{-\frac{A}{S^3}}$$

5. 如果曲线分解为两条平行线的集合,那么,它们的距离 h 便不能仍用不变量 A, A_{33}, S 表示(其中第一、第二两个化为0). 但这距离 h 可用不变量 S 和条件不变量 H 表作如下公式(§256)

$$h^2 = -\frac{4H}{S^2}$$

§259. 结果的总结. 3. 化方程为标准式并决定曲线在平面上的位置　设已知曲线对于某直角坐标系①xOy的方程. 如果除了曲线的形状和大小之外,我们还要决定它在平面上的位置,则显然只需求得新直角坐标轴 ξ,η 的位置,使得对于这个新坐标系,曲线方程取得上述各种简化式之一. 同时也很明显,这些新坐标轴的位置(即在平面 xOy 上曲线的位置),不是仅仅借助于不变量便可决定,因为不变量所具有的性质与曲线对于坐标轴的位置无关.

我们分别讨论有中心的和没有确定中心的曲线如下:

1. 为了把有中心曲线的方程化为标准式

$$\lambda_1\xi^2+\lambda_2\eta^2+\frac{A}{A_{33}}=0 \tag{1}$$

需把坐标原点移到曲线的中心 C,即由两条直线

$$a_{11}x+a_{12}y+a_{13}=0,a_{21}x+a_{22}y+a_{23}=0$$

所决定的交点,然后选取坐标轴$\xi C\eta$,使轴 $C\xi$ 和轴 Ox 所夹的角 φ 适合下面的公式

$$\tan 2\varphi=\frac{2a_{12}}{a_{11}-a_{22}} \tag{2}$$

设 φ_0 为适合这条件的正锐角,那么,在区间$(0,2\pi)$内,角 φ 得四个值

$$\varphi=\varphi_0,\varphi=\varphi_0+\frac{\pi}{2},\varphi=\varphi_0+\pi,\varphi=\varphi_0+\frac{3\pi}{2}$$

轴 $C\xi$ 为一条对称轴,$C\eta$ 为另一条对称轴.

如果要取椭圆的长轴(或取双曲线的横轴)来作轴 $C\xi$ 的方向,那么,λ_1 和 λ_2 的选择要适合条件 $|\lambda_1|<|\lambda_2|$ (在椭圆情形),或适合 §258 的条件(3)(在双曲线情形),我们再使角 φ 服从条件(参看 §253 的末尾)

$$\sin 2\varphi=\frac{2a_{12}}{\lambda_1-\lambda_2} \tag{3}$$

(只需注意右边的符号). 上述 φ 的四个值中只有两个适合这个补充条件. 例如 φ_0 和 $\varphi_0+\pi$ 或 $\varphi_0+\frac{\pi}{2}$ 和 $\varphi_0+\frac{3\pi}{2}$. 这两个值提供轴 $C\xi$ 的两个相反方向.

2. 化抛物线方程

$$a_{11}x^2+2a_{12}xy+a_{22}y^2+2a_{13}x+2a_{23}y+a_{33}=0 \tag{4}$$

为标准式的方法如下:

① 如果曲线的方程不是对于直角坐标系的,那么,我们只需先把坐标系变为任一个直角坐标系便成.

设 $a_{11} \neq 0$,同时注意 $a_{12}^2 = a_{11}a_{22}$,把这方程写作

$$\frac{1}{a_{11}}(a_{11}x + a_{12}y)^2 + 2a_{13}x + 2a_{23}y + a_{33} = 0 \tag{5}$$

然后转动坐标轴,使新轴 Ox' 取直线 $a_{11}x + a_{12}y = 0$ 的方向. 因此,所转过的角 φ 必须适合条件

$$\tan \varphi = -\frac{a_{11}}{a_{12}} = -\frac{a_{12}}{a_{22}} \tag{6}$$

在这条件下,φ 有两个可能的数值;设其一为 φ_0,则另一值为 $\varphi_0 + \pi$.

代替公式(6),我们可用由(6) 推得的公式

$$\cos \varphi = \frac{a_{12}}{\pm \sqrt{a_{11}S}}, \sin \varphi = \frac{-a_{11}}{\pm \sqrt{a_{11}S}} \tag{6a}$$

如果用 x, y 的新坐标表示式

$$x = x'\cos \varphi - y'\sin \varphi$$

$$y = x'\sin \varphi + y'\cos \varphi$$

代入式(5),那么,它化为

$$Sy'^2 + 2a_{13}'x' + 2a_{23}'y' + a_{33} = 0 \tag{4a}$$

这里

$$\begin{cases} a_{13}' = a_{13}\cos \varphi + a_{23}\sin \varphi = \dfrac{A_{32}}{\pm \sqrt{a_{11}S}} \\ a_{23}' = -a_{13}\sin \varphi + a_{23}\cos \varphi = \dfrac{a_{11}a_{13} + a_{12}a_{23}}{\pm \sqrt{a_{11}S}} \end{cases} \tag{7}$$

再把坐标原点移到点(α, β),这里

$$\alpha = -\frac{1}{2a_{13}'}\left(a_{33} - \frac{a_{23}'^2}{S}\right), \beta = -\frac{a_{23}'}{S} \tag{8}$$

这方程化简为

$$\eta^2 = 2P\xi$$

式中

$$P = -\frac{a_{13}'}{S} = \pm \sqrt{-\frac{A}{S^3}} \tag{9}$$

如果要使轴 ξ 向着抛物线凹入的一边,在公式(6a) 根号前所取的符号,要使数量 a_{13}' 和 S 异号.

在 $a_{11} = 0$ 的情形,我们也有 $a_{12} = 0$,而方程(4) 一开始就已取得式(4a)的形式.

3. 最后,当二级曲线分解为两条平行直线的情形. 这两条直线的方程,取得下面的形式

$$(\text{当 } a_{11} \neq 0 \text{ 时})\, a_{11}x + a_{12}y + a_{13} \pm \sqrt{-A_{22}} = 0 \tag{10}$$

$$(\text{当 } a_{22} \neq 0 \text{ 时})\, a_{21}x + a_{22}y + a_{23} \pm \sqrt{-A_{11}} = 0 \tag{10a}$$

习　　题(关于 §254 ~ §259)

(用直角坐标)

1. 决定下列曲线的形状

$$x^2 + 2xy + 2y^2 - 4x - 8y + 6 = 0$$

解: $A = \begin{vmatrix} 1 & 1 & -2 \\ 1 & 2 & -4 \\ -2 & -4 & 6 \end{vmatrix} = -2, A_{33} = \begin{vmatrix} 1 & 1 \\ 1 & 2 \end{vmatrix} = 1, S = 3$

因为 $A_{33} > 0$,所以这条曲线为椭圆类型,又因 A 和 S 异号,所以它为实椭圆. 要决定半轴,解二次方程

$$\lambda^2 - S\lambda + A_{33} = 0$$

即

$$\lambda^2 - 3\lambda + 1 = 0$$

由此得

$$\lambda_1 = \frac{3-\sqrt{5}}{2}, \lambda_2 = \frac{3+\sqrt{5}}{2}$$

半轴 a 和 b 由下面公式求得

$$a^2 = -\frac{A}{\lambda_1 A_{33}} = \frac{4}{3-\sqrt{5}} = 3+\sqrt{5}, b^2 = \frac{4}{3+\sqrt{5}} = 3-\sqrt{5}$$

2. 决定下列曲线的形状

$$x^2 - 4xy + y^2 + 2x + 2y + 1 = 0$$

解: $A = \begin{vmatrix} 1 & -2 & 1 \\ -2 & 1 & 1 \\ 1 & 1 & 1 \end{vmatrix} = -9, A_{33} = \begin{vmatrix} 1 & -2 \\ -2 & 1 \end{vmatrix} = -3, S = 2$

因为 $A \neq 0, A_{33} < 0$,所以这条曲线为双曲线. 要决定半轴,解方程

$$\lambda^2 - 2\lambda - 3 = 0$$

由此得

$$\lambda_1 = -1, \lambda_2 = 3$$

半轴由下面公式求得

$$a^2 = -\frac{A}{\lambda_1 A_{33}} = 3, b^2 = \frac{A}{\lambda_2 A_{33}} = 1$$

3. 决定下列曲线的形状

$$4x^2 + 12xy + 9y^2 - x + 2 = 0$$

解：
$$A = \begin{vmatrix} 4 & 6 & -\frac{1}{2} \\ 6 & 9 & 0 \\ -\frac{1}{2} & 0 & 2 \end{vmatrix} = -\frac{9}{4}, A_{33} = 0, S = 13$$

因为 $A \neq 0, A_{33} = 0$,所以这条曲线为抛物线. 它的参数为

$$p = \sqrt{-\frac{A}{S^3}} = \frac{3}{26\sqrt{13}} = \frac{3\sqrt{13}}{338}$$

4. 决定下列曲线的形状

$$3x^2 + 5xy + 2y^2 + 3x + 2y = 0$$

解：
$$A = \begin{vmatrix} 3 & \frac{5}{2} & \frac{3}{2} \\ \frac{5}{2} & 2 & 1 \\ \frac{3}{2} & 1 & 0 \end{vmatrix} = 0, A_{33} = -\frac{1}{4}, S = 5$$

因为 $A = 0$,这条曲线分解为两条直线;又因 $A_{33} < 0$,所以这两直线为相交于有穷远处的实线.

这两直线的夹角 2α,由 §258 公式(6) 决定

$$\cos 2\alpha = \frac{S}{\sqrt{S^2 - 4A_{33}}} = \frac{5}{\sqrt{26}}$$

5. 决定下列曲线的形状

$$4x^2 - 20xy + 25y^2 + 4x - 10y - 8 = 0$$

解：
$$A = \begin{vmatrix} 4 & -10 & 2 \\ -10 & 25 & -5 \\ 2 & -5 & -8 \end{vmatrix} = 0, A_{33} = 0$$

因此得两条平行线的集合. 要求出这些直线,可把已知方程写作

$$(2x - 5y + 1)^2 - 9 = 0$$

由此得两条平行线的方程

$$2x - 5y + 4 = 0 \text{ 和 } 2x - 5y - 2 = 0$$

这两条直线间的距离 h 由下式决定

$$h=\frac{6}{\sqrt{29}}$$

6. 决定下列曲线的形状

$$10x^2+6xy+12y^2+40=0$$

解：
$$A=\begin{vmatrix}10 & 3 & 0\\3 & 12 & 0\\0 & 0 & 40\end{vmatrix}=4\,440,A_{33}=111,S=22$$

因为 $A_{33}>0$，又 A 和 S 同号，所以得虚曲线（虚椭圆）.

7. 决定下列曲线的形状

$$10x^2+6xy+12y^2=0$$

解：
$$A=0,A_{33}=111$$

因为 $A=0$，所以得两条直线的集合，又因 $A_{33}>0$，故这两条直线为虚直线（相交于实点 $x=0,y=0$）.

8. 求习题 1 的椭圆在平面上的位置.

解：由方程

$$x+y-2=0,x+2y-4=0$$

求得中心的坐标为

$$x=0,y=2$$

椭圆长轴和轴 Ox 的夹角 φ，由公式

$$\tan 2\varphi=\frac{2a_{12}}{a_{11}-a_{22}}=\frac{2}{1-2}=-2$$

决定，并附有 $\sin 2\varphi<0$ 的限制，因为

$$\sin 2\varphi=\frac{2a_{12}}{\lambda_1-\lambda_2}=\frac{2}{-\sqrt{5}}<0$$

设 2φ 在区间 $(0,2\pi)$ 内，可见 2φ 为第四象限里的角.

9. 求习题 3 的抛物线在平面上的位置.

解①：把抛物线方程写作

$$(2x+3y)^2-x+2=0$$

又转动坐标轴，使有

$$2x+3y=ky'=k(-x\sin\varphi+y\cos\varphi)$$

① 我们在这里把特例的讨论和计算重复一次，这些计算和讨论在一般情形时已详见前面.

由此得

$$-k\sin\varphi=2, k\cos\varphi=3, k^2=13, k=\sqrt{13}\text{(取“+”号)}$$

$$\cos\varphi=\frac{3}{\sqrt{13}}, \sin\varphi=\frac{-2}{\sqrt{13}}$$

即把这方程化为下式(注意 $x=x'\cos\varphi-y'\sin\varphi$)

$$13y'^2-\frac{3x'}{\sqrt{13}}-\frac{2y'}{\sqrt{13}}+2=0$$

又设

$$x'=\alpha+\xi, y'=\beta+\eta$$

得

$$13\eta^2+\left(26\beta-\frac{2}{\sqrt{13}}\right)\eta-\frac{3}{\sqrt{13}}\xi-\frac{3\alpha}{\sqrt{13}}-\frac{2\beta}{\sqrt{13}}+13\beta^2+2=0$$

令 α 和 β 适合条件

$$26\beta-\frac{2}{\sqrt{13}}=0, -\frac{3\alpha}{\sqrt{13}}-\frac{2\beta}{\sqrt{13}}+13\beta^2+2=0$$

得

$$\alpha=\frac{337}{507}\sqrt{13}, \beta=\frac{\sqrt{13}}{169}$$

§260. 两条二级曲线相似的条件 根据 §259 所述,我们容易证明下面一个经常有用的简单命题.

设有两条不可分解的实二级曲线,已知它们的方程为

$$a_{11}x^2+2a_{12}xy+a_{22}y^2+2a_{13}x+2a_{23}y+a_{33}=0 \tag{1}$$

和

$$a_{11}'x^2+2a_{12}'xy+a_{22}'y^2+2a_{13}'x+2a_{23}'y+a_{33}'=0 \tag{2}$$

而它们的二次项系数成比例,即

$$\frac{a_{11}'}{a_{11}}=\frac{a_{12}'}{a_{12}}=\frac{a_{22}'}{a_{22}} \tag{3}$$

那么这两条曲线成透射;可能的例外情形,只当这两曲线为双曲线时,那时两条双曲线也许互相透射,也许其中一条和另一条的共轭双曲线成透射.

事实上,在条件(3) 下,我们可用常数因子乘其中一个方程,使两个方程的二次项系数相等,即

$$a_{11}'=a_{11}, a_{12}'=a_{12}, a_{22}'=a_{22} \tag{3a}$$

因为曲线的类型(椭圆类型、双曲类型、抛物类型),只依赖于二次项系数,故这两条曲线属于同一类型.

首先,讨论当这两曲线为抛物线的情形.因为抛物线轴的方向,只用二次项系数决定,故这两抛物线的轴互相平行.那么两抛物线成透射(因为我们可把其中一条抛物线平行移动,使它们的顶点和轴分别相叠合).

其次,讨论有中心曲线的情形.如果把坐标原点移到曲线(1)的中心,那么,我们知道它的方程取下式

$$a_{11}x^2+2a_{12}xy+a_{22}y^2+\frac{A}{A_{33}}=0 \tag{1a}$$

(为简单起见新坐标仍用原来的字母表示),依同理,曲线(2)的方程(如取坐标轴和旧坐标轴平行,但取它的中心为原点)也取下式

$$a_{11}x'^2+2a_{12}x'y'+a_{22}y'^2+\frac{A'}{A_{33}}=0 \tag{2a}$$

这里A'表示方程(2)左边的“大判别式”(这两方程左边的判别式A_{33}相等,因为,由假设它们的二次项有相同的系数).

方程(1a)和(2a)所根据的是两组不同的坐标轴,但它们的差别只在原点的位置.把其中一个坐标系连同相当的曲线一起平行移动,使两个坐标原点叠合,那时我们可以把两方程(1a)和(2a)看作对于同一坐标系的方程.

使曲线(1a)的每点(x,y)和点(x',y')对应,它们的关系为

$$x=kx',y=ky'(k\neq 0)$$

由此,曲线(1a)变为曲线

$$a_{11}k^2x'^2+2a_{12}k^2x'y'+a_{22}k^2y'^2+\frac{A}{A_{33}}=0$$

即

$$a_{11}x'^2+2a_{12}x'y'+a_{22}y'^2+\frac{A}{k^2A_{33}}=0 \tag{1b}$$

这条曲线和(1a)成透射,以原点为透射中心,以k为相似比值.

如果

$$\frac{A}{k^2A_{33}}=\frac{A'}{A_{33}},\text{即 }k^2=\frac{A}{A'} \tag{4}$$

那么,曲线(1b)和曲线(1a)叠合.

如果已知曲线为(实)椭圆,则A和A'必定同号①.因此,这样的k总可选得.所以这两个已知椭圆成透射.

① 因为A的符号和A'的符号都要与$S=a_{11}+a_{22}$的符号相反(§257).

如果这些曲线为双曲线,那么,只有当 A 和 A' 同号时,它们才成透射. 但如果 A 和 A' 异号,那么,双曲线(2a) 显然和双曲线

$$a_{11}x^2 + 2a_{12}xy + a_{22}y^2 - \frac{A}{A_{33}} = 0 \tag{2b}$$

成透射. 但双曲线(2b) 和(1a) 共轭①;因此,双曲线(1a) 和双曲线(2a) 的共轭双曲线成透射.

到此,本命题已完全证明.

曲线(1) 和(2) 的是否相似(不一定在透射位置) 也容易推得判别方法. 和从前一样,我们假定这两条曲线为实曲线而且是不可分解的. 此外,为简单起见,假定用直角坐标系.

如果这两条曲线同为椭圆或同为双曲线,那么,它们相似的必要且充分条件为它们的半轴成比例(§207),即

$$\frac{b}{a} = \frac{b'}{a'} \text{或} \frac{b^2}{a^2} = \frac{b'^2}{a'^2}$$

(对于曲线(2) 的数量,用撇号为记).

在另一方面,根据 §258 的公式(2) 和(3) 得

$$\frac{b^2}{a^2} = \frac{\lambda_1}{\lambda_2}(\text{在椭圆情形})$$

$$\frac{b^2}{a^2} = -\frac{\lambda_1}{\lambda_2}(\text{在双曲线情形})$$

这里 λ_1 和 λ_2 为下面方程的根

$$\lambda^2 - S\lambda + A_{33} = 0 \tag{*}$$

依同理,得

$$\frac{b'^2}{a'^2} = \frac{\lambda_1'}{\lambda_2'}(\text{在椭圆情形})$$

$$\frac{b'^2}{a'^2} = -\frac{\lambda_1'}{\lambda_2'}(\text{在双曲线情形})$$

---

① 已给方程为

$$a_{11}x^2 + 2a_{12}xy + a_{22}y^2 + k = 0 \text{ 和 } a_{11}x^2 + 2a_{12}xy + a_{22}y^2 - k = 0$$

的两条双曲线是共轭的,因为用同一的转轴,把二次方式 $a_{11}x^2 + 2a_{12}xy + a_{22}y^2$ 化为标准式,这两双曲线的方程便化为

$$\lambda_1x^2 + \lambda_2y^2 + k = 0 \text{ 和 } \lambda_1x^2 + \lambda_2y^2 - k = 0$$

这里 λ_1' 和 λ_2' 为下面方程的根

$$\lambda'^2 - S'\lambda' + A_{33}' = 0 \qquad (**)$$

因此,方程(**)的根应该和方程(*)的根成比例. 设 $\lambda_1' = k\lambda_1, \lambda_2' = k\lambda_2$,这里 k 为比例因子,便知 λ_1 和 λ_2 应该适合方程

$$k^2\lambda^2 - S'k\lambda + A_{33}' = 0$$

即

$$\lambda^2 - \frac{S'}{k}\lambda + \frac{A_{33}'}{k^2} = 0$$

这式是将 $\lambda' = k\lambda$ 代入式(**)得来的,因为它所有的根和式(*)的根相同,所以有

$$\frac{S'}{k} = S, \frac{A_{33}'}{k^2} = A_{33}$$

即

$$S' = kS, A_{33}' = k^2 A_{33} \qquad (5)$$

由此得

$$\frac{S'^2}{A_{33}'} = \frac{S^2}{A_{33}} \qquad (6)$$

反过来说,如果条件(6)成立,那么,我们总可选择这样的 k,使得条件(5)也成立.

条件(6)为这两曲线相似的必要条件. 当这两曲线为椭圆时(即 $A_{33} > 0$),我们可以证明条件(6)也是充分条件. 又当这两曲线为双曲线时(即 $A_{33} < 0$),则在条件(6)的规定下,它们或者相似,或者其中一条双曲线和另一条的共轭双曲线相似. 事实上,在椭圆情形由此例 $\lambda_1' = k\lambda_1, \lambda_2' = k\lambda_2$,根据 §258 公式(2)推得

$$\frac{b^2}{a^2} = \frac{b'^2}{a'^2}$$

即可断定两个椭圆相似.

在双曲线(即 $A_{33} < 0$)情形,设 λ_1 和 λ_2 分别与双曲线(1)的横轴和纵轴对应,那么,$\lambda_1' = k\lambda_1, \lambda_2' = k\lambda_2$ 可以与双曲线(2)的横轴和纵轴对应,但也可以与它的纵轴和横轴对应,即得

$$\frac{b^2}{a^2} = \frac{b'^2}{a'^2} \text{或} \frac{b^2}{a^2} = \frac{a'^2}{b'^2}$$

而本题得证.

最后,在 $A_{33} = 0$ 情形,曲线(1)为抛物线. 因此,它的相似曲线也必须为抛

物线,即应该得 $A_{33}'=0$. 反过来说,如果 $A_{33}=A_{33}'=0$,那么,所给的曲线为抛物线,因此它们相似.

§261. 两条二级曲线全等的条件. 正交不变量 A, A_{33}, S 组成完备系的证明

设两条二级曲线对于同一直角坐标系的方程为

$$F(x,y)=a_{11}x^2+2a_{12}xy+a_{22}y^2+2a_{13}x+2a_{23}y+a_{33}=0 \tag{1}$$

$$F'(x',y')=a_{11}'x'^2+2a_{12}'x'y'+a_{22}'y'^2+2a_{13}'x'+2a_{23}'y+a_{33}'=0 \tag{2}$$

(为便利起见,第二曲线上点的坐标,用撇号为记,虽然上面已经声明两条曲线的方程是对于同一坐标系的).

在方程(2)里,引入代换

$$\begin{cases}x'=x\cos\varphi+y\sin\varphi+\alpha'\\ y'=-x\sin\varphi+y\cos\varphi+\beta'\end{cases} \tag{3}$$

由此,方程(2)化为下式

$$F''(x,y)=a_{11}''x^2+2a_{12}''xy+a_{22}''y^2+2a_{13}''x+2a_{23}''y+a_{33}''=0 \tag{2a}$$

反过来用 x', y' 表 x, y 有代换公式如下

$$\begin{cases}x=x'\cos\varphi-y'\sin\varphi+\alpha\\ y=x'\sin\varphi+y'\cos\varphi+\beta\end{cases} \tag{3a}$$

现在不把代换(3)或(3a)看作坐标变换的公式,而把它们看作表示运动的公式①.

如果曲线(1)和(2)全等,那么其中一条经过运动之后可和其他一条叠合,即是说,应有这样的代换(3)存在,经过这个代换可把方程(2)化为方程(2a),它和方程(1)代表同一的曲线. 反过来说,如果有这样的代换存在,那么,两条曲线显然全等.

如果方程(1)和(2a)代表同一曲线,那么,应有恒等式

$$F''(x,y)=kF(x,y)$$

这里 k 为常数. 这就是说,等式

$$F'(x',y')=kF(x,y)$$

应该成为恒等式,如果用公式(3)代入左边的 x', y'.

在未考虑在什么条件下这恒等式才有可能成立之前,我们先讨论下面的问题:

多项式 $F(x,y)$ 和 $F'(x',y')$ 的系数之间应该满足什么条件,才能使两多项

① 为了不使公式过于繁复,我们只讨论正常运动情形. 但所有以下所述在不正常运动也都成立.

式里的一个,经过运动(3),化为其他一个?即是说,在什么条件下才得恒等式

$$F'(x',y') = F(x,y)$$

(这里左边的 x',y' 通过公式(3)改用 x,y 来表示)?

如果我们可能选得上面所说的代换(3),那么,多项式 $F(x,y)$ 和 $F'(x',y')$ 叫作对于运动(即对于变换式(3)或(3a))等价①.

这样,我们提出关于两个已知多项式 F 和 F' 的等价问题.

答复这个问题是不难的.设 A,A_{33},S 为对于多项式 $F(x,y)$ 所构成的不变量,而 A',A_{33}',S' 为对于多项式 $F'(x',y')$ 所构成的不变量.因为经过用代换(3)之后一个多项式可以变为其他一个,那么,根据不变量的定义

$$A = A',A_{33} = A_{33}',S = S' \tag{4}$$

因此条件(4)为多项式 $F(x,y)$ 和 $F'(x',y')$ 等价的必要条件.

现在证明这些条件也是充分条件,只需把 $A = A_{33} = 0$ 的情形除外.

事实上,如果 $A_{33} \neq 0$,那么,依照 §254 的证明,我们可用代换(3)把两个多项式 $F(x,y)$ 和 $F'(x',y')$ 都化为如下形式

$$\lambda_1\xi^2 + \lambda_2\eta^2 + \frac{A}{A_{33}}$$

式中的 λ_1 和 λ_2 仅仅依赖于不变量 A_{33},S,因此它们对于两个多项式是相同的.

在 $A_{33} = 0,A \neq 0$ 的情形,两个多项式都可以化为下式(§255)

$$S\eta^2 + 2\sqrt{-\frac{A}{S}}\xi$$

在上面两种情形,这两个多项式都和第三个多项式等价,因而它们显然彼此等价.

这样本题得到证明.在 $A = A_{33} = 0$ 的例外情形,等式(4)不能再保证两个多项式等价;但在这情形,只需附加下面条件

$$H = H' \tag{5}$$

这里,$H = A_{11} + A_{22}$ 为 §256 引入的条件不变量.事实上,在这情形,两个多项式都可化为如下形式

$$S\eta^2 + \frac{H}{S}$$

因此,我们推得下面的重要命题:

两个多项式 $F(x,y)$ 和 $F'(x',y')$ 等价的必要条件为这两多项式具有相同

① 这个定义可推广到系数为复数的多项式.但我们仍和从前一样,假定系数 $a_{11},\cdots,a_{33}$ 为实数.

的不变量 A,A_{33},S. 只有当 $A=A_{33}=0$ 时,这条件不是充分条件. 在这情形要使条件也成为充分的,则除上述条件外,再要具有相同的条件不变量 H.

上述命题可用来说明一个重要问题:

在 §260 我们求得了三个不变量 A,A_{33},S(在直角坐标系). 任一含有这些数量的(单值)函数,例如 $A^2,A,A_{33},\frac{A}{S^2}$ 等等,显然也是不变量. 但当然发生一个问题:除了不变量 A,A_{33},S 之外,是否还有不是它们的函数的不变量存在?

这个问题的答复基本上是否定的,而且得出下面的命题:如果把那些适合条件 $A=A_{33}=0$ 的系数的值作为例外不算,那么,任何一个不变量 J 都是这三个不变量 A,A_{33},S 的函数. 事实上,由定义,不变量 J 为多项式 $F(x,y)$ 的各系数 $a_{11},\cdots,a_{33}$ 的函数,它具有这样的性质,使当经过代换式(3)之后,这函数的值保持不变,即是说,多项式 $F(x,y)$ 的各系数,可以用和它等价的多项式的系数来代替,而这函数不变值.

但如果给定了 A,A_{33},S(且把 $A=A_{33}=0$ 的数值除外),那么,虽然这些数值可和个别不同的若干多项式 $F(x,y)$ 对应,但所有这些多项式都是等价的,因此,J 有完全确定的数值,这就是说,J 为 A,A_{33},S 的函数.

更进一步,上述命题显然可以更确切地表达如下:

任何一个不变量 J 都是不变量 A,A_{33},S 的确定函数,只要所用系数的数值不适合条件 $A=A_{33}=0$;如果这个条件成立,则 J 为不变量 S 和条件不变量 H 的函数.

如果不考虑为 $A=A_{33}=0$ 所表示的例外情形,我们说,不变量 A,A_{33},S 构成一个完备系,意思是说,所有其他不变量都是它们的函数,我们已见到实际上的完备系,应在 $A=A_{33}=0$ 时加上条件不变量 H.

我们容易证明:如果 J 为系数 $a_{11},\cdots,a_{33}$ 的连续函数,那么,它就是 A,A_{33},S 的函数而且对于上述的例外情形也如此. 更且,我们还可证明:如果 J 为系数 $a_{11},\cdots,a_{33}$ 的有理函数,那么,它也是 A,A_{33},S 的有理函数. 我们不再对于这些命题加以证明.

现在转入两条曲线全等的问题. 设它们的方程为

$$F(x,y)=0 \text{ 和 } F'(x',y')=0$$

根据上面所述,显然这两条曲线全等,当且仅当有适宜地选择的因子 $k\neq 0$ 存在,使多项式 $F(x,y)$ 和 $kF'(x',y')$ 等价.

设 A',A_{33}',S' 为多项式 $F'(x',y')$ 的系数所组成的不变量,那么,多项式 $kF'(x',y')$ 的系数所组成的不变量将分别为

$$k^3A',k^2A_{33}',kS'$$

因此,使多项式 F 和 kF' 等价,即是使曲线 $F=0$ 和 $F'=0$ 全等,我们应有

$$A=k^3A',A_{33}=k^2A_{33}',S=kS' \tag{6}$$

这里 k 为适宜选择的数,但不为0.

这条件也是充分条件,如果 A 和 A_{33} 不同时化为0.

消去 k,条件(6) 可写作

$$\frac{A^2}{A'^2}=\frac{A_{33}^3}{A_{33}'^3}=\frac{S^6}{S'^6} \tag{7}$$

因此,两条曲线 $F=0$ 和 $F'=0$ 全等的必要且充分条件为:对于一条曲线所构成的不变量 A^2,A_{33}^3,S^6 和对于其他一条曲线所构成的同样的不变量彼此成比例①.

在 $A=A_{33}=0$ 的情形可作为例外,那时,式(6) 显然可改为下面的条件

$$S=kS',H=k^2H' \tag{6a}$$

或

$$\frac{S^2}{S'^2}=\frac{H}{H'} \tag{8}$$

习　题

1. 利用本节的结果,求方程 $F(x,y)=0$ 代表半径为 r 的圆的条件.

解:设用直角坐标,这问题在本质上就是所给的曲线和圆 $x^2+y^2-r^2=0$ 全等的条件. 这个圆的不变量用撇号为记

$$A'=\begin{vmatrix}1&0&0\\0&1&0\\0&0&-r^2\end{vmatrix}=-r^2,A_{33}'=\begin{vmatrix}1&0\\0&1\end{vmatrix}=1,S'=2$$

条件(6) 得下式

$$A=-k^3r^2,A_{33}=k^2,S=2k$$

由最后两式得 $A_{33}=\dfrac{S^2}{4}$,即

$$4(a_{11}a_{22}-a_{12}^2)=(a_{11}+a_{22})^2=a_{11}^2+a_{22}^2+2a_{11}a_{22}$$

也即(把各项移到一边)

① 比例式(7) 经常带有这个意义:如果其中有一个分母为0,那么,相当分数的分子也可当作0,而把那个分数从比例式里去掉.

$$(a_{11}-a_{22})^2+4a_{12}^2=0$$

只有在 $a_{12}=0$ 和 $a_{11}-a_{22}=0$ 的情形下,这条件才可能满足. 因为我们假定系数为实数. 这样我们用不同方法求得的条件,和从前(§239)的相符. 求 r^2 可用下式

$$r^2=-\frac{A}{k^3}=-\frac{8A}{S^3}$$

但在这情形 $a_{11}=a_{22},a_{12}=0$,所以 $S=2a_{11}$,而

$$A=\begin{vmatrix}a_{11} & 0 & a_{13}\\ 0 & a_{11} & a_{23}\\ a_{31} & a_{32} & a_{33}\end{vmatrix}=a_{11}^2a_{33}-a_{11}a_{23}^2-a_{11}a_{13}^2=a_{11}(a_{11}a_{33}-a_{13}^2-a_{23}^2)$$

由此得

$$r^2=\frac{a_{13}^2+a_{23}^2-a_{11}a_{33}}{a_{11}^2}$$

这也和 §239 的结果相符. 如果使这圆为实圆,须附加条件

$$a_{13}^2+a_{23}^2-a_{11}a_{33}>0$$

2. 求必要且充分条件,使方程 $F(x,y)=0$ 代表等腰双曲线(用直角坐标系).

解:按题意,所给的曲线应和曲线

$$x^2-y^2-a^2=0$$

全等,这里的 a 为常数. 由此得

$$A'=\begin{vmatrix}1 & 0 & 0\\ 0 & -1 & 0\\ 0 & 0 & -a^2\end{vmatrix}=a^2,A_{33}'=-1,S'=0$$

由条件(6)得

$$A=k^3a^2,A_{33}=-k^2,S=0 \qquad (*)$$

因此,所求的条件化成下式

$$S=0,A_{33}<0$$

如果这些条件实现,那么,我们总可以求得数值 k 和 a 适合条件(*),即有

$$k=\pm\sqrt{-A_{33}},a^2=\frac{A}{\pm\sqrt{-A_{33}^3}}$$

在根号前符号的选取,要使

$$a^2>0$$

第十一章 二次曲面[①]的基本性质. 切面,中心,直径

现在转入二级曲面的研究. 在这里,凡可仿照二级曲线而求得的那些结果,我们不拟做详细的讨论.

Ⅰ. 投影分类. 切面

§262. 记号 用不齐次笛氏坐标,二级曲面的方程为

$$F(x,y,z)=0 \tag{1}$$

这里 $F(x,y,z)$ 为二次多项式. 在一般情形

$$F(x,y,z)=a_{11}x^2+a_{22}y^2+a_{33}z^2+2a_{23}yz+2a_{31}zx+2a_{12}xy+2a_{14}x+2a_{24}y+2a_{34}z+a_{44} \tag{2}$$

式中 $a_{11},a_{12},\cdots,a_{44}$ 为常数系数(共有十个)[②].

用下列比值

$$x=\frac{x_1}{x_4},y=\frac{x_2}{x_4},z=\frac{x_3}{x_4}$$

引进齐次笛氏坐标 x_1,x_2,x_3,x_4,则方程(2)取得下式

$$\Phi(x_1,x_2,x_3,x_4)=0 \tag{1a}$$

这里 Φ 为二次齐次多项式(即二次方式)

$$\Phi(x_1,x_2,x_3,x_4)=a_{11}x_1^2+a_{22}x_2^2+a_{33}x_3^2+2a_{23}x_2x_3+2a_{31}x_3x_1+2a_{12}x_1x_2+2a_{14}x_1x_4+2a_{24}x_2x_4+2a_{34}x_3x_4+a_{44}x_4^2 \tag{3}$$

如果令

---

① 译者注:沿用我国通用的名词. 非特殊的二级曲面同时也是二阶面曲,故可称为二次曲面. 参看§268.

② 当我们说到多项式(2)的系数时,为便利起见,常以 a_{32} 代替 a_{23},以 a_{13} 代替 a_{31},依此类推,亦即假设 a_{ji} 和 $a_{ij}(i,j=1,2,3,4)$ 代表同一数量.

$$x_1 = x, x_2 = y, x_3 = z, x_4 = 1$$

那么,它化为多项式 $F(x,y,z)$,于是

$$F(x,y,z) = \Phi(x,y,z,1) \tag{4}$$

以后我们又将采用下列记号(比较 208)

$$\begin{cases} \Phi_1 = \dfrac{1}{2}\dfrac{\partial \Phi}{\partial x_1} = a_{11}x_1 + a_{12}x_2 + a_{13}x_3 + a_{14}x_4 \\ \Phi_2 = \dfrac{1}{2}\dfrac{\partial \Phi}{\partial x_2} = a_{21}x_1 + a_{22}x_2 + a_{23}x_3 + a_{24}x_4 \\ \Phi_3 = \dfrac{1}{2}\dfrac{\partial \Phi}{\partial x_3} = a_{31}x_1 + a_{32}x_2 + a_{33}x_3 + a_{34}x_4 \\ \Phi_4 = \dfrac{1}{2}\dfrac{\partial \Phi}{\partial x_4} = a_{41}x_1 + a_{42}x_2 + a_{43}x_3 + a_{44}x_4 \end{cases} \tag{5}$$

和相类似的记号

$$\begin{cases} F_1 = \dfrac{1}{2}\dfrac{\partial F}{\partial x} = a_{11}x + a_{12}y + a_{13}z + a_{14} \\ F_2 = \dfrac{1}{2}\dfrac{\partial F}{\partial y} = a_{21}x + a_{22}y + a_{23}z + a_{24} \\ F_3 = \dfrac{1}{2}\dfrac{\partial F}{\partial z} = a_{31}x + a_{32}y + a_{33}z + a_{34} \end{cases} \tag{6}$$

在这里又有"欧拉恒等式"(参考 §208)

$$\Phi(x_1,x_2,x_3,x_4) = x_1\Phi_1 + x_2\Phi_2 + x_3\Phi_3 + x_4\Phi_4 \tag{7}$$

和相类似的恒等式

$$\begin{aligned} F(x,y,z) = {} & x\Phi_1(x,y,z,1) + y\Phi_2(x,y,z,1) + \\ & z\Phi_3(x,y,z,1) + \Phi_4(x,y,z,1) \end{aligned} \tag{7a}$$

在遇到二次方式 Φ 的同时,我们又会遇到对称双一次方式,即对于 Φ 的"极式"

$$\begin{aligned} \Omega(x_1,x_2,x_3,x_4;y_1,y_2,y_3,y_4) = {} & y_1\Phi_1(x_1,x_2,x_3,x_4) + \\ & y_2\Phi_2(x_1,x_2,x_3,x_4) + \\ & y_3\Phi_3(x_1,x_2,x_3,x_4) + \\ & y_4\Phi_4(x_1,x_2,x_3,x_4) \end{aligned} \tag{8}$$

它可以简写为 $\Omega(x;y)$. 我们有

$$\Omega(x;y) = \Omega(y;x) \tag{9}$$

$$\Omega(x;x) = \Phi(x_1,x_2,x_3,x_4) \tag{10}$$

并且,由直接的验算可以证明(比较 §208)

$$\Phi(x_1+y_1,x_2+y_2,x_3+y_2,x_4+y_4) \\ =\Omega(x;x)+2\Omega(x;y)+\Omega(y;y) \tag{11}$$

由此更可推得

$$F(x+x',y+y',z+z')=\varphi(x,y,z)+2[xF_1(x',y',z')+ \\ yF_2(x',y',z')+zF_3(x',y',z')]+ \\ F(x',y',z') \tag{11a}$$

这里

$$\varphi(x,y,z)=a_{11}x^2+a_{22}y^2+a_{33}z^2+2a_{23}yz+2a_{31}zx+2a_{12}xy \tag{12}$$

为多项式 $F(x,y,z)$ 的二次项所组成的二次方式.

方式 Φ 的判别式，用记号 A 表示

$$A=\begin{vmatrix} a_{11} & a_{12} & a_{13} & a_{14} \\ a_{21} & a_{22} & a_{23} & a_{24} \\ a_{31} & a_{32} & a_{33} & a_{34} \\ a_{41} & a_{42} & a_{43} & a_{44} \end{vmatrix} \tag{13}$$

而在判别式 A 中，a_{ij} 的代数余子式用 A_{ij} 来表示，其中

$$A_{44}=\begin{vmatrix} a_{11} & a_{12} & a_{13} \\ a_{21} & a_{22} & a_{23} \\ a_{31} & a_{32} & a_{33} \end{vmatrix} \tag{14}$$

为二次方式 $\varphi(x,y,z)$ 的判别式.

我们常用 x,y,z,t 代替 x_1,x_2,x_3,x_4. 将来所有一切系数 a_{ij} 总是假定为实数.

并因在本段中我们专论投影性质，故当多项式 $F(x,y,z)$ 的所有二次项系数都为 0 时，即

$$a_{11}=a_{22}=a_{33}=a_{23}=a_{31}=a_{12}=0$$

时，我们不把它作为例外情形. 在这情形，方程(1a) 取得下式

$$x_4(2a_{14}x_1+2a_{24}x_2+2a_{34}x_3+a_{44}x_4)=0$$

那时曲面分解为假平面 $x_4=0$ 和平面(一般来说是真平面)

$$2a_{14}x_1+2a_{24}x_2+2a_{34}x_3+a_{44}x_4=0$$

但我们总把方式 Φ(或当多项式 F) 的一切系数都等于 0 的情形作为例外，不加讨论.

在本段中，x_1,x_2,x_3,x_4 不仅是指笛氏坐标也可指一般的齐次投影坐标(在这情形，方程 $x_4=0$，就一般来说，当然也不代表假平面).

§263. 二级曲面的分解. 叠合条件　二级曲面可以分解，当且仅当二次方

式 $\Phi(x_1,x_2,x_3,x_4)$ 可分解为两个一次的因子,亦即当有下列恒等式时

$$\Phi(x_1,x_2,x_3,x_4)=(a_1x_1+a_2x_2+a_3x_3+a_4x_4)\times(b_1x_1+b_2x_2+b_3x_3+b_4x_4) \tag{1}$$

这里 $a_1,\cdots,a_4,b_1,\cdots,b_4$ 为常数. 可分解的必要且充分条件为判别式 A 的秩等于2或1(参看附录 §13).

在这情形而且只在这情形,曲面分解为两个平面(实平面或虚平面). 如果 A 的秩等于1,那么

$$\Phi(x_1,x_2,x_3,x_4)=k(a_1x_1+a_2x_2+a_3x_3+a_4x_4)^2 \tag{1a}$$

这里 k 为常数. 这时曲面为两个叠合平面所组成(总是实平面,参看 §264).

还要注意,两个二级曲面

$$\Phi(x_1,x_2,x_3,x_4)=0 \text{ 和 } \Psi(x_1,x_2,x_3,x_4)=0$$

叠合的必要且充分条件为:恒等式(参看 §209)

$$\Psi(x_1,x_2,x_3,x_4)=k\Phi(x_1,x_2,x_3,x_4) \tag{2}$$

成立(比较 §209),这里 k 为不等于0的常数.

因为二级曲面的一般方程含有十个系数 a_{ij},那么,二级曲面的形状和位置为九个数量所决定(系数 a_{ij} 中的九个和第十个的比值).

因此,就一般来说,只要已知二级曲面上的九点便给定了这个曲面.

过已知九点求作二级曲面的问题,便是解含有十个未知数 a_{ij} 的九个齐次一次方程系(比较 §212). 就一般来说,从这方程系可求得九个数量 a_{ij} 和第十个的完全确定的比值. 但这方程系也可能给出不确定的比值,那时经过已知点便有无穷多个二级曲面. 在一切情形,经过任何九个已知点总有二级曲面存在.

现在考虑一个重要的情形. 我们知道,如果把变数 x_1,x_2,x_3,x_4 改为新变数 x_1',x_2',x_3',x_4',新的和旧的变数有齐次平直非特殊代换关系,即是说,如果引用新的投影坐标系,那么,方式 Φ 化为含有变数 x_1',x_2',x_3',x_4' 的新方式 Φ',它的判别式 A' 和方式 Φ 的判别式 A 有如下关系(参看附录 §11)

$$A'=A\cdot\Delta^2$$

这里 $\Delta\neq0$ 为代换的行列式. 因此,经过投影坐标的变换之后,判别式 A 的符号保持不变. 又当曲面方程 $\Phi=0$ 改为它的等价方程 $\Psi=0$ 时,这判别式的符号也保持不变. 事实上,由假设,因为这两个方程等价,所以恒等式(2)成立,由此推得,方式 Ψ 的各系数是由方程 Φ 的各系数乘以同一个数 k 得来. 但在四级行列式 A 里,如果各元 a_{ij} 分别换为 ka_{ij},那么,行列式便乘上一个因子 k^4,即它的符号不变.

因此，经过投影坐标的变换，以及曲面方程变为等价方程[①]时，判别式 A 的符号都保持不变.

§264. 二级曲面的投影分类　通过适宜的齐次平直非特殊的实系数的代换，以新变数 x_1', x_2', x_3', x_4' 表旧变数 x_1, x_2, x_3, x_4，二次方式 $\Phi(x_1, x_2, x_3, x_4)$ 可化为"典型"式（参看附录 §12，又比较 §211）

$$\Phi'(x_1', x_2', x_3', x_4') = \varepsilon_1 x_1'^2 + \varepsilon_2 x_2'^2 + \varepsilon_3 x_3'^2 + \varepsilon_4 x_4'^2 \tag{1}$$

这里 $\varepsilon_1, \varepsilon_2, \varepsilon_3, \varepsilon_4$ 等于 ± 1 或 0，因而二级曲面方程化为"典型"式

$$\Phi'(x_1', x_2', x_3', x_4') = \varepsilon_1 x_1'^2 + \varepsilon_2 x_2'^2 + \varepsilon_3 x_3'^2 + \varepsilon_4 x_4'^2 = 0 \tag{2}$$

我们将把所说的代换看作变为新投影坐标的一种过程，并且讨论一切可能发生的情形：

（a）非特殊二级曲面　这是指判别式 A 不等于 0 的曲面.

在这情形，各数 $\varepsilon_1, \varepsilon_2, \varepsilon_3, \varepsilon_4$ 没有一个等于 0. 依照这些数值的各种符号，这曲面在新坐标系的方程，可化为如下各种形式之一[②]

$$x_1'^2 + x_2'^2 + x_3'^2 + x_4'^2 = 0 \tag{a_1}$$

$$x_1'^2 + x_2'^2 + x_3'^2 - x_4'^2 = 0 \tag{a_2}$$

$$x_1'^2 + x_2'^2 - x_3'^2 - x_4'^2 = 0 \tag{a_3}$$

在第一种情形，曲面整个为虚曲面，即它不含有一个实点. 在第二及第三种情形，曲面都为实曲面.

如果预先知道这曲面为实曲面，那么，很容易由原方程 $\Phi(x_1, x_2, x_3, x_4) = 0$ 的系数确定它为（a_2）或（a_3）两个式中的哪一个. 我们容易见到在第一种情形 $A < 0$，在第二种情形 $A > 0$. 事实上，由（a_2）和（a_3）的左边，分别构成判别式 A'，可见在第一种情形[③] $A' < 0$，在第二种情形 $A' > 0$. 但 A 和 A' 同号（参看 §263）；由此得证本题.

关于由哪些几何性质来区别曲面（a_2）和（a_3），将于下文说明[④]（§267）.

---

① 同样的判别式 A，在二级曲线情形（参看前章），不具有这性质. 因为，在曲线的情形，A 为三级行列式，而所乘的数为 k^3，不是 k^4，因此当 $k < 0$ 时，A 变为相反的符号.

② 在必要时，可把各项一起变号并改变变数的下标.

③ 例如，在（a_2）的左边

$$A' = \begin{vmatrix} 1 & 0 & 0 & 0 \\ 0 & 1 & 0 & 0 \\ 0 & 0 & 1 & 0 \\ 0 & 0 & 0 & -1 \end{vmatrix} = -1$$

④ 也可参看 §264 的习题 3 ~ 5.

(b) 特殊的不可分解的二级曲面　这是指 $A=0$ 的,不可分解的二级曲面. 在这情形,A 的秩应该等于3(因为如果秩小于3,这曲面便可分解). 既然 A 的秩等于3,所以系数 $\varepsilon_1,\varepsilon_2,\varepsilon_3,\varepsilon_4$ 中有一个等于0而其余的都不是0①. 设 $\varepsilon_4=0$. 依照 $\varepsilon_1,\varepsilon_2,\varepsilon_3$ 的各种可能的符号,曲面方程的典型式可化为如下两式之一

$$x_1'^2+x_2'^2+x_3'^2=0 \qquad (b_1)$$

$$x_1'^2+x_2'^2-x_3'^2=0 \qquad (b_2)$$

在第一种情形,曲面为虚曲面,但并非整个曲面都是虚曲的,它含有一个实点(0,0,0,1);在第二种情形,曲面为实曲面. 现在证明曲面(b_1)和(b_2)都是锥面(在第一种情形为“虚锥面”). 这是由于联结点(0,0,0,1)和曲面上任何一点(ξ_1,ξ_2,ξ_3,ξ_4)的直线都是整条在曲面上. 事实上,这条直线上任一点 $M(x_1',x_2',x_3',x_4')$ 的坐标由下式给定(读者可回忆直线的参数表示式,在§169用的是齐次笛氏坐标,在§178a用的是投影坐标)

$$x_1'=\lambda\cdot 0+\mu\xi_1$$
$$x_2'=\lambda\cdot 0+\mu\xi_2$$
$$x_3'=\lambda\cdot 0+\mu\xi_3$$
$$x_4'=\lambda\cdot 1+\mu\xi_4$$

即

$$x_1'=\mu\xi_1,x_2'=\mu\xi_2,x_3'=\mu\xi_3,x_4'=\lambda+\mu\xi_4$$

把这些数值代入(b_1)或(b_2),可见这两个方程化成恒等式(因为 μ^2 抽出括号之外,而 ξ_1,ξ_2,ξ_3,由假设,适合这两个方程). 我们可见点(0,0,0,1)为锥面(b_1)和(b_2)的顶点. 顶点也叫作曲面的二重点②.

(c) 可分解曲面(它们也被包括在特殊曲面的类型里). 在这情形,A 的秩等于2或1. 先设 A 的秩等于2. 由此,曲面方程化为如下两式之一

$$x_1'^2+x_2'^2=0 \qquad (c_1)$$

$$x_1'^2-x_2'^2=0 \qquad (c_2)$$

在第一种情形得两个虚平面,在第二种情形得两个实平面. 在这两种情形,两个平面都相交于实直线

$$x_1'=0,x_2'=0$$

这条直线上的每点,都是曲面的二重点.

其次,设 A 的秩等于1. 由此,曲面方程化为下式

---

① 参看附录§12.

② 如果顶点为假点,那么锥面化为柱面. 从投影观点看来,柱面和锥面,并无区别.

$$x_1{}'^2 = 0 \qquad (c_3)$$

这代表二重(实)平面. 平面上所有的点都是"二重点". 情形(c)当然可以看作锥面的特殊情形("可分解锥面").

因为平直代换不仅可以解释为坐标变换,而且可以解释为投影变换. 那么,由本节所说可推得如下的结论:

从投影观点看来,二级曲面可分为如下各类:

(a)非特殊的曲面,它本身又可分为:(a_1)虚曲面,(a_2)有负值判别式的实曲面,(a_3)有正值判别式的实曲面.

(b)特殊的不可分解的曲面(锥面),它本身又可分为:(b_1)虚锥面,(b_2)实锥面.

(c)可分解的曲面,它本身又可分为:(c_1)两个(不相同的)共轭虚平面,(c_2)两个不相同的实平面,(c_3)两个叠合的平面.

凡属于(a_1),(a_2),(a_3),(b_1),(b_2),(c_1),(c_2),(c_3)各类中同一类的曲面,可以经过投影变换由一个曲面变为另一个曲面.

注 1　我们容易求得特殊曲面的一个二重点(或几个二重点). 事实上,在各种情形,特殊曲面的方程可化为

$$\Phi'(x_1{}', x_2{}', x_3{}') = \varepsilon_1 x_1{}'^2 + \varepsilon_2 x_2{}'^2 + \varepsilon_3 x_3{}'^2 = 0$$

(在不可分解锥面情形,$\varepsilon_1 \neq 0, \varepsilon_2 \neq 0, \varepsilon_3 \neq 0$;在两个不相同平面情形,$\varepsilon_1 \neq 0$,$\varepsilon_2 \neq 0, \varepsilon_3 = 0$;在两个叠合平面情形,$\varepsilon_1 \neq 0, \varepsilon_2 = \varepsilon_3 = 0$). 在一切这些情形,我们容易验明二重点的坐标适合方程系

$$\Phi_1{}' = \varepsilon_1 x_1{}' = 0, \Phi_2{}' = \varepsilon_2 x_2{}' = 0, \Phi_3{}' = \varepsilon_3 x_3{}' = 0, \Phi_4{}' = 0 \cdot x_4{}' = 0$$

反过来说,适合这方程系的点必为二重点. 但和这方程系等价的系为(参看附录 §11)

$$\begin{cases} \Phi_1 = a_{11}x_1 + a_{12}x_2 + a_{13}x_3 + a_{14}x_4 = 0 \\ \Phi_2 = a_{21}x_1 + a_{22}x_2 + a_{23}x_3 + a_{24}x_4 = 0 \\ \Phi_3 = a_{31}x_1 + a_{32}x_2 + a_{33}x_3 + a_{34}x_4 = 0 \\ \Phi_4 = a_{41}x_1 + a_{42}x_2 + a_{43}x_3 + a_{44}x_4 = 0 \end{cases} \qquad (3)$$

因此,解方程系(3)就可求得二重点(或许多二重点)的坐标. 就一般来说,所谓曲面的二重点,是指坐标适合方程系(3)的任何点.

如果行列式 A 的秩等于 4(即 $A \neq 0$),那么,方程系(3)没有解答(除了 $x_1 = x_2 = x_3 = x_4 = 0$ 之外). 因此,非特殊二级曲面不能有二重点. 如果 A 的秩等于 3,那么,方程系(3)有一个独立解答,即有一个二重点;如果 A 的秩等于 2,

那么,方程系(3) 中有两个方程可由其余两个方程推出,因此,二重点组成一条直线. 最后,如果 A 的秩等于 1,那么,在方程系(3) 中只有一个独立的方程,因此我们得到一个二重点的平面,这些二重点即组成了整个曲面.

注 2 我们容易推知,在齐次投影坐标 x_1, x_2, x_3, x_4,所有形式如

$$\varphi(x_1, x_2, x_3) = 0 \tag{4}$$

的方程,代表以点(0,0,0,1) 为顶点的(二级) 锥面,这里 φ 为不含 x_4 的二次方式. 事实上,联结顶点和曲面上任意一点$(\xi_1, \xi_2, \xi_3, \xi_4)$ 的直线上各点的坐标由下式给定

$$x_1 = \mu\xi_1, x_2 = \mu\xi_2, x_3 = \mu\xi_3, x_4 = \lambda + \mu\xi_4 \text{(参看上文)}$$

把它们代入 $\varphi(x_1, x_2, x_3)$ 得

$$\varphi(\mu\xi_1, \mu\xi_2, \mu\xi_3) = \mu^2\varphi(\xi_1, \xi_2, \xi_3) = 0$$

因为点$(\xi_1, \xi_2, \xi_3, \xi_4)$ 在曲面(4) 上.

我们以前(§117) 对于锥面所下的定义为:经过已经点(顶点) 而且和已知曲线(准线) 相交的直线(母线) 的轨迹. 在 §264 叫作锥面的曲面,当然符合于这个定义. 在锥面上任意画一条曲线,只要这条曲线和一切母线相交,便可取作准线. 例如,取锥面和任何一个不经过顶点的平面的交线便行. 这交线必是二级曲线(因为曲面为二级的). 在现在的情形,最简便的是取曲面(4) 和平面 $x_4 = 0$ 的交线. 在这个平面上,交线的方程也是方程(4),这里 x_1, x_2, x_3 就必须看作在平面 $x_4 = 0$ 上的齐次坐标(如果我们用的是一般的投影坐标,那么平面 $x_4 = 0$ 就不必一定是假平面).

如果这条准线分解为两直线,那么,锥面分解为两个平面的集合.

现在把 x_1, x_2, x_3, x_4 看作齐次笛氏坐标. 那么,用不齐次笛氏坐标

$$x = \frac{x_1}{x_4}, y = \frac{x_2}{x_4}, z = \frac{x_3}{x_4}$$

锥面(4) 的方程取得下式

$$\varphi(x, y, z) = 0 \tag{5}$$

这式在外观上保持同样形式.

我们容易见到,在一般情形,所有形式如

$$\varphi(x - x_0, y - y_0, z - z_0) = 0 \tag{5a}$$

的方程代表以点 $M_0(x_0, y_0, z_0)$ 为顶点的二级锥面. 这里,x, y, z 为不齐次笛氏坐标,x_0, y_0, z_0 为坐标的常数值,而 φ 为二次方式(以 $x - x_0, y - y_0, z - z_0$ 为元的齐次多项式). 要肯定这一点,只需把坐标原点移到点(x_0, y_0, z_0) 便行.

习题和补充

1. 直接证明方程(5a) 代表以点 $M_0(x_0,y_0,z_0)$ 为顶点的锥面.

证：设点 $M'(x',y',z')$ 在曲面(5a) 上，那么，直线 M_0M' 上任意点的坐标为

$$x = x_0 + (x' - x_0)s, y = y_0 + (y' - y_0)s, z = z_0 + (z' - z_0)s$$

这里 s 为参数. 由此得

$$x - x_0 = (x' - x_0)s, y - y_0 = (y' - y_0)s, z - z_0 = (z' - z_0)s$$

把这些数值代入(5a) 的左边. 它便化为

$$s^2\varphi(x' - x_0, y' - y_0, z' - z_0)$$

即化为0，因为，由假设，点 M' 在曲面上，故直线 M_0M' 上每一点都属于曲面.

2. 设锥面的准线为任何二级曲线 γ，求证：锥面为二级曲面.

证：取投影坐标系，使曲线 γ 的平面 Π 的方程为 $x_4 = 0$，而锥面的顶点 C 取得坐标(0,0,0,1)；根据 §178 末尾的注，这样的坐标系总是可以选得. 那时如果 $\varphi(x_1,x_2,x_3) = 0$ 为平面 Π 上 γ 的方程，则锥面的方程便同样是 $\varphi(x_1,x_2,x_3) = 0$(参看上面注2)，因此，这锥面为二级曲面.

3. 求证直线

$$\begin{cases} x_1 - x_3 = \lambda(x_2 - x_4) \\ x_1 + x_3 = -\dfrac{1}{\lambda}(x_2 + x_4) \end{cases} \tag{6}$$

这里 λ 为任意常数，整条属于曲面

$$x_1^2 + x_2^2 - x_3^2 - x_4^2 = 0$$

同样证明下列直线

$$\begin{cases} x_1 - x_4 = \lambda(x_2 - x_3) \\ x_1 + x_4 = -\dfrac{1}{\lambda}(x_2 + x_3) \end{cases} \tag{7}$$

证：方程(6) 左右两边分别相乘，得

$$x_1^2 - x_3^2 = -x_2^2 + x_4^2$$

因此

$$x_1^2 + x_2^2 - x_3^2 - x_4^2 = 0$$

即直线(6) 上所有的点，都属于这曲面. 同样证明的方法，可施用于直线(7).

由此推得，任一(a_3) 类型的曲面(参看上文) 和任何实平面必定有公共的实交点，因为任何实平面都与直线(6) 和直线(7) 的任一条相交于实点，只要取 λ 为实数便行.

4. 求证:在(a_2) 类型的曲面

$$x_1^2 + x_2^2 + x_3^2 - x_4^2 = 0$$

之上,没有实直线.

证:如果在这个曲面上有实直线,那么,这曲面和任何平面有公共的实点.但这些平面之中,例如,平面 $x_4 = 0$,便和这曲面没有公共的实交点.

5. 根据习题 3 和 4 的结果,(a_2) 和(a_3) 两个类型的曲面有如下的特征:

如果曲面为非特殊的实曲面,且不含有实直线,它便属于(a_2) 类型;如果曲面为非特殊的,且含有实直线,它便属于(a_3) 类型.

§265. 在齐次坐标系决定直线和二级曲面的交点的方程 欲求二级曲面

$$\Phi(x_1, x_2, x_3, x_4) = 0 \tag{1}$$

和直线的交点,设已知直线的参数表示式为

$$\begin{cases} x_1 = \lambda x_1' + \mu x_1'' \\ x_2 = \lambda x_2' + \mu x_2'' \\ x_3 = \lambda x_3' + \mu x_3'' \\ x_4 = \lambda x_4' + \mu x_4'' \end{cases} \tag{*}$$

这里(x_1', x_2', x_3', x'_4) 和($x_1'', x_2'', x_3'', x_4''$) 表直线上的任意两点 M' 和 M''. 把式(*) 代入式(1),便得和 §216 完全一样的方程

$$\lambda^2 \Omega(x';x') + 2\lambda\mu\Omega(x';x'') + \mu^2\Omega(x'';x'') = 0 \tag{2}$$

这里沿用 §262 的记号. 这方程[①]决定和交点相对应的参数 λ, μ 的比值. 设 $h = \dfrac{\lambda}{\mu}$,则得方程

$$h^2\Omega(x';x') + 2h\Omega(x';x'') + \Omega(x'';x'') = 0 \tag{2a}$$

如果同时有

$$\Omega(x';x') = \Omega(x';x'') = \Omega(x'';x'') = 0 \tag{3}$$

则方程(2) 化为恒等式,而整条直线属于曲面. 在相反的情形,方程(2a) 有两个解答(实的或虚的,不相同的或重合的),而得两交点.

如果方程(2a) 有多于两个的解答,即如果直线和曲面相交多于两点,那么,等式(3) 必须成立,而整条直线属于曲面.

§266. 切线. 切面 凡直线和二级曲面相交于两个叠合的点,这直线便称为曲面的切线,而交点称为切点.

---

① 这个方程在外观上与 §216 方程(4) 无别;但这里的 Ω 表 4 对变数的双一次方式,而 §216 的 Ω 表 3 对变数的双一次方式.

整条在曲面上的直线,也当作切线论.

现在讨论在二级曲面上的已知点 $M_0(y_1,y_2,y_3,y_4)$ 曲面有几条切线. 设 $M(x_1,x_2,x_3,x_4)$ 为切线上任意点. 取点 M 和 M_0 相当于 §265 方程(2a) 的点 M' 和 M''. 由假定,$\Omega(y;y) = \Phi(y_1,y_2,y_3,y_4) = 0$(因为 M_0 在曲面上). 所以方程(2a) 化为

$$h^2\Omega(x;x) + 2h\Omega(x;y) = 0$$

这个含 h 的方程有一个根等于0(它和点 M_0 相当);要使第二个根也等于0的必要且充分条件为

$$\Omega(x;y) = 0 \tag{1}$$

或详细写作下式

$$\begin{aligned} & x_1\Phi_1(y_1,y_2,y_3,y_4) + x_2\Phi_2(y_1,y_2,y_3,y_4) + \\ & x_3\Phi_3(y_1,y_2,y_3,y_4) + x_4\Phi_4(y_1,y_2,y_3,y_4) \\ = {} & 0 \end{aligned} \tag{2}$$

当 y_1,y_2,y_3,y_4 为常数时,方程(2) 为平面的方程. 由此可见,切于曲面的一切直线 M_0M_1 都在平面(2) 上;又在这平面上,经过点 M_0 的所有直线,都是这曲面的切线.

因此,平面(2) 叫作在点 M_0 的切面. 只有当点 M_0 的坐标同时适合方程

$$\Phi_1 = \Phi_2 = \Phi_3 = \Phi_4 = 0$$

的情形,切面才是不定的;但我们知道①只有当曲面为特殊曲面,而点 M_0 为它的二重点时,才有这可能.

在这情形,经过二重点的任一平面(或直线) 都可看作和曲面在该点"相切".

现在采用不齐次坐标 x,y,z 和二级曲面

$$F(x,y,z) = 0 \tag{1a}$$

相切于点(x_0,y_0,z_0) 的切面方程,显然可以写作

$$\begin{aligned} & x\Phi_1(x_0,y_0,z_0,1) + y\Phi_2(x_0,y_0,z_0,1) + \\ & z\Phi_3(x_0,y_0,z_0,1) + \Phi_4(x_0,y_0,z_0,1) \\ = {} & 0 \end{aligned} \tag{2a}$$

也很容易验明,它可写作

① §264 注 1.

$$\begin{aligned}&(x-x_0)F_1(x_0,y_0,z_0)+\\&(y-y_0)F_2(x_0,y_0,z_0)+\\&(z-z_0)F_3(x_0,y_0,z_0)\\=&\ 0\end{aligned}\tag{2b}$$

比较 §217 的末段.

§267. 具有椭圆点,双曲点,抛物点的曲面 切面和其他平面一样,都和二级曲面相交于一条二级曲线[①],只要平面不是整个属于曲面的话;并且只有在可分解的二级曲面的情形,平面才能属于曲面. 在本节中我们把可分解曲面作为例外,不予讨论.

二级曲面和它的切面相交的二级曲线,总是可分解的(分解为虚直线或实直线),以切点为二重点.

事实上,设曲面

$$\Phi(x_1,x_2,x_3,x_4)=0\tag{1}$$

和在点 $M_0(y_1,y_2,y_3,y_4)$ 的切面相交于曲线 γ(二级);这切面的方程为

$$\Omega(x;y)=0\tag{2}$$

现设 $M'(x_1',x_2',x_3',x_4')$ 为曲线 γ 上的任意点. 因为这点同时在曲面(1) 和平面(2) 之上,那么

$$\Omega(x';x')=\Phi(x_1',x_2',x_3',x_4')=0,\Omega(x';y)=0$$

此外还有 $\Omega(y;y)=0$,因为点 M_0 在(1) 上. 所以得

$$\Omega(x';x')=\Omega(x';y)=\Omega(y;y)=0$$

这说明(参看 §265) 直线 M_0M' 整条属于曲面(1);又因为这条直线在平面(2) 上,那么,它便组成 γ 的一部分,因此 γ 为可分解的曲线. 显然,M_0 为二重点,因为我们知道,联结 M_0 和 γ 上的任一点的直线,整条属于 γ.

反过来说,我们容易看到,如果平面和二级曲面相交于两条直线,那么,这平面便和这曲面相切于这两条直线的交点 M_0. 事实上,整条属于曲面的直线,为切线的特殊情形. 更因这平面通过曲面上点 M_0 的两条切线,它便和切面相重合,因为切面也应含有所述的两条切线.

现在讨论实曲面的情形. 如果在(实) 点 M_0 的切面和曲面相交于两条(共轭) 虚直线,那么,点 M_0 叫作曲面上的椭圆点;在这情形,只有一个实的交点(图 164);如果交线为两条不相同的实直线,那么,点 M_0 叫作双曲点(图 165);

---

① 不要以为切面和曲面只有一个公共点;参看下文.

最后,又如果交线为两条相重合的直线,那么,这点叫作抛物点(图166).

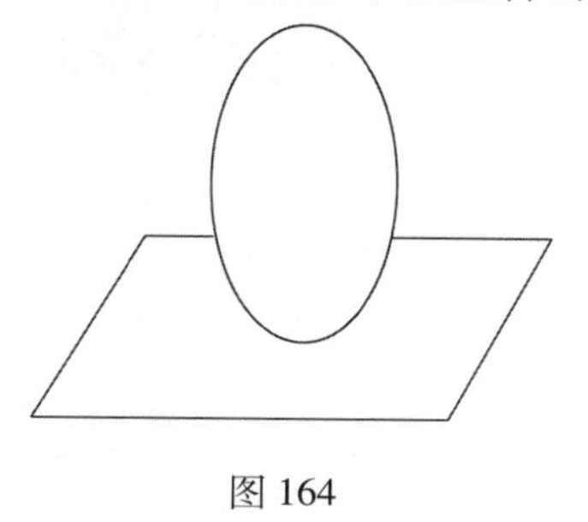

图164

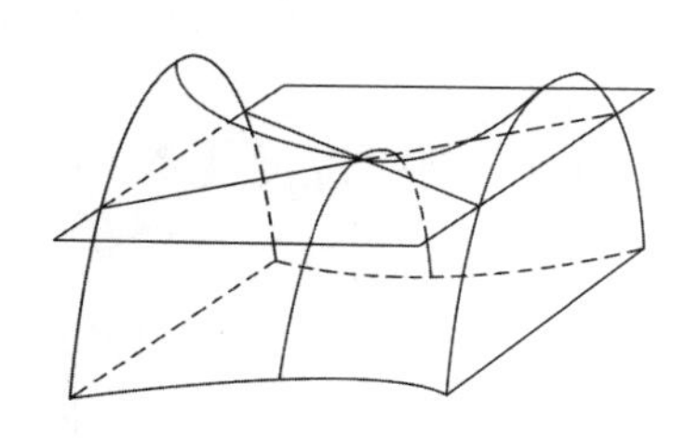

图165

我们容易证明,在同一个二级曲面上所有的点都属于同一类型(椭圆点,双曲点或抛物点),而这些类型,完全由判别式 A 的符号决定;但我们当然把特殊曲面的二重点作为例外.

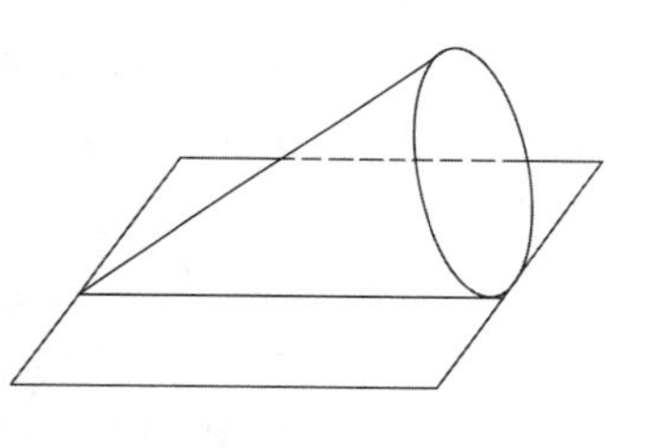

图166

事实上,设 M 为曲面上任一点,Π 为在点 M 的切面.采用投影坐标系 y_1,y_2,y_3,y_4,使得在这系里,平面 Π 的方程为 $y_3=0$,而点 M 的坐标为 $(0,0,0,1)$(可以用任何不是0的数值来代替1),容易看到这样的坐标系,总是可能求得的[①].现在对于所说的坐标系,写出曲面的方程.为简便起见,我们仍用 x_1,x_2,x_3,x_4 来代替 y_1,y_2,y_3,y_4,并用旧记号 a_{ij} 表示各系数.那么在点 $M(0,0,0,1)$

$$\Phi_1=a_{14},\Phi_2=a_{24},\Phi_3=a_{34},\Phi_4=a_{44}$$

所以,在点 M 的切面 Π 的方程可以写作

$$a_{14}x_1+a_{24}x_2+a_{34}x_3+a_{44}x_4=0$$

因为这平面需和平面 $x_3=0$ 重合,那么,我们应有

$$a_{14}=a_{24}=a_{44}=0,a_{34}\neq 0^{②} \qquad (*)$$

切面 $x_3=0$ 和曲面 $\Phi(x_1,x_2,x_3,x_4)=0$ 的交线在平面 $x_3=0$ 上的方程为 $\Phi(x_1,x_2,0,x_4)=0$,即展开式

$$a_{11}x_1^2+2a_{12}x_1x_2+a_{22}x_2^2=0$$

① 参看§178后面的注,用注中的记号,要得到所求的投影坐标系,只需取 Π 作为 Π_3 取经过点 M 的两个平面,作为 Π_1 和 Π_2 又取任意平面作为 Π_4,使得平面 Π_1,Π_2,Π_3,Π_4 不经过同一点便行.

② 如果 $a_{34}=0$,切面变成不定平面,只有在二重点才有这可能.

我们再次肯定这条交线为可分解的. 它可为两条不相同的虚直线,或不相同的实直线,或重合的(实) 直线,依算式 $a_{11}a_{22}-a_{12}^2$ 大于0,小于0或等于0而定①.

现在构成判别式 A,并注意式(*),我们得

$$A=\begin{vmatrix} a_{11} & a_{12} & a_{13} & 0 \\ a_{21} & a_{22} & a_{23} & 0 \\ a_{31} & a_{32} & a_{33} & a_{34} \\ 0 & 0 & a_{43} & 0 \end{vmatrix}=-a_{34}^2(a_{11}a_{22}-a_{12}^2)$$

因此,A 的符号和 $a_{11}a_{22}-a_{12}^2$ 的符号相反. 此外我们知道 A 的符号不变,所以,A 可以指在任意选择的(笛氏或投影) 坐标系,所组成的判别式.

因此,我们得结果如下:

当 $A<0$,曲面上一切点都是椭圆点;当 $A>0$,曲面上一切点都是双曲点;当 $A=0$,曲面上一切点都是抛物点. 条件 $A=0$ 我们知道是锥面的特征(在这里我们不考虑可分解的曲面). 在几何上,这也是十分明显的,因为锥面的切面,沿着整条母线相切,所以,它们的公共直线是两条重合的直线.

再论述非特殊曲面,我们可见 §264(a_2) 和(a_3) 类型的曲面,在几何上的区别:在(a_2) 情形,曲面的一切点都为椭圆点;在(a_3) 情形,则为双曲点②.

在非特殊曲面上的每一点,可作一个确定的切面;因此,经过(a_3) 类型曲面的每一点;有两条完全在曲面上的实直线("母直线").

(a_3) 类型曲面,和一切实平面 Π 都有实的公共点,因为曲面的每一条母线都和每一平面相交(交于真点或假点). 但(a_2) 类型曲面,不会和一切平面都有公共实点;例如,取 §264(a_2) 形式的曲面方程,那么,显然,平面 $x_4'=0$ 和它没有一个公共实点.

由此,容易断定,在曲面(a_2) 上没有实直线(前面在 §264 的习题4已经证明). 这结果也可以推得如下:

如果有直线 Δ 完全在曲面上,那么,经过 Δ 的每一个平面 Π,要和这个曲面相交于另一条实直线 Δ'(因为所得的交线应该为二级曲线,而它一定含有直线 Δ 作为它的一部分). 在 Δ 与 Δ' 的交点 M_0,平面 Π 应与曲面相切. 但这时切点必为双曲点,而在(a_2) 类型曲面这是不可能的.

---

① 参看附录 §13 末尾(例).

② 事实上,在第一种情形 $A<0$,而在第二种情形 $A>0$.

§268. 切锥面,极面和极点. 切面坐标方程　我们讨论这样的一个问题:已知空间一点 $N(y_1, y_2, y_3, y_4)$,求作所有切线,经过点 N,而和已知二级曲面 Γ 相切(就一般来说,点 N 不在 Γ 上).

设 $M(x_1, x_2, x_3, x_4)$ 为由 N 到 Γ 所作的任一切线 NM 的切点,取点 N 和 M 分别为 §265 方程(2a) 中的点 M' 和 M'',得

$$h^2\Omega(y;y) + 2h\Omega(x;y) = 0 \tag{*}$$

因为,由假设,点 M 在 Γ 上,所以 $\Omega(x;x) = 0$. 这方程的根 h,有一个等于0(它给定点 M);要使第二个根也等于0(因为只有在这条件下,直线 MN 才是切线),必要而且充分的条件为

$$\Omega(x;y) = 0 \tag{1}$$

此外,点 M 的坐标,应该适合曲面 Γ 的方程

$$\Phi(x_1, x_2, x_3, x_4) = 0 \tag{2}$$

现在假设 x_1, x_2, x_3, x_4 为流动坐标,那么,所求的切点 M,显见为平面(1) 和曲面(2) 的交点. 这些交点所组成的曲线为二级曲线,以 γ 表示;由 N 到 Γ 所引的切线,组成一个锥面,以 N 为顶点,γ 为准线. 它叫作切锥面.

平面(1) 也叫作点 N 对于 Γ 的极面;N 为平面(1) 的极点. 当 N 为实点时,平面(1) 总是实平面,但它和 Γ 的交线可能是虚曲线,那时,切锥面为虚锥面.

极面的方程,在形式上和切面的方程一样,不过在这里(y_1, y_2, y_3, y_4) 为空间一个任意点,而不必一定在曲面 Γ 上.

如果 N 在 Γ 上,那么,极面变成切面,而切锥面也退化为同一平面.

切锥面的方程,容易直接求得. 事实上,设 $M(x_1, x_2, x_3, x_4)$ 为由 N 到 Γ 的切线上任一点(但不必一定是切点). 于是式(*) 成为一个含有 h 的完整二次方程

$$h^2\Omega(y;y) + 2h\Omega(x;y) + \Omega(x;x) = 0$$

要使直线 MN 为切线,这方程的两根应该相等,这相当于下列条件

$$\Omega(x;x)\Omega(y;y) - \Omega^2(x;y) = 0 \tag{3}$$

由 N 到 Γ 所引的任何切线上的任一点,都适合这方程. 因此,它为切锥面方程. 我们可见这锥面为二级曲面. 读者容易自行直接验证①,方程(3) 代表以点

① 例如,可设 $\Psi(x_1, x_2, x_3, x_4)$ 表方程(3) 的左边,用直接的代换可以肯定在 $x_1 = y_1, x_2 = y_2, x_3 = y_3, x_4 = y_4$ 时方程 $\Psi_1 = \frac{1}{2}\frac{\partial\Psi}{\partial x_1} = 0, \Psi_2 = 0, \Psi_3 = 0, \Psi_4 = 0$ 成立. 因此曲面(3) 为特殊曲面,而 N 为二重点.

$N(y_1,y_2,y_3,y_4)$ 为顶点的锥面. 这里当然不把锥面(3) 分解为二个平面的情形当作例外.

回到极面方程. 它可写为展开式

$$u_1x_1 + u_2x_2 + u_3x_3 + u_4x_4 = 0 \tag{4}$$

式中

$$\begin{cases} u_1 = \Phi_1(y_1,y_2,y_3,y_4) \\ u_2 = \Phi_2(y_1,y_2,y_3,y_4) \\ u_3 = \Phi_3(y_1,y_2,y_3,y_4) \\ u_4 = \Phi_4(y_1,y_2,y_3,y_4) \end{cases} \tag{5}$$

公式(5) 用极点的坐标来决定极面的坐标 u_1,u_2,u_3,u_4.

如果曲面 Γ 为非特殊的,那么,方程(5) 对于 y_1,y_2,y_3,y_4 有单值解. 因为在这情形,行列式 A 不为 0.

这样,每一个非特殊的二级曲面,在空间的点和平面之间,建立了一个单值可逆对应. 这是对射(§194) 的一种特殊形式,叫作配极对应. 它在分析上的特征为代换(5) 的系数,组成对称的表(比较 §219 ~ §221,在平面上配极对应的类似性质).

配极系的几何特征(和一般对射的区别) 为:如果点 M 在点 N 的极面上,那么,点 N 也在点 M 的极面上;这由关系

$$\Omega(x;y) = \Omega(y;x)$$

直接推得. 它表示方式 Ω 是对称的,即代换(5) 的表是对称的.

两点 M 和 N 叫作共轭,如其中每一点在他一点的极面上. 同样,两个平面也叫作共轭. 如其中每一个平面,经过他一个平面的极点.

我们可以给共轭点另下一个和 §220 完全相仿的定义,而得到同样的结果. 即如果点 M,N 与直线 MN 和曲面 Γ 的交点 A,B 成调和共轭,那么,点 M,N 叫作对于 Γ 共轭.

我们也可以依照 §220 同样证明,所有和 $N(y_1,y_2,y_3,y_4)$ 对于 Γ 共轭的点的轨迹适合方程 $\Omega(x;y) = 0$,这就是点 N 的极面的方程.

和自配极三角形(§222) 相仿,现在得自配极四面形,它的每一顶点都是对面的极点. 留给读者自行证明,有无穷多个自配极四面形存在. 这可由上述极点和极面的性质直接推得,也可用下面方法证明:设曲面方程已经化为典型式

$$\varepsilon_1x_1^2 + \varepsilon_2x_2^2 + \varepsilon_3x_3^2 + \varepsilon_4x_4^2 = 0$$

便知坐标四面形是自配极的. 这同时也说明了典型方程的几何意义.

又和 §223 所述的完全一样,容易证明(读者自行证明):在非特殊曲面情形,平面坐标 u_1,u_2,u_3,u_4 间有二次方程关系

$$\Psi(u_1,u_2,u_3,u_4)=0 \tag{6}$$

这里

$$\Psi(u_1,u_2,u_3,u_4)=\sum b_{ij}u_iu_j$$

是与 $\Phi(x_1,x_2,x_3,x_4)$ 相联属的二次方式. 这即是说,系数 b_{ij} 和系数 a_{ij} 间有下面的关系

$$b_{ij}=\frac{A_{ij}}{A} \tag{7}$$

方程(6) 为这曲面的切面坐标方程. 因为它是二次的,那么,我们说这曲面为二阶的. 因此,(非特殊的) 二级曲面同时也是二阶曲面(一般地来说,其他代数曲面的级和阶,不一定相同).

Ⅱ. 二级曲面的仿射性质. 中心,直径

§269. 曲面和假平面的交线. 仿射分类[1]　和二级曲线情形一样,二级曲面的仿射分类,要根据它的假元素来讨论.

此后我们用齐次和不齐次笛氏坐标,而且设齐次坐标为 x,y,z,t,不齐次坐标为 x,y,z. 因此,二级曲面 Γ 的方程在不齐次坐标系写作

$$F(x,y,z)=0 \tag{1}$$

而在齐次坐标系写作

$$\Phi(x,y,z,t)=0 \tag{1a}$$

现在所用的记号,和 §262 相同.

我们此后总是假设在方程(1) 里变数的二次项系数不完全为 0. 否则曲面(1) 便不是二级的.

先求这曲面的一切假点,即曲面在假平面 $t=0$ 上的点(曲面 Γ 和假平面的交点).

在(1a) 中设 $t=0$,得方程(用 §262 记号)

$$\varphi(x,y,z)=a_{11}x^2+2a_{12}xy+a_{22}y^2+2a_{13}xz+2a_{23}yz+a_{33}z^2=0 \tag{2}$$

---

① 读者初次阅读时,对于本节内容,只需知其大概,可待认识了二级曲面的形状后(第十二章,第一段),再行详细研究.

因此,曲面 Γ 的假点,由方程(2) 结合条件 $t=0$ 而决定.

依照以前所采用的条件(§174),我们说:方程(2) 决定在假平面上的某一条二级曲线. 现在以 γ_∞ 代表这条曲线.

方程(2) 本身,也代表二级锥面[①],以坐标原点 O 为顶点,又和假平面相交于曲线 γ_∞,这也是它和已知曲面 Γ 的交线;这锥面的母线的方向,是曲面 Γ 的假点的方向,它叫作渐近方向. 因此锥面(2) 叫作由 O 出发的渐近方向锥面.

我们可以用锥面(2) 的讨论来代替曲线 γ_∞ 的讨论. 读者阅读本节的下文时,可把关于曲线 γ_∞ 的叙述"改变" 为关于锥面(2) 的叙述. 例如,当我们说曲线 γ_∞ 分解为两条直线,这就是说锥面(2) 分解为两个平面.

根据了曲线 γ_∞ 的讨论(或者用渐近方向锥面的讨论也是一样),并联系到曲面 Γ 所属的某种投影类型(§264),我们推得下面所述二级曲面的仿射分类.

在这里主要的是曲线 γ_∞ 为实的,虚的,可分解的抑为不可分解的. 要弄清楚这点,并不困难,只需用平直代换把方式 $\varphi(x,y,z)$ 化为"典型" 式

$$\varphi'(x',y',z')=\varepsilon_1 x'^2+\varepsilon_2 y'^2+\varepsilon_3 z'^2$$

而所需要的也只是应用一些简单的有理运算(参看附录 §12).

特别是,当且仅当方式 $\varphi(x,y,z)$ 的判别式

$$A_{44}=\begin{vmatrix} a_{11} & a_{12} & a_{13} \\ a_{21} & a_{22} & a_{23} \\ a_{31} & a_{32} & a_{33} \end{vmatrix}$$

等于 0 时,曲线 γ_∞ 为可分解的.

我们首先讨论非特殊曲面. 我们知道它所特有的条件为

$$A\neq 0$$

现在把各种可能情形分述如下:

1° 曲线 γ_∞ 为不可分解的虚曲线. 因为在这情形,曲面 Γ 没有实的假点,所以任何(实) 平面和 Γ 相交的二级曲线没有实的假点,即是说这些曲线为椭圆类型[②]. 在这情形,曲面 Γ 叫作椭圆面. 这些曲面只可以属于 §264(a_1) 或(a_2) 类型,因为(a_3) 类型曲面和任何实平面(特别是假平面) 有公共实点(§267). 在第一种情形椭圆面为虚曲面,第二种情形为实曲面. 这两种情形之间的区别

① 参看 §264 注 2.

② 如果平面不和 Γ 相切,那么,交线为不可分解的. 即在这情形,它为椭圆. 同样的注解,适用于下面各条的情形.

为:在第一种情形 $A>0$,而在第二种情形 $A<0$.

因此,若 γ_∞ 为不可分解的虚曲线,则当 $A>0$ 得虚椭圆面;当 $A<0$ 得实椭圆面.

2° 曲线 γ_∞ 为不可分解的实曲线. 曲面 Γ 只能属于 §264 的(a_2)或(a_3)类型,因为它们含有实点. 设 Π 为空间的任意(实)平面. 如果 Π 和曲线 γ_∞ 相交于两个不同的实点[①],那么,Π 和 Γ 的交线为双曲类型. 如果 Π 和 γ_∞ 相交于虚点,那么 Π 和 Γ 的交线为椭圆类型. 最后,如果 Π 和 γ_∞ 相交于两个重合的点,那么,Π 和 Γ 的交线为抛物类型. 因此,曲面 Γ 的平截线,可为所有三种类型的曲线.

在这情形的曲面,叫作双曲面. 如果双曲面属于(a_2)类型,即它只含有椭圆点,那么,它叫作双叶双曲面. 又如果它属于(a_3)类型,即它只含有双曲点,那么,它叫作单叶双曲面[②],这些命名的来源,在学习这些曲面的形状(§288,§289)时,才会明白.

因此,如果曲线 γ_∞ 为不可分解的实曲线,那么 $A>0$ 得单叶双曲面,$A<0$ 得双叶双曲面.

3° 曲线 γ_∞ 为可分解的虚曲线. 在这情形 γ_∞ 有唯一的实点,即 γ_∞ 的二重点 G. 假平面为 Γ 的切面,切于点 G. 经过 G 的任一真平面,和 Γ 相交于抛物线[③];一切这些平面平行于同一直线,即取无穷远点 G 的方向的任一直线. 其他一切平面和 Γ 相交于椭圆类型曲线. 曲面上所有一切的点都是椭圆点(即 $A<0$),因为,例如点 G,便是这样的点.

这些曲面叫作椭圆抛物面. 它显然属于(a_2)类型,因为 $A<0$.

4° 曲线 γ_∞ 为可分解的实曲线. 它必定为两条不相同的直线组成. 事实上,如果它为两条叠合直线所组成,那么,假平面和曲面 Γ 就要沿着这条直线相切,而曲面 Γ 就具有抛物点,但这只有在特殊曲面的情形才有可能.

所以,假平面和 Γ 在曲线 γ_∞ 的二重点 G 上相切.

一切经过 G 的平面,和 Γ 相交于抛物类型曲线. 任一其他平面和 Γ 相交于双曲类型曲线. 曲面上所有一切的点,都是双曲点.

---

① 平面 Π 和二级曲线 γ 的交点,即为曲线 γ 与直线 Δ 的交点,这里 Δ 为 Π 和 γ 的平面的交线. 如果 Δ 和 γ 相切,那么,两交点叠合.

② 叶字俄文为 полá(意文 falda,法文 nappe). 有时由俄文"полость"译作"单腔双曲面"和"双腔双曲面".

③ 这交线为抛物类型曲线,以 G 为假点. 如果这交线为两条平行线(相交于点 G),那么,平面便和 Γ 在点 G 相切. 但这只在假平面时才会实现.

这曲面叫作双曲抛物面. 它显然属于(a_3) 类型.

我们要记得,在椭圆面和双曲面情形,$A_{44} \neq 0$,但在抛物面情形,$A_{44} = 0$. 在两种情形,都有 $A \neq 0$.

其次,说到不可分解的特殊曲面($A = 0$,A 的秩等于 3). 只要注意,从仿射观点,锥面和柱面的区分已属必要,且有各种不同形式的柱面:椭圆柱面(准线为椭圆),双曲柱面(准线为双曲线),抛物柱面(准线为抛物线);参看下面 §281,§282.

§270. 在不齐次笛氏坐标系,决定二级曲面和直线的交点的方程 我们以后采用不齐次笛氏坐标. 因此,我们开始考虑决定这些交点的方程时,假定已知二级曲面的不齐次笛氏坐标方程为

$$F(x,y,z) = 0 \tag{1}$$

又设已知直线的参数表示式为

$$x = x_0 + X \cdot s, y = y_0 + Y \cdot s, z = z_0 + Z \cdot s \tag{2}$$

这里(x_0,y_0,z_0) 为直线上某定点,(X,Y,Z) 为它的方向矢量,而 s 为参变数. 把式(2) 代入式(1),便得决定 s 的二次方程①

$$\begin{aligned}\varphi(X,Y,Z)s^2 + 2[XF_1(x_0,y_0,z_0) + YF_2(x_0,y_0,z_0) + \\ ZF_3(x_0,y_0,z_0)]s + F(x_0,y_0,z_0) \\ = 0\end{aligned} \tag{3}$$

这里沿用以前的记号

$$\begin{aligned}\varphi(X,Y,Z) = a_{11}X^2 + a_{22}Y^2 + a_{33}Z^2 + 2a_{23}YZ + \\ 2a_{31}ZX + 2a_{12}XY\end{aligned} \tag{4}$$

如果

$$\varphi(X,Y,Z) = 0 \tag{5}$$

则方程(4) 的两个根 s_1 和 s_2 至少有一个为 ∞,即是,这条直线和曲面相交于假点,亦即直线具有渐近方向(§269). 我们也可直接由 §269 的渐近方向锥面方程(2),求得这个结果. 事实上,把方向矢量(X,Y,Z) 上的假点即齐次坐标为($X,Y,Z,0$) 的点,属于 §269 锥面(2) 这个关系,用式子表示出来,就立即推得条件(5).

§271. 中心 二级曲面的中心就是具有如下性质的点:

经过它所作一切的弦都被它所平分.

① 关于所用的记号,参看 §262.

要使点 $C(x_0,y_0,z_0)$ 成为曲面的中心，必须且只需对于一切可能的方向 (X,Y,Z)，§270 方程(3) 的第二项的系数等于0(因为只有这样，对于一切方向，这方程的两根 s_1 和 s_2 才适合条件 $s_1+s_2=0$)，由此推得，中心的坐标由方程

$$F_1(x,y,z)=0, F_2(x,y,z)=0, F_3(x,y,z)=0 \tag{1}$$

决定(比较 §228). 详细写出，它们是

$$\begin{cases} a_{11}x+a_{12}y+a_{13}z+a_{14}=0 \\ a_{21}x+a_{22}y+a_{23}z+a_{24}=0 \\ a_{31}x+a_{32}y+a_{33}z+a_{34}=0 \end{cases} \tag{2}$$

如果在上面三个方程中，把 x,y,z 看作流动坐标，那么，每一个方程代表一个平面. 因此，三个平面(1) 的交点，决定了中心.

如果方程系(2) 的行列式

$$A_{44}=\begin{vmatrix} a_{11} & a_{12} & a_{13} \\ a_{21} & a_{22} & a_{23} \\ a_{31} & a_{32} & a_{33} \end{vmatrix}$$

不是0，那么，我们得一个且只一个真中心. 在这情形，曲面叫作有中心曲面.

特别是，椭圆面和双曲面(§269) 都是有中心曲面.

如果 $A_{44}=0$，那么，三个平面(2) 可能不相交(相交于假点)，那时曲面没有(真的) 中心；或相交于一直线，那时，曲面有一条中心直线；或叠合成一个平面，那时曲面有一个中心平面.

引入假元素，我们可把中心的概念推广. 我们习惯上把任一点(真点或假点) 称为中心，只要这点的齐次坐标适合方程(2) 所化成的齐次式

$$\begin{cases} a_{11}x+a_{12}y+a_{13}z+a_{14}t=0 \\ a_{21}x+a_{22}y+a_{23}z+a_{24}t=0 \\ a_{31}x+a_{32}y+a_{33}z+a_{34}t=0 \end{cases} \tag{2a}$$

也就是

$$\Phi_1(x,y,z,t)=0, \Phi_2(x,y,z,t)=0, \Phi_3(x,y,z,t)=0 \tag{1a}$$

如果对于真元素和假元素不加区别，我们可说：当表

$$\begin{matrix} a_{11} & a_{12} & a_{13} & a_{14} \\ a_{21} & a_{22} & a_{23} & a_{24} \\ a_{31} & a_{32} & a_{33} & a_{34} \end{matrix} \tag{3}$$

的秩等于3，这曲面有确定的中心；当秩等于2，它有中心直线；当秩等于1，它有中心平面.

在非特殊曲面情形,表(3) 的秩总是等于 3;事实上,如果它小于 3,那么,$A=0$,这可由行列式 A,按着最后一列的元展开,便得证明.

由此,特别推得,抛物面有一个唯一的假中心,因为在这情形 $A_{44}=0$ 而 $A\neq 0$,又表(3) 的秩等于 3. 依照附录(§6a) 所述的方法解方程系(2a),可知 $t=0$.

尚须注意,如果曲面有中心平面,那么它不可能为假平面. 事实上,如果所有平面(2a) 都和假平面叠合,便得 $a_{ij}=0(i,j=1,2,3)$,这和上面所设条件不合.

此后,如果没有相反的声明,所谓中心的存在或不存在,我们所指的总是真的中心.

注意:有中心曲面(即有一个确定的真中心) 所特有的条件为

$$A_{44}\neq 0$$

最后补充:如果坐标原点为曲面的中心,那么,在曲面的方程里,没有一次项,反过来说也成立(比较 §228).

§272. 直径面 现在求二级曲面各弦中点的轨迹,这些弦和一定的方向 (X,Y,Z) 平行;我们假定这方向不是渐近方向.

设 $M(x_0,y_0,z_0)$ 为所求轨迹上任一点. 经过(x_0,y_0,z_0) 而平行于方向(X,Y,Z) 的直线和这曲面的交点,相当于 §270 方程(3) 的根 s_1 和 s_2. 要使 M_0 为弦的中点,应该有 $s_1+s_2=0$,由此得

$$XF_1(x_0,y_0,z_0)+YF_2(x_0,y_0,z_0)+ZF_3(x_0,y_0,z_0)=0$$

把 x_0,y_0,z_0 看作流动坐标,这方程就是所求的轨迹方程.

为简便起见,用 x,y,z 表 x_0,y_0,z_0,这方程可写作

$$XF_1(x,y,z)+YF_2(x,y,z)+ZF_3(x,y,z)=0 \tag{1}$$

或更详细地写作

$$\begin{aligned}&X(a_{11}x+a_{12}y+a_{13}z+a_{14})+\\&Y(a_{21}x+a_{22}y+a_{23}z+a_{24})+\\&Z(a_{31}x+a_{32}y+a_{33}z+a_{34})\\=&\ 0\end{aligned} \tag{1a}$$

也可以写作

$$Lx+My+Nz+K=0 \tag{2}$$

式中用简写记号

$$\begin{cases} L = a_{11}X + a_{21}Y + a_{31}Z = \dfrac{1}{2}\dfrac{\partial\varphi}{\partial X} \\ M = a_{12}X + a_{22}Y + a_{32}Z = \dfrac{1}{2}\dfrac{\partial\varphi}{\partial Y} \\ N = a_{13}X + a_{23}Y + a_{33}Z = \dfrac{1}{2}\dfrac{\partial\varphi}{\partial Z} \end{cases} \tag{3}$$

和

$$K = a_{14}X + a_{24}Y + a_{34}Z \tag{4}$$

如果依照假定,所给的方向(X,Y,Z)不是渐近方向,那么容易证明在式(2)里的系数L,M,N不能同时等于0.

事实上,分别以X,Y,Z乘等式(3)相加后显然得

$$LX + MY + NZ = \varphi(X,Y,Z) \tag{5}$$

如果$L = M = N = 0$,那么,$\varphi(X,Y,Z) = 0$即(X,Y,Z)成为渐近方向.

因此可见方程(2),也即是式(1),代表一个平面,这个平面叫作与已知方向(X,Y,Z)共轭的直径面.

和已知方向(X,Y,Z)共轭的直径面的方程的构成是很容易记忆的.由式(1)可推得法则如下:

只要取多项式$F(x,y,z)$对于x,y,z的偏微商,分别乘以X,Y,Z.相加之后,令总和等于0,便得和已知方向共轭的直径面的方程.

现在指出直径面的重要性质如下:

所有一切直径面都经过曲面的中心(或一切中心).这由方程(1)的形式直接推得,因为中心(或各个中心)为下面三个平面的交点

$$F_1 = 0, F_2 = 0, F_3 = 0$$

特别是,如果曲面有中心直线,那么,一切直径面经过中心直线;如果曲面有中心平面,那么,一切直径面和中心平面叠合.

上面所说,显然也适用于假中心.如果曲面有一假中心,那么,所有直径面都经过它,因而平行于同一直线.如果曲面有假中心直线,则所有直径面都通过它,因而互相平行.

就一般来说,在没有确定真中心的一切情形,所有直径面都和同一直线平行.

截至现在为止,我们假设方向(X,Y,Z)不是渐近方向.但我们可把直径面的概念推广,对于不同时为0的任何X,Y,Z,都用方程(1)作为和方向(X,Y,Z)共轭的直径面的定义.

如果(X,Y,Z)为一个渐近方向,那么,和它共轭的直径面,便和它平行(即它和所共轭的方向平行);这可由恒等式(5)直接推得.由这恒等式也同时推得,如果(X,Y,Z)不是渐近方向,它便不会和它的共轭直径面平行.

在(X,Y,Z)为渐近方向的假设下,平面(2)可能为假平面或不定平面.

§273. 有中心曲面的直径面和直径 现在再行详细讨论有中心曲面.如果把坐标原点移到中心,那么,和方向(X,Y,Z)共轭的直径面的方程为(因为在这情形,$a_{14}=a_{24}=a_{34}=0$,参看§271的末尾)

$$Lx+My+Nz=0 \tag{1}$$

这里L,M,N,由§272公式(3)给定.因为在这情形,$A_{44}\neq 0$,故§272方程(3)对于X,Y,Z有单值解答.因此,一切经过中心的平面(1),都是和某一个完全确定的方向(X,Y,Z)共轭的直径面.

经过中心的每一条直线叫作直径.直径和直径面称为共轭,如果直径面和直径的方向共轭.

设Δ为不取渐近方向的某一直径.取它作轴Oz,又取和Δ共轭的直径面作平面xOy.取矢量$(0,0,1)$作为直径Δ(即轴Oz)的方向矢量,则由§272公式(3),对于和Δ共轭的直径面,有

$$L=a_{31},M=a_{32},N=a_{33}$$

又因为这直径面应该和平面xOy叠合,故得

$$L=M=0 \text{ 即 } a_{31}=a_{32}=0$$

因此,曲面方程得下式

$$a_{11}x^2+a_{22}y^2+a_{33}z^2+2a_{12}xy+a_{44}=0 \tag{2}$$

用任一个和xOy平行的平面$z=h$去截曲面.把$z=h$代入方程(2),得

$$a_{11}x^2+2a_{12}xy+a_{22}y^2+C=0 \tag{3}$$

这里$C=a_{44}+a_{33}h^2$.在平面xOy上,方程(3)表示所得截线在平面xOy上的投影(平行于Oz的投影).我们可见曲线(3)为有中心曲线,以O为中心.因此,这曲面和平面$z=h$的交线为有中心曲线,中心在轴Oz上.

由此,推得结论:(非渐近方向的)直径为曲面和一组平行平面的交线的中心的轨迹,这些平面和所设直径的共轭直径面平行.

对于无中心曲面也有相仿的命题(稍加修改).在一切情形,经过中心(真点或假点)的直线,都叫作直径.

§274. 直径面作为假点的极面 与§232所述相仿,假点$(X,Y,Z,0)$的极面,可作为和方向(X,Y,Z)共轭的直径面的定义.同样,中心也可看作假平面的极点.

由这些新定义,可以容易地用和以前不同的方法推得直径面和中心的一切性质,但在这里我们不再多作讨论.

§275. 渐近线　二级曲面 Γ 的渐近线,是指任一直线,它和 Γ 的两个交点为叠合的假点. 换句话说,渐近线为与 Γ 相切于假点的切线.

设 N 为空间某点,Π 为 N 对于 Γ 的极面. 又 γ 为 Π 和 Γ 的交线. 由 N 到 Γ 所引诸切线,就是由 N 到 γ 上各点的联线. 在这些切线中,和 Γ 相切于假点的切线,应该经过 γ 在假平面上的点. 这样的点就一般来说,有两个(γ 和假平面的交点). 因此,从任一已知点,一般来说,可引曲面 Γ 的两条渐近线. 但若点 N 为曲面的中心,那么,平面 Π(这是点 N 对于 Γ 的极面) 显然是假平面,而整条曲线 γ 为假曲线,因此,经过 N 及 γ 上任何一点的直线,都是渐近线.

这样,由中心所引的各条渐近线,组成一个锥面,叫作渐近锥面. 它显然便是由中心所引的渐近方向锥面. 我们当然不要忘记,渐近线可能为虚直线,也可能为假直线.

Ⅲ. 度量性质. 主直径面. 化方程为标准式

本段全部专论度量性质,如无相反的声明,所用的总是直角坐标系.

§276. 主直径面和主方向　方向(X,Y,Z) 叫作主方向(对于已知的二级曲面) 如果和它共轭的直径面也同时和它垂直. 这样的直径面也叫作主直径面. 主直径面显然为曲面的对称平面.

寻求主方向是二级曲面的度量理论中最重要问题之一. 我们现在来解决这个问题.

由 §272,我们知道和方向(X,Y,Z) 共轭的直径面方程为

$$Lx + My + Nz + K = 0 \tag{1}$$

式中(我们现在更换了下标的次序)

$$\begin{cases} L = a_{11}X + a_{12}Y + a_{13}Z \\ M = a_{21}X + a_{22}Y + a_{23}Z \\ N = a_{31}X + a_{32}Y + a_{33}Z \end{cases} \tag{2}$$

要使(X,Y,Z) 成为主方向,即使平面(1) 和方向(X,Y,Z) 垂直,必须且只需数量 L,M,N 和数量 X,Y,Z 成比例,即有下列关系

$$L = \lambda X, M = \lambda Y, N = \lambda Z \tag{3}$$

其中 λ 为某一个数,或详细地写作

$$\begin{cases}a_{11}X+a_{12}Y+a_{13}Z=\lambda X\\a_{21}X+a_{22}Y+a_{23}Z=\lambda Y\\a_{31}X+a_{32}Y+a_{33}Z=\lambda Z\end{cases}\tag{4}$$

也即是(移各项到左边)

$$\begin{cases}(a_{11}-\lambda)X+a_{12}Y+a_{13}Z=0\\a_{21}X+(a_{22}-\lambda)Y+a_{23}Z=0\\a_{31}X+a_{32}Y+(a_{33}-\lambda)Z=0\end{cases}\tag{4a}$$

因此,数量 X,Y,Z 应该适合方程系(4a).如果这方程系的行列式

$$D(\lambda)=\begin{vmatrix}a_{11}-\lambda & a_{12} & a_{13}\\a_{21} & a_{22}-\lambda & a_{23}\\a_{31} & a_{32} & a_{33}-\lambda\end{vmatrix}\tag{5}$$

不是0,那么,它的唯一解答为 $X=0,Y=0,Z=0$.但,由假设,X,Y,Z(方向矢量的坐标),不能同时等于0.所以数值 λ 应适合方程

$$D(\lambda)=0\tag{6}$$

这方程是三次的,因 $D(\lambda)$ 显然为三次多项式

$$D(\lambda)=S_0\lambda^3+S\lambda^2+S'\lambda+S''$$

我们不难算出这多项式的系数.事实上,含 λ^3 和 λ^2 的项只限于在行列式 $D(\lambda)$ 的主对角线上各元乘积中才会出现,即在下面的乘积中

$$(a_{11}-\lambda)(a_{22}-\lambda)(a_{33}-\lambda)$$

由此,λ^3 的系数显然等于 -1,而 λ^2 的系数为 $a_{11}+a_{22}+a_{33}$.更且,$D(\lambda)$ 的常数项 S'' 等于 $D(0)$;即

$$S''=D(0)=\begin{vmatrix}a_{11} & a_{12} & a_{13}\\a_{21} & a_{22} & a_{23}\\a_{31} & a_{32} & a_{33}\end{vmatrix}$$

这行列式为方式 $\varphi(x,y,z)$ 的判别式,我们同意用 A_{44} 代表它.S' 的表示式,也容易求得,但这里并不需要.

因此得

$$D(\lambda)=-\lambda^3+S\lambda^2+S'\lambda+A_{44}\tag{7}$$

这里特别注意

$$S=a_{11}+a_{22}+a_{33}\tag{8}$$

设 λ 为方程 $D(\lambda)=0$ 的一个根①. 如果把这 λ 的值代入(4a),那么我们知道方程系(4a)可能有不全为0的解答(X,Y,Z). 而且这样的解答有无穷多个,因为,若(X,Y,Z)为任一个解答,则(kX,kY,kZ)(这里 k 为完全任意的因子)显然也是解答.

但彼此只相差一个公共因子的两个解答,在这里应该看作是相同的②.

特别当 λ 为方程 $D(\lambda)=0$ 的实根时,则与此相对应的方程系(4a)显然有实解答(X,Y,Z),因为这方程系的一切系数都是实数.

矢量(X,Y,Z)的方向,为所求的主方向之一. 只有在(X,Y,Z)为渐近方向时,才可能成为例外,因为依照渐近方向的本来意义,它没有相对应的直径面. 但我们同意叫任一方向为主方向,若它的系数(X,Y,Z)适合方程系(4)或(4a);我们可以说,这是和方程 $D(\lambda)=0$ 的某个给定的根对应的方向.

我们已经知道,对应于每一个(实)根 λ,至少有一个主方向. 下文将会见到,对应于每一个给定的根,一般地说,只有一个主方向. 但在某些情形,所给的根也可以和无穷多个主方向相对应.

§277. 关于三元二次方式变换的某些一般命题　为了减少以后阅读上的困难,在这里先行叙述(有时并加证明)关于二次方式变换的一些命题. 在附录中再就这些命题的一般情形加以证明. 现在就我们目前的需要,讨论三元二次方式

$$\varphi(X,Y,Z)=a_{11}X^2+a_{22}Y^2+a_{33}Z^2+2a_{23}YZ+2a_{31}ZX+2a_{12}XY \tag{1}$$

首先,作如下的说明,行列式

$$D(\lambda)=\begin{vmatrix} a_{11}-\lambda & a_{12} & a_{13} \\ a_{21} & a_{22}-\lambda & a_{23} \\ a_{31} & a_{32} & a_{33}-\lambda \end{vmatrix} \tag{2}$$

为二次方式

$$\psi(X,Y,Z)=\varphi(X,Y,Z)-\lambda(X^2+Y^2+Z^2) \tag{3}$$

的判别式.

在直角坐标变换下,我们知道 X,Y,Z 依代换式

---

① 在下面将证明方程 $D(\lambda)=0$ 的一切根都是实根,但我们暂时未用到这事实.

② 解答(kX,kY,kZ)显然与(X,Y,Z)代表同一方向. 所以相差一个公共因子的解答是相同的.

$$\begin{cases} X = l_1X' + l_2Y' + l_3Z' \\ Y = m_1X' + m_2Y' + m_3Z' \\ Z = n_1X' + n_2Y' + n_3Z' \end{cases} \tag{4}$$

而变换,而且

$$X^2 + Y^2 + Z^2 = X'^2 + Y'^2 + Z'^2$$

即,代换(4)为正交代换.因而代换的行列式

$$\Delta = \begin{vmatrix} l_1 & l_2 & l_3 \\ m_1 & m_2 & m_3 \\ n_1 & n_2 & n_3 \end{vmatrix} = \pm 1 \tag{5}$$

这在 §71 已经证明①.

经过代换(4)之后,二次方式 $\varphi(X,Y,Z)$ 化为方式

$$\varphi'(X',Y',Z') = a_{11}{}'X'^2 + a_{22}{}'Y'^2 + a_{33}{}'Z'^2 + 2a_{23}{}'Y'Z' + 2a_{31}{}'Z'X' + 2a_{12}{}'X'Y' \tag{1a}$$

式中 $a_{11}{}',\cdots,a_{33}{}'$ 可用原来方式 $\varphi(X,Y,Z)$ 的系数和代换(4)的系数 $l_1,\cdots,n_3$ 以完全确定的形式表达出来.方式 ψ 变为方式

$$\psi'(X',Y',Z') = \varphi'(X',Y',Z') - \lambda(X'^2 + Y'^2 + Z'^2) \tag{3a}$$

根据附录(§14)所述,方式(3)和(3a)的判别式对于一切的 λ 总是相等,即

$$D(\lambda) = \begin{vmatrix} a_{11} - \lambda & a_{12} & a_{13} \\ a_{21} & a_{22} - \lambda & a_{23} \\ a_{31} & a_{32} & a_{33} - \lambda \end{vmatrix} = \begin{vmatrix} a_{11}{}' - \lambda & a_{12}{}' & a_{13}{}' \\ a_{21}{}' & a_{22}{}' - \lambda & a_{23}{}' \\ a_{31}{}' & a_{32}{}' & a_{33}{}' - \lambda \end{vmatrix} \tag{6}$$

因此 $D(\lambda)$ 为在正交代换下的不变量,即是正交不变量.如果展开这行列式,依照 λ 的降幂排列,即写作(参看 §276)

$$D(\lambda) = -\lambda^3 + S\lambda^2 + S'\lambda + A_{44} \tag{7}$$

那么,S,S',A_{44} 也都是不变量,特别要指出的是两个不变量

$$A_{44} \text{ 和 } S = a_{11} + a_{22} + a_{33} \tag{8}$$

方程 $D(\lambda) = 0$ 的根也是不变量,因为这方程保持不变.

尚有很重要的是:行列式 $D(\lambda)$ 的秩,在代换(4)下保持不变.证法可参看附录 §11.最后,记得(在附录 §11 证明),一次方程系

① 参看附录 §14.

$$\begin{cases}\frac{1}{2}\frac{\partial\psi}{\partial X}=(a_{11}-\lambda)X+a_{12}Y+a_{13}Z=0\\ \frac{1}{2}\frac{\partial\psi}{\partial Y}=a_{21}X+(a_{22}-\lambda)Y+a_{23}Z=0\\ \frac{1}{2}\frac{\partial\psi}{\partial Z}=a_{31}X+a_{32}Y+(a_{33}-\lambda)Z=0\end{cases}\tag{9}$$

经过代换(4) 之后,所变成的方程系,与下面的方程系等价

$$\begin{cases}\frac{1}{2}\frac{\partial\psi'}{\partial X'}=(a_{11}'-\lambda)X'+a_{12}'Y'+a_{13}'Z'=0\\ \frac{1}{2}\frac{\partial\psi'}{\partial Y'}=a_{21}'X'+(a_{22}'-\lambda)Y'+a_{23}'Z'=0\\ \frac{1}{2}\frac{\partial\psi'}{\partial Z'}=a_{31}'X'+a_{32}'Y'+(a_{33}'-\lambda)Z'=0\end{cases}\tag{9a}$$

即是说,如果 X,Y,Z 适合方程系(9),则数量 X',Y',Z',结合了代换(4),便适合方程系(9a). 反过来说,如果 X',Y',Z' 适合方程系(9a),则对应的 X,Y,Z 便适合方程系(9).

§278. 方程 $D(\lambda)=0$ 的根以及和它们对应的主方向的性质　现在要来证明一些命题关于方程 $D(\lambda)=0$ 的各根以及和它们对应的主方向.

1. 方程 $D(\lambda)=0$ 所有的根都是实根. 事实上,如果这方程有虚根(复数根)$\lambda_1=\alpha+i\beta$,则根据代数上熟知的定理,这方程也有共轭根 $\lambda_2=\alpha-i\beta$.

设 X_1,Y_1,Z_1 为 §276 中方程系(4) 或(4a) 与数值 $\lambda=\lambda_1$ 对应的任一解答,即设

$$\begin{cases}a_{11}X_1+a_{12}Y_1+a_{13}Z_1=\lambda_1X_1\\ a_{21}X_1+a_{22}Y_1+a_{23}Z_1=\lambda_1Y_1\\ a_{31}X_1+a_{32}Y_1+a_{33}Z_1=\lambda_1Z_1\end{cases}\tag{1}$$

设 X_2,Y_2,Z_2 分别为 X_1,Y_1,Z_1 的共轭复数. 这些数显然适合方程系

$$\begin{cases}a_{11}X_2+a_{12}Y_2+a_{13}Z_2=\lambda_2X_2\\ a_{21}X_2+a_{22}Y_2+a_{23}Z_2=\lambda_2Y_2\\ a_{31}X_2+a_{32}Y_2+a_{33}Z_2=\lambda_2Z_2\end{cases}\tag{2}$$

上列各式系由方程(1) 把各个复数代以它们的共轭复数得来. 把方程(1) 的各式分别乘以 X_2,Y_2,Z_2 并相加得

$$(a_{11}X_1+a_{12}Y_1+a_{13}Z_1)X_2+$$
$$(a_{21}X_1+a_{22}Y_1+a_{23}Z_1)Y_2+$$

$$(a_{31}X_1 + a_{32}Y_1 + a_{33}Z_1)Z_2$$
$$= \lambda_1(X_1X_2 + Y_1Y_2 + Z_1Z_2)$$

同法处理方程系(2). 即把方程(2) 的各式分别乘以 X_1, Y_1, Z_1 并相加得

$$(a_{11}X_2 + a_{12}Y_2 + a_{13}Z_2)X_1 +$$
$$(a_{21}X_2 + a_{22}Y_2 + a_{23}Z_2)Y_1 +$$
$$(a_{31}X_2 + a_{32}Y_2 + a_{33}Z_2)Z_1$$
$$= \lambda_2(X_1X_2 + Y_1Y_2 + Z_1Z_2)$$

因为 $a_{ij} = a_{ji}$,上面两个等式的左边,显然全等. 故把这两等式相减得

$$(\lambda_1 - \lambda_2)(X_1X_2 + Y_1Y_2 + Z_1Z_2) = 0 \tag{3}$$

但数量 $X_1X_2 + Y_1Y_2 + Z_1Z_2$ 必不为 0[①] 因此,应有

$$\lambda_1 - \lambda_2 = (\alpha + \beta \mathrm{i}) - (\alpha - 2\beta \mathrm{i}) = 2\mathrm{i}\beta = 0$$

即 $\beta = 0$. 所以数量 λ_1 应该为实数,而本题得以证明.

2. 和方程 $D(\lambda) = 0$ 两个不相同的根对应的主方向互相垂直.

事实上,设 λ_1 和 λ_2 为方程 $D(\lambda) = 0$ 的两个不相同的根,我们现在知道,这些根都是实根. 设方向 (X_1, Y_1, Z_1),(X_2, Y_2, Z_2) 和这两个根相对应. 这些数值分别适合方程系(1) 和(2). 由此,我们可推得等式(3). 但因为由假设 $\lambda_1 - \lambda_2 \neq 0$,那么,必须有

$$X_1X_2 + Y_1Y_2 + Z_1Z_2 = 0 \tag{4}$$

而这正是矢量 (X_1, Y_1, Z_1) 和 (X_2, Y_2, Z_2) 的垂直条件.

3. 如果方程 $D(\lambda) = 0$ 所有三个根,各不相同,那么,每一个根只有一个对应的主方向,因而共有三个而且只有三个主方向(根据前面定理,它们互相垂直). 如果选取新坐标轴 Ox', Oy', Oz' 的方向,和这三个主方向平行,那么,二次方式

$$\varphi(X, Y, Z) = a_{11}X^2 + a_{22}Y^2 + a_{33}Z^2 + 2a_{23}YZ + 2a_{31}ZX + 2a_{12}XY$$

化为"典型式"

$$\varphi'(X', Y', Z') = \lambda_1X'^2 + \lambda_2Y'^2 + \lambda_3Z'^2$$

事实上,我们知道,每一个根 $\lambda_1, \lambda_2, \lambda_3$ 至少和一个主方向对应. 设有一根和某几个主方向对应(下面就会见到,在我们所讨论的情形下,这是不可能的),可在其中任意取定一个主方向,因此共得三个(互相垂直的) 方向 (X_1, Y_1, Z_1),(X_2, Y_2, Z_2),(X_3, Y_3, Z_3) 和三个根 $\lambda_1, \lambda_2, \lambda_3$ 对应.

① 复数 $\alpha + \mathrm{i}\beta$ 和共轭复数 $\alpha - \mathrm{i}\beta$ 的乘积等于 $\alpha^2 + \beta^2$. 因此,如果所给的数不是0,那么这乘积总是正数.

取新坐标系,使它的轴 Ox',Oy',Oz' 分别和这三个方向平行. 则二次方式 $\varphi(X,Y,Z)$ 化为新变数 X',Y',Z' 的二次方式,记作

$$\varphi'(X',Y',Z') = a_{11}'X'^2 + \cdots + 2a_{12}'X'Y'$$

设 (X_1',Y_1',Z_1') 为矢量 (X_1,Y_1,Z_1) 的新坐标,那么,它们应该适合方程系(参看 §277 的末尾)

$$\begin{cases}(a_{11}' - \lambda_1)X_1' + a_{12}'Y_1' + a_{13}'Z_1' = 0\\ a_{21}'X_1' + (a_{22}' - \lambda_1)Y_1' + a_{23}'Z_1' = 0\\ a_{31}'X_1' + a_{32}'Y_1' + (a_{33}' - \lambda_1)Z_1' = 0\end{cases} \tag{5}$$

但因在新坐标系里矢量 (X_1',Y_1',Z_1') 和 Ox' 平行,即应有 $X_1' \neq 0$,$Y_1' = Z_1' = 0$. 把这些数值代入式(5)得

$$(a_{11}' - \lambda_1)X_1' = 0, a_{21}'X_1' = 0, a_{31}'X_1' = 0$$

故得

$$a_{11}' = \lambda_1, a_{21}' = 0, a_{31}' = 0 \tag{6}$$

同理可证:$a_{22}' = \lambda_2$,$a_{33}' = \lambda_3$,且一切带有不同下标的系数,都化为 0. 因此,方式 φ' 化为下式(典型式)

$$\varphi'(X',Y',Z') = \lambda_1 X'^2 + \lambda_2 Y'^2 + \lambda_3 Z'^2 \tag{7}$$

在 §276,决定主方向的方程系(4a),适用于新坐标系,即适用于方式(7),它化为

$$(\lambda_1 - \lambda)X' = 0, (\lambda_2 - \lambda)Y' = 0, (\lambda_3 - \lambda)Z' = 0$$

只有当 λ 等于 λ_1,λ_2,λ_3 各个数值之一时,这方程系才有解答,这是我们以前已经知道的. 但在这里也可推得同样的结论.

当 $\lambda = \lambda_1$,这方程系化为下系

$$0 \cdot X' = 0, (\lambda_2 - \lambda_1)Y' = 0, (\lambda_3 - \lambda_1)Z' = 0$$

因为,由假设 $\lambda_2 - \lambda_1$ 和 $\lambda_3 - \lambda_1$ 不等于 0,所以必须有 $Y' = Z' = 0$;数量 X' 为任意数,但应选取不为 0 的数,否则就有 $X' = Y' = Z' = 0$.

因此,对应于根 $\lambda = \lambda_1$ 有一个而且只有一个方向 $(X',0,0)$,即轴 Ox' 的方向. 同理可证根 λ_2 和 λ_3 也分别对应于唯一的方向(即轴 Oy' 和 Oz' 的方向).

于是,命题 3 完全证毕,它是下面第 4 点中所述命题的特例.

4. 方程 $D(\lambda) = 0$ 的每一个单根对应于一个完全确定的主方向;二重根对应于无穷多个主方向(即凡与二重根对应的主方向都垂直于与这根不相同的单根所对应的主方向);最后,如果这方程有三重根,那么,一切方向都为主方向. 在所有的情形,最低限度有三个互相垂直的主方向存在. 又如选取这些主方

向为新坐标轴,那么,方式 φ 化为方式

$$\varphi' = \lambda_1 X'^2 + \lambda_2 Y'^2 + \lambda_3 Z'^2 \tag{8}$$

这里 $\lambda_1,\lambda_2,\lambda_3$ 为方程 $D(\lambda) = 0$ 的各根,其中可能有等根.

定理的证明:设 λ_3 为方程 $D(\lambda) = 0$ 的任一个根,可为单根或是重根. 取新坐标轴 Oz' 的方向,和这个根所对应的主方向平行(如果对应主方向有几个可和其中任何一个平行);轴 Ox' 和 Oy' 的方向可任意选定(但当然它们要和 Oz' 垂直并且彼此互相垂直). 依照前面命题的证法同样求得

$$a_{33}' = \lambda_3, a_{13}' = 0, a_{23}' = 0$$

所以,在所选定坐标轴之下,得

$$\varphi'(X',Y',Z') = \lambda_3 Z'^2 + a_{11}'X'^2 + 2a_{12}'X'Y' + a_{22}'Y'^2$$

但由 §277 我们知道①在平面 $x'Oy'$ 上把坐标轴适宜地旋转(在这样转轴下,坐标 Z' 不变),二元二次方式

$$a_{11}X'^2 + 2a_{12}X'Y' + a_{22}Y'^2$$

可以化为典型式

$$\lambda_1 X'^2 + \lambda_2 Y'^2$$

我们为简便起见,仍用 X',Y' 代表旋转后的新坐标. 即是说,在适宜选定的坐标系,二次方式 φ 可化为典型式

$$\varphi' = \lambda_1 X'^2 + \lambda_2 Y'^2 + \lambda_3 Z'^2$$

我们还未知道 λ_1 和 λ_2 是否为方程 $D(\lambda) = 0$ 的根. 但这点是很容易证明的. 事实上,对于方式 φ' 组成行列式 $D(\lambda)$,得恒等式②

$$D(\lambda) = \begin{vmatrix} \lambda_1 - \lambda & 0 & 0 \\ 0 & \lambda_2 - \lambda & 0 \\ 0 & 0 & \lambda_3 - \lambda \end{vmatrix} = (\lambda_1 - \lambda)(\lambda_2 - \lambda)(\lambda_3 - \lambda)$$

因此,$\lambda_1,\lambda_2,\lambda_3$ 是方程 $D(\lambda) = 0$ 的根.

现在分三种情形来讨论:

(a) 三个根 $\lambda_1,\lambda_2,\lambda_3$ 各不相同. 在这情形,我们已经知道,每一个根只有一个对应的主方向;这也可再行推得如下:

欲求和根 λ_1 对应的主方向的坐标 X_1,Y_1,Z_1(对于旧坐标轴)可解方程系

① 这在 §253 已经证明. 但我们也可把本节的方法应用于二元二次方式

$$\varphi(X,Y) = a_{11}X^2 + 2a_{12}XY + a_{22}Y^2$$

来证明这里所需的命题,而不必根据在 §253 所述的证明.

② 不要忘记行列式 $D(\lambda)$ 在坐标变换下保持不变.

$$\begin{cases}(a_{11}-\lambda_1)X_1+a_{12}Y_1+a_{13}Z_1=0\\ a_{21}X_1+(a_{22}-\lambda_1)Y_1+a_{23}Z_1=0\\ a_{31}X_1+a_{32}Y_1+(a_{33}-\lambda_1)Z_1=0\end{cases}\tag{9}$$

这方程系的行列式 $D(\lambda_1)$ 的秩为2,因为经过变换以后,方式(8)所组成的行列式 $D(\lambda_1)$ 为

$$D(\lambda_1)=\begin{vmatrix}0 & 0 & 0\\ 0 & \lambda_2-\lambda_1 & 0\\ 0 & 0 & \lambda_3-\lambda_1\end{vmatrix}$$

它的秩显然等于2①;显然 $D(\lambda_1)=0$,而二级行列式

$$\begin{vmatrix}\lambda_2-\lambda_1 & 0\\ 0 & \lambda_3-\lambda_1\end{vmatrix}=(\lambda_2-\lambda_1)(\lambda_3-\lambda_1)$$

不是0,因为由假设 $\lambda_1,\lambda_2,\lambda_3$ 各不相同.

所以,方程系(9)里有一个方程,可由其余两个推得. 这两个方程完全决定数量 X_1,Y_1,Z_1 的比值,即完全决定了主方向.

同样可求和根 λ_2 与 λ_3 对应的主方向. 我们知道,这三个方向是互相垂直的.

(b)两根 λ_1 和 λ_2 相等,但和第三根 λ_3 不相同

$$\lambda_1=\lambda_2\neq\lambda_3$$

令 $\lambda=\lambda_3$,照情形(a)一样,我们求得一个完全确定的主方向 (X_3,Y_3,Z_3).

令 $\lambda=\lambda_1=\lambda_2$,方程系(9)的行列式的秩等于1,因为对于变换后所得的方式,其行列式 $D(\lambda_1)$ 为

$$\begin{vmatrix}0 & 0 & 0\\ 0 & 0 & 0\\ 0 & 0 & \lambda_3-\lambda_1\end{vmatrix}$$

它的秩显然等于1.

所以,方程系(9)里有两个方程,都由其余一个推得,这一个方程简写作

$$AX+BY+CZ=0\tag{10}$$

因此,对应于二重根 $\lambda_1=\lambda_2$,我们有无穷多个主方向. 这些方向,显然为垂直于矢量 (A,B,C) 的一切方向. 但因为一切这些方向应该和矢量 (X_3,Y_3,Z_3) 垂直,由此可知 (A,B,C) 和 (X_3,Y_3,Z_3) 平行,而且和重根 $\lambda_1=\lambda_2$ 对应的主方

① 不要忘记 $D(\lambda)$ 的秩在变换下不改变.

向就是,而且只是,那些和单根 λ_3 的对应方向(X_3,Y_3,Z_3) 垂直的方向. 任意选定其中之一作为(X_1,Y_1,Z_1),又取任一矢量(X_2,Y_2,Z_2) 垂直于两个矢量(X_1,Y_1,Z_1) 和(X_3,Y_3,Z_3),我们得三个互相垂直的矢量. 取坐标轴平行于这些方向,方式 φ 就能化为典型式(8).

(c) 最后,如果 $\lambda_1=\lambda_2=\lambda_3$,那么,方程系(9) 的行列式的秩等于0,因为变换后的方式(8) 所组成的行列式中一切元都是0. 因此,一切方向(X,Y,Z)都适合方程系(9);而一切方向都是主方向. 在这情形,在任何选定的(直角) 坐标系,特别在原来所用的坐标系,方式 φ 具有典型式(8).

换句话说,我们得代数定理如下:

用正交代换,可把所有三元二次方式化为典型式

$$\varphi=\lambda_1X'^2+\lambda_2Y'^2+\lambda_3Z'^2$$

这里 $\lambda_1,\lambda_2,\lambda_3$ 为方程 $D(\lambda)=0$ 的根,它们都是实数. 而且有方法可以实际进行所述的变换.

§279. 笛氏坐标变换对于曲面方程的影响 在后面各节,我们要用直角坐标变换来化简二级曲面的方程. 首先注意下列各点(本节所说的,对于广义笛氏坐标也适用):

1° 当坐标原点移动

$$x=x'+\alpha,y=y'+\beta,z=z'+\gamma$$

多项式 $F(x,y,z)$ 变为如下形式

$$\begin{aligned}F(x'+\alpha,y'+\beta,z'+\gamma)=&a_{11}x'^2+a_{22}y'^2+a_{33}z'^2+2a_{23}y'z'+\\&2a_{31}z'x'+2a_{12}x'y'+2F_1(\alpha,\beta,\gamma)x'+\\&2F_2(\alpha,\beta,\gamma)y'+2F_3(\alpha,\beta,\gamma)z'+F(\alpha,\beta,\gamma)\end{aligned}\tag{1}$$

即,当坐标原点移到点(α,β,γ),多项式 $F(x,y,z)$ 的变化如下:

二次项系数照旧不变;新变数 x',y',z' 的一次项系数,分别等于在点(α,β,γ) 的偏微商$2F_1,2F_2,2F_3$ 的值;最后,常数项为多项式 $F(x,y,z)$ 在点(α,β,γ)的数值.

2° 在原点不动,而坐标矢量改变之下,多项式 $F(x,y,z)$ 的系数的变化公式,不再写出. 只要注意在这情形,常数项保持不变;变换后的多项式的二次项,只从原来多项式的二次项变化得来;一次项也有同样的情形.

§280. 正交不变量 正如二级曲线一样,不变量在二级曲面方程变换的问题上也起了基本的作用.

首先,我们容易证明,多项式 $F(x,y,z)$ 的“大判别式”,即是所谓方式 $\Phi(x,$

$y,z,t)$ 的判别式 A,是直角坐标变换下的不变量. 事实上,我们知道变换公式为

$$\begin{cases} x = l_1x' + l_2y' + l_3z' + \alpha \\ y = m_1x' + m_2y' + m_3z' + \beta \\ z = n_1x' + n_2y' + n_3z' + \gamma \end{cases} \tag{1}$$

这里 α,β,γ 为新坐标原点 O' 的坐标,而 (l_1,m_1,n_1),(l_2,m_2,n_2),(l_3,m_3,n_3) 为新轴 $O'x'$,$O'y'$,$O'z'$ 对于旧轴的方向余弦.

和变换式(1) 并立的,有变换

$$\begin{cases} x = l_1x' + l_2y' + l_3z' + \alpha t' \\ y = m_1x' + m_2y' + m_3z' + \beta t' \\ z = n_1x' + n_2y' + n_3z' + \gamma t' \\ t = t' \end{cases} \tag{1a}$$

当 $t = t' = 1$,它仍化为代换(1),而方式 Φ 化为多项式 $F(x,y,z)$. 代换(1a) 的行列式等于

$$\begin{vmatrix} l_1 & l_2 & l_3 & \alpha \\ m_1 & m_2 & m_3 & \beta \\ n_1 & n_2 & n_3 & \gamma \\ 0 & 0 & 0 & 1 \end{vmatrix} = \begin{vmatrix} l_1 & l_2 & l_3 \\ m_1 & m_2 & m_3 \\ n_1 & n_2 & n_3 \end{vmatrix} = \pm 1 \tag{2}$$

由此断定判别式 A 为不变量,因为用代换(1a) 来变换方式 $\Phi(x,y,z,t)$ 之后,我们知道,判别式乘以代换行列式的平方,而后者在这里等于 1.

更且,多项式 $F(x,y,z)$ 的二次项组成一个二次方式

$$\varphi(x,y,z) = a_{11}x^2 + a_{22}y^2 + a_{33}z^2 + 2a_{23}yz + 2a_{31}zx + 2a_{12}xy \tag{3}$$

它的判别式,即行列式

$$A_{44} = \begin{vmatrix} a_{11} & a_{12} & a_{13} \\ a_{21} & a_{22} & a_{23} \\ a_{31} & a_{32} & a_{33} \end{vmatrix} \tag{4}$$

(称为多项式 $F(x,y,z)$ 的"小判别式") 对于代换(1),当 $\alpha = \beta = \gamma = 0$ 时,为不变量. 但数量 α,β,γ 显然和二次项系数全无关系,所以,A_{44} 对于一切代换(1) 都是不变量.

此外,我们曾见过,方程

$$D(\lambda) = \begin{vmatrix} a_{11} - \lambda & a_{12} & a_{13} \\ a_{21} & a_{22} - \lambda & a_{23} \\ a_{31} & a_{32} & a_{33} - \lambda \end{vmatrix} = 0 \tag{5}$$

的各根 $\lambda_1,\lambda_2,\lambda_3$ 也保持不变. 因此,$\lambda_1,\lambda_2,\lambda_3$ 都是不变量(和不变量 A,A_{44} 不同,它们是无理不变量).

这样,我们找出下面对于多项式 $F(x,y,z)$ 的正交不变量(即在直角坐标轴变换下的不变量)

$$A,A_{44},\lambda_1,\lambda_2,\lambda_3 \tag{6}$$

行列式 A 和 A_{44} 的秩,也是保持不变,因此,它们也应算作不变量.

我们见到,上面所列举的不变量完全决定了曲面(1) 的形状.

注 我们容易证明

$$A_{44} = \lambda_1\lambda_2\lambda_3 \tag{7}$$

因为 A_{44} 为方程(5) 的常数项,那便是 §277 的方程(7). 这个结果也可这样推得:把已化得的典型式 $\lambda_1x^2+\lambda_2y^2+\lambda_3z^2$ 作为方式 φ,而组成不变量 A_{44},就有

$$A_{44} = \begin{vmatrix} \lambda_1 & 0 & 0 \\ 0 & \lambda_2 & 0 \\ 0 & 0 & \lambda_3 \end{vmatrix} = \lambda_1\lambda_2\lambda_3$$

§281. 化二级曲面方程为标准式. 1. 有中心曲面 首先,讨论有确定(真的) 中心的曲面,即

$$A_{44} \neq 0 \tag{1}$$

的曲面.

设 $O'(\alpha,\beta,\gamma)$ 为我们已经求得的曲面中心. 把坐标原点移到点 O',即引入代换

$$x = x'+\alpha, y = y'+\beta, z = z'+\gamma$$

我们把 $F(x,y,z)$ 化为下式(§271)

$$F'(x',y',z') = a_{11}x'^2+a_{22}y'^2+a_{33}z'^2+2a_{23}y'z'+ \\ 2a_{31}z'x'+2a_{12}x'y'+a_{44}' \tag{2}$$

其中一次项消失. 此外,我们知道(§279)$a_{44}' = F(\alpha,\beta,\gamma)$,但不计算 $F(\alpha,\beta,\gamma)$ 也容易求得 a_{44}'. 事实上,对于多项式(2) 写出不变量 A,得

$$A = \begin{vmatrix} a_{11} & a_{12} & a_{13} & 0 \\ a_{21} & a_{22} & a_{23} & 0 \\ a_{31} & a_{32} & a_{33} & 0 \\ 0 & 0 & 0 & a_{44}' \end{vmatrix} = a_{44}'A_{44}$$

因此

$$a_{44}{}' = \frac{A}{A_{44}}$$

这便是说,把坐标原点移到中心,方程 $F(x,y,z)=0$ 化为下式

$$a_{11}x'^2 + a_{22}y'^2 + a_{33}z'^2 + 2a_{23}y'z' + 2a_{31}z'x' + 2a_{12}x'y' + \frac{A}{A_{44}} = 0 \tag{3}$$

再求这曲面的三个互相垂直的主方向. 由 §278 所述的规则,取这些方向为新轴 $O'\xi, O'\eta, O'\zeta$ 的正向,坐标原点保持不变. 用 ξ,η,ζ 来表 x',y',z',代入方程(3),则方程(3) 成为

$$\lambda_1\xi^2 + \lambda_2\eta^2 + \lambda_3\zeta^2 + \frac{A}{A_{44}} = 0 \tag{4}$$

(常数项不变,因为经过轴的旋转,x',y',z' 为 ξ,η,ζ 的一次齐次函数). 因有 $A_{44}\neq 0$,故 $\lambda_1,\lambda_2,\lambda_3$ 都不是 0,并且 $\lambda_1\lambda_2\lambda_3 = A_{44}$①.

先设 $A\neq 0$,方程(4) 可以写作

$$k_1\xi^2 + k_2\eta^2 + k_3\zeta^2 = 1 \tag{5}$$

这里

$$k_1 = -\frac{\lambda_1 A_{44}}{A}, k_2 = -\frac{\lambda_2 A_{44}}{A}, k_3 = -\frac{\lambda_3 A_{44}}{A} \tag{6}$$

曲面的形状依赖于数量 k_1,k_2,k_3 的符号,现在分述如下:

(a) k_1,k_2,k_3 都是正数. 设

$$k_1 = \frac{1}{a^2}, k_2 = \frac{1}{b^2}, k_3 = \frac{1}{c^2}$$

得方程

$$\frac{\xi^2}{a^2} + \frac{\eta^2}{b^2} + \frac{\zeta^2}{c^2} = 1$$

它为实椭圆面的方程(参看 §269 之 1°),事实上,这曲面不可分解($A\neq 0$) 且具有实点. 曲线 γ_∞(§269) 的方程为

$$\frac{\xi^2}{a^2} + \frac{\eta^2}{b^2} + \frac{\zeta^2}{c^2} = 0$$

它为不可分解的虚曲线.

(b) k_1,k_2,k_3 三个都是负数. 照前一样,得方程

$$\frac{\xi^2}{a^2} + \frac{\eta^2}{b^2} + \frac{\zeta^2}{c^2} = -1$$

① 参看 §280 注.

它显然为虚椭圆面的方程.

(c)k_1, k_2, k_3 中有一个为负数,其他为正数. 可设(如需要时,可调换下标),$k_1 > 0, k_2 > 0, k_3 < 0$. 令

$$k_1 = \frac{1}{a^2}, k_2 = \frac{1}{b^2}, k_3 = -\frac{1}{c^2}$$

得方程

$$\frac{\xi^2}{a^2} + \frac{\eta^2}{b^2} - \frac{\zeta^2}{c^2} = 1$$

它是单叶双曲面的方程(参看 §269 之 2°). 事实上,这曲面属于 §264(a_3) 类型,因为用齐次坐标(ξ, η, ζ, τ),它的方程可写作

$$\frac{\xi^2}{a^2} + \frac{\eta^2}{b^2} - \frac{\zeta^2}{c^2} - \tau^2 = 0$$

曲线 γ_∞ 的方程为

$$\frac{\xi^2}{a^2} + \frac{\eta^2}{b^2} - \frac{\zeta^2}{c^2} = 0$$

这是不可分解的实曲线.

(d)k_1, k_2, k_3 中有两个为负数,一个为正数. 例如,可设 $k_1 < 0, k_2 < 0, k_3 > 0$. 令

$$k_1 = -\frac{1}{a^2}, k_2 = -\frac{1}{b^2}, k_3 = \frac{1}{c^2}$$

得方程

$$-\frac{\xi^2}{a^2} - \frac{\eta^2}{b^2} + \frac{\zeta^2}{c^2} = 1$$

这是双叶双曲面方程(参看 §269 之 2°),此点不难加以说明(比较前种情形).

其次,设 $A = 0$,则方程(4) 变为

$$\lambda_1\xi^2 + \lambda_2\eta^2 + \lambda_3\zeta^2 = 0$$

照上面一样讨论,因 $\lambda_1, \lambda_2, \lambda_3$ 符号的不同,所得的方程可分为下面两式中的一个

$$\frac{\xi^2}{a^2} + \frac{\eta^2}{b^2} + \frac{\zeta^2}{c^2} = 0$$

(虚锥面;在这情形,$\lambda_1, \lambda_2, \lambda_3$ 完全同号) 或

$$\frac{\xi^2}{a^2} + \frac{\eta^2}{b^2} - \frac{\zeta^2}{c^2} = 0$$

(实锥面;在这情形,$\lambda_1, \lambda_2, \lambda_3$ 的符号不完全相同).

有中心二级曲面,到此已经讨论完毕.

§ 282. 化二级曲面方程为标准式. 2. 没有确定中心的曲面　现在假定

$$A_{44}=0 \tag{1}$$

即曲面没有中心①或有无穷多个中心. 在这情形,方程 $D(\lambda)=0$ 有一个或两个根为0. 因为,我们知道 $\lambda_1\lambda_2\lambda_3=A_{44}$. 先设 $\lambda_3=0$.

现在先求三条互相垂直的主方向,并把坐标轴转动,使它们和这些方向平行. 由此,所有二次项可写成

$$\lambda_1x'^2+\lambda_2y'^2$$

而方程 $F(x,y,z)=0$ 化成下式

$$F'(x',y',z')=\lambda_1x'^2+\lambda_2y'^2+2a_{14}'x'+2a_{24}'y'+2a_{34}'z'+a_{44}=0 \tag{2}$$

(常数项不改变,因为只把轴转动,而不改变原点). 对于变换后的多项式 $F'(x',y',z')$ 写出判别式 A

$$A=\begin{vmatrix}\lambda_1 & 0 & 0 & a_{14}' \\ 0 & \lambda_2 & 0 & a_{24}' \\ 0 & 0 & 0 & a_{34}' \\ a_{41}' & a_{42}' & a_{43}' & a_{44}'\end{vmatrix}=-a_{34}'^2\lambda_1\lambda_2 \tag{3}$$

先设 $A\neq0$. 因此,$\lambda_1\neq0,\lambda_2\neq0,a_{34}'\neq0$.

把坐标原点移到某点(α,β,γ) 即设 $x'=\xi+\alpha,y'=\eta+\beta,z'=\zeta+\gamma$,方程(2) 化为

$$\begin{aligned}&\lambda_1\xi^2+\lambda_2\eta^2+2a_{34}'\zeta+2(a_{14}'+\lambda_1\alpha)\xi+2(a_{24}'+\lambda_2\beta)\eta+\\&a_{44}+\lambda_1\alpha^2+\lambda_2\beta^2+2a_{14}'\alpha+2a_{24}'\beta+2a_{34}'\gamma\\&=0\end{aligned}$$

我们现在先取 α,β,γ 使

$$\lambda_1\alpha+a_{14}'=0$$

$$\lambda_2\beta+a_{24}'=0$$

$$a_{44}+\lambda_1\alpha^2+\lambda_2\beta^2+2a_{14}'\alpha+2a_{24}'\beta+2a_{34}'\gamma=0$$

这样的选择总是可能的:上面条件里的前两式决定 α 和 β,而第三式②决定 γ. 因此,曲面方程化为

① 即是说中心为一假点.

② 用前两个条件可把第三个条件化简,得下式

$$a_{44}+a_{14}'\alpha+a_{24}'\beta+2a_{34}'\gamma=0$$

$$\lambda_1\xi^2+\lambda_2\eta^2+2a_{34}'\zeta=0 \tag{4}$$

如果 λ_1 和 λ_2 同号(当 $A<0$ 时如此),那么(如需要时,可将轴 ζ 的方向反转),我们得

$$\frac{1}{p}=-\frac{\lambda_1}{a_{34}'}>0,\frac{1}{q}=-\frac{\lambda_2}{a_{34}'}>0$$

而方程(4) 取得如下形式

$$\frac{\xi^2}{p}+\frac{\eta^2}{q}=2\zeta$$

和这式相当的曲面为椭圆抛物面.

事实上,在这情形,曲线 γ_∞ 的方程为

$$\frac{\xi^2}{p}+\frac{\eta^2}{q}=0$$

这是可分解的虚曲线(参看 §269 之3°).

如果 λ_1 和 λ_2 异号(当 $A>0$,它们便如此),依同法得方程

$$\frac{\xi^2}{p}-\frac{\eta^2}{q}=2\zeta$$

即双曲抛物面的方程,因为 γ_∞ 为可分解的实曲线(§269 之4°). 又由式(3) 得

$$a_{34}'=\pm\sqrt{-\frac{A}{\lambda_1\lambda_2}} \tag{3a}$$

所以,不必变换坐标便可以把 p 和 q 计算出来.

最后,讨论 $A=0$ 的情形. 那时 $a_{34}'^2\lambda_1\lambda_2=0$,所以 $\lambda_1,\lambda_2,a_{34}'$ 三数中有一个等于0. 如果 λ_1 和 λ_2 都不是0,那么,$a_{34}'=0$,而方程(2) 化为含两个变数 x 和 y 的方程,因此,它代表一个柱面,其母线和轴 Oz 平行. 在特殊情形,这柱面可分解为两个平面(实平面或虚平面). 除了这情形之外(我们知道这情形的特征是行列式 A 的秩等于1 或2) 我们有下列几种情形:

(1)λ_1 和 λ_2 同号;那时方程(2),在平面 xOy 上,虽然代表一个椭圆,又用坐标原点的移动,可化为

$$\frac{\xi^2}{a^2}+\frac{\eta^2}{b^2}=\pm 1$$

在这情形,曲面为椭圆柱面(实的或虚的).

(2)λ_1 和 λ_2 异号,那时依同理得

$$\frac{\xi^2}{a^2}-\frac{\eta^2}{b^2}=1$$

即双曲柱面.

(3) 两数 λ_1 和 λ_2 有一个等于 0①;那时,我们得抛物柱面或两个平行平面(实的或虚的) 的集合. 事实上,方程(2) 化为下式(如果 $\lambda_1 = 0$)

$$\lambda_2 y'^2 + 2a_{14}'x' + 2a_{24}'y' + 2a_{34}'z' + a_{44} = 0$$

选择新的坐标系 $O\xi\eta\zeta$,使 $O\eta$ 和 Oy' 叠合,又把坐标系 $\xi O\eta$ 转动使与坐标系 $x'Oz'$ 成角 α,即

$$y' = \eta, x' = \xi\cos\alpha - \zeta\sin\alpha, z' = \xi\sin\alpha + \zeta\cos\alpha$$

则上面的方程化为

$$\begin{aligned}&\lambda_2\eta^2 + 2\xi(a_{14}'\cos\alpha + a_{34}'\sin\alpha) + 2a_{24}'\eta + \\ &2\zeta(-a_{14}'\sin\alpha + a_{34}'\cos\alpha) + a_{44} \\ = {}& 0\end{aligned}$$

选取角 α,使

$$-a_{14}'\sin\alpha + a_{34}'\cos\alpha = 0,\text{即}\tan\alpha = \frac{a_{34}'}{a_{14}'}$$

则方程化作

$$\lambda_2\eta^2 + 2a_{14}''\xi + 2a_{24}''\eta + a_{44} = 0$$

如果 $a_{14}'' \neq 0$,则将坐标原点在平面 $\xi O\eta$ 上移动,可把这方程化为

$$\eta^2 = 2p\xi$$

这时曲面为抛物柱面. 如果 $a_{14}'' = 0$,则容易见到,曲面为两个平行平面的集合. 最后一个情形和抛物柱面的区别,在于这时行列式 A 的秩等于 1 或 2(一般来说,这是曲面分解为两个平面的特征).

§283. 化二级曲面的方程为标准式. 3. 结果的总结　总结以前的材料,我们得到下面的几点:

1. 二级曲面分解为两个平面,当且仅当行列式 A 的秩等于 1 或 2②.

2. 如果把可分解的情形除外,则其余一切可能情形可归纳于下面两个表内,这里 $\lambda_1,\lambda_2,\lambda_3$ 为方程 $D(\lambda) = 0$ 的根,并且(在 $A \neq 0$ 的情形)

$$k_1 = -\frac{\lambda_1 A_{44}}{A}, k_2 = -\frac{\lambda_2 A_{44}}{A}, k_3 = -\frac{\lambda_3 A_{44}}{A}$$

---

① 两根 λ_1 和 λ_2 不能一起等于 0,因为否则这曲面的方程便不是二次的,而是一次的了.

② 秩等于 0 为不可分解,因为那时所给的系数全部都要是 0.

<table>
<tr><td colspan="2">Ⅰ. $A \neq 0$(非特殊曲面)</td></tr>
<tr><td>$A_{44} \neq 0$:有中心曲面(一个真中心).
(1)k_1,k_2,k_3 为正数:实椭圆面.
(1a)k_1,k_2,k_3 为负数:虚椭圆面.
(2)k_1,k_2,k_3 之中有两个为正数:单叶双曲面.
(3)k_1,k_2,k_3 之中有两个为负数:双叶双曲面.</td><td>$A_{44}=0$:曲面没有中心(一个假中心).
(1)$A<0$. 椭圆抛物面.
(2)$A>0$. 双曲抛物面.</td></tr>
<tr><td colspan="2">Ⅱ. $A=0$. 特殊曲面(锥面或柱面)</td></tr>
<tr><td>$A_{44} \neq 0$:有中心曲面(一个真中心).
(1)$\lambda_1,\lambda_2,\lambda_3$ 同号:虚锥面.
(2)$\lambda_1,\lambda_2,\lambda_3$ 异号:实锥面.</td><td>$A_{44}=0(\lambda_3=0)$:曲面没有确定的中心(有真的或假的中心直线).
(1)λ_1,λ_2 同号:椭圆柱面(实的或虚的).
(2)λ_1,λ_2 异号:双曲柱面.
(3)λ_1 或 λ_2 等于0:抛物柱面.</td></tr>
</table>

注1 要决定所给的曲面属于上列各种形式中的哪一种,并不需要解方程 $D(\lambda)=-\lambda^3+S\lambda^2+S'\lambda+A_{44}=0$;只要决定各根 $\lambda_1,\lambda_2,\lambda_3$ 的符号便行(我们知道这些根总是实根). 在决定这些符号时,我们可用,例如,著名的笛卡儿法则①.

2. 在没有确定中心的曲面($A_{44}=0$)的情形,方程 $D(\lambda)=0$ 有一个根等于0;其他两根,由二次方程:$-\lambda^2+S\lambda+S'=0$ 决定.

3. 在可分解的二级曲面的情形,它的特征为行列式 A 的秩等于1或2. 要求由这曲面分解而成的平面的方程,只需按照附录(§13)所述的方法把多项式 $F(x,y,z)$ 分解为两个一次因子.

§283a. 笛卡儿符号法则 现在把§283表后注1中所提到的笛氏符号法则略述如下:

设已知 n 次代数方程

$$f(x)=x^n+a_1x^{n-1}+\cdots+a_n=0 \tag{1}$$

式中有些系数可以等于0. 如果所有系数都不是0,这个方程叫作完备方程. 如果两个相邻系数异号,那么我们便说有一个变号;如果两个相邻系数同号,那么,便说有一个袭号. 这只是就不等于0的系数来说. 例如,在方程

$$x^5-3x^3-2x^2+1=0$$

有两个变号(第一至第二项,第三至第四项)和一个袭号(第二至第三项).

① 参看 §283a.

设 p 为变号的个数，而 q 为袭号的个数，显然 $p+q=m-1$，这里 m 为不等于 0 的系数的个数. 在完备方程，$p+q=n$.

就一般来说，笛氏法则如下：

方程 $f(x)=0$ 的正根的个数等于变号的个数，或比它少一个偶数[①]. 由此，显然推得：方程 $f(x)=0$ 的负根的个数等于方程 $f(-x)=0$ 的变号的个数或比它少一个偶然. 如果 $f(x)=0$ 为完备方程，那么，$f(x)$ 的每一变号对应于 $f(-x)$ 的一个袭号，又 $f(x)$ 的每一个袭号对应于 $f(-x)$ 的一个变号，(因为在两个相邻项中，总有一个为偶次项，其他一个为奇次项，所以当 x 变为 $-x$ 时，有一项变号，有一项不变号). 因此，在完备方程情形，可得如下的结论：

正根的个数等于变号的个数，或比它少一个偶数；负根的个数等于袭号的个数，或比它少一个偶数.

由此，更可推得：如果完备方程所有的根都是实根，那么，正根的个数. 恰好等于变号的个数 p；而负根的个数恰好等于袭号的一个数 q[②]. 因此，如果所给的方程为完备方程，并且知道它所有的根都是实根时笛氏法则完全解决了根的符号问题，这个情形正是我们在讨论特征方程 $D(\lambda)=0$ 时所要解决的问题. 更且容易见到，在仅含实根的三次方程的情形，下面的命题总可成立：正根的个数恰等于变号的个数. 事实上，在完备方程的情形，这命题已经证明. 在不完备方程，变号的个数为 0 或 1 或 2(因为所有系数不能多于三个). 在第一第二两种情形这命题显然成立. 在第三种情形有两个变号的情形，依照通用法则，正根的个数为 2 或 0. 我们证明，正根的个数不能为 0，事实上，如果方程有三个负根，于是，方程 $D(-\lambda)=0$ 应该最少有三个变号，但这是不可能的，因为这是一个不完备的方程. 在证明最后这一点时，我们并未提及这方程可能有一个根等于 0. 但在这情形很容易直接证明本命题依然成立(读者试加证明).

① 这法则的证明，见代数教程.

② 事实上，如果正根的个数少于 p，或负根的个数少于 q，那么，一切实根的个数就会少于 $p+q=n$，这和假设矛盾.

第十二章　个别二次曲面形状的探求．母直线．圆截口

Ⅰ．个别二级曲面形状的探求

§284．个别曲面的标准方程一览表　我们在前面已经知道在适宜地选择直角坐标轴后，可以把二级曲面的最一般的方程（系数为实数）化为下列各种形式之一（p,q 代表正数）：

A. 非特殊二级曲面

1. $\dfrac{x^2}{a^2}+\dfrac{y^2}{b^2}+\dfrac{z^2}{c^2}=1$（实椭圆面）．

1a. $\dfrac{x^2}{a^2}+\dfrac{y^2}{b^2}+\dfrac{z^2}{c^2}=-1$（虚椭圆面）．

2. $\dfrac{x^2}{a^2}+\dfrac{y^2}{b^2}-\dfrac{z^2}{c^2}=1$（单叶双曲面）．

3. $\dfrac{x^2}{a^2}+\dfrac{y^2}{b^2}-\dfrac{z^2}{c^2}=-1$（双叶双曲面）．

4. $\dfrac{x^2}{p}+\dfrac{y^2}{q}=2z$（椭圆抛物面）．

5. $\dfrac{x^2}{p}-\dfrac{y^2}{q}=2z$（双曲抛物面）．

B. 不可分解的特殊二级曲面

6. $\dfrac{x^2}{a^2}+\dfrac{y^2}{b^2}-\dfrac{z^2}{c^2}=0$（实二级锥面）．

6a. $\dfrac{x^2}{a^2}+\dfrac{y^2}{b^2}+\dfrac{z^2}{c^2}=0$（虚二级锥面）．

7. $\dfrac{x^2}{a^2}+\dfrac{y^2}{b^2}=1$（实椭圆柱面）．

7a. $\dfrac{x^2}{a^2}+\dfrac{y^2}{b^2}=-1$（虚椭圆柱面）．

8. $\frac{x^2}{a^2}-\frac{y^2}{b^2}=1$(双曲柱面).

9. $y^2=2px$(抛物柱面).

C. 可分解的二级曲面

可分解的二级曲面为两个平面的集合,它们可能是共轭虚平面,也可能互相平行或叠合.

§285. 平行平面和二级曲面的截口　在下面各节,我们应用平行平面的截口去研究前面所列举的实曲面的形状(柱面除外,因为它们形状简单).

下面的简单定理,给我们研究上的便利.

平行平面和二级曲面的各截线,不但彼此相似并且是同位相似,但当截线为双曲线时,可能有例外;任意两条这样截得的双曲线或者同位相似,或者其中一条与其他一条的共轭双曲线同位相似.

我们在这里所指的截线,为不可分解的实曲线.

事实上,取平面 xOy 和截面平行.设

$$F(x,y,z)=0 \tag{1}$$

为所给曲面方程,而 $z=h$ 为截面方程.把 $z=h$ 代入方程(1),得

$$F(x,y,h)=0 \tag{2}$$

这方程应为截线 γ 上每点的坐标 x,y 所适合.

因此,若把方程(2)看作在平面 xOy 上的曲线方程,则它代表截线 γ 在平面 xOy 上的投影曲线 γ'.方程(2)的二次项为

$$a_{11}x^2+2a_{12}xy+a_{22}y^2$$

它们显然不依赖于 h,由此可见,相当于 h 各个不同的数值,各条曲线 γ' 的方程有相同的二次项,所以本定理成立(参看 §260).

§286. 二级锥面　首先,讨论曲面

$$\frac{x^2}{a^2}+\frac{y^2}{b^2}-\frac{z^2}{c^2}=0 \tag{1}$$

我们知道这是以坐标原点为顶点的锥面.

因为方程(1)只含变数的平方,所以坐标平面显然都是锥面的对称平面("主直径平面"),坐标轴都是对称轴("锥轴").坐标原点(锥的顶点)为对称中心("锥的中心").

为着更进一步研究锥面的形状,用和平面 xOy 平行的平面 $z=h$ 去截它(h 为常数).

所得的截口为曲线

$$\frac{x^2}{a^2}+\frac{y^2}{b^2}-\frac{h^2}{c^2}=0, z=h$$

把它投影到平面 xOy 上,显然得方程

$$\frac{x^2}{a^2}+\frac{y^2}{b^2}-\frac{h^2}{c^2}=0$$

或以 $\frac{h^2}{c^2}$ 除全式得

$$\frac{x^2}{a'^2}+\frac{y^2}{b'^2}=1 \tag{2}$$

这里为简单起见,设

$$a'=\frac{ah}{c}, b'=\frac{bh}{c}$$

因此,这条截线为椭圆,以 a', b' 为半轴,而它的中心在轴 Oz 上.

对于不同的 h 得不同的椭圆,它们都是彼此相似的.

设 γ 为这些截线的任一条. 显然这锥面可看作经过点 O 而与椭圆 γ 相交的直线的轨迹,γ 即为锥面的准线.

特别是,当 $a=b$,这锥面为初等几何里的正圆锥面[①]或旋转锥面.

锥面具有两叶分布在顶点的两侧(图 167). 经过锥顶的平面,按照它与锥面的关系分为三类:

(a) 和椭圆 γ 交于两点的平面:这些平面和锥面显然交于两直线(母线).

(b) 与椭圆 γ 不相交的平面:这些平面和锥面显然只相交于一点(顶点).

(c) 与椭圆 γ 只交于一点,最好说相交于两个重合的点的平面. 每个这样的平面和锥面显然只有一条公共直线(最好说两条重合直线). 这些平面(以 Π 表示)和椭圆 γ 的平面相交的直线显然就是 γ 的切线. 因此,平面 Π 经过锥面的母线又经过 γ 的切线(切点为 γ 和锥面的母线的交点). 这些平面为锥面的切面,沿着所论的母线,平面与锥面处处相切.

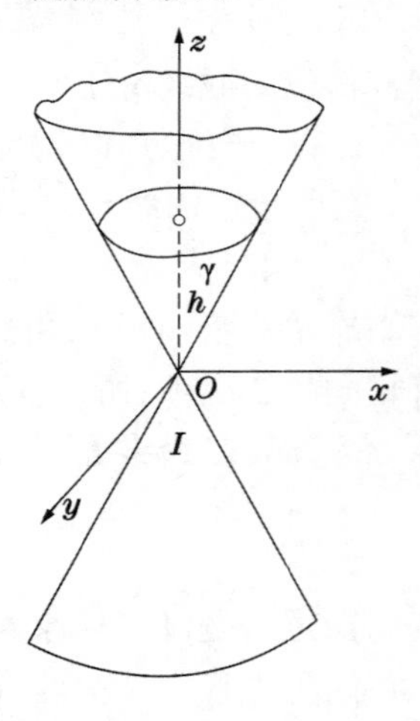

图 167

现在讨论不经过顶点的平面和锥面的截线. 我们知道这些截线为二级曲

① 在下面(§297)我们即将见到,一切(不可分解)的二级锥面都可以作为“斜”圆锥面来讨论.

线. 下面再讨论能得到哪些二级曲线.

如果经过顶点和已知截面平行的平面属于(b) 类;那么,所给的截面显然只和锥面的一叶相交,而且和所有母线都相交,因此,截线为闭口的有限二级曲线,即为椭圆.

如果经过顶点和已知截面平行的平面属于(a) 类;那么,所给的截面显然和锥面两叶都相交;因此,截线分为两支,它是双曲线.

最后,如果经过顶点和已知截面平行的平面属于(c) 类(即沿着一条母线和锥面相切);那么,所给的截面只和锥面的一叶相交,并且因为有一条母线和它平行,那么,截线伸至无穷远(且只有一支). 所以,这条截线为抛物线.

这样,我们再次证实椭圆,双曲线,抛物线都是二级锥面(正圆锥面仅一特例) 和平面的截口.

§287. 椭圆面　现在讨论下面方程所代表的椭圆面

$$\frac{x^2}{a^2}+\frac{y^2}{b^2}+\frac{z^2}{c^2}=1 \qquad (1)$$

显然,坐标平面为曲面的对称平面("主直径平面"). 坐标轴为它的对称轴("轴"),坐标原点为它的对称中心("中心").

并且,曲面上一切的点,显然有

$$|x|\leqslant a,\ |y|\leqslant b,\ |z|\leqslant c$$

所以,整个椭圆面包含在以 $2a,2b,2c$ 为棱的长方体之内,它的各面分别和坐标面平行,并且在坐标轴 Oz,Oy,Oz 上分别截得线段 $\pm a,\ \pm b,\ \pm c$(图 168).

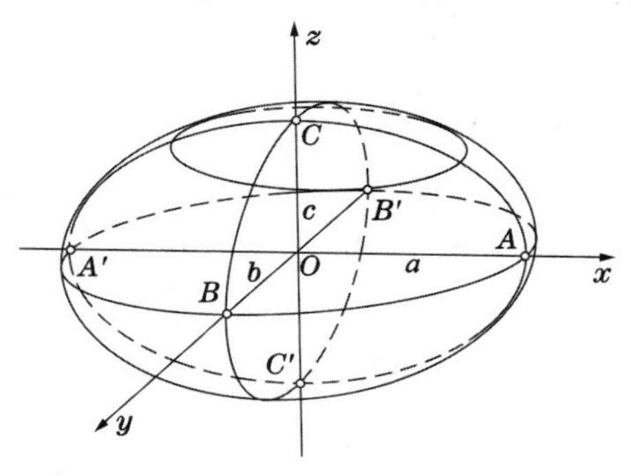

图 168

我们知道,曲面(1) 和一切平面的截线为二级曲线;因为,根据上面所述,这些交线不能伸张到无穷远,所以截线都是椭圆. 因此,椭圆面(1) 的平截线都是椭圆,和以前(§269) 所看到过的符合.

要明白了解曲面(1)的形状,显然可用和坐标平面平行的平面去截它而考察所得的截口.

平面xOy(即$z=0$)和曲面(1)相交于一个椭圆,这椭圆在平面xOy上的方程为

$$\frac{x^2}{a^2}+\frac{y^2}{b^2}=1 \tag{2}$$

平面xOz(即$y=0$)和它相交于一个椭圆,这椭圆在平面xOz上的方程为

$$\frac{x^2}{a^2}+\frac{z^2}{c^2}=1 \tag{3}$$

最后,平面yOz和曲面(1)相交于一个椭圆,这椭圆在平面yOz上的方程为

$$\frac{y^2}{b^2}+\frac{z^2}{c^2}=1 \tag{4}$$

椭圆方程(2),(3),(4)叫作"主椭圆". 现在讨论曲面和平面xOy平行的平面的交线. 设

$$z=h$$

为其中一个平面. 以$z=h$代入式(1)得方程

$$\frac{x^2}{a^2}+\frac{y^2}{b^2}=1-\frac{h^2}{c^2}$$

如果把这方程看作在平面xOy上的曲线,它就是所讨论的交线在平面xOy上的投影的方程.

这曲线显然只当$|h|\leqslant c$时才为实曲线.

以$1-\frac{h^2}{c^2}$除上面的方程,得

$$\frac{x^2}{a'^2}+\frac{y^2}{b'^2}=1 \tag{5}$$

这里,为简单起见,设

$$a'=a\sqrt{1-\frac{h^2}{c^2}},b'=b\sqrt{1-\frac{h^2}{c^2}} \tag{6}$$

由此可知,这条交线为椭圆,以a',b'为半轴,而中心在轴Oz上. 当$h=0$得

$$a'=a,b'=b$$

即得主椭圆(2). 当h由0递增到c,半轴a',b'递减,椭圆(5)逐渐缩小为各个相似椭圆. 又当$h=c$,它收缩为轴Oz上的一点C.

这样,平面$z=c$和椭圆面相切于点C.

当 h 由 0 递减到 $-c$ 我们得到对称的图形；平面 $z=-c$ 和椭圆面相切于轴 Oz 上的点 $C'(0,0,-c)$.

讨论平面 $x=h$ 和 $y=h$ 与曲面的交线，可得完全类似的结果. 平面 $x=\pm a$ 和 $y=\pm b$ 与曲面分别相切于各点 $A(a,0,0)$，$A'(-a,0,0)$，$B(0,b,0)$，$B'(0,-b,0)$.

各点 A,A',B,B',C,C' 叫作椭圆面的顶点. 线段 AA',BB',CC' 或它们的长 $2a,2b,2c$ 也都叫作椭圆面的轴，而数量 a,b,c 为半轴.

如果

$$a>b>c$$

则 a 为长半轴，b 为中半轴，c 为短半轴.

特例：当 $a=b$，所有一切椭圆(5) 化为圆. 在这情形，以 $|AA'|=2a$ 和 $|CC'|=2c$ 为轴的椭圆 $ACA'C'$ 绕轴 CC' 旋转，便产生这个椭圆面. 这样的椭圆面叫作旋转椭圆面. 当 $c>a$，它叫作长旋转椭圆面；又当 $c<a$，它叫作扁旋转椭圆面.

最后，当 $a=b=c$，椭圆面化为球面.

习题和补充

1. 求与椭圆面(1) 相切于点 (x_0,y_0,z_0) 的切面方程.

答：
$$\frac{xx_0}{a^2}+\frac{yy_0}{b^2}+\frac{zz_0}{c^2}=1$$

2. 求与方向 (X,Y,Z) 共轭的直径面方程.

答：
$$\frac{Xx}{a^2}+\frac{Yy}{b^2}+\frac{Zz}{c^2}=0$$

3. 求条件，使二级曲面方程 $F(x,y,z)=0$ 化为球面方程，即化为下式

$$(x-a)^2+(y-b)^2+(z-c)^2-K=0$$

这里 $K=\pm r^2$ (取上号得实球面，取下号得虚球面).

答：依照 §239 同样方法，我们证明其必要且充分条件为(用直角坐标)

$$a_{11}=a_{22}=a_{33}\neq 0,a_{23}=a_{31}=a_{12}=0$$

若这些条件成立，K 有如下公式

$$K=\frac{a_{14}^2+a_{24}^2+a_{34}^2-a_{11}a_{44}}{a_{11}^2}$$

当 $K>0$ 得实球面；当 $K<0$ 得虚球面；当 $K=0$，方程化为下式

$$(x-a)^2+(y-b)^2+(z-c)^2=0$$

这是“半径为0的球面”即“迷向锥面”.

所推得的条件,可以改述如下:

要使曲面 $F(x,y,z)=0$ 为一个球面的必要且充分条件为:它经过假虚圆(§175),即它和假平面的交线为假虚圆.

留给读者自行证明.

§288. 单叶双曲面 这个曲面的标准方程为

$$\frac{x^2}{a^2}+\frac{y^2}{b^2}-\frac{z^2}{c^2}=1 \tag{1}$$

它对于坐标平面(“主直径面”),坐标轴(“轴”)和坐标原点 O(它的中心)都成对称(图169).

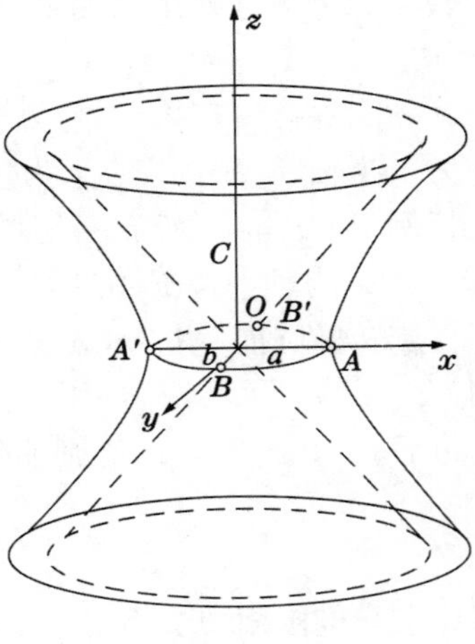

这个曲面和平面 xOy 的交线为椭圆

$$\frac{x^2}{a^2}+\frac{y^2}{b^2}=1 \tag{2}$$

(“主椭圆”或“腰椭圆”),它和平面 xOz 的交线为双曲线

$$\frac{x^2}{a^2}-\frac{z^2}{c^2}=1 \tag{3}$$

它和平面 yOz 的交线为双曲线

$$\frac{y^2}{b^2}-\frac{z^2}{c^2}=1 \tag{3a}$$

图169

(均称为“主双曲线”).如果平面 $z=h$ 和曲面相交,那么,交线在平面 xOy 上的投影的方程为

$$\frac{x^2}{a^2}+\frac{y^2}{b^2}=1+\frac{h^2}{c^2}$$

或

$$\frac{x^2}{a'^2}+\frac{y^2}{b'^2}=1 \tag{4}$$

这里

$$a'=a\sqrt{1+\frac{h^2}{c^2}},b'=b\sqrt{1+\frac{h^2}{c^2}} \tag{5}$$

它是以 a',b' 为半轴的椭圆,对于所有的 h,交线都存在.当 $h=0$,得腰椭圆(2).

当 $|h|$ 递增,半轴 a',b' 无限地增大,而椭圆(4) 也无限地增大,经常和腰椭圆保持相似. 显然,曲面为单叶的,它向平面 xOy 两侧无限伸张.

腰椭圆的顶点 A,A',B,B' 叫作双曲面的顶点. 线段 AA' 和 BB' 或它们的长 $|AA'|=2a$ 和 $|BB'|=2b$,都叫作双曲面的横轴. 以 $2c$ 为长,以 O 为中点,在轴 Oz 上的线段或它的长 $2c$,叫作双曲面的纵轴.

双曲面在无穷远处的形状,可以从讨论渐近锥面

$$\frac{x^2}{a^2}+\frac{y^2}{b^2}-\frac{z^2}{c^2}=0 \tag{6}$$

而得到清楚的概念(这当然便是渐近锥面,因为它是以中心为顶点的渐近方向锥面. 参看 §275).

平面 $z=h$ 和渐近锥面的交线,显然为一个椭圆,它的中心在轴 Oz 上,半轴为

$$a''=\frac{a|h|}{c},b''=\frac{b|h|}{c}$$

这个椭圆与平面 $z=h$ 和双曲面的截口椭圆相似.

因为,根据公式(5) $a''<a',b''<b'$,那么,第一个椭圆包含在第二个之内,因此,锥面(6) 全部包含在双曲面之内(即它和轴 Oz 同在双曲面的一边).

更且,容易证明,当 $|h|$ 无限递增时,差数 $a'-a'',b'-b''$ 趋向 0.

例如
$$a'-a''=a\sqrt{1+\frac{h^2}{c^2}}-\frac{a|h|}{c}$$

以
$$a\sqrt{1+\frac{h^2}{c^2}}+\frac{a|h|}{c}$$

乘除右边,经过显浅化简,得

$$a'-a''=\frac{a}{\sqrt{1+\frac{h^2}{c^2}}+\frac{|h|}{c}}$$

由此推得

$$\lim_{h\to\infty}(a'-a'')=0$$

同理可证

$$\lim_{h\to\infty}(b'-b'')=0$$

由上所说可知双曲面的截口椭圆和锥面(6) 的截口椭圆,当 h 递增时渐趋接近. 亦即,在相当远的空间,锥面和双曲面无限地任意接近.

如果 $a=b$,那么,椭圆(4) 化为圆,而将双曲线(3) 或(3a) 绕着竖轴旋转

就可得到双曲面(1). 这样的双曲面叫作单叶旋转双曲面.

在 §269 曾经证明双曲面和平面的截线可分为三种类型的曲线(椭圆类、双曲类、抛物类). 这也容易用分析法证明(参看习题).

习题和补充

1. 求证:双曲面(1) 和平面 yOz 或 xOz 的平行平面的交线都是双曲线(在特别情形为两条直线的集合,如果这些平面经过腰椭圆的顶点).

证:把双曲面和平面 $y = h$ 的交线投影到平面 xOz 上,得方程

$$\frac{x^2}{a^2} - \frac{z^2}{c^2} = 1 - \frac{h^2}{b^2}$$

当 $|h| \neq b$,它为双曲线,又当 $h = \pm b$,它为两条直线的集合. 曲面和平面 $x = h$ 的截口情形相同.

2. 求证:双曲面(1) 和轴 Oz 的任何平行平面的交线都是双曲线(在特别情形可为两条相交直线的集合).

证:因为双曲面和平面 yOz 的平行平面的交线,已在前题讨论过. 我们可以只考虑和这平面不平行的截面. 设它的方程为 $y = mx + k$,把 y 的表示式代入双曲面方程(1),得方程

$$\frac{x^2}{a^2} + \frac{(mx + k)^2}{b^2} - \frac{z^2}{c^2} - 1 = 0$$

这表示所论的截线在平面 xOz 上的投影. 在这方程里,x^2,z^2 的系数① a_{11},a_{22} 分别等于$\frac{1}{a^2} + \frac{m^2}{b^2}$,$-\frac{1}{c^2}$;$xz$ 的系数 $2a_{12}$ 等于 0.

所以

$$A_{33} = a_{11}a_{22} - a_{12}^2 = -\frac{1}{c^2}\left(\frac{1}{a^2} + \frac{m^2}{b^2}\right) < 0$$

因此,所讨论的投影为双曲类型的曲线,即或为双曲线,或为两条相交直线的集合,而被投影的原来曲线应该属于同一类型,故本题得证.

3. 求证:双曲面(1) 和平面的截口可属于三种类型(即椭圆类型、双曲类型和抛物类型) 中的任何一种. 又证,已知平面和双曲面的交线,与同平面和渐近锥面的交线属于同一类型.

证:在上面我们已经研究了曲面和轴 Oz 平行的平面的截线(它们为双曲类

---

① 这里沿用 §208 的记号,用 z 替代 y 的位置.

型). 现在讨论和轴 Oz 不平行的平面 $z = mx + ny + k$ 的截线.

把 z 的表示式代入方程(1),得方程

$$\frac{x^2}{a^2} + \frac{y^2}{b^2} - \frac{(mx + ny + k)^2}{c^2} = 1 \tag{7}$$

这便是交线在平面 xOy 上的投影.

这方程的二次项系数为①

$$a_{11} = \frac{1}{a^2} - \frac{m^2}{c^2}, 2a_{12} = -\frac{2mn}{c^2}, a_{22} = \frac{1}{b^2} - \frac{n^2}{c^2}$$

因此

$$A_{33} = a_{11}a_{22} - a_{12}^2 = \frac{1}{a^2b^2} - \frac{1}{c^2}\left(\frac{m^2}{b^2} + \frac{n^2}{a^2}\right)$$

显然,给予 m 和 n 适当的数值,便可满足下列三种条件的任一种

$$A_{33} > 0, A_{33} = 0, A_{33} < 0$$

亦即在投影时可得三种类型曲线中的任一种. 故所讨论的交线也可属于三种类型中的任一种.

更且,在式(7) 的右边,如把 1 改为 0(或改为任何其他常数),A_{33} 显然完全不改变. 因此,如用已知曲面的渐近锥面代替这曲面,截口所属的类型仍然相同.

4. 根据前题所述,求证:和渐近锥面的切面平行的平面(而且只是那些平面) 截双曲面于抛物线.

§289. 双叶双曲面　这个曲面的标准方程如下式

$$\frac{x^2}{a^2} + \frac{y^2}{b^2} - \frac{z^2}{c^2} = -1 \tag{1}$$

这个曲面具有 §288 所讨论的同样对称性质:平面 yOz, zOx, xOy 都是对称平面("主直径面"),坐标轴 Ox, Oy, Oz 都是对称轴("曲面的轴"),点 O 为对称中心(曲面的"中心").

平面 xOy 与曲面不相交,因为令 $z = 0$ 得方程

$$\frac{x^2}{a^2} + \frac{y^2}{b^2} = -1$$

代表虚椭圆. 平面 xOz 和 yOz 与曲面相交于双曲线

$$\frac{x^2}{a^2} - \frac{z^2}{c^2} = -1 \tag{2}$$

① 我们用 §208 的记号.

和

$$\frac{y^2}{b^2}-\frac{z^2}{c^2}=-1 \tag{3}$$

(“主双曲线”,图 170 里所画的为第一条双曲线).

用平面 $z=h$ 截曲面,把截线投到平面 xOy 上,所得投影曲线的方程为

$$\frac{x^2}{a^2}+\frac{y^2}{b^2}=\frac{h^2}{c^2}-1$$

这便是说:截线为实曲线,如 $|h|\geqslant c$,为虚曲线,如 $|h|<c$.

设 $|h|>c$,改写前面的方程如下式

$$\frac{x^2}{a'^2}+\frac{y^2}{b'^2}=1 \tag{4}$$

这里

$$a'=a\sqrt{\frac{h^2}{c^2}-1},b'=b\sqrt{\frac{h^2}{c^2}-1} \tag{5}$$

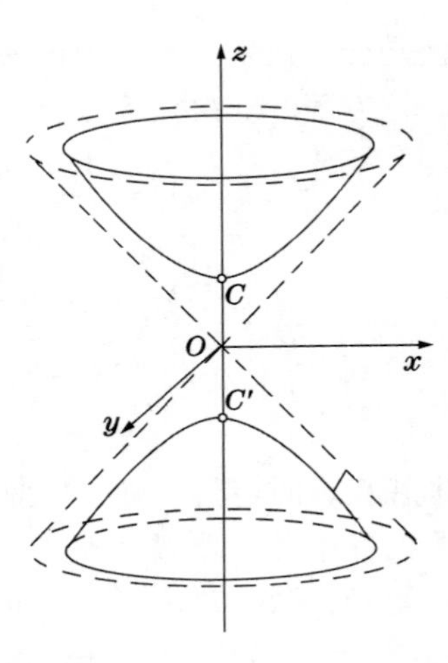

图 170

便知截线为椭圆,中心在轴 Oz 上,而半轴为 a',b'. 当 $|h|$ 递增,椭圆无限地扩大,始终彼此相似.

当 h 趋近 c,则 a' 和 b' 趋近 0,而椭圆缩小为轴 Oz 上的点 $C(0,0,c)$. 又当 h 趋近 $-c$,则椭圆缩小为点 $C'(0,0,-c)$. 平面 $z=+c,z=-c$ 和双曲面相切于这两点,叫作它的顶点.

线段 CC' 或它的长 $2c$,叫作双叶双曲面的纵轴;分别在轴 Ox 和 Oy 上(以坐标原点 O 为中点)其长为 $2a$ 和 $2b$ 的线段(或它们的长)都叫作横轴.

曲面上没有点介于平面 $z=c$ 和 $z=-c$ 之间,因此它分为两叶.

照 §288 一样,我们同时讨论锥面

$$\frac{x^2}{a^2}+\frac{y^2}{b^2}-\frac{x^2}{c^2}=0 \tag{6}$$

这也是曲面的渐近锥面.

我们容易见到(比较 §288),我们的曲面完全包含于这个锥面之内. 而且在充分远处双曲面的每叶都无限地趋近锥面.

如果 $a=b$,那么,双曲面为旋转双叶双曲面. 把以 $|CC'|=2c$ 为纵轴,以 $2a=2b$ 为横轴的双曲线绕着轴 CC' 旋转,便得这个双曲面.

同时讨论单叶和双叶双曲面

$$\frac{x^2}{a^2}+\frac{y^2}{b^2}-\frac{z^2}{c^2}=1 \text{ 和} \frac{x^2}{a^2}+\frac{y^2}{b^2}-\frac{z^2}{c^2}=-1$$

常常是很有用处的. 这两个方程的差别只在右边一个符号. 这两个双曲面彼此互称为共轭.

根据 §288 和本节所述,这两个双曲面有公共的渐近锥面

$$\frac{x^2}{a^2}+\frac{y^2}{b^2}-\frac{z^2}{c^2}=0$$

这锥面为两个双曲面的分界,第一个在渐近锥面之外,第二个在锥面之内.

它们有相同的横轴和纵轴,这说明了单叶双曲面的“纵轴”和双叶双曲面的“横轴”的几何意义.

习题和补充

1. 求证:双叶双曲面和坐标平面 xOz,yOz 的平行平面分别相交于双曲线.

2. 求证:所有三种圆锥截线都可从双叶双曲面和平面的截线中得到. 又证已知平面截已知双叶双曲面,它的共轭单叶双曲面,和它们的公共渐近锥面所得的三条截线为同一类型的曲线.

证:依照 §288 习题 2 和 3 同样的方法.

§290. 椭圆抛物面　这曲面的标准方程为

$$\frac{x^2}{p}+\frac{y^2}{q}=2z \tag{1}$$

式中 p 和 q 为同号的常数. 设 $p>0$,$q>0$.

平面 xOz 和 yOz 显然为它的对称平面(“主直径面”),轴 Oz 为对称轴(“轴”).

以点 O 为顶点的渐近方向锥面

$$\frac{x^2}{p}+\frac{y^2}{q}=0 \tag{2}$$

分解为两个共轭虚平面,相交于(实)直径 Oz. 因此,唯一的实渐近方向为方向 Oz,即曲面的轴的方向. 这方向和假平面相交于一点,它的齐次坐标为(0,0,1,0). 这点是曲面的唯一假点. 假平面和曲面在这点相切(§269),建议读者在这里再行证明一次. (把曲面(1)的方程写成齐次式,并写出在齐次坐标为(0,0,1,0)的点上的切面方程)

这点也是曲面的唯一假中心,只需写出决定中心的方程,便容易得到直接的证明.

因此,一切直径面都和轴 Oz 平行(建议读者写出直径面的方程,直接验证此点).

曲面上所有的点都位于平面 xOy 的上侧,即 $z>0$ 的那一侧,因为当 $z<0$ 时,方程(1)无实解(图171).

平面 xOz 和 yOz 与曲面相交于抛物线

$$x^2=2pz \text{ 和 } y^2=2qz \tag{3}$$

("主抛物线")以 p,q 为参数,Oz 为轴.数量 p,q 叫作抛物面的参数.

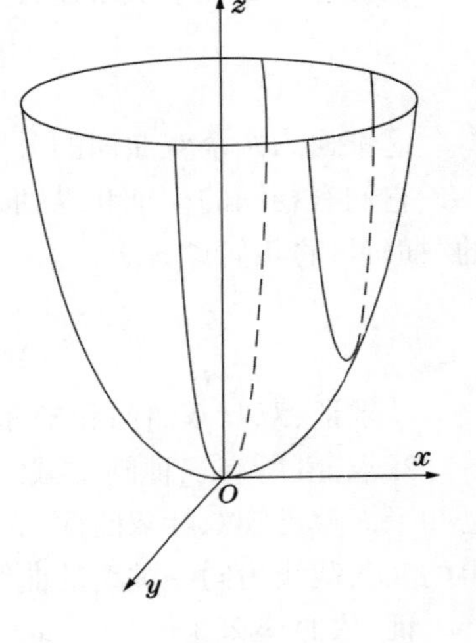

图171

首先,讨论这曲面和平面 xOy 的平行平面

$$z=h$$

的交线;如上所述,我们应假设 $h>0$.这交线在平面 xOy 上的投影的方程为

$$\frac{x^2}{p}+\frac{y^2}{q}=2h$$

或

$$\frac{x^2}{a^2}+\frac{y^2}{b^2}=1$$

这里

$$a=\sqrt{2ph}, b=\sqrt{2qh} \tag{4}$$

因此,这条交线为椭圆,以 a,b 为半轴,而中心在轴 Oz 上.当 h 递增,这椭圆无限地扩大,但始终彼此相似.

当 h 趋近于0,椭圆缩小为点 O;平面 xOy 和抛物面相切于这点,它叫作抛物面的顶点.

其次,讨论抛物面和平面 yOz 的平行平面 $x=x_0$ 的交线.所得交线在平面 yOz 上的投影的方程为

$$\frac{y^2}{q}=2z-\frac{x_0^2}{p}$$

或

$$y^2=2q(z-z_0) \tag{5}$$

式中

$$z_0=\frac{x_0^2}{2p} \tag{6}$$

因此,所求的截线为抛物线,以 q 为参数,它的轴和 Oz 平行,它的顶点在平面 xOz 上.又因顶点的坐标 (x_0,z_0) 适合关系式(6),故顶点在主抛物线 $x^2=2pz$

之上.

注意,抛物线(5)的参数(即 q)与截面 $x = x_0$ 的位置无关,所以由各平面 $x = x_0$ 截得的一切抛物线彼此全等.

考虑抛物面和平面 xOz 的平行平面的截线,可得完全相仿的结果.

由于以上所述推得下面的命题:

椭圆抛物面为由一条形状不变的抛物线把顶点沿着另一条不变的抛物线移动而产生. 移动的抛物线的平面和固定的抛物线的平面互相垂直,它们的轴平行且有同一的正向. 这两条抛物线的参数 p 和 q,就是抛物面的参数.

我们已知(§269)椭圆抛物面的平截线可为椭圆,可为抛物线. 这些事实将在习题里用分析法证明.

习题和补充

1. 求证:和轴 Oz 平行的平面与椭圆抛物面(1)的交线都是抛物线.

证:上面的结论很为明显,因为我们容易见到,这条交线必为二级曲线,它伸张到无穷远,而且仅有一支,故只能是抛物线.

又可用分析法证明如下:设这个截面不和平面 yOz 平行,它的方程为

$$y = mx + k$$

把 y 的表示式代入(1),得方程

$$\frac{x^2}{p} + \frac{(mx + k)^2}{q} - 2z = 0$$

即

$$\left(\frac{1}{p} + \frac{m^2}{q}\right)x^2 + \frac{2mkx}{q} - 2z + \frac{k^2}{q} = 0$$

这个方程代表交线在平面 xOz 上的投影.

因为判别式[①] $A_{33} = 0$,所以这投影曲线为抛物类型. 如再要说明投影曲线为抛物线,我们计算判别式

$$A = \begin{vmatrix} \frac{1}{p} + \frac{m^2}{q} & 0 & \frac{mk}{q} \\ 0 & 0 & -1 \\ \frac{mk}{q} & -1 & \frac{k^2}{q} \end{vmatrix} = -\left(\frac{1}{p} + \frac{m^2}{q}\right)$$

它显然不等于0.

---

① 我们现在采用 §208 的记号,以 z 替代 y.

由此容易断定,交线的本身也是抛物线.

2. 求证:不与轴 Oz 平行的平面,截椭圆抛物面于椭圆.

证:设 $z = mx + ny + k$ 为截面方程,那么,交线在平面 xOy 上的投影的方程为

$$\frac{x^2}{p} + \frac{y^2}{q} - 2(mx + ny + k) = 0$$

这曲线的 $A_{33} = \frac{1}{pq} > 0$,所以它为椭圆(实的或虚的),它也可能退化为两条共轭虚直线.

因此,椭圆抛物面的平截线或为抛物线(习题1),或为椭圆.

§291. 双曲抛物面 这曲面的标准方程为

$$\frac{x^2}{p} - \frac{y^2}{q} = 2z \tag{1}$$

式中 $p > 0, q > 0$. 平面 xOz 和 yOz 为对称平面("主平面"),轴 Oz 为对称轴("轴")

以点 O 为顶点的渐近方向锥面

$$\frac{x^2}{p} - \frac{y^2}{q} = 0 \tag{2}$$

分解为两个实平面. 曲面(2)的二重线即直线 Oz,和假平面相交,交点的齐次坐标为(0,0,1,0);假平面和曲面在这一点相切(这可由 §269 推得,也可很简单地直接验证). 这点同时也是曲面的唯一假中心,这是可以验证的. 因此,一切直径面都和 Oz 平行.

平面 $z = 0$ 和曲面的截线为两条直线的集合

$$\frac{x^2}{p} - \frac{y^2}{q} = 0$$

即

$$\frac{x}{\sqrt{p}} \pm \frac{y}{\sqrt{q}} = 0 \tag{2a}$$

(即图 172 中的 Δ' 和 Δ''). 主平面和曲面的截线为抛物线

$$x^2 = 2pz \text{ 和 } y^2 = -2qz \tag{3}$$

("主抛物线"),分别以 p, q 为参数,它们的轴和 Oz 平行,分别取相反的正向.

平面 $z = h$ 的截线在平面 xOy 上的投影为双曲线.

$$\frac{x^2}{2ph} - \frac{y^2}{2qh} = 1 \tag{4}$$

如果 $h>0$,那么,双曲线的横轴和 Ox 平行,纵轴和 Oy 平行.

这双曲线半轴的长等于

$$a=\sqrt{2ph} \text{ 和 } b=\sqrt{2qh} \tag{5}$$

当 h 递增,半轴无穷增大. 一切这些双曲线都彼此同位相似.

当 $h<0$,方程(4) 可以写作

$$\frac{x^2}{-2ph}-\frac{y^2}{-2qh}=-1,\text{ 即}\frac{x^2}{-2p\mid h\mid}-\frac{y^2}{2q\mid h\mid}=-1$$

由此可知,这双曲线与同一绝对值的正值 h 所得的双曲线共轭. 这些双曲线也分别同位相似.

一切双曲线(当 $h>0$ 和当 $h<0$) 在平面 xOy 上的投影曲线有相同的两条渐近线,即直线(2a).

这双曲面的形状,如图 172 所表示.

平面 $x=x_0$ 和曲面的截线为抛物线,它在平面 yOz 上的投影的方程为

$$\frac{y^2}{q}=-2z+\frac{x_0^2}{p}$$

即

$$y^2=-2q(z-z_0) \tag{6}$$

式中

$$z_0=\frac{x_0^2}{2p} \tag{7}$$

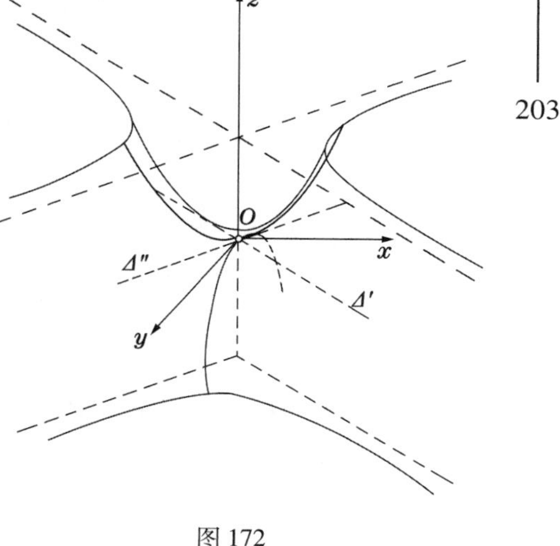

图 172

所有这些抛物线彼此全等,而以 q 为参数. 这些截得的抛物线的顶点都在主抛物线 $x^2=2pz$ 上(在平面 xOz 的方程),它们的轴和 Oz 反向平行.

依同理,平面 $y=y_0$ 与曲面的截线也有相仿的结果.

由此推得双曲抛物面的性质和椭圆抛物面的性质完全相仿(参看 §290 末尾),所差的只是:在现在的情形,移动的抛物线的轴和固定的抛物线的轴平行,但有相反的正向.

我们容易证明:双曲抛物面的一切平截线,或为双曲类型曲线,或为抛物类型曲线(参看习题 2 和 3).

习题和补充

1. 设取直线(2a) 为新轴 Ox',Oy' 的方向,而轴 Oz 不改变. 求证:双曲抛物面在这新坐标系(一般来说,斜角坐标系) 的方程如下式

$$x'y' = kz$$

这里,在狭义坐标情形

$$k = \frac{p+q}{2}$$

证:只要留意在上面所选定的坐标系,恒等式

$$\frac{x^2}{p} - \frac{y^2}{q} = \frac{4x'y'}{p+q}$$

成立;比较 §203.

2. 求证:和轴 Oz 平行的平面与抛物面(1) 的截线或为抛物线,或为直线.

证:设 $y = mx + k$ 为截平面. 截线在平面 xOz 上的投影的方程(比较 §290,习题 1)

$$\left(\frac{1}{p} - \frac{m^2}{q}\right)x^2 - \frac{2mkx}{q} - 2z - \frac{k^2}{q} = 0$$

所以,$A_{33} = 0$,即截线为抛物类型曲线. 判别式 $A = -\frac{1}{p} + \frac{m^2}{q}$. 如果 $m^2 \neq \frac{q}{p}$,我们得抛物线,如果 $m = \pm\sqrt{\frac{q}{p}}$,投影曲线方程化为一次的,它代表一条直线. 在这情形,我们可说截线为两条直线. 其中一条为假直线.

3. 求证:不与轴 Oz 平行的平面与双曲抛物面(1) 的截线为双曲类型曲线.

证:用 §290 习题 2 的记号,得方程

$$\frac{x^2}{p} - \frac{y^2}{q} - 2(mx + ny + k) = 0$$

这曲线的 $A_{33} = -\frac{1}{pq} < 0$;因此,截线属于双曲类型.

Ⅱ. 二级曲面的母直线

本段专论整条在已知二线曲面上的实直线. 因为在特殊曲面的情形(锥面、柱面、两个平面的集合),这个问题的解答十分浅易,所以我们后面所讨论的只是非特殊二级曲面.

§292. 一般的说明　我们已经知道(§267)具有椭圆点的曲面(椭圆面、双叶双曲面、椭圆抛物面)不能含有实直线. 相反地,具有双曲点的曲面(单叶双曲面、双曲抛物面)含有无穷多条实直线.

我们将在下面见到单叶双曲面和双曲抛物面可由运动的直线产生(我们所说的总是实直线). 因此,属于这些曲面的直线叫作母直线,而曲面本身叫作直纹曲面.

关于椭圆面,双叶双曲面和椭圆抛物面不能含有实直线这一点,可以用下面浅易的方法[①]直接说明.

在椭圆面的情形是很明显的,因为椭圆面整个在有限空间,故不可能含有整条直线[②].

在双叶双曲面

$$\frac{x^2}{a^2}+\frac{y^2}{b^2}-\frac{z^2}{c^2}=-1$$

的情形,我们首先知道,和平面 xOy 平行的平截线为椭圆,因此,在这曲面之上,不能含有和平面 xOy 平行的直线. 但一切和平面 xOy 相交的直线,也不能够整条在这曲面上,因为这曲面没有在平面 xOy 邻近的点. 同理,可以说明椭圆抛物面的情形.

最后,为着将来应用,我们作如下的提示:设直线的参数表示(t 为参数)为

$$x=x_0+Xt,\ y=y_0+Yt,\ z=z_0+Zt \tag{1}$$

要使这条直线整条属于曲面 $F(x,y,z)=0$ 的必要且充分条件为(参看 §270)

$$\begin{cases}\varphi(X,Y,Z)=0\\ XF_1(x_0,y_0,z_0)+YF_2(x_0,y_0,z_0)+ZF_3(x_0,y_0,z_0)=0\\ F(x_0,y_0,z_0)=0\end{cases} \tag{2}$$

因此,寻求母直线的问题,在实质上就是讨论这些方程. 注意,由第一个方程,显然可直接推得所有母直线的方向都是渐近方向.

习题和补充

由方程(2)出发,求证:椭圆面、双叶双曲面和椭圆抛物面不能含有(实的)母直线.

证:在椭圆面情形,给了它的标准式方程,那么,方程 $\varphi(X,Y,Z)=0$. 只有

① 在本节习题中,用另一方法证明这定理.

② 直线不能只有一部分属于曲面:我们知道,如果直线和二级曲面有多于两个的公共点,它便整条属于这曲面.

一个实数解答 $X = Y = Z = 0$,这不适合本题的条件(因为,由假设,方向系数 X,Y,Z 中至少有一个不是0).

在双叶双曲面的情形,由(2) 的第一个方程得

$$\frac{X^2}{a^2} + \frac{Y^2}{b^2} - \frac{Z^2}{c^2} = 0$$

由此,显然 $Z \neq 0$,所以,母直线不可能和平面 xOy 平行. 令(x_0,y_0,z_0) 为它和平面 xOy 的交点,则得 $z_0 = 0$. 因此,式(2) 的第三个方程化为下式

$$\frac{x_0^2}{a^2} + \frac{y_0^2}{b^2} = -1$$

它不能有实值解答,因得证明本题.

在椭圆抛物面情形

$$\frac{x^2}{p} + \frac{y^2}{q} - 2z = 0$$

得

$$\frac{X^2}{p} + \frac{Y^2}{q} = 0$$

由此求得 $X = Y = 0$,所以 $Z \neq 0$. 但由式(2) 的第二个方程求得(因为 $F_3 = -1$) $Z = 0$,和上面的结果矛盾.

§293. 单叶双曲面的母直线 在单叶双曲面情形

$$\frac{x^2}{a^2} + \frac{y^2}{b^2} - \frac{z^2}{c^2} = 1$$

§292 方程(2) 化为下式

$$\begin{cases} \dfrac{X^2}{a^2} + \dfrac{Y^2}{b^2} - \dfrac{Z^2}{c^2} = 0 \\ \dfrac{Xx_0}{a^2} + \dfrac{Yy_0}{b^2} - \dfrac{Zz_0}{c^2} = 0 \\ \dfrac{x_0^2}{a^2} + \dfrac{y_0^2}{b^2} - \dfrac{z_0^2}{c^2} = 1 \end{cases} \tag{1}$$

这些方程的第一个说明 $Z \neq 0$(否则便有 $X = Y = Z = 0$);因此,所求的母直线和平面 xOy 相交. 取这交点为点(x_0,y_0,z_0),因而 $z_0 = 0$.

更因我们所考虑的不是数量 X,Y,Z 本身,而是它们的比值,并且,我们知道 $Z \neq 0$,那么,我们为着公式的简化,可设 $Z = c$. 由此,方程(1) 化成下式

$$\frac{X^2}{a^2} + \frac{Y^2}{b^2} = 1,\ \frac{Xx_0}{a^2} + \frac{Yy_0}{b^2} = 0 \tag{2}$$

$$\frac{x_0^2}{a^2} + \frac{y_0^2}{b^2} = 1 \tag{3}$$

我们的问题是求方程(2) 和(3) 的公共解答.

方程(3) 只是表示点$(x_0,y_0,0)$在腰椭圆之上. 用参数表示这椭圆,令

$$x_0 = a\cos\varphi, y_0 = b\sin\varphi \tag{4}$$

取φ的值在区间 0 至 2π 内,这样可得腰椭圆上一切的点. 把这些数值代入式(2) 的第二个方程. 得

$$\frac{X\cos\varphi}{a}+\frac{Y\sin\varphi}{b}=0$$

即

$$\frac{X}{a\sin\varphi}=-\frac{Y}{b\cos\varphi}$$

暂以λ表示上面两比的公共数值,得

$$X = a\lambda\sin\varphi, Y = -b\lambda\cos\varphi$$

把这些数值代入式(2) 的第一个方程,得

$$\lambda^2 = 1, \lambda = \pm 1$$

由此,最后得

$$X = \pm a\sin\varphi, Y = \mp b\cos\varphi \tag{5}$$

在这两式里同时取上号,或同时取下号.

公式(4) 和(5) 为方程(2) 和(3) 的公共解答,用辅助参数φ表示出来.

我们见到,经过腰椭圆上,用已知值φ表示出来的每一点,有两条母直线,它们的方向系数分别为

$$(+a\sin\varphi, -b\cos\varphi, c) \text{ 和 } (-a\sin\varphi, +b\cos\varphi, c)$$

这两条母直线的参数方程为

$$x = a\cos\varphi + ta\sin\varphi,\ y = b\sin\varphi - tb\cos\varphi,\ z = ct \tag{6}$$

和

$$x = a\cos\varphi - ta\sin\varphi,\ y = b\sin\varphi + tb\cos\varphi,\ z = ct \tag{7}$$

(在每条给定的母直线上φ为常数,而t为参变数).

由方程(6) 或(7) 各消去t,则得这两条直线的简化式方程

$$x = a\cos\varphi + z\frac{a}{c}\sin\varphi, y = b\sin\varphi - z\frac{b}{c}\cos\varphi \tag{6a}$$

$$x = a\cos\varphi - z\frac{a}{c}\sin\varphi, y = b\sin\varphi + z\frac{b}{c}\cos\varphi \tag{7a}$$

我们容易证明经过腰椭圆上已知点(x_0,y_0)的两条母直线(6) 和(7) 决定一个平面,这个平面经过腰椭圆在这点的切线,且垂直于腰椭圆的平面.

为此,只需证明母直线(6) 和(7) 在平面xOy上的投影,和腰椭圆相切于点(x_0,y_0). 这切线的方程为

$$\frac{xx_0}{a^2}+\frac{yy_0}{b^2}=1$$

但 $x_0 = a\cos\varphi, y_0 = b\sin\varphi$ 故有

$$\frac{x\cos\varphi}{a} + \frac{y\sin\varphi}{b} = 1 \tag{8}$$

由方程(6a) 消去 z 可得母直线(6a) 在平面 xOy 上的投影的方程. 要由(6a) 消去 z,只需以 $\frac{\cos\varphi}{a}$ 乘它的第一式,以 $\frac{\sin\varphi}{b}$ 乘第二式,相加便得方程(8),因此,证明本题对于母直线(6a) 为真确. 同理可证对于母直线(7a) 也真确.

更且,我们容易证明,所论的母直线和腰椭圆的切线成相等的斜角,即它们和轴 Oz 所成的角相等. 事实上,这两条母线的方向矢量为$(a\sin\varphi, -b\cos\varphi, c)$和$(-a\sin\varphi, b\cos\varphi, c)$,每个方向和轴 Oz 所成的锐角 γ 都适合下式

$$\cos\gamma = \frac{c}{\sqrt{a^2\sin^2\varphi + b^2\cos^2\varphi + c^2}} \tag{9}$$

又两条母直线的夹角 θ,由下面公式决定

$$\cos\theta = \pm\frac{a^2\sin^2\varphi + b^2\cos^2\varphi - c^2}{a^2\sin^2\varphi + b^2\cos^2\varphi + c^2} \tag{9a}$$

在旋转双曲面的特别情形,$a = b$,我们求得 γ 为常数,由下面公式决定

$$\cos\gamma = \frac{c}{\sqrt{a^2 + c^2}},\ 即\ \tan\gamma = \frac{a}{c}$$

再转到一般情形的研究. 我们知道单叶双曲面上有两组母直线(如图 173(a),173(b)):为简便起见,我们把母线(6) 或(6a) 叫作第一组母线;母线(7) 或(7a) 叫作第二组母线.

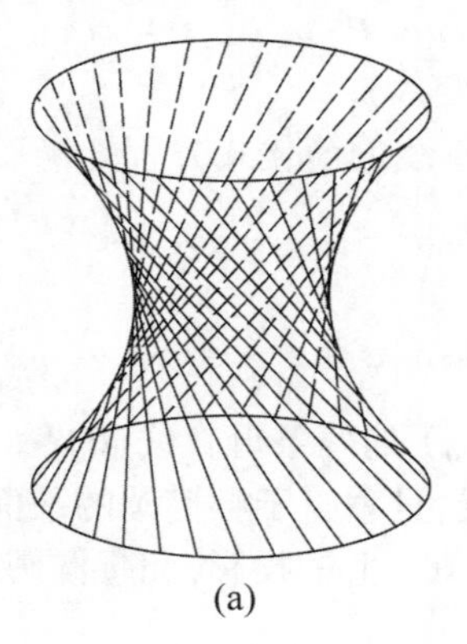

(a)

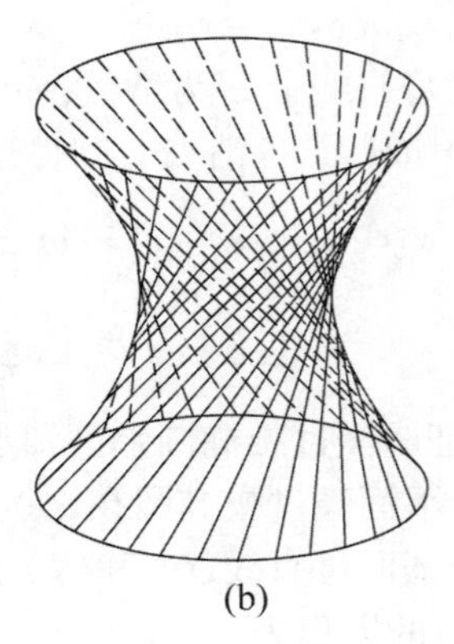

(b)

图 173

现在证明这些母线的几个基本性质：

1. 同在一组的任何两条母线不相交亦不平行(即不在同一平面上).

事实上，设

$$x = a\cos\varphi + z\frac{a}{c}\sin\varphi,\ y = b\sin\varphi - z\frac{b}{c}\cos\varphi$$

和

$$x = a\cos\psi + z\frac{a}{c}\sin\psi,\ y = b\sin\psi - z\frac{b}{c}\cos\psi$$

为第一组里两条母线. 要使这两条直线在同一平面上，必要且充分条件为(参看 §156)

$$0 = \begin{vmatrix} a(\cos\varphi - \cos\psi) & b(\sin\varphi - \sin\psi) \\ \frac{a}{c}(\sin\varphi - \sin\psi) & -\frac{b}{c}(\cos\varphi - \cos\psi) \end{vmatrix}$$

$$= -\frac{ab}{c}\{(\cos\varphi - \cos\psi)^2 + (\sin\varphi - \sin\psi)^2\}$$

但这个条件，只有当

$$\cos\varphi = \cos\psi, \sin\varphi = \sin\psi$$

才有可能. 因为由假设 φ 和 ψ 都介于0至2π之间，所以由上面等式得 $\varphi = \psi$. 因此第一组内两条不相同的母线不能同在一平面上. 依同理可证第二组内两条母线也如此.

2. 第一组的每一条母线，和第二组的每一条母线相交(或平行).

事实上，设

$$x = a\cos\varphi + z\frac{a}{c}\sin\varphi,\ y = b\sin\varphi - z\frac{b}{c}\cos\varphi \tag{10}$$

为第一组的任一条母线，又

$$x = a\cos\psi - z\frac{a}{c}\sin\psi,\ y = b\sin\psi + z\frac{b}{c}\cos\psi \tag{11}$$

为第二组的任一条母线. 它们相交的条件(交点为有限点或无穷远点)是

$$\begin{vmatrix} a(\cos\varphi - \cos\psi) & b(\sin\varphi - \sin\psi) \\ \frac{a}{c}(\sin\varphi + \sin\psi) & -\frac{b}{c}(\cos\varphi + \cos\psi) \end{vmatrix} = 0$$

成为恒等式. 因为左边的行列式等于

$$-\frac{ab}{c}\{(\cos^2\varphi - \cos^2\psi) + (\sin^2\varphi - \sin^2\psi)\}$$

$$= -\frac{ab}{c}(\cos^2\varphi + \sin^2\varphi - \cos^2\psi - \sin^2\psi) = -\frac{ab}{c}(1 - 1) = 0$$

这便证明本题.

特别是,两组的母线,可以相交于无穷远点,即互相平行. 也就是,一组里的每一条母线和其他一组里的一条,且只有一条母线平行.

事实上,如要母线(10) 和(11) 平行,应有

$$\sin\varphi = -\sin\psi, \cos\varphi = -\cos\psi$$

由此 $\varphi = \psi + \pi + 2k\pi$(这里 k 为整数).

所得 φ 和 ψ 的关系说明:这两条母线和腰椭圆的交点为同一直径的两端点.

3. 对于双曲面上每一点,每一组中,必有一条母线经过它. 事实上,设(x_0,y_0,z_0) 为双曲面上任意点,即

$$\frac{x_0^2}{a^2} + \frac{y_0^2}{b^2} - \frac{z_0^2}{c^2} = 1 \tag{12}$$

求证第一组有一条(且只有一条) 母线经过这点. 要使母线(6a) 经过点(x_0,y_0,z_0) 必要且充分条件为

$$x_0 = a\cos\varphi + z_0\frac{a}{c}\sin\varphi, y_0 = b\sin\varphi - z_0\frac{b}{c}\cos\varphi$$

解这方程系求 $\cos\varphi$ 和 $\sin\varphi$(暂时把 $\cos\varphi$ 和 $\sin\varphi$ 看作彼此间没有关系的未知数),得

$$\cos\varphi = \frac{\dfrac{x_0}{a} - \dfrac{y_0 z_0}{bc}}{1 + \dfrac{z_0^2}{c^2}}; \sin\varphi = \frac{\dfrac{y_0}{b} + \dfrac{x_0 z_0}{ac}}{1 + \dfrac{z_0^2}{c^2}} \tag{13}$$

要使有适合这两个等式的角 φ 存在,必须且只需右边的平方和等于1,但这平方和等于

$$\frac{\dfrac{x_0^2}{a^2} + \dfrac{y_0^2}{b^2} + \dfrac{y_0^2 z_0^2}{b^2 c^2} + \dfrac{x_0^2 z_0^2}{a^2 c^2}}{\left(1 + \dfrac{z_0^2}{c^2}\right)^2} = \frac{\dfrac{x_0^2}{a^2} + \dfrac{y_0^2}{b^2}}{1 + \dfrac{z_0^2}{c^2}}$$

而根据方程(12),这分数等于1. 因此,公式(13) 给出一个介于0和2π之间的,完全确定的 φ 值,故本题得证.

同理可得关于第二组母线的证明.

4. 最后应该注意,同组的任意三条母线不能和同一平面平行,事实上,由坐标原点 O 作这三条母线的平行线,便得渐近锥面的三条不相同的母线. 这三条

（锥面的）母线，不能在同一平面上，否则这个平面和二级锥面相交于三条直线，那是不可能的.

由此推得，单叶双曲面可（有两种方法）用运动的直线画成. 为了更明白起见，先作如下提示：

设给定了三条直线 $\Delta_1,\Delta_2,\Delta_3$，其中没有两条在同一平面上，则有无穷多条直线存在，和所有三条直线都相交，即经过 $\Delta_1,\Delta_2,\Delta_3$ 中任何一条直线上的每一点 A，可以作一条且只一条直线，和其他两条直线相交（这里所指的交点可能为无穷远点）.

事实上，例如设点 A 为直线 Δ_1 上的任意点. 经过点 A 和直线 Δ_2,Δ_3 相交的直线，必须在经过点 A 而分别经过 Δ_2,Δ_3 的两个平面 Π' 和 Π'' 上，这两平面显然不平行（它们有公共点 A）也不会叠合（否则 Δ_2 和 Δ_3 共面）. 所以，平面 Π' 和 Π'' 的交线总是存在，而且显然适合所设的条件.

现在回到单叶双曲面的情形. 在这曲面上取同组，例如第一组的三条母线 $\Delta_1,\Delta_2,\Delta_3$. 和所有三条直线 $\Delta_1,\Delta_2,\Delta_3$ 相交的任一直线 Δ' 必为第二组的母线. 事实上，设 A 为 Δ' 和直线 $\Delta_1,\Delta_2,\Delta_3$ 中的一条的交点. 我们知道，经过点 A 可作第二组的一条而且只一条母线；这条母线和所有三条母线 $\Delta_1,\Delta_2,\Delta_3$ 相交（参看上文第 2 点）. 但因经过点 A 只可作一条而且只一条具有这性质的直线，那么，这条母线便和 Δ' 叠合，而本题得证.

如果点 A 沿着母线 $\Delta_1,\Delta_2,\Delta_3$ 中的一条而移动，那么，经过点 A 而且和所有三条母线 $\Delta_1,\Delta_2,\Delta_3$ 相交的直线 Δ'，画成这个双曲面①

这便是说，单叶双曲面是由一条运动的直线 Δ' 所画成的曲面，Δ' 在运动中经常和同组的三条母线相交. 因为这三条母线 $\Delta_1,\Delta_2,\Delta_3$ 可以任由第一组或由第二组选取（但三条必须属于同组），故有两个方法，用直线的连续运动画成所给的双曲面.

下面（§295）即加证明，如果已知任意三条直线，不与同一平面平行，且其中没有两条同在一平面上，那么，和这三条直线相交的动直线，画成一个单叶双曲面.

① 这样我们求得这双曲面上一切的点. 事实上，例如设 A 在直线 Δ_1 上移动. 如果 M_0 为双曲面的任意点，那么，在第二组里，总是有经过点 M_0 的母线 Δ' 存在. 我们知道，这条母线 Δ' 必和 Δ_1 相交于某一点 A_0. 因此，当 A 移行到 A_0 时，我们便得经过 M_0 的直线 Δ'. 但尚须补充说明，第二组经过 M_0 的母线，可能和 Δ_1 平行（我们知道，这样的母线只有一条）；因此，如果实际求得一切的点，必须考虑当 A 移到无穷远处的情形，那时我们假定第二组里的对应母线和 Δ_1 平行.

最后,关于单叶旋转双曲面,还有一点说明. 在这情形($a = b$),腰椭圆化为一个(腰) 圆. 设 M 为这圆上一点,而 Δ 为在一组内经过 M 的母线. 我们知道 Δ 在垂直于平面 xOy 而与这圆相切于 M 的平面上,因此,Δ 和半径 OM 垂直;此外,我们知道它和这圆的平面成一定的角.

根据上面所说,显然地,设有图形由轴 Oz 和直线 Δ 组成. 将这图形绕着 Oz 旋转,那么,直线 Δ 画成一个旋转双曲面.

一般来说,如果图形由两条不相交,不平行,也不垂直的两直线组成,把这个图形绕着其中一条直线旋转,那么,其他一条直线画成单叶旋转双曲面.

§294. 双曲抛物面的母直线 我们再来求双曲抛物面

$$\frac{x^2}{p} - \frac{y^2}{q} - 2z = 0 \tag{1}$$

的母直线.

我们知道,在和平面 xOy 平行的平面中,只有平面 xOy 本身,才和曲面(1) 相交于直线;其他的平面和它相交于双曲线. 这就是说,曲面(1) 的一切母直线都和平面 xOy 相交(或整条在这平面上). 因此,在母线的参数表示式内

$$x = x_0 + Xt, y = y_0 + Yt, z = z_0 + Zt$$

我们总可设 $z_0 = 0$,即取这条母线和平面 xOy 的交点作为点(x_0, y_0, z_0).

依照这选择,§292 方程(2) 取得下式

$$\frac{X^2}{p} - \frac{Y^2}{q} = 0,\ \frac{Xx_0}{p} - \frac{Yy_0}{q} - Z = 0,\ \frac{x_0^2}{p} - \frac{y_0^2}{q} = 0 \tag{2}$$

从第三个方程得

$$\frac{x_0}{\sqrt{p}} = \pm \frac{y_0}{\sqrt{q}}$$

又用 λ 表这个公共比值,得

$$x_0 = \lambda\sqrt{p}, y_0 = \pm\lambda\sqrt{q} \tag{3}$$

更且,从式(2) 的第一个方程得

$$\frac{X}{\sqrt{p}} = \mp \frac{Y}{\sqrt{q}}$$

我们见到 X 和 Y 都不能等于 0,否则由上面方程和式(2) 的第二个方程得 $X = Y = Z = 0$,这是不可能的. 又因为我们只考虑 X, Y, Z 的比值,那么,可设 $\frac{X}{\sqrt{p}} = 1$,则由于上面最后一个公式得

$$X = \sqrt{p}, Y = \mp\sqrt{q} \tag{3a}$$

暂时把 $Z=0$ 的情形除外(那时相对应的两条母线在平面 xOy 上),则在公式(3) 和(3a) 里显然要同时取上号,或同时取下号,因为不如此则由式(2) 的第二式便得 $Z=0$.

把式(3) 和(3a) 的数值代入式(2) 的第二个方程,得

$$Z=2\lambda$$

于是最后得

$$x_0=\lambda\sqrt{p},\ y_0=\pm\lambda\sqrt{q}$$

$$X=\sqrt{p},Y=\mp\sqrt{q},Z=2\lambda$$

这里同时取上号或同时取下号.

对应于每个已知值 λ 有两条母线

$$x=\lambda\sqrt{p}+t\sqrt{p},\ y=\lambda\sqrt{q}-t\sqrt{q},\ z=2\lambda t \tag{4}$$

和

$$x=\lambda\sqrt{p}+t\sqrt{p},\ y=-\lambda\sqrt{q}+t\sqrt{q},\ z=2\lambda t \tag{5}$$

消去 t,得这两条母线的简化方程

$$x=\lambda\sqrt{p}+\frac{\sqrt{p}}{2\lambda}z,y=\lambda\sqrt{q}-\frac{\sqrt{q}}{2\lambda}z \tag{4a}$$

和

$$x=\lambda\sqrt{p}+\frac{\sqrt{p}}{2\lambda}z,y=-\lambda\sqrt{q}+\frac{\sqrt{q}}{2\lambda}z \tag{5a}$$

我们曾把 $Z=0$ 的情形除外,那时两条母线在平面 xOy 上. 但显然在方程(4) 和(5) 里,令 $\lambda=0$,我们也可求得这两条母线

$$x=t\sqrt{p},y=-t\sqrt{q},z=0$$

和

$$x=t\sqrt{p},y=t\sqrt{q},z=0$$

也即是

$$\frac{x}{\sqrt{p}}=-\frac{y}{\sqrt{q}},\ z=0\ \text{和}\ \frac{x}{\sqrt{p}}=\frac{y}{\sqrt{q}},\ z=0$$

我们同意假定当 $\lambda=0$ 时,方程(4a),(5a) 所代表的母线,和上面两条直线一致. 这样我们便可断言在(4a) 和(5a) 里,令 λ 取一切可能的数值,可得这抛物面上一切可能的母线.

我们把母线(4a) 叫作第一组母线,母线(5a) 为第二组母线.

和双曲面情形相反,抛物面上属于同一组的一切母线都和同一平面平行. 即第一及第二组的母线,分别平行于平面

$$\frac{x}{\sqrt{p}}+\frac{y}{\sqrt{q}}=0 \text{ 及 } \frac{x}{\sqrt{p}}-\frac{y}{\sqrt{q}}=0 \tag{6}$$

这两个平面经过抛物面的轴并经过相交于顶点的两条母线.

例如,要证明第一组母线适合于上述情形,只需以$\sqrt{p}$和$\sqrt{q}$分别除方程(4a)然后相加,就得平面方程

$$\frac{x}{\sqrt{p}}+\frac{y}{\sqrt{q}}=2\lambda$$

这平面必含母线(4a) 而且它又和式(6) 的第一个平面平行. 同样得证第二组母线的情形.

由此附带推得,第一组和第二组的母线互不相同,因为它们分别和式(6) 里两个不相同的平面平行①.

更容易证明母线(4a) 和(5a) 有如下性质,这些性质和双曲面上母线的性质相仿(图 174):

1. 同组的母线不相交也不平行. 事实上,设第一组的两条母线

$$x=\lambda\sqrt{p}+\frac{\sqrt{p}}{2\lambda}z$$

$$y=\lambda\sqrt{q}-\frac{\sqrt{q}}{2\lambda}z$$

和

$$x=\mu\sqrt{p}+\frac{\sqrt{p}}{2\mu}z$$

$$y=\mu\sqrt{q}-\frac{\sqrt{q}}{2\mu}z$$

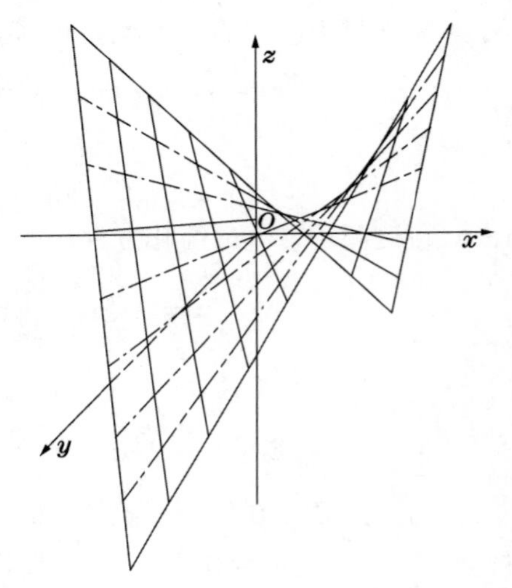

图 174

相交或平行,那么,我们就有(比较 §293)

$$\begin{vmatrix} \sqrt{p}(\lambda-\mu) & \sqrt{q}(\lambda-\mu) \\ \frac{\sqrt{p}}{2}\left(\frac{1}{\lambda}-\frac{1}{\mu}\right) & -\frac{\sqrt{q}}{2}\left(\frac{1}{\lambda}-\frac{1}{\mu}\right) \end{vmatrix}=\frac{\sqrt{pq}(\lambda-\mu)^2}{\lambda\mu}=0$$

① 一条母线不能同时和式(6) 中的两条平面平行,因为否则它和这两平面的交线平行,即和轴 Oz 平行. 但显然没有和轴 Oz 平行的母线存在. 事实上,如果在方程(2) 会有 $X=Y=0$,那么,便有 $Z=0$,而这是不可能的.

但只有当 $\lambda=\mu$ 时,才有这可能.

2. 不同组的两条母线必相交(或平行),事实上,设两组的母线为

$$x=\lambda\sqrt{p}+\frac{\sqrt{p}}{2\lambda}z,y=\lambda\sqrt{q}-\frac{\sqrt{q}}{2\lambda}z$$

和

$$x=\mu\sqrt{p}+\frac{\sqrt{p}}{2\mu}z,y=-\mu\sqrt{q}+\frac{\sqrt{q}}{2\mu}z$$

它们相交的条件,就是行列式

$$\begin{vmatrix}\sqrt{p}(\lambda-\mu) & \sqrt{q}(\lambda+\mu)\\ \frac{\sqrt{p}}{2}\left(\frac{1}{\lambda}-\frac{1}{\mu}\right) & -\frac{\sqrt{q}}{2}\left(\frac{1}{\lambda}+\frac{1}{\mu}\right)\end{vmatrix}$$

等于 0. 但我们容易证明,事实上,对于一切的 λ 和 μ,这行列式都等于 0.

3. 每组有一条母线经过抛物面上每一点. 事实上,设 (x_0,y_0,z_0) 为抛物面上任一点. 要使母线(4a) 经过这点,λ 应该适合条件

$$x_0=\lambda\sqrt{p}+\frac{\sqrt{p}}{2\lambda}z_0,y_0=\lambda\sqrt{q}-\frac{\sqrt{q}}{2\lambda}z_0$$

以 $\sqrt{p}$ 除第一式,以 $\sqrt{q}$ 除第二式,然后相加,得

$$\lambda=\frac{1}{2}\left(\frac{x_0}{\sqrt{p}}+\frac{y_0}{\sqrt{q}}\right)$$

我们直接代入,并应用关系

$$\frac{x_0^2}{p}-\frac{y_0^2}{q}=2z_0$$

容易证明这数值 λ 适合上面两个方程.

关于第二组母线的证明,和此完全相仿.

由上所述推得(比较 §293 相仿的结论),如果在同一组中任取三条母线,那么,和这三条母线相交的各直线为第二组的母线,而且由这些直线的运动,画成整个曲面.

在现在的情形除了用这个方法产生曲面之外,还可另举一个较为简单的方法.

设 $\boldsymbol{\Delta}_1$ 和 $\boldsymbol{\Delta}_2$ 为同一组(例如第一组) 内任意两条母线,则因第二组内任一母线都和两条母线 $\boldsymbol{\Delta}_1$ 和 $\boldsymbol{\Delta}_2$ 相交而且和固定平面

$$\frac{x}{\sqrt{p}}-\frac{y}{\sqrt{q}}=0$$

平行,由此推知:双曲抛物面可由一条运动的直线产生,这直线常和两条固定直线相交,并且和一个固定的平面保持平行.

产生已知曲面的这类方法有两,即可将第一组或第二组的母线运动把曲面画出.第一组及第二组的运动母线分别和式(6)中的一个平面平行.因此这两个平面叫作抛物面的方向平面.

§295. 已知三条母线,求作二级直纹曲面的方法 设任给三条直线 Δ_1, Δ_2, Δ_3,其中任何两条都不在同一平面上.今证明和这三条直线相交,而且沿着它们滑动的直线,也许画成一个单叶双曲面(如果 Δ_1, Δ_2, Δ_3,不和同一平面平行),也许画成一个双曲抛物面(如果 Δ_1, Δ_2, Δ_3 和同一平面平行).

事实上,在直线 Δ_1, Δ_2, Δ_3 的每一条上各取三点(任意选取).我们知道(§263)经过这九点总是有一个二级曲面 $\sum$ 存在.又因为这曲面和直线 Δ_1, Δ_2, Δ_3 中的每一条有三个公共点,所以,它把这些直线整条包含在内.

因为在各种二级曲面之中,只有单叶双曲面和双曲抛物面才能含有三条直线,每二条都不在同一平面上,所以这样画成的曲面必为单叶双曲面或双曲抛物面,而 Δ_1, Δ_2, Δ_3 为属于同一组的母线.

由上述曲面的母线性质推得,如果 Δ_1, Δ_2, Δ_3 不和同一平面平行,则得单叶双曲面;如果它们和同一平面平行,则得双曲抛物面.

更且,由前面两节所述,可知沿着 Δ_1, Δ_2, Δ_3 滑动的直线 Δ 画成曲面 $\sum$,而本题到此完全证明.

依同理容易证明:设两直线 Δ_1, Δ_2 不在同一平面上,又设平面 Π 不和这两条中的任何一条直线平行,那么,沿着 Δ_1, Δ_2 滑动又和 Π 平行的直线 Δ,画成一个双曲抛物面.

欲得证明,只需取三条直线 Δ', Δ'', Δ''' 和平面 Π 平行,又和两直线 Δ_1, Δ_2 相交.根据上面所说,以 Δ', Δ'', Δ''' 为同一组母线,总可作一个二级曲面,而且这曲面必为双曲抛物面.

直线 Δ_1 和 Δ_2 为这曲面的两条母线,而沿着它们滑动且和平面 Π 平行的直线,画成这曲面.

Ⅲ. 二级曲面的圆截口

§293. 引言 一个从许多观点看来富有兴趣的问题是:在哪些情形下,二级曲面的平截线为一个圆(圆截口).

在进行寻求圆截口之前,首先留意下面的要点:如果有某平面 Π 和已知二级曲面相交于一圆,那么,Π 的一切平行平面和这曲面的交线都是圆(如果交线为实曲线). 这条命题为 §285 命题的直接推论. 但我们也可依照 §285 的方法. 再行把它证明一次.

暂取一个(直角)坐标系,使平面 xOy 和平面 Π 平行. 则在这坐标系,平面 Π 的方程如下式

$$z = h \tag{1}$$

设在这坐标系,已知曲面的方程为

$$\begin{aligned} &a_{11}x^2 + a_{22}y^2 + a_{33}z^2 + 2a_{23}yz + 2a_{31}zx + \\ &2a_{12}xy + 2a_{14}x + 2a_{24}y + 2a_{34}z + a_{44} \\ &= 0 \end{aligned} \tag{2}$$

令 $z = h$,则得所论的截线在平面 xOy 上的投影的方程. 在这个方程中 x^2,y^2 和 xy 的系数分别为 a_{11},a_{22},$2a_{12}$. 要使所论的曲线为圆,必须且只需

$$a_{11} = a_{22}, a_{12} = 0 \tag{3}$$

这条件显然与 h 完全无关,故若对于一个已知数值 h,这条件成立,那么,对于其他一切的值,它也成立. 而本题得证.

但须留意,当条件(3)成立时,交线也可能为虚线. 如果所讨论的只以实曲线为限,那么,我们必须这样说,和 Π 平行且和已知曲面相交于实曲线的一切平面,和这曲面的交线为圆.

由上所说,更得一个重要推论:如果在两个二级曲面的方程里(对于任一个而且同一个坐标系)二次项的系数分别相等,那么,和一个曲面相交得圆截口的平面,也和其他一个曲面相交得圆截口.

事实上,在这情形下,两个方程的二次项仍旧彼此一致,如果我们改用其他任何坐标系[①],特别是当改为一个(直角)坐标系,且它的平面 xOy 和一个曲面的圆截口平面平行时. 但在这情形,有一个曲面取得条件(3),所以这条件也适用于其他一个曲面,而本题得证.

由此,我们可以立即说,例如两个共轭双曲面和它们的渐近锥面. 如果一个平面截其中一个曲面得圆截口,则它和所有三个曲面的截线都是圆截口.

---

① 我们假定这些曲面的方程已化为 $F(x,y,z) = 0$ 的形式,而且当变换坐标时,我们只限于用新坐标的表示式代入多项式 $F(x,y,z)$ 里的 x,y,z(不经过约简或用常数因子去乘这些方程).

这里须作和上面相仿的附带声明:可能遇到这样的情形,即平面和所论曲面中的一个相交于一圆,而和其他一个曲面完全不相交(相交于虚圆).但如果这平面和其他曲面相交于实曲线,则该曲线必为圆.

§297. 有中心二级曲面的圆截口 我们首先找寻有中心二级曲面(椭圆面,两种双曲面和锥面)的圆截口.暂时把锥面的情形除外,则所有这些曲面的方程,可以表如下式

$$\frac{x^2}{\alpha}+\frac{y^2}{\beta}+\frac{z^2}{\gamma}=1 \tag{1}$$

设有任一个平面和曲面(1)相交于圆.则经过坐标原点(中心)而平行于该平面的平面,也和这曲面相交于圆(根据 §296 所述),只要这条交线为实曲线.但在椭圆和单叶双曲面的情形,经过中心的一切平面,显然和曲面相交于实曲线.

故在椭圆面和单叶双曲面的情形,我们只需找寻那些经过中心而和曲面相交得圆截口的平面.其他一切圆截口的平面,都和它们平行.

因此,设有圆截口,它的平面经过坐标原点,它的半径为 r.

以坐标原点为中心,r 为半径作球面.那么,这球面经过这条圆截口.这球面的方程为

$$\frac{x^2}{r^2}+\frac{y^2}{r^2}+\frac{z^2}{r^2}=1 \tag{2}$$

所求圆截口上的点应该同时适合方程(1)和(2),因此,也适合由它们相减而得的方程,即方程

$$\left(\frac{1}{\alpha}-\frac{1}{r^2}\right)x^2+\left(\frac{1}{\beta}-\frac{1}{r^2}\right)y^2+\left(\frac{1}{\gamma}-\frac{1}{r^2}\right)z^2=0 \tag{3}$$

方程(3)所表示的二级曲面为一个锥面,以坐标原点为顶点,它含有圆截口的平面,作为它的一部分.事实上,设(x_0,y_0,z_0)为圆截口上的任一点,那么,这点必在锥面(3)上,因此,经过坐标原点和这点的直线,全条在锥面(3)上.所以这锥面包含所有经过 O 而在圆截口的平面上的一切直线,即是这个圆截口的平面整个属于锥面(3).

但我们知道,在这情形,曲面(3)应分解为两个平面,而分解为两个平面的必要且充分条件为方程(3)的左边含有三个变数 x,y,z 的二次方式的判别式等于0.这判别式为

$$\begin{vmatrix} \frac{1}{\alpha}-\frac{1}{r^2} & 0 & 0 \\ 0 & \frac{1}{\beta}-\frac{1}{r^2} & 0 \\ 0 & 0 & \frac{1}{\gamma}-\frac{1}{r^2} \end{vmatrix} = \left(\frac{1}{\alpha}-\frac{1}{r^2}\right)\left(\frac{1}{\beta}-\frac{1}{r^2}\right)\left(\frac{1}{\gamma}-\frac{1}{r^2}\right)$$

所以应有

$$\left(\frac{1}{\alpha}-\frac{1}{r^2}\right)\left(\frac{1}{\beta}-\frac{1}{r^2}\right)\left(\frac{1}{\gamma}-\frac{1}{r^2}\right) = 0 \tag{4}$$

现在分别讨论椭圆面和双曲面的情形：

1. 在椭圆面情形，有

$$\alpha = a^2, \beta = b^2, \gamma = c^2 \tag{5}$$

设

$$a > b > c \tag{6}$$

由方程(4) 求得 r 的三个数值

$$r = a, r = b, r = c$$

当 $r = a$，方程(3) 化为下式

$$\left(\frac{1}{b^2}-\frac{1}{a^2}\right)y^2 + \left(\frac{1}{c^2}-\frac{1}{a^2}\right)z^2 = 0$$

因为 y^2 和 z^2 的系数同号，所以只有轴 Ox 上的点（即当 $y = z = 0$）才能适合这方程，因而它不能代表两个实平面的集合（它代表相交于实直线的两个虚平面的集合）. 当 $r = c$ 时也得同一结果.

剩下还需讨论 $r = b$ 的情形，在这情形，方程(3) 取得下式

$$\left(\frac{1}{a^2}-\frac{1}{b^2}\right)x^2 + \left(\frac{1}{c^2}-\frac{1}{b^2}\right)z^2 = 0$$

即

$$\left(\frac{1}{b^2}-\frac{1}{a^2}\right)x^2 - \left(\frac{1}{c^2}-\frac{1}{b^2}\right)z^2 = 0$$

因为

$$\frac{1}{b^2}-\frac{1}{a^2} > 0, \frac{1}{c^2}-\frac{1}{b^2} > 0$$

所以，这方程代表两个实平面的集合

$$\begin{aligned} x\sqrt{\frac{1}{b^2}-\frac{1}{a^2}} - z\sqrt{\frac{1}{c^2}-\frac{1}{b^2}} &= 0 \\ x\sqrt{\frac{1}{b^2}-\frac{1}{a^2}} + z\sqrt{\frac{1}{c^2}-\frac{1}{b^2}} &= 0 \end{aligned} \tag{7}$$

它们经过椭圆面的中轴,而与长轴(或短轴)成相等的斜角.

其他一切圆截口的平面,分别和这两平面平行.

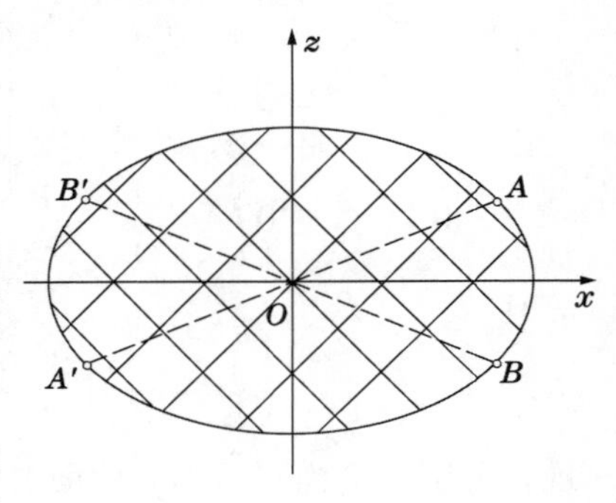

图 175

这样,我们求得两组圆截口,它们的平面,分别和式(7)中的两个平面之一平行.图 175 表示在平面 xOz 上的主椭圆和圆截口平面(垂直于平面 xOz)在平面 xOz 上的截痕.这些截痕组成主椭圆的两组平行弦.这些圆截口的圆心,显然落在这些弦的中点上,因此,同组的圆截口的圆心在同一直线上,即在平面 xOz 上的主椭圆的直径上,这条直径和其他一组相当圆截口的截痕的方向共轭.圆截口的圆心所在的直线 AA' 和 BB' 与椭圆面相交于四点 A,A',B,B'.它们叫作圆点和脐点.

在扁旋转椭圆面(扁球面,$a = b > c$),式(7)的两个平面合并为一个平面 $z = 0$,我们只得一组圆截线垂直于旋转轴;脐点(这里只有两个)和旋转轴的两端点叠合.在长旋转椭圆面(长球面,$a > b = c$)也有相类似的结果.最后,在 $a = b = c$ 的情形,椭圆面化为球面,而一切截口都是圆,在这情形,球面上一切的点都是脐点.

2. 在单叶双曲面情形,有

$$\alpha = a^2, \beta = b^2, \gamma = -c^2$$

所以,r 只能够取两个实数值:$r = a$ 和 $r = b$.假定 $a > b$.

由此,依照上面一样,我们容易确定:只当 $r = a$ 时,曲面(3)分解为两个实的平面,那时它的方程为

$$\left(\frac{1}{b^2} - \frac{1}{a^2}\right)y^2 - \left(\frac{1}{c^2} + \frac{1}{a^2}\right)z^2 = 0$$

它分解为两个一次方程

$$\begin{aligned} y\sqrt{\frac{1}{b^2} - \frac{1}{a^2}} - z\sqrt{\frac{1}{c^2} + \frac{1}{a^2}} = 0 \\ y\sqrt{\frac{1}{b^2} - \frac{1}{a^2}} + z\sqrt{\frac{1}{c^2} + \frac{1}{a^2}} = 0 \end{aligned} \tag{8}$$

因此,圆截口的两个平面(8),经过腰椭圆的长轴,而和腰椭圆的平面成相等的斜角.其他一切的圆截口平面,分别和上述的两平面平行.因此在这里我们也有两组圆截口.

圆截口的平面在平面 yOz 上的截痕组成平面 yOz 上的主双曲线的两组平行弦. 圆截口的圆心,显然落在主双曲线的两条直径上,它们和上述的两组弦分别成共轭. 因为这些弦和双曲线相交于实点,所以,这两直径不和它相交(和共轭双曲线相交).

在单叶旋转双曲面($a=b$)的情形,式(8)的两个平面合并为一个平面 $z=0$,我们只得一组圆截口,它们的平面和旋转轴垂直,它们的圆心在旋转轴上.

3. 现在讨论双叶双曲面

$$\frac{x^2}{a^2}+\frac{y^2}{b^2}-\frac{z^2}{c^2}=-1 \qquad (*)$$

根据 §296 所述,我们容易见到,凡是这个双叶双曲面的圆截口的平面,都是和它共轭的单叶双曲面的圆截口的平面. 那个单叶双曲面的方程为

$$\frac{x^2}{a^2}+\frac{y^2}{b^2}-\frac{z^2}{c^2}=1 \qquad (**)$$

反过来说,单叶双曲面(**)的圆截口平面,也是双叶双曲面(*)的圆截口平面,只要它们相交于实曲线.

因此,双叶双曲面的圆截口平面,和平面(8)里的一个平面平行. 就一般来说,它们是和这双曲面相交的. 因此,我们求得两组圆截口.

一如上文所述,联结这些圆心的直线,在平面 yOz 之上,而且和所给的双叶双曲面(*)相交于四点. 这四点叫作圆点或脐点.

在双叶旋转双曲面($a=b$)的情形,这两组圆截口合并为一组,而脐点(共有两个)和旋转双曲面的顶点叠合.

4. 我们也容易求得锥面

$$\frac{x^2}{a^2}+\frac{y^2}{b^2}-\frac{z^2}{c^2}=0 \qquad (***)$$

的圆截口.

事实上,根据 §296 所述,这些圆截口的平面和单叶双曲面(**)所有的圆截口平面相同.

如果取圆截口中的一个圆为准线,那么,我们可见一切二级锥面(***),都可看作"斜圆锥",即作为经过一个定点和一个定圆的直线的轨迹.

在 $a=b$(正圆锥面)的情形,两组圆截口合并为一组.

§298. 椭圆抛物面和椭圆柱面的圆截口　我们尚须讨论的,只剩下了椭圆抛物面和椭圆柱面的圆截口,因为双曲抛物面、抛物柱面和双曲柱面都不可

能有圆截口. 事实上,我们知道,双曲抛物面的一切平截口都是抛物类型或双曲类型的曲线. 同样,抛物柱面和双曲柱面显然也没有圆截口.

所以我们讨论椭圆抛物面

$$\frac{x^2}{p}+\frac{y^2}{q}=2z \tag{1}$$

根据 §296 所说,凡是和曲面(1) 相交于圆截口的平面,也和椭圆柱面

$$\frac{x^2}{p}+\frac{y^2}{q}=1 \tag{2}$$

相交于圆截口.

又根据 §296 所述,我们只需寻求那些经过坐标原点的平面的圆截口. 设 r 为这样一个圆截口的半径,并设方程

$$\frac{x^2}{r^2}+\frac{y^2}{r^2}+\frac{z^2}{r^2}=1 \tag{3}$$

代表通过这个截口且中心在坐标原点的球面. 由式(2) 减去式(3) 得方程

$$\left(\frac{1}{p}-\frac{1}{r^2}\right)x^2+\left(\frac{1}{q}-\frac{1}{r^2}\right)y^2-\frac{z^2}{r^2}=0 \tag{4}$$

所求截口上的点,应该适合这方程. 依照 §297 所述,我们断定 r 应该适合方程

$$\left(\frac{1}{p}-\frac{1}{r^2}\right)\left(\frac{1}{q}-\frac{1}{r^2}\right)\cdot\frac{1}{r^2}=0$$

由此推得 $r^2=p$ 或 $r^2=q$.

设 $p>q$,则我们容易见到,当 $r^2=q$ 时,锥面(4) 不可能分解为两个实平面. 故只需假定 $r^2=p$,那时方程(4) 可以写作

$$\left(\frac{1}{q}-\frac{1}{p}\right)y^2-\frac{z^2}{p}=0$$

它代表两个实平面

$$y\sqrt{\frac{1}{q}-\frac{1}{p}}-z\sqrt{\frac{1}{p}}=0 \text{ 和 } y\sqrt{\frac{1}{q}-\frac{1}{p}}+z\sqrt{\frac{1}{p}}=0 \tag{5}$$

它们都经过柱面的横截口椭圆

$$\frac{x^2}{p}+\frac{x^2}{q}=1$$

的长轴,并和这横截面成相等的斜角.

其他截得圆截口的一切平面,都和式(5) 中的一个平面平行. 因此,在椭圆柱面上有两组圆截口,它们和这圆柱面的横截面成相等的斜角. 在圆柱面的情形,这两组合并为一组.

我们转而讨论抛物面(1). 根据上面所述,这抛物面的圆截口平面,都和式(5) 中的一个平面平行,而且和这抛物面相交.

在平面 yOz 上,这些圆截口平面的截痕,为抛物线 $y^2 = 2qz$ 的弦;圆截口的圆心在这些弦的中点上,即在与它们的公共方向成共轭的直径上. 因此,在平面 yOz 上,我们有两条直线和轴平行. 圆截口的圆心,都在这两条直线之上. 它们和抛物面相交于两点,叫作脐点.

在旋转抛物面情形($p = q$),只有一组圆截口,圆心在旋转轴上. 它只有一个脐点,即抛物面的顶点.

附录 关于一次方式和二次方式的基本知识

在本附录里,我们将叙述本书中所用到的一次方式、二次方式和双一次方式的性质. 我们假定读者已经通晓行列式的初步理论,但在第一段里,仍然追述行列式的某些基本性质,有时并将加以证明.

Ⅰ. 行列式和表(矩阵)

§1. 行列式的某些性质 我们已经知道,n 级行列式为

$$A = \begin{vmatrix} a_{11} & a_{12} & \cdots & a_{1n} \\ a_{21} & a_{22} & \cdots & a_{2n} \\ \vdots & \vdots & & \vdots \\ a_{n1} & a_{n2} & \cdots & a_{nn} \end{vmatrix} \tag{1}$$

由 n^2 个元组成,这些元的位置,排成 n 行 n 列的表

$$\begin{matrix} a_{11} & a_{12} & \cdots & a_{1n} \\ a_{21} & a_{22} & \cdots & a_{2n} \\ \vdots & \vdots & & \vdots \\ a_{n1} & a_{n2} & \cdots & a_{nn} \end{matrix} \tag{2}$$

所有的元都用同一个字母(这里用 a 字)为记号,附加两个下标. 第一个下标表示这元所属的行,第二个下标表示它所属的列.

现在追述下面几个概念.

设由行列式(1)里,弃掉第 i 行和第 k 列,即弃掉相交于元 a_{ik} 的一行和一列则得一个$(n-1)$级行列式,它叫作在行列式 A 里,元 a_{ik} 的子式. 子式配上了用下面的法则规定的符号叫作元 a_{ik} 的代数余子式.

这个规定符号的法则如下:

如果 i 和 k 的奇偶性相同①,那么,子式取正号;但如果 i 和 k 的奇偶性不相

① 即两个都是奇数或两个都是偶数.

同[1],那么,它取负号.

例如,在三级行列式

$$\begin{vmatrix} a_{11} & a_{12} & a_{13} \\ a_{21} & a_{22} & a_{23} \\ a_{31} & a_{32} & a_{33} \end{vmatrix}$$

最后一行各元(即元 a_{31},a_{32},a_{33})的子式,分别为

$$\begin{vmatrix} a_{12} & a_{13} \\ a_{22} & a_{23} \end{vmatrix},\begin{vmatrix} a_{11} & a_{13} \\ a_{21} & a_{23} \end{vmatrix},\begin{vmatrix} a_{11} & a_{12} \\ a_{21} & a_{22} \end{vmatrix}$$

而这些元的代数余子式分别为

$$A_{31} = \begin{vmatrix} a_{12} & a_{13} \\ a_{22} & a_{23} \end{vmatrix},A_{32} = -\begin{vmatrix} a_{11} & a_{13} \\ a_{21} & a_{23} \end{vmatrix},A_{33} = \begin{vmatrix} a_{11} & a_{12} \\ a_{21} & a_{22} \end{vmatrix}$$

一般用 A_{ik} 代表在行列式 A 里元 a_{ik} 的代数余子式.

如果 $a_{ij} = a_{ji}$,即如果对于"主对角线"(由左上方到右下方)在对称位置的元两两相等,这行列式叫作对称行列式.我们容易见到,在对称行列式的情形

$$A_{ij} = A_{ji}$$

我们列举行列式的著名性质如下(有时略加证明):

1° 如果把行列式的行和列对调(即改行为列,改列为行,而不改变它们的次序),那么,这行列式的数值不变.

2° 如果两行(或两列)互换位置,那么,这行列式变号.

3° 如果在行列式里,有两行(或两列)相同,那么,这行列式等于0(这性质显然可由前第2°点直接推得).

4° 行列式 A 等于任何一行(或列)的各元分别乘上它们的代数余子式而后相加的总和.这个命题可用公式表达如下:

设取第 k 行为例;由上所说得

$$A = a_{k1}A_{k1} + a_{k2}A_{k2} + \cdots + a_{kn}A_{kn} \tag{3}$$

或简写作

$$A = \sum_{i=1}^{n} a_{ki}A_{ki} \tag{3a}$$

(按各个 i 值求总和).

---

[1] 即有一个是偶数,其他一个是奇数.

依同理,如果改取第 k 列,那么

$$A = a_{1k}A_{1k} + a_{2k}A_{2k} + \cdots + a_{nk}A_{nk} = \sum_{i=1}^{n} a_{ik}A_{ik} \tag{4}$$

公式(3) 或(4) 分别表示依照第 k 行或第 k 列将行列式展开.

如果在公式(3) 的右边,把第 k 行各元 $a_{k1}, a_{k2}, \cdots, a_{kn}$ 改为第 l 行的各元 $a_{l1}, a_{l2}, \cdots, a_{ln}$,那么,我们所得的便不是行列式 A,而是一个内有两行相同(即这个新行列式的第 k 行和第 l 行全同) 的行列式. 所以这个新行列式等于0. 因此得

$$a_{l1}A_{k1} + a_{l2}A_{k2} + \cdots + a_{ln}A_{kn} = 0(\text{当 } l \neq k) \tag{5}$$

两个结果(3) 和(5),可以合用一个公式来表达

$$a_{l1}A_{k1} + a_{l2}A_{k2} + \cdots + a_{ln}A_{kn} = \begin{cases} A, \text{当 } l = k \\ 0, \text{当 } l \neq k \end{cases} \tag{6}$$

依同理,依照第 k 列各元展开行列式,得

$$a_{1l}A_{1k} + a_{2l}A_{2k} + \cdots + a_{nl}A_{nk} = \begin{cases} A, \text{当 } l = k \\ 0, \text{当 } l \neq k \end{cases} \tag{7}$$

5° 如果行列式的某一行的各元都可表作两项的和,那么,这个行列式等于两个行列式的和. 这两个行列式各由原行列式得来,第一个行列式在所述一行里,只取原行列式各元的第一项,第二个行列式在所述一行里,只取第二项. 这命题可由公式(4) 直接推证.

把行和列对调,也得相仿的命题.

例

$$\begin{vmatrix} a_{11} & a_{12} & a_{13} + b_{13} \\ a_{21} & a_{22} & a_{23} + b_{23} \\ a_{31} & a_{32} & a_{33} + b_{33} \end{vmatrix} = \begin{vmatrix} a_{11} & a_{12} & a_{13} \\ a_{21} & a_{22} & a_{23} \\ a_{31} & a_{32} & a_{33} \end{vmatrix} + \begin{vmatrix} a_{11} & a_{12} & b_{13} \\ a_{21} & a_{22} & b_{23} \\ a_{31} & a_{32} & b_{33} \end{vmatrix}$$

$$\begin{vmatrix} a_{11} & a_{12} & a_{13} \\ a_{21} & a_{22} & a_{23} \\ a_{31} + b_{31} & a_{32} + b_{32} & a_{33} + b_{33} \end{vmatrix} = \begin{vmatrix} a_{11} & a_{12} & a_{13} \\ a_{21} & a_{22} & a_{23} \\ a_{31} & a_{32} & a_{33} \end{vmatrix} + \begin{vmatrix} a_{11} & a_{12} & a_{13} \\ a_{21} & a_{22} & a_{23} \\ b_{31} & b_{32} & b_{33} \end{vmatrix}$$

6° 用同一因子遍乘行列式里任一行(或列) 的各元,所得结果等于这个行列式乘上了这个因子.

如果行列式里某一行(列) 的各元,分别加上用同一因子乘别一行(列) 的相当元的乘积,那么,行列式的值不变.

7° 讨论两个同是 n 级的行列式

$$A=\begin{vmatrix}a_{11} & a_{12} & \cdots & a_{1n}\\ \vdots & \vdots & & \vdots\\ a_{n1} & a_{n2} & \cdots & a_{nn}\end{vmatrix},B=\begin{vmatrix}b_{11} & b_{12} & \cdots & b_{1n}\\ \vdots & \vdots & & \vdots\\ b_{n1} & b_{n2} & \cdots & b_{nn}\end{vmatrix}$$

这两个行列式的乘积 AB 可以表作 n 级行列式

$$C=\begin{vmatrix}c_{11} & c_{12} & \cdots & c_{1n}\\ \vdots & \vdots & & \vdots\\ c_{n1} & c_{n2} & \cdots & c_{nn}\end{vmatrix}$$

的形式,它的每一元,用下面法则组成:

元 c_{ik} 为行列式 A 的第 i 行各元分别乘以行列式 B 的第 k 行各相当元的总和. 即

$$c_{ik}=a_{i1}b_{k1}+a_{i2}b_{k2}+\cdots+a_{in}b_{kn}=\sum_{s=1}^{n}a_{is}b_{ks} \tag{8}$$

因为把行和列互相对调,行列式的值不改变,那么,上面法则可以改为别的形式,若在三个行列式 A,B,C 里,把任何一个的行和列对调. 例如,设在法则(8) 里把行列式 B 的列和行对调,我们得

$$c_{ik}=a_{i1}b_{1k}+a_{i2}b_{2k}+\cdots+a_{in}b_{nk}=\sum_{s=1}^{n}a_{is}b_{sk} \tag{9}$$

即代替了行乘行的法则(8),我们得行乘列的法则:第一个行列式各行的元,分别乘以第二个行列式各列的相当元.

在表

$$\begin{matrix}c_{11} & c_{12} & \cdots & c_{1n}\\ \vdots & \vdots & & \vdots\\ c_{n1} & c_{n2} & \cdots & c_{nn}\end{matrix}$$

里的各元,依照上述式(8) 或(9) 中的一个法则,由两个表

$$\begin{matrix}a_{11} & \cdots & a_{1n}\\ \vdots & & \vdots\\ a_{n1} & \cdots & a_{nn}\end{matrix}\text{与}\begin{matrix}b_{11} & \cdots & b_{1n}\\ \vdots & & \vdots\\ b_{n1} & \cdots & b_{nn}\end{matrix}$$

的各元组成. 我们说,前面的表为后面两个表的乘积(第一种为行乘行的乘法;第二种为行乘列的乘法).

§2. 行列式或表的秩　从 §1 表(2) 里的各元,我们不但可以构成一个 n 级行列式 A,而且由表中删去若干行和数目相同的若干列还可构成一连串的其他行列式. 所有这些行列式(A 也在内) 都叫作由 §1 表(2) 所构成的行列式.

如果行列式 A 不为0,我们说,这表的秩等于 n;如果 $A=0$,那么,秩小于 n. 即取表的秩的定义如下:

如果由 §1 表(2) 所构成的 r 级行列式里最低限度有一个不是0,但一切较它们高级的行列式都等于0,那么,我们说,表的秩等于 r.

有时我们也把表的秩叫作行列式 A 的秩.

在 §1 表(2) 为"正方"的表,它所含行的数目等于列的数目. 秩的概念,也可推广到"矩"形的表

$$
\begin{matrix}
a_{11} & a_{12} & a_{13} & \cdots & a_{1n} \\
a_{21} & a_{22} & a_{23} & \cdots & a_{2n} \\
\vdots & \vdots & \vdots & & \vdots \\
a_{m1} & a_{m2} & a_{m3} & \cdots & a_{mn}
\end{matrix}
\tag{1}
$$

这个表含有 m 行和 n 列,而且 m 和 n 可以不相等. 由这表删去若干行和列(所删去的行列数目,要使剩下来的表为正方的),我们得到一系列的行列式. 如果其中至少有一个 r 级的行列式不为0,但所有一切高于 r 级的行列式都是0,那么,我们说,表(1) 的秩等于 r. 显然,表的秩不能超过 m,n 两数中的较小者.

欲确定表的秩等于 r,只要在这表里,至少求得一个不等于0的 r 级行列式,此外还要证明这个表的一切 $r+1$ 级行列式都为0. 事实上,这时一切 $r+2$ 级行列式也都等于0,只需把它们按这一行或一列展开,便自明白. 同样,可说明一切 $r+3$ 级行列式也等于0. 如此类推,便可证明一切高于 r 级的行列式都是0.

现在证明一个命题,以应下面的需要. 我们同意说:某行为其他某几行的平直组合,如果这行为其他各行的某些倍数的总和[①].

例如,由两行

$$
\begin{matrix}
a_{i1} & a_{i2} & \cdots & a_{in} \\
a_{j1} & a_{j2} & \cdots & a_{jn}
\end{matrix}
$$

组成如下的一行

$$
\lambda a_{i1}+\mu a_{j1}, \lambda a_{i2}+\mu a_{j2}, \cdots, \lambda a_{in}+\mu a_{jn}
\tag{2}
$$

则这行(2) 便是上面两行的平直组合. 我们即将证明的命题,概述如下:

把一个表的任意若干行的平直组合,作为另外一行附加到这个表上,表的秩不改变.

---

① 所谓"行的倍数"是以某数遍乘这行的各元.

例如,设表(1)的秩为r,我们把行(2)附加于表(1)上,求证在新表里一切$(r+1)$级的行列式都是0. 事实上,如果所给的$(r+1)$级行列式整个属于原来的表,那么,这行列式等于0(因为原表的秩为r). 其次取任一个含有新行的$(r+1)$级行列式

$$\begin{vmatrix} ai_1k_1 & ai_1k_2 & \cdots & ai_1k_{r+1} \\ ai_2k_1 & ai_2k_2 & \cdots & ai_2k_{r+1} \\ \vdots & \vdots & & \vdots \\ \lambda aik_1+\mu ajk_1 & \lambda aik_2+\mu ajk_2 & \cdots & \lambda aik_{r+1}+\mu ajk_{r+1} \end{vmatrix} \quad (3)$$

根据 §1(性质5°)所述,这行列式等于总和

$$\lambda\begin{vmatrix} ai_1k_1 & ai_1k_2 & \cdots & ai_1k_{r+1} \\ ai_2k_1 & ai_2k_2 & \cdots & ai_2k_{r+1} \\ \vdots & \vdots & & \vdots \\ aik_1 & aik_2 & \cdots & aik_{r+1} \end{vmatrix}+\mu\begin{vmatrix} ai_1k_1 & ai_1k_2 & \cdots & ai_1k_{r+1} \\ ai_2k_1 & ai_2k_2 & \cdots & ai_2k_{r+1} \\ \vdots & \vdots & & \vdots \\ ajk_1 & ajk_2 & \cdots & ajk_{r+1} \end{vmatrix}$$

但最后两个行列式都是0,因为它们或含有相同的两行,或为表(1)的$(r+1)$级行列式.

因此,行列式(3)等于0. 另一方面在旧表里,因此也在新表里,有一个r级的行列式不是0. 所以新表的秩等于旧表的秩r.

显然地,如果所附加的行,不只是两行,而是任意若干行的平直组合,上面讨论的过程,依然适用.

把行改作列来说,也得完全相仿的命题.

推论　注意上面命题的直接推论. 如果表中任何r行含有不为0的r级行列式,又如果表中其他各行,都是这r行的平直组合,那么,这表的秩等于r. 事实上,由所述r行组成的表的秩,显然等于r. 但如果附加到这表上的任意若干行,都是这r行的平直组合,那么,秩仍然不变.

§3. 行列式不为0的一次方程系的解答　最后谈谈怎样去解含有n个未知数$x_1,x_2,\cdots,x_n$的n个一次方程系

$$\begin{cases} a_{11}x_1+a_{12}x_2+\cdots+a_{1n}x_n=b_1 \\ \quad\vdots \\ a_{n1}x_1+a_{n2}x_2+\cdots+a_{nn}x_n=b_n \end{cases} \quad (1)$$

式中$a_{11},\cdots,a_{nn},b_1,\cdots,b_n$都是已知数.

我们暂时讨论简单的情形,当未知数的系数所组成的行列式

$$A = \begin{vmatrix} a_{11} & \cdots & a_{1n} \\ \vdots & & \vdots \\ a_{n1} & \cdots & a_{nn} \end{vmatrix}$$

不等于 0.

分别乘各方程(1) 以行列式

$$A_{1k}, A_{2k}, \cdots, A_{nk}$$

即乘以第 k 列各元 $a_{1k}, a_{2k}, \cdots, a_{nk}$ 的代数余子式,然后相加. 在所得的等式左边 x_i 的系数显然为

$$a_{1i}A_{1k} + a_{2i}A_{2k} + \cdots + a_{ni}A_{nk}$$

但上式对于所有的 i 都等于 0,只有在 $i = k$ 时它化为 A;参阅 §1,公式(7).

因此,在左边只余下一项,即 Ax_k. 因此,有

$$Ax_k = A_{1k}b_1 + A_{2k}b_2 + \cdots + A_{nk}b_n \tag{2}$$

由此得

$$x_k = \frac{1}{A}(A_{1k}b_1 + A_{2k}b_2 + \cdots + A_{nk}b_n) \tag{3}$$

给 k 各个数值 $1,2,\cdots,n$,就可得到所有未知数的完全确定的数值. 把这些数值直接代入(1) 便知它们确实适合这个方程系.

解答(3) 显然可以改写为

$$x_k = \frac{\begin{vmatrix} a_{11} & a_{12} & \cdots & a_{1,k-1} & b_1 & a_{1,k+1} & \cdots & a_{1n} \\ \vdots & \vdots & & \vdots & \vdots & \vdots & & \vdots \\ a_{n1} & a_{n2} & \cdots & a_{n,k-1} & b_n & a_{n,k+1} & \cdots & a_{nn} \end{vmatrix}}{\begin{vmatrix} a_{11} & a_{12} & \cdots & a_{1n} \\ \vdots & \vdots & & \vdots \\ a_{n1} & a_{n2} & \cdots & a_{nn} \end{vmatrix}} \tag{4}$$

即是把 x_k 表作一个分数,它的分母为方程系(1) 里未知数的系数的行列式,而分子为由系数行列式删去第 k 列,代以常数项 $b_1, b_2, \cdots, b_n$ 的一列所组成的行列式.

留意:数量 x_k 可表为常数项 $b_1, b_2, \cdots, b_n$ 的一次齐次函数;这由式(3) 可以直接看出.

特别是,如果 $b_1 = b_2 = \cdots = b_n = 0$,那么,由公式(2),(3),(4) 里的任何一个都可证明

$$x_1 = x_2 = \cdots = x_n = 0$$

因此,如果行列式 A 不为0,齐次一次方程系

$$\begin{cases} a_{11}x_1 + a_{12}x_2 + \cdots + a_{1n}x_n = 0 \\ \vdots \\ a_{n1}x_1 + a_{n2}x_2 + \cdots + a_{nn}x_n = 0 \end{cases}$$

只能有“0”解

$$x_1 = x_2 = \cdots = x_n = 0$$

当 $A = 0$ 的情形,留待下面讨论(§6 和 §7).

Ⅱ.一次方式

§4. 代数方式. 一次方式　含有若干变数 $x_1,x_2,\cdots,x_n$ 的齐次有理整函数,叫作这些变数的代数方式. 有理整函数叫作齐次的,如果它的各项都有相同的次. 方式里每项的次叫作方式的次或级.

一级的方式叫作一次方式,二级的方式叫作二次方式,如此类推.

含有变数 $x_1,x_2,\cdots,x_n$ 的一次方式具有下面的形式

$$f = a_1x_1 + a_2x_2 + \cdots + a_nx_n \tag{1}$$

式中 $a_1,a_2,\cdots,a_n$ 为方式的常系数. 例如,$3x+4y+2z$ 为含有变数 x,y,z 的一次方式.

一次方式恒等于0(对于各变数一切数值来说),当且仅当所有系数 a_1, $a_2,\cdots,a_n$ 都等于0. 事实上,如果 $f = 0$ 为恒等式,那么,例如设 $x_1 = 1, x_2 = x_3 = \cdots = x_n = 0$. 我们得 $a_1 = 0$;同理得证其余各系数都等于0. 反过来说,如果所有系数都等于0,那么,显然 $f = 0$ 为恒等式.

§5. 一次方式系. 一次方式的相关或无关　研究若干一次方式的集合是一个饶有特殊兴趣的问题.

设有 m 个一次方式 $f_1,f_2,\cdots,f_m$ 表作如下的等式

$$\begin{cases} f_1 = a_{11}x_1 + a_{12}x_2 + \cdots + a_{1n}x_n \\ f_2 = a_{21}x_1 + a_{22}x_2 + \cdots + a_{2n}x_n \\ \vdots \\ f_m = a_{m1}x_1 + a_{m2}x_2 + \cdots + a_{mn}x_n \end{cases} \tag{1}$$

各系数分别配上两个下标,第一个表示方式的序数,第二个表示该系数所乘的变数的序数.

方式 $f_1,f_2,\cdots,f_m$ 叫作平直相关,或简称相关,如果有数量 $\lambda_1,\lambda_2,\cdots,\lambda_m$ 存

在,其中至少有一个不为0,使得下面的恒等式成立①

$$\lambda_1 f_1 + \lambda_2 f_2 + \cdots + \lambda_m f_m = 0 \tag{2}$$

如果除了 $\lambda_1 = \lambda_2 = \cdots = \lambda_m = 0$ 之外,不能求得这样的数量,那么,这些方式叫作平直无关或简称无关.

这些名词的来源,可说明如下:如果恒等式(2) 成立,那么,我们可以假设,例如,$\lambda_m \neq 0$

$$f_m = k_1 f_1 + k_2 f_2 + \cdots + k_{m-1} f_{m-1} \tag{3}$$

这里

$$k_1 = -\frac{\lambda_1}{\lambda_m}, \cdots, k_{m-1} = -\frac{\lambda_{m-1}}{\lambda_m}$$

即 f_m 为其余各方式的平直组合②. 这样说法我们要假定 $m \geqslant 2$ 才行. 但根据公式(2),平直相关或无关的定义,在一个方式($m = 1$) 时,也可施用;显然在这情形,一个方式是"平直无关" 的,当且仅当它不恒等于0.

作为简单例子,我们再举两个方式的情形

$$f_1 = a_{11}x_1 + a_{12}x_2 + \cdots + a_{1n}x_n \text{ 和 } f_2 = a_{21}x_1 + a_{22}x_2 + \cdots + a_{2n}x_n$$

根据刚才所说,这两个方式是相关的,当且仅当有一个恒等式

$$f_2 = kf_1 \text{ 或 } f_1 = k'f_2 \tag{*}$$

成立,这里 k 和 k' 为常数. 例如,如果 f_1 不恒等于0,那么,等式(*) 的第一个成立,如果 f_2 不恒等于0,那么,第二个等式成立. 并且如果两个方式 f_1 和 f_2 都不恒等于0,那么,两个等式一起成立③.

由恒等式 $f_2 = kf_1$,即由恒等式

$$a_{21}x_1 + \cdots + a_{2n}x_n = k(a_{11}x_1 + \cdots + a_{1n}x_n)$$

推得

$$a_{21} = ka_{11}, a_{22} = ka_{12}, \cdots, a_{2n} = ka_{1n} \tag{**}$$

即方式 f_2 的系数和方式 f_1 的系数成比例.

现在求证下面的重要命题:

方式 $f_1, f_2, \cdots, f_m$ 是无关的,每当且只当它们的系数表

---

① 即是说,对于各个变数 $x_1, x_2, \cdots, x_n$ 的所有一切数值,等式都成立.

② 数量 $k_1, k_2, \cdots, k_{m-1}$ 中有几个(或甚至全部) 可以为0

③ 因为由假设,两个方式 f_1, f_2 相关,故有 $\lambda_1 f_1 + \lambda_2 f_2 = 0$,这里 λ_1, λ_2 为两个不同时等于0的常数. 如果每个方式 f_1, f_2 都不恒等于0,那么,两数 λ_1 和 λ_2 显然没有一个是0,而两个等式(*) 都成立. 如果,例如,f_1 不恒等于0,但 f_2 恒等于0,那么,等式(*) 的第一个,在 $k = 0$ 时成立.

$$\begin{matrix} a_{11} & a_{12} & \cdots & a_{1n} \\ a_{21} & a_{22} & \cdots & a_{2n} \\ \vdots & \vdots & & \vdots \\ a_{m1} & a_{m2} & \cdots & a_{mn} \end{matrix} \tag{4}$$

的秩等于方式的个数,即等于 m.

一般地:如果表(4) 的秩等于 $r \leqslant m$,那么,在所给方式

$$f_1, f_2, \cdots, f_m \tag{5}$$

里,任取 $r + k(k = 1,2,\cdots)$ 个方式,都是相关的;并在各个方式(5) 中,总可选得 r 个无关的方式;且方式(5) 里其余各个方式都是所述 r 个方式的平直组合.

事实上,设 r 为表(4) 的秩,因此,由这个表所组成的 r 级行列式,至少有一个不为 0. 不妨碍普遍性,我们可以假设

$$D = \begin{vmatrix} a_{11} & a_{12} & \cdots & a_{1r} \\ a_{21} & a_{22} & \cdots & a_{2r} \\ \vdots & \vdots & & \vdots \\ a_{r1} & a_{r2} & \cdots & a_{rr} \end{vmatrix} \neq 0 \tag{6}$$

(要使上式成立,在必要时,可把方式 $f_1, f_2, \cdots, f_m$ 和变数 $x_1, x_2, \cdots, x_n$ 的次序予以更换). 求证各方式 $f_1, f_2, \cdots, f_r$ 是无关的. 事实上,设有下面的恒等式存在

$$\lambda_1 f_1 + \lambda_2 f_2 + \cdots + \lambda_r f_r = 0 \tag{7}$$

或详细写成

$$\lambda_1(a_{11}x_1 + a_{12}x_2 + \cdots + a_{1n}x_n) +$$
$$\lambda_2(a_{21}x_1 + a_{22}x_2 + \cdots + a_{2n}x_n) + \cdots +$$
$$\lambda_r(a_{r1}x_1 + a_{r2}x_2 + \cdots + a_{rn}x_n) = 0$$

因为,由假定,这个等式为恒等式,所以 $x_1, x_2, \cdots, x_n$ 的各系数都等于0. 故得

$$\lambda_1 a_{11} + \lambda_2 a_{21} + \cdots + \lambda_r a_{r1} = 0$$
$$\vdots$$
$$\lambda_1 a_{1n} + \lambda_2 a_{2n} + \cdots + \lambda_r a_{rn} = 0$$

但由假设,在这系的前 r 个方程里,$\lambda_1, \cdots, \lambda_r$ 的系数行列式不是0①. 那么,根据§3 所说,应得 $\lambda_1 = \lambda_2 = \cdots = \lambda_r = 0$. 这就是说,如有一个 λ_i 不为0,恒等式(7) 便不能成立,这便证明了各个方式 $f_1, f_2, \cdots, f_r$ 平直无关.

其次,求证所有其余一切的方式 $f_{r+1}, f_{r+2}, \cdots, f_m$ 都是方式 $f_1, f_2, \cdots, f_r$ 的平直

① 这也是行列式 D,只是把它的列和行互易.

组合.

设f_l为$f_{r+1},\cdots,f_m$中的一个方式.我们构成行列式

$$D_l=\begin{vmatrix} a_{11} & a_{12} & \cdots & a_{1r} & f_1 \\ a_{21} & a_{22} & \cdots & a_{2r} & f_2 \\ \vdots & \vdots & & \vdots & \vdots \\ a_{r1} & a_{r2} & \cdots & a_{rr} & f_r \\ a_{l1} & a_{l2} & \cdots & a_{lr} & f_l \end{vmatrix}$$

这行列式由D加上一行和一列而得来.求证它恒等于0.

事实上,以$f_1,\cdots,f_r,f_l$的数值代入,得

$$D_l=\begin{vmatrix} a_{11} & a_{12} & \cdots & a_{1r} & a_{11}x_1+a_{12}x_2+\cdots+a_{1n}x_n \\ a_{21} & a_{22} & \cdots & a_{2r} & a_{21}x_1+a_{22}x_2+\cdots+a_{2n}x_n \\ \vdots & \vdots & & \vdots & \vdots \\ a_{r1} & a_{r2} & \cdots & a_{rr} & a_{r1}x_1+a_{r2}x_2+\cdots+a_{rn}x_n \\ a_{l1} & a_{l2} & \cdots & a_{lr} & a_{l1}x_1+a_{l2}x_2+\cdots+a_{ln}x_n \end{vmatrix}$$

根据 §1 性质5°,这行列式可以表作n项之和

$$D_l=x_1\begin{vmatrix} a_{11} & a_{12} & \cdots & a_{1r} & a_{11} \\ a_{21} & a_{22} & \cdots & a_{2r} & a_{21} \\ \vdots & \vdots & & \vdots & \vdots \\ a_{l1} & a_{l2} & \cdots & a_{lr} & a_{l1} \end{vmatrix}+\cdots+x_n\begin{vmatrix} a_{11} & a_{12} & \cdots & a_{1r} & a_{1n} \\ a_{21} & a_{22} & \cdots & a_{2r} & a_{2n} \\ \vdots & \vdots & & \vdots & \vdots \\ a_{l1} & a_{l2} & \cdots & a_{lr} & a_{ln} \end{vmatrix}$$

但右边所列举的行列式都等于0.因为它们有些具有相同的两行,有些为表(4)的$(r+1)$级行列式,而表(4)的秩为r.

因此,我们得恒等式

$$D_l=0$$

把行列式D_l按着最后一列展开,得

$$D_l=\lambda_1f_1+\lambda_2f_2+\cdots+\lambda_rf_r+Df_l$$

式中$\lambda_1,\lambda_2,\lambda_3,\cdots,\lambda_r,D$分别为$D_l$里各元$f_1,f_2,\cdots,f_r,f_l$的代数余子式(而且这里的$D$和上面的$D$有相同的数值).

这样,由$D_l=0$得

$$Df_l+\lambda_1f_1+\lambda_2f_2+\cdots+\lambda_rf_r=0 \tag{8}$$

因为$D\neq0$,所以,用D除两边,($k_1,k_2,\cdots,k_r$表示所得的常数),得

$$f_l=k_1f_1+k_2f_2+\cdots+k_rf_r \tag{8a}$$

即方式f_l为方式$f_1,f_2,\cdots,f_r$的平直组合,而得证所求.

尚须证明:由$f_1,f_2,\cdots,f_m$中任选$r+k(k=1,2,\cdots)$个方式都是平直相关的. 根据上面所说,这个命题是十分明显的. 事实上,所选得的方式的系数表,为表(4)的一部分或即是(4)的表;因此它的秩不能超过表(4)的秩,即不越过r. 设这新表的秩为$r'\leqslant r$. 则根据上面所说,所选的方式为它们中某r'个方式的平直组合,即是说,这些方式是相关的.

我们的命题到此已完全证明. 由此更可推得下面的一个值得注意的命题:表(4)的秩等于由方式$f_1,f_2,\cdots,f_m$中可能选得互不相关的方式的最大数目.

再注意:关系(8)可以写作$D_l=0$,或

$$\begin{vmatrix} a_{11} & a_{12} & \cdots & a_{1r} & f_1 \\ a_{21} & a_{22} & \cdots & a_{2r} & f_2 \\ \vdots & \vdots & & \vdots & \vdots \\ a_{r1} & a_{r2} & \cdots & a_{rr} & f_r \\ a_{l1} & a_{l2} & \cdots & a_{lr} & f_l \end{vmatrix}=0 \tag{9}$$

推论　由以上所述,直接得下面的推论. 这是在 §2 末尾所得的推论的逆定理,即:设表

$$\begin{matrix} a_{11} & a_{12} & \cdots & a_{1n} \\ a_{21} & a_{22} & \cdots & a_{2n} \\ \vdots & \vdots & & \vdots \\ a_{m1} & a_{m2} & \cdots & a_{mn} \end{matrix} \tag{4}$$

的秩等于$r(r\leqslant m,r\leqslant n)$,那么,它的任何一行都是任意选定的$r$行的平直组合,只要所选的$r$行含有一个不等于0的$r$级行列式.

事实上,例如设前r行含有一个不为0的r级行列式;我们可以假定它就是公式(6)的行列式,而不妨碍于普遍性. 应用公式(8a),比较左右两边x_1,$x_2,\cdots,x_n$的系数,得

$$\begin{cases} a_{l1}=k_1a_{11}+k_2a_{21}+\cdots+k_ra_{r1} \\ a_{l2}=k_1a_{12}+k_2a_{22}+\cdots+k_ra_{r2} \\ \qquad\vdots \\ a_{ln}=k_1a_{1n}+k_2a_{2n}+\cdots+k_ra_{rn} \end{cases} \tag{8b}$$

由此推得,前r行的各元分别乘以$k_1,k_2,\cdots,k_r$,相加之后便得第l行的各元. 数量$k_1,k_2,\cdots,k_r$,完全因此决定. 事实上,考虑关系式(8b)的前r个式,作为对于$k_1,k_2,\cdots,k_r$的方程,便说明这方程系只容许唯一的解答,因为$D\neq 0$.

我们在关系式(8b)里,不只可以取 r 行,并可多取几行,例如,取 s 行,这里 $s>r$.

事实上,例如,我们可以在(8b)的右边,附加上多余的几行的各元,分别乘以0. 但在取 $s>r$ 时,我们便不能说,因子 $k_1,k_2,\cdots,k_s$ 是完全确定的了.

我们举一个简单例子. 讨论两行所成的表

$$\begin{matrix} a_1 & a_2 & \cdots & a_n \\ b_1 & b_2 & \cdots & b_n \end{matrix} \tag{10}$$

如果一切二级行列式

$$\begin{vmatrix} a_i & a_k \\ b_i & b_k \end{vmatrix} = a_i b_k - a_k b_i$$

都等于0,但第一行至少有一个元不是0,那么,我们有

$$b_1 = ka_1, b_2 = ka_2, \cdots, b_n = ka_n \tag{11}$$

即第二行各元和第一行各元成比例[①]. 当表(10)的秩等于0时(即它的一切元都是0)公式(11)仍成立,但那时 k 为不定数.

§6. 应用于在一般情形下,求解一次齐次方程系的问题　当方程系的行列式不为0时,我们已经在 §3 作出一次方程系的解答.

现在我们可就最一般的情形来作出解答. 首先,讨论 m 个齐次一次方程,含有 n 个未知数的方程系(而且 m 和 n 可以不相同)

$$\begin{cases} a_{11}x_1 + a_{12}x_2 + \cdots + a_{1n}x_n = 0 \\ a_{21}x_1 + a_{22}x_2 + \cdots + a_{2n}x_n = 0 \\ \qquad \vdots \\ a_{m1}x_1 + a_{m2}x_2 + \cdots + a_{mn}x_n = 0 \end{cases} \tag{1}$$

或简写作

$$f_1 = 0, f_2 = 0, \cdots, f_m = 0 \tag{1a}$$

这里

$$f_i = a_{i1}x_1 + a_{i2}x_2 + \cdots + a_{in}x_n (i = 1,2,3,\cdots,m) \tag{2}$$

系数表

$$\begin{matrix} a_{11} & a_{12} & \cdots & a_{1n} \\ a_{21} & a_{22} & \cdots & a_{2n} \\ \vdots & \vdots & & \vdots \\ a_{m1} & a_{m2} & \cdots & a_{mn} \end{matrix} \tag{3}$$

① 我们不能说第一行各元和第二行各元成比例,因为尚未知道第二行是否含有一个不为0的元.

的秩不能超过 n(未知数的个数),也不能超过 m(方程的个数). 如果这表的秩等于未知数的个数(只有当 $m \geqslant n$ 时,才有这种可能),那么,方程系(1) 有唯一的解答

$$x_1 = x_2 = \cdots = x_n = 0$$

我们简称它为"零解". 这可由 §3 所述推得,因为如果表(3) 的秩等于 n,那么,由方程(3) 里,总可以选得 n 个方程,使它们的行列式不为 0[①]. 而这样的 n 个方程,只能为零解所适合.

现在求证:如果表(3) 的秩小于未知数的个数,那么,方程系(1) 具有无穷多个非零[②]的解答.

事实上,设表(3) 的秩为 r,又设 $r < n$. 在需要时,可把方程和未知数的标号调换. 我们可以假定

$$\begin{vmatrix} a_{11} & a_{12} & \cdots & a_{1r} \\ a_{21} & a_{22} & \cdots & a_{2r} \\ \vdots & \vdots & & \vdots \\ a_{r1} & a_{r2} & \cdots & a_{rr} \end{vmatrix} \neq 0$$

由此,根据 §5 所说,方式 $f_1, f_2, \cdots, f_r$ 平直无关,而其他方式 $f_{r+1}, f_{r+2}, \cdots, f_m$ 都是它们的平直组合. 因此,凡适合方程(1) 前头 r 个方程

$$f_1 = 0, \cdots, f_r = 0 \tag{4}$$

的未知数值,都适合其他一切方程[③].

这样我们只需考虑方程系(1) 前头 r 个方程的解答;其余的方程,都是它们的当然结果.

把这 r 个方程,写成下式

$$\begin{cases} a_{11}x_1 + a_{12}x_2 + \cdots + a_{1r}x_r = -(a_{1,r+1}x_{r+1} + \cdots + a_{1n}x_n) \\ \qquad\qquad\qquad\vdots \\ a_{r1}x_1 + a_{r2}x_2 + \cdots + a_{rr}x_r = -(a_{r,r+1}x_{r+1} + \cdots + a_{rn}x_n) \end{cases} \tag{5}$$

(给予未知数 $x_{r+1}, x_{r+2}, \cdots, x_n$ 完全任意数值之后),依照 §3 的法则,可解方程系(5) 求 $x_1, x_2, \cdots, x_r$.

---

① 事实上,由表(3) 所构成的各个行列式中,最低限度应有一个 n 级行列式不为 0. 又因为这行列式要含有 n 列,所以它可由表(3) 里删去某些行而作成. 在方程系(1) 里,删去相当的方程,便得所求的 n 个方程的系.

② 如果在解答 $x_1, x_2, \cdots, x_n$ 中至少有一数不是 0,则我们称 $x_1, x_2, \cdots, x_n$ 为非零的解答.

③ 因为有恒等式 $f_l = k_1 f_1 + \cdots + k_r f_r$,故我们得 $f_l = 0$,如果 $f_1 = \cdots = f_r = 0$ 的话.

这样，$n-r$个未知数$x_{r+1},x_{r+2},\cdots,x_n$可以完全任意选定，而其余$r$个未知数$x_1,x_2,\cdots,x_r$则可用它们来表示. 根据 §3 公式(3)，显见$x_1,\cdots,x_r$都是$x_{r+1},\cdots,x_n$的一次齐次表示式.

特别是，如果方程的个数少于未知数的个数(即$m<n$)，那么，$r\leqslant m<n$，而方程系总有无穷多个非零解答.

为了更加详细地去研究这些解答的不确定程度，先作几点准备的说明. 设方程系(1)有某些(设有s个)解答

$$\begin{matrix} x_1^{(1)}, & x_2^{(1)}, & \cdots, & x_n^{(1)}, \\ \vdots & \vdots & & \vdots \\ x_1^{(s)}, & x_2^{(s)}, & \cdots, & x_n^{(s)} \end{matrix} \tag{6}$$

(上标表示解答的序数，下标照前一样表示未知数的序数). 显而易见，这些解答的任何平直组合，也是解答. 即是说，如果

$$\begin{cases} x_1 = \lambda_1 x_1^{(1)} + \lambda_2 x_1^{(2)} + \cdots + \lambda_s x_1^{(s)} \\ \qquad\vdots \\ x_n = \lambda_1 x_n^{(1)} + \lambda_2 x_n^{(2)} + \cdots + \lambda_s x_n^{(s)} \end{cases} \tag{7}$$

式中$\lambda_1,\cdots,\lambda_s$为任意数，那么，$x_1,x_2,\cdots,x_n$也是解答，这由于方程系(1)的平直和齐次性质而推得；只需直接代入，便容易说明所述的正确性.

如果在式(6)里，没有一行为其他各行的平直组合，那么，这些解答(6)叫作平直无关的(或简称无关的). 在相反的情形，这些解答便为平直相关的(或简称相关的). 在唯一解答的情形($s=1$)，如果数量$x_1^{(1)},x_2^{(1)},\cdots,x_n^{(1)}$中至少有一个不是0，我们也说它是“平直无关”的.

由 §2 所论证的命题和 §5 的推论，总结得下面的定理：s个解答(6)平直无关的必要且充分条件为表(6)的秩等于s.

现在求证：如果表(3)的秩等于r，那么，方程系(1)有$n-r$个平直无关的解答.

事实上，解系(5)求$x_1,x_2,\cdots,x_r$得公式

$$\begin{cases} x_1 = b_{11}x_{r+1} + b_{12}x_{r+2} + \cdots + b_{1,n-r}x_n \\ x_2 = b_{21}x_{r+1} + b_{22}x_{r+2} + \cdots + b_{2,n-r}x_n \\ \qquad\vdots \\ x_r = b_{r1}x_{r+1} + b_{r2}x_{r+2} + \cdots + b_{r,n-r}x_n \end{cases} \tag{5a}$$

式中b_{11},b_{12}等为某些确定的常数(无需知道它们的表示式)，而$x_{r+1},\cdots,x_n$则为完全任意的数. 方程(1)的通解(5a)可以写作较为对称的形式

$$
\begin{cases}
x_1 = b_{11}\lambda_1 + b_{12}\lambda_2 + \cdots + b_{1,n-r}\lambda_{n-r} \\
x_2 = b_{21}\lambda_1 + b_{22}\lambda_2 + \cdots + b_{2,n-r}\lambda_{n-r} \\
\qquad\vdots \\
x_r = b_{r1}\lambda_1 + b_{r2}\lambda_2 + \cdots + b_{r,n-r}\lambda_{n-r} \\
x_{r+1} = \lambda_1 \\
x_{r+2} = \lambda_2 \\
\qquad\ddots \\
x_n = \lambda_{n-r}
\end{cases}
\tag{5b}
$$

给予 $\lambda_1,\lambda_2,\cdots,\lambda_{n-r}$ 一切可能的数值，我们得方程系(1) 的一切解答.

因为 $\lambda_1,\cdots,\lambda_{n-r}$ 为完全任意的，我们可以给予它们任何特别数值，由此求得各个特别解答. 我们试组成 $n-r$ 个特别解答，分别和下列 $\lambda_1,\lambda_2,\cdots,\lambda_{n-r}$ 的特别数值对应

在第一个解答取：　$\lambda_1=1,\quad \lambda_2=0,\quad \cdots,\quad \lambda_{n-r}=0$

在第二个解答取：　$\lambda_1=0,\quad \lambda_2=1,\quad \cdots,\quad \lambda_{n-r}=0$

$\vdots \qquad\qquad \vdots$

在第 $n-r$ 个解答取：$\lambda_1=0,\quad \lambda_2=0,\quad \cdots,\quad \lambda_{n-r}=1$

把这些解答列成下表(每行表示一个解答)

$$
\begin{matrix}
b_{11} & b_{21} & \cdots & b_{r1} & 1 & 0 & \cdots & 0 \\
b_{12} & b_{22} & \cdots & b_{r2} & 0 & 1 & \cdots & 0 \\
\vdots & \vdots & & \vdots & \vdots & \vdots & & \vdots \\
b_{1,n-r} & b_{2,n-r} & \cdots & b_{r,n-r} & 0 & 0 & \cdots & 1
\end{matrix}
\tag{8}
$$

这些解答平直无关，因为表(8) 的秩等于 $n-r$；事实上，由最后 $n-r$ 列所组成的行列式不为 0

$$
\begin{vmatrix}
1 & 0 & \cdots & 0 \\
0 & 1 & \cdots & 0 \\
\vdots & \vdots & & \vdots \\
0 & 0 & \cdots & 1
\end{vmatrix} = 1
$$

我们容易见到，方程系(1) 的任何解答，都是解答(8) 的平直组合. 事实上，如果以 $\lambda_1,\lambda_2,\cdots,\lambda_{n-r}$ 分别乘表(8) 的各行，然后相加，我们便得解答(5b).

我们所得的 $n-r$ 个解答(8) 并没有什么特别处，即是说，我们容易证明任何 $n-r$ 个解答

$$\begin{matrix} x_1^{(1)}, & x_2^{(1)}, & \cdots, & x_n^{(1)} \\ \vdots & \vdots & & \vdots \\ x_1^{(n-r)}, & x_2^{(n-r)}, & \cdots, & x_n^{(n-r)} \end{matrix} \tag{9}$$

如果是平直无关的,那么这方程系的一切解答(特别是解答(8)中的任何一个)都是它们的平直组合.

事实上,首先注意,表(9)的任何一行,都是表(8)各行的平直组合,因为表(9)的各行,都是方程系(1)的解答.因此,如果在表(8)之后,跟着写上表(9)的各行,那么,这样所得的表(行数加倍),根据 §2(推论)所述,它的秩也是$n-r$.现在设有方程系(1)的任意解答$x_1,x_2,\cdots,x_n$.如果把它作为一行,加入上述的表内,那么,它的秩依然等于$n-r$,因为这个新行为前$n-r$行的平直组合.所以根据 §5(推论),这个新行也是表(9)各行的平直组合,因为表(9)各行含有不等于0的$n-r$级行列式(这是解答(9)平直无关的当然结果).

总结起来,可得命题如下:

如果方程系(1)的表的秩等于r,那么,我们总可求得$n-r$个平直无关的解答;并且不可能有更多个平直无关的解答.一切解答$x_1,\cdots,x_n$都可表为任意$n-r$个平直无关的解答(9)的平直组合

$$\begin{cases} x_1 = \lambda_1 x_1^{(1)} + \lambda_2 x_1^{(2)} + \cdots + \lambda_{n-1} x_1^{(n-1)} \\ \vdots \\ x_n = \lambda_1 x_n^{(1)} + \lambda_2 x_n^{(2)} + \cdots + \lambda_{n-r} x_n^{(n-r)} \end{cases} \tag{10}$$

推论 最后,提出一个直接推论.如果在方程系(1a)里增加一个新方程$f=0$,设$f=0$为方程系(1a)的当然结果,也就是被方程系(1a)的一切的解答所适合的一个方程;那么,可能存在的无关解答的个数,依然不变.因此,用方式f的系数作为一行加入表(3)内,它的秩仍旧不变,即仍等于r.所以方式f为方式$f_1,f_2,\cdots,f_m$的平直组合(甚至可为m个中r个方式$f_1,f_2,\cdots,f_r$的平直组合,如果只有$f_1,f_2,\cdots,f_r$平直无关的话).

§6a. 特例 当表的秩r较未知数的个数n少1时,我们对于这个特殊情形特别感兴趣.那时,只剩下了那些方程,它们的左边平直无关(不妨碍普遍性可设它们为前$n-1$个方程),因此,我们便有下面的方程系

$$\begin{cases} a_{11}x_1 + a_{12}x_2 + \cdots + a_{1,n-1}x_{n-1} + a_{1n}x_n = 0 \\ a_{21}x_1 + a_{22}x_2 + \cdots + a_{2,n-1}x_{n-1} + a_{2n}x_n = 0 \\ \vdots \\ a_{n-1,1}x_1 + a_{n-1,2}x_2 + \cdots + a_{n-1,n-1}x_{n-1} + a_{n-1,n}x_n = 0 \end{cases} \tag{1}$$

由假设,表

$$\begin{matrix} a_{11} & a_{12} & \cdots & a_{1n} \\ a_{21} & a_{22} & \cdots & a_{2n} \\ \vdots & \vdots & & \vdots \\ a_{n-1,1} & a_{n-1,2} & \cdots & a_{n-1,n} \end{matrix} \tag{2}$$

的秩等于 $n-1$;因此,由表(2)删去第一、第二、…,第 n 列,所得的 $(n-1)$ 级行列式

$$A_{n1},\ A_{n2},\ \cdots,\ A_{nn} \tag{3}$$

中有些不是0. 我们同意把式(3)的各个行列式配上一定的符号,即是说,把它们作为行列式

$$A = \begin{vmatrix} a_{11} & a_{12} & \cdots & a_{1,n-1} & a_{1n} \\ a_{21} & a_{22} & \cdots & a_{2,n-1} & a_{2n} \\ \vdots & \vdots & & \vdots & \vdots \\ a_{n1} & a_{n2} & \cdots & a_{n,n-1} & a_{nn} \end{vmatrix} \tag{4}$$

最后一行中各元的代数余子式(最后一行由任意填写的各元组成).

容易证明数量(3)为方程系(1)的一个解答;例如以各数量(3)代入方程系(1)的第一个方程左边的 $x_1,\cdots,x_n$ 得

$$a_{11}A_{n1} + a_{12}A_{n2} + \cdots + a_{1n}A_{nn} = \begin{vmatrix} a_{11} & a_{12} & \cdots & a_{1n} \\ a_{21} & a_{22} & \cdots & a_{2n} \\ \vdots & \vdots & & \vdots \\ a_{11} & a_{12} & \cdots & a_{1n} \end{vmatrix} = 0$$

(因为这行列式有两行相同);同理可证它们也适合其他方程.

更且,因为方程系(1)只能有唯一的无关解答(因为它的秩等于 $n-1$),所以,这方程系的一切解答由下式决定

$$x_1 = \lambda A_{n1},\ x_2 = \lambda A_{n2},\ \cdots,\ x_n = \lambda A_{nn} \tag{5}$$

这里 λ 为任何数. 即是说,方程系(1)的一切解答都和解答(3)成比例.

推论　如果行列式(4)的秩等于 $n-1$,那么,任何一行各元的代数余子式都和任何他行各元的代数余子式成比例(只要后面一行的代数余子式不完全为零). 事实上,我们构成 n 个方程的系

$$\begin{cases} a_{11}x_1 + a_{12}x_2 + \cdots + a_{1n}x_n = 0 \\ \qquad\qquad \vdots \\ a_{n1}x_1 + a_{n2}x_2 + \cdots + a_{nn}x_n = 0 \end{cases} \tag{6}$$

因为行列式 A 的秩等于 $n-1$,那么,其中有一个方程为其余方程的当然结果,我们可以删去方程系(6) 中任何一个方程,但要使得余下来的方程的系数表的秩仍等于 $n-1$. 设第 k 行各元的代数余子式

$$A_{k1},A_{k2},\cdots,A_{kn} \tag{3a}$$

不完全为0,那么,第 k 个方程便可删去. 那时根据上述,方程系(6) 的一切解答,与数量(3a) 成比例[①].

如果第 i 行各元的代数余子式

$$A_{i1},A_{i2},\cdots,A_{in} \tag{3b}$$

不完全为0,那么,这行数量也作成方程系(6) 的非零解答. 因此,这行应与行(3a) 成比例,即

$$\frac{A_{i1}}{A_{k1}}=\frac{A_{i2}}{A_{k2}}=\cdots=\frac{A_{in}}{A_{kn}} \tag{7}$$

又如(3b) 的各数量都等于0,这公式显然仍能成立.

在式(7) 里任选一对比值得

$$\frac{A_{ir}}{A_{kr}}=\frac{A_{is}}{A_{ks}}$$

由此推得(设行列式的秩等于 $n-1$),对于 i,r,k,s 的一切数值都有

$$A_{ir}A_{ks}-A_{kr}A_{is}=0 \tag{8}$$

在证明等式(8) 时,我们假定数量(3a) 不完全为0,但即使这些数量完全为0,等式(8) 显然仍旧成立. 要使等式(8) 容易记忆,我们把它表达为下面的命题:

当 $A=0$,行列式

$$\begin{vmatrix} A_{11} & A_{12} & \cdots & A_{1n} \\ A_{21} & A_{22} & \cdots & A_{2n} \\ \vdots & \vdots & & \vdots \\ A_{n1} & A_{n2} & \cdots & A_{nn} \end{vmatrix}$$

的秩不能超过1. 事实上,当 $A=0$,行列式 A 的秩或等于 $n-1$ 或小于 $n-1$. 在第一种情形这定理为等式(8) 的结果;在第二种情形,这定理显然成立,因为那时一切 $A_{ij}=0$.

§7. 不齐次方程系的解答 再讨论不齐次方程系,考虑方程个数等于未知数个数的简单情形. 设这方程系为

① 即是说,一切解答由下面的公式给定:$x_1=\lambda A_{k1},x_2=\lambda A_{k2},\cdots,x_n=\lambda A_{kn}$.

$$\begin{cases} f_1 = a_{11}x_1 + a_{12}x_2 + \cdots + a_{1n}x_n = b_1 \\ \qquad\vdots \\ f_n = a_{n1}x_1 + a_{n2}x_2 + \cdots + a_{nn}x_n = b_n \end{cases} \tag{1}$$

如果行列式

$$A = \begin{vmatrix} a_{11} & a_{12} & \cdots & a_{1n} \\ a_{21} & a_{22} & \cdots & a_{2n} \\ \vdots & \vdots & & \vdots \\ a_{n1} & a_{n2} & \cdots & a_{nn} \end{vmatrix} \tag{2}$$

不为0,那么,这系显然有一个完全确定的解答,由 §3 的法则便可求得.

现在讨论,当 $A = 0$ 时的情形,即行列式的秩 r 小于 n. 设

$$\begin{vmatrix} a_{11} & a_{12} & \cdots & a_{1r} \\ \vdots & \vdots & & \vdots \\ a_{r1} & a_{r2} & \cdots & a_{rr} \end{vmatrix} \neq 0$$

根据 §5 所述,方式$f_1, f_2, \cdots, f_r$ 平直无关,而方式$f_{r+1}, f_{r+2}, \cdots, f_n$ 为上面 r 个方式的平直组合,即它们适合 §5 的关系(9)

$$\begin{vmatrix} a_{11} & a_{12} & \cdots & a_{1r} & f_1 \\ a_{21} & a_{22} & \cdots & a_{2r} & f_2 \\ \vdots & \vdots & & \vdots & \vdots \\ a_{r1} & a_{r2} & \cdots & a_{rr} & f_r \\ a_{l1} & a_{l2} & \cdots & a_{lr} & f_l \end{vmatrix} = 0 (l = r+1, r+2, \cdots, n) \tag{3}$$

因为由方程系(1) ,$f_i = b_i$,那么,要使方程系(1) 有解答,常数项 b_i 应该适合条件

$$\begin{vmatrix} a_{11} & a_{12} & \cdots & a_{1r} & b_1 \\ a_{21} & a_{22} & \cdots & a_{2r} & b_2 \\ \vdots & \vdots & & \vdots & \vdots \\ a_{r1} & a_{r2} & \cdots & a_{rr} & b_r \\ a_{l1} & a_{l2} & \cdots & a_{lr} & b_l \end{vmatrix} = 0 (l = r+1, r+2, \cdots, n) \tag{4}$$

如果条件(4) 成立,那么,$n - r$ 个方程

$$f_{r+1} = b_{r+1}, \cdots, f_n = b_n$$

显然是前面 r 个方程

$$f_1 = b_1, f_2 = b_2, \cdots, f_r = b_r$$

的当然结果. 在这 r 个方程里让未知数 $x_{r+1},\cdots,x_n$ 取任意的数值,而解这些方程求未知数 $x_1,x_2,\cdots,x_r$,依照 §6,可得无穷多组解答(因为 $n-r$ 个未知数依然可以任意选定).

因此,当 $A=0$,不齐次方程系或完全没有解答(当条件(4) 不成立),或有无穷多组解答(当条件(4) 成立).

如果方程的个数,少于未知数的个数,那么,在这情形,附加上足够多个形式如

$$0\cdot x_1+0\cdot x_2+\cdots+0\cdot x_n=0$$

的方程,总可化成上面所述的情形,而所附加的恒等式,对于原方程系无影响.

§8. 平直代换 如果代替变数 $x_1,x_2,\cdots,x_n$,我们引入新变数 $x_1',x_2',\cdots,x_n'$,设这些新变数为旧变数的一次方式,即

$$\begin{cases}x_1'=\mu_{11}x_1+\mu_{12}x_2+\cdots+\mu_{1n}x_n\\ \quad\vdots\\ x_n'=\mu_{n1}x_1+\mu_{n2}x_2+\cdots+\mu_{nn}x_n\end{cases}\tag{1}$$

那么,我们说对于变数 $x_1,x_2,\cdots,x_n$ 施用了具有表

$$\begin{matrix}\mu_{11} & \mu_{12} & \cdots & \mu_{1n}\\ \mu_{21} & \mu_{22} & \cdots & \mu_{2n}\\ \vdots & \vdots & & \vdots\\ \mu_{n1} & \mu_{n2} & \cdots & \mu_{nn}\end{matrix}\tag{2}$$

的齐次平直代换或齐次平直变换.

如果行列式

$$M=\begin{vmatrix}\mu_{11} & \mu_{12} & \cdots & \mu_{1n}\\ \mu_{21} & \mu_{22} & \cdots & \mu_{2n}\\ \vdots & \vdots & & \vdots\\ \mu_{n1} & \mu_{n2} & \cdots & \mu_{nn}\end{vmatrix}\tag{3}$$

等于0,那么我们由 §7 知道,公式(1) 的右边平直相关,因此得关系如

$$\lambda_1x_1'+\cdots+\lambda_nx_n'=0$$

式中 $\lambda_1,\cdots,\lambda_n$ 为不全是0 的常数.

由此新变数不是平直无关的. 在这情形,即当 $M=0$ 时,我们说这代换是特殊的.

如果 $M\neq 0$,代换叫作非特殊的,我们以后所讨论的以非特殊代换为限.

在这情形,我们任意选定 $x_1',\cdots,x_n'$ 之后,可以解方程系(1) 求得旧变数

$x_1, x_2, \cdots, x_n$，而用新变数来表示它们. 即根据 §3 所述，我们得公式如

$$\begin{cases} x_1 = \lambda_{11}x_1' + \cdots + \lambda_{1n}x_n', \\ \qquad \vdots \\ x_n = \lambda_{n1}x_1' + \cdots + \lambda_{nn}x_n' \end{cases} \tag{4}$$

即用齐次平直代换，可再化新变数为旧变数. 代换表

$$\begin{matrix} \lambda_{11} & \cdots & \lambda_{1n} \\ \vdots & & \vdots \\ \lambda_{n1} & \cdots & \lambda_{nn} \end{matrix} \tag{5}$$

的各元，根据 §3 所述，甚易计算.

最后，这代换的行列式

$$A = \begin{vmatrix} \lambda_{11} & \cdots & \lambda_{1n} \\ \vdots & & \vdots \\ \lambda_{n1} & \cdots & \lambda_{nn} \end{vmatrix} \tag{6}$$

当然不是0，因为否则式(4) 的右边将是相关的方式，因而引起变数 $x_1, x_2, \cdots, x_n$ 间的相关，但这是不可能的，因为它们是独立的变数.

$A \neq 0$，也可由等式

$$A \cdot M = 1 \tag{7}$$

推得，留给读者自行证明.

现在讨论 n 个一次方式

$$\begin{cases} f_1 = a_{11}x_1 + \cdots + a_{1n}x_n \\ \qquad \vdots \\ f_n = a_{n1}x_1 + \cdots + a_{nn}x_n \end{cases} \tag{8}$$

或简写作

$$f_i = a_{i1}x_1 + a_{i2}x_2 + \cdots + a_{in}x_n (i = 1, 2, \cdots n)$$

施用代换(4) 于变数 $x_1, x_2, \cdots, x_n$；由此方式(8) 显然变为新变数的方式

$$f_i' = a_{i1}'x_1' + \cdots + a_{in}'x_n' \tag{9}$$

这里f_i' 所表示的方式，是由f_i 用公式(4) 代换变数 $x_1, x_2, \cdots, x_n$ 而得来的，因而由定义得恒等式

$$f_i' = f_i = a_{i1}x_1 + a_{i2}x_2 + \cdots + a_{in}x_n \tag{10}$$

这可用变数 $x_1, x_2, \cdots, x_n$ 的表示式(4)，代入右边而得到.

变换所得方式(9) 的系数 a_{ik}'，甚易计算. 事实上，用 $x_1, x_2, \cdots, x_n$ 的表示式(4) 代入(10) 的右边得

$$f_i' = a_{i1}(\lambda_{11}x_1' + \lambda_{12}x_2' + \cdots + \lambda_{1n}x_n') + a_{i2}(\lambda_{21}x_1' + \lambda_{22}x_2' + \cdots + \lambda_{2n}x_n') + \cdots + a_{in}(\lambda_{n1}x_1' + \lambda_{n2}x_2' + \cdots + \lambda_{nn}x_n')$$

系数 a_{ik}' 等于这式右边 x_k' 的系数. 故

$$a_{ik}' = a_{i1}\lambda_{1k} + a_{i2}\lambda_{2k} + \cdots + a_{in}\lambda_{nk} = \sum_{s=1}^{n} a_{is}\lambda_{sk} \tag{11}$$

由这些公式推知:表

$$\begin{matrix} a_{11}' & a_{12}' & \cdots & a_{1n}' \\ \vdots & \vdots & & \vdots \\ a_{n1}' & a_{n2}' & \cdots & a_{nn}' \end{matrix} \tag{12}$$

为两个表

$$\begin{matrix} a_{11} & \cdots & a_{1n} \\ \vdots & & \vdots \\ a_{n1} & \cdots & a_{nn} \end{matrix} \text{ 与 } \begin{matrix} \lambda_{11} & \cdots & \lambda_{1n} \\ \vdots & & \vdots \\ \lambda_{n1} & \cdots & \lambda_{nn} \end{matrix}$$

 的乘积,它是由第一表的行乘以第二表的列而得来(§1),所以行列式

$$A' = \begin{vmatrix} a_{11}' & \cdots & a_{1n}' \\ \vdots & & \vdots \\ a_{n1}' & \cdots & a_{nn}' \end{vmatrix} \tag{13}$$

为两个行列式 A 与 Λ 的乘积,因得重要公式

$$A' = A \cdot \Lambda \tag{14}$$

其次,注意下面的重要情况.

如果在方式 $f_1, f_2, \cdots, f_n$ 之中,有某些方式平直相关,那么,经过变换之后,这些方式也是相关的. 平直无关的方式,经过变换之后,依旧无关.

事实上,如果有恒等式

$$\lambda_i f_i + \lambda_k f_k + \cdots + \lambda_l f_l = 0 \tag{*}$$

那么,经过变换(4)之后,它化为

$$\lambda_i f_i' + \lambda_k f_k' + \cdots + \lambda_l f_l' = 0 \tag{**}$$

反过来,由式(**)可得式(*). 由此,本题显然得到证明.

在另一方面,表

$$\begin{matrix} a_{11} & \cdots & a_{1n} \\ \vdots & & \vdots \\ a_{n1} & \cdots & a_{nn} \end{matrix} \text{ 与 } \begin{matrix} a_{11}' & \cdots & a_{1n}' \\ \vdots & & \vdots \\ a_{n1}' & \cdots & a_{nn}' \end{matrix}$$

的秩,分别是由 $f_1, f_2, \cdots, f_n$ 或 $f_1', f_2', \cdots, f_n'$ 里可能选出的无关方式的最大数目.但根据刚才所说,这两个数目相等,因此这两表的秩相等.

因为表(5)可以完全随意选定,而只需满足一个条件,即它的行列式 Λ 不为0.我们得重要命题如下:

设表

$$\begin{matrix} a_{11} & \cdots & a_{1n} \\ \vdots & & \vdots \\ a_{n1} & \cdots & a_{nn} \end{matrix}$$

乘上任何行列式不为0的表

$$\begin{matrix} \lambda_{11} & \cdots & \lambda_{1n} \\ \vdots & & \vdots \\ \lambda_{n1} & \cdots & \lambda_{nn} \end{matrix}$$

那么,乘得的表

$$\begin{matrix} a_{11}' & \cdots & a_{1n}' \\ \vdots & & \vdots \\ a_{n1}' & \cdots & a_{nn}' \end{matrix}$$

和所给的表,有相同的秩.

在证明这个命题时,我们假定第一表的行乘以第二表的列.但依照别的相乘法则(行乘行,列乘列),这命题显然也成立,这只要把原来的表(一个或两个)调换行与列的地位,便得证明.

§9. 平直代换的继续进行　设对于变数 $x_1, x_2, \cdots, x_n$ 施用代换

$$\begin{cases} x_1' = \mu_{11}x_1 + \cdots + \mu_{1n}x_n \\ \qquad\vdots \\ x_n' = \mu_{n1}x_1 + \cdots + \mu_{nn}x_n \end{cases} \tag{1}$$

然后对于新变数 $x_1', x_2', \cdots, x_n'$ 再施用另一个代换

$$\begin{cases} x_1'' = \mu_{11}'x_1' + \cdots + \mu_{1n}'x_n' \\ \qquad\vdots \\ x_n'' = \mu_{n1}'x_1' + \cdots + \mu_{nn}'x_n' \end{cases} \tag{2}$$

把 $x_1', x_2', \cdots, x_n'$ 的表示式(1)代入公式(2),我们可见 $x_1'', \cdots, x_n''$ 与原来变数 $x_1, \cdots, x_n$ 的关系,也是平直代换

$$\begin{cases} x_1'' = \mu_{11}''x_1 + \mu_{12}''x_2 + \cdots + \mu_{1n}''x_n \\ \vdots \\ x_n'' = \mu_{n1}''x_1 + \mu_{n2}''x_2 + \cdots + \mu_{nn}''x_n \end{cases} \tag{3}$$

这个代换表示两个代换(1) 和(2) 继续进行的结果.

一望而知

$$\mu_{ik}'' = \sum_{s=1}^{n} \mu_{is}'\mu_{sk} \tag{4}$$

根据行列式乘法,由此,推得代换(3) 的行列式 M'' 等于代换(1) 与(2) 的两个行列式 M 与 M' 的乘积

$$M'' = M \cdot M' \tag{5}$$

如果依照我们经常的假定,代换(1) 和(2) 为非特殊的,即如果 $M \neq 0$,$M' \neq 0$ 那么,由上面等式,$M'' \neq 0$.

因此,两个非特殊代换继续举行的结果,也是一个非特殊代换.

Ⅲ. 双一次方式和二次方式

§10. 双一次方式与二次方式 考虑两组变数(每组有 n 个变数)

$$x_1, x_2, \cdots, x_n$$

$$y_1, y_2, \cdots, y_n$$

双一次方式是指这些变数的有理整函数,对于每组变数,都是齐次一次的. 因此,双一次方式为各个乘积 $y_i x_j$ 乘上常数系数的总和. 这些系数我们将用一个字母附加两个下标来表示,例如,a_{ij},第一个下标表示所含变数 y_i 的序数,第二个下标表示变数 x_j 的序数. 所给的双一次方式,以 $\Omega(x_1, x_2, \cdots, x_n; y_1, y_2, \cdots, y_n)$ 表示,或简写作 Ω. 我们有

$$\begin{aligned} \Omega = & a_{11}y_1x_1 + a_{12}y_1x_2 + \cdots + a_{1n}y_1x_n + \\ & a_{21}y_2x_1 + a_{22}y_2x_2 + \cdots + a_{2n}y_2x_n + \cdots + \\ & a_{n1}y_nx_1 + a_{n2}y_nx_2 + \cdots + a_{nn}y_nx_n \end{aligned} \tag{1}$$

或简写作

$$\Omega = \sum_{i=1}^{n} \sum_{j=1}^{n} a_{ij} y_i x_j \tag{1a}$$

又或作

$$\Omega = y_1\Omega_1 + y_2\Omega_2 + \cdots + y_n\Omega_n = \sum_{i=1}^{n} y_i\Omega_i \tag{2}$$

这里

$$\Omega_i = a_{i1}x_1 + a_{i2}x_2 + \cdots + a_{in}x_n = \sum_{j=1}^{n} a_{ij}x_j (i = 1,2,\cdots,n) \tag{3}$$

都是变数 $x_1, x_2, \cdots, x_n$ 的一次方式.

关于双一次方式,可举两个矢量 $\boldsymbol{P} = (x,y,z)$ 与 $\boldsymbol{P}' = (x',y',z')$ 的数积为例.（在直角坐标系）它等于

$$xx' + yy' + zz'$$

故它为两组变数(两个已知矢量的坐标)

$$x,y,z \text{ 与 } x',y',z'$$

的双一次方式(在这情形,$n = 3$).

如果

$$a_{ij} = a_{ji} \tag{4}$$

即如果 $y_i x_j$ 与 $y_j x_i$ 的系数相同,那么,这双一次方式叫作对称双一次方式. 把变数 x_i 和 y_i 调换地位,对称双一次方式不变. 上面所举的数积公式为对称双一次方式.

如果在对称双一次方式 Ω 里,设

$$x_1 = y_1, x_2 = y_2, \cdots, x_n = y_n$$

那么,它化为二次方式,我们用 Φ 表示二次方式

$$\begin{aligned}\Phi = {} & a_{11}x_1^2 + a_{12}x_1x_2 + a_{13}x_1x_3 + \cdots + a_{1n}x_1x_n + \\ & a_{21}x_2x_1 + a_{22}x_2^2 + a_{23}x_2x_3 + \cdots + a_{2n}x_2x_n + \cdots + \\ & a_{n1}x_nx_1 + a_{n2}x_nx_2 + a_{n3}x_nx_3 + \cdots + a_{nn}x_n^2\end{aligned} \tag{5}$$

在右边有一连串相等的项,即由条件(4),形式如 $a_{ij}x_ix_j$ 和 $a_{ji}x_jx_i$ 的两项相等. 它们的和为 $2a_{ij}x_ix_j$. 因此,式(5) 可以改写作(先写对角线上的各项,这些项包含各变数的平方)

$$\begin{aligned}\Phi = {} & a_{11}x_1^2 + a_{22}x_2^2 + \cdots + a_{nn}x_n^2 + \\ & 2a_{12}x_1x_2 + 2a_{13}x_1x_3 + \cdots + 2a_{1n}x_1x_n + \\ & 2a_{23}x_2x_3 + \cdots + 2a_{2n}x_2x_n + \cdots + \\ & 2a_{n-1,n}x_{n-1}x_n\end{aligned} \tag{6}$$

我们可把 x_ix_j 的系数 $2a_{ij}$,改用简单记号 a_{ij}. 但这样便损害了公式的对称性.

方式(5) 可以简写作

$$\Phi = \sum_{i=1}^{n} \sum_{j=1}^{n} a_{ij}x_ix_j \tag{5a}$$

或

$$\Phi = \sum_{i=1}^{n} x_i \Phi_i \tag{7}$$

这里,为取得一致起见,上面用 Ω_i 表示的一次方式,现在改用 Φ_i 表示,即,设

$$\Phi_i = a_{i1}x_1 + a_{i2}x_2 + \cdots + a_{in}x_n = \sum_{j=1}^{n} a_{ij}x_j \tag{8}$$

我们容易看出

$$\Phi_i = \frac{1}{2}\frac{\partial \Phi}{\partial x_i} \tag{8a}$$

因此,等式(7) 也可以写作

$$2\Phi = \sum_{i=1}^{n} x_i \frac{\partial \Phi}{\partial x_i} \tag{7a}$$

由上所述,每个二次方式(5) 若是对应于唯一确定的对称双一次方式

$$\Omega = \sum_{i=1}^{n} y_i \Phi_i = \frac{1}{2}\sum_{i=1}^{n} y_i \frac{\partial \Phi}{\partial x_i} \tag{9}$$

双一次方式 Ω 叫作对于二次方式 Φ 的极式.

用二次方式 Φ 的系数,依照如下形式来构成的行列式

$$A = \begin{vmatrix} a_{11} & a_{12} & \cdots & a_{1n} \\ \vdots & \vdots & & \vdots \\ a_{n1} & a_{n2} & \cdots & a_{nn} \end{vmatrix} \tag{10}$$

叫作它的判别式. 根据式(4),二次方式的判别式为对称行列式.

A 也叫作双一次方式 Ω 的判列式(在对称的或非对称的双一次方式,一样通用).

注 显然,如果在非对称的双一次方式里,令 $x_i = y_i(i = 1,2,\cdots,n)$,我们也得一个二次方式,但那时 x_ix_j 的系数不是 $2a_{ij}$ 或 $2a_{ji}$,而是总和 $a_{ij} + a_{ji}$. 这样看来,我们可以求得无穷多个双一次方式,当 $x_i = y_i$ 时,它们都可化为已知的二次方式. 但实际上,我们曾经知道,在具有这样性质的双一次方式中,只有一个唯一的对称式. 它就是公式(9) 所决定的极式.

§11. 二次方式的变换 设已知二次方式

$$\Phi = \sum_{i=1}^{n}\sum_{j=1}^{n} a_{ij}x_ix_j \tag{1}$$

又设用齐次平直代换(§8)

$$x_i = \sum_{k=1}^{n} \lambda_{ik}x_k{}'(i = 1,2,\cdots,n) \tag{2}$$

引进了新变数 x_i' 来代替变数 x_i.

由此,方式 Φ 显然化为新变数 x_i' 的二次方式 Φ'

$$\Phi' = \sum_{i=1}^{n}\sum_{j=1}^{n} a_{ij}'x_i'x_j' \tag{3}$$

变换后新方式的系数 a_{ij}',只需把公式(2)代入式(1)的右边,经过化简,便可求得. 这运算不难做出,但我们也可用下面方法,分为两个步骤进行. 先考虑对于方式 Φ 的极式,即双一次方式 Ω

$$\Omega = \sum_{i=1}^{n}\sum_{j=1}^{n} a_{ij}y_ix_j = \sum_{i=1}^{n} y_i\Phi_i \tag{4}$$

这里,和从前一样总设

$$\Phi_i = a_{i1}x_1 + \cdots + a_{in}x_n = \sum_{j=1}^{n} a_{ij}x_j \tag{5}$$

我们首先由方式 Ω 求得方式 Ω',即对于方式 Φ' 的极式. 为此,只需施用代换式(2)于式(4)的右边的变数 x_j,又施用同样的代换于变数 y_i,即是设

$$y_i = \sum_{k=1}^{n} \lambda_{ik}y_k' \tag{2a}$$

然后在所得的结果里,令 $y_i' = x_i'(i = 1,2,\cdots,n)$,那么,我们显然得到方式 Ω'.

这样,我们便明白,由 Ω 变到 Ω' 的变换,可分为两个步骤进行,首先更换变数 $x_1,x_2,\cdots,x_n$,其次更换变数 $y_1,y_2,\cdots,y_n$.

因此,先用公式(2)来更换式(4)的右边的变数 x_j. 那时方式 Ω 化为含有变数 $x_1',x_2',\cdots,x_n';y_1,y_2,\cdots,y_n$ 的方式

$$\Omega'' = y_1\Phi_1'' + y_2\Phi_2'' + \cdots + y_n\Phi_n'' = \sum_{i=1}^{n}\sum_{j=1}^{n} a_{ij}''y_ix_j' \tag{6}$$

这里 $\Phi_1'',\Phi_2'',\cdots,\Phi_n''$ 代表一次方式

$$\Phi_i'' = \sum_{j=1}^{n} a_{ij}''x_j' \tag{7}$$

它们是从方式(5),用公式(2)代换 $x_1,x_2,\cdots,x_n$ 而得来.

根据 §8 公式(11),求系数 a_{ij}'' 的公式为①

$$a_{ij}'' = \sum_{s=1}^{n} a_{is}\lambda_{sj} \tag{8}$$

又根据 §8 所述,双一次方式 Ω'' 的判别式,即行列式

① 现在用 a_{ij}'' 代替 a_{ik}'.

$$A'' = \begin{vmatrix} a_{11}'' & a_{12}'' & \cdots & a_{1n}'' \\ \vdots & \vdots & & \vdots \\ a_{n1}'' & a_{n2}'' & \cdots & a_{nn}'' \end{vmatrix}$$

系用公式

$$A'' = A \cdot \Lambda \tag{9}$$

求得,其中 A 为方式 Ω(亦即原来的方式 Φ) 的判别式,而 Λ 为代换式(2) 的行列式.

现在再用代换(2a) 施于方式 Ω'',我们便得所求的方式

$$\Omega' = \sum_{i=1}^{n} \sum_{j=1}^{n} a_{ij}' x_i' y_j'$$

而系数 a_{ij}' 系用系数 a_{ij}'' 来表示;用 a_{ij}'' 表示 a_{ij}' 的表示式,和前面用原系数 a_{ij} 表示 a_{ij}'' 的表示式完全相仿.

这些公式无须一一写出,只需注意下面的提示.

和公式(9) 相仿,当然得

$$A' = A''\Lambda$$

这里 A' 为方式 Ω' 的判别式. 因此

$$A' = A\Lambda^2 \tag{10}$$

即是说,变换后新方式的判别式,等于原来方式的判别式,乘以代换行列式的平方.

更且,我们知道(§8),行列式 A'' 与 A 的秩相同,同理,行列式 A' 和 A'' 的秩也相同,因此,A 和 A' 的秩相同.

由此,我们得主要命题如下:当各变数经过齐次平直变换之后,二次方式的秩,保持不变(所指的当然是非特殊变换).

尚须附加下面的声明. 和变换后的二次方式 Φ' 对应,有一次方式

$$\Phi_i' = \sum_{j=1}^{n} a_{ij}' x_j' = \frac{1}{2} \frac{\partial \Phi'}{\partial x_i'} \tag{11}$$

正如和原来方式 Φ 对应有方式 Φ_i 一样. 但我们不可误会,以为 Φ_i' 就是从 Φ_i 通过变换(2) 而得来的. 我们现在试求方式 Φ_i 和 Φ_i' 的关系.

由两个方式 Ω 和 Ω' 的定义得

$$\Omega' = \Omega$$

当右边的变数 x_i 和 y_i 分别用公式(2) 和(2a) 来代入,这等式便为恒等式. 我们可把这等式写作

$$y_1'\Phi_1' + \cdots + y_n'\Phi_n' = y_1\Phi_1 + \cdots + y_n\Phi_n \tag{12}$$

将右边的变数 y_i 代以含 y_i' 的表示式(2a),得

$$y_1'\Phi_1' + y_2'\Phi_2' + \cdots + y_n'\Phi_n' = (\lambda_{11}y_1' + \lambda_{12}y_2' + \cdots + \lambda_{1n}y_n')\Phi_1 + (\lambda_{21}y_1' + \lambda_{22}y_2' + \cdots + \lambda_{2n}y_n')\Phi_2 + \cdots + (\lambda_{n1}y_1' + \lambda_{n2}y_2' + \cdots + \lambda_{nn}y_n')\Phi_n$$

这等式为恒等式,如果将右边的 x_i 也代以含 x_i' 的表示式. 最后,比较两边 y_1', y_2',$\cdots$,y_n' 的系数,得

$$\Phi_i' = \sum_{j=1}^{n} \lambda_{ji}\Phi_j \tag{13}$$

因此,如把这个式子里的变数 x_i 看作它们的表示式(2),那么,所有的方式 Φ_i' 都是方式 Φ_i 的平直组合.

把新旧变数调换地位,依同理,可以说明方式 Φ_i 也是方式 Φ_i' 的平直组合. 这个结论,也可另行推得如下:由假设,系数 λ_{ij} 所构成的行列式不为 0,因此我们可解关系式(13),求得所有的 Φ_i.

由此推得一个简明的推论:如果已知变数 $x_1, x_2, \cdots, x_n$ 适合方程系

$$\Phi_1 = 0, \Phi_2 = 0, \cdots, \Phi_n = 0 \tag{14}$$

那么它们的对应数值 $x_1', x_2', \cdots, x_n'$ 便适合方程系

$$\Phi_1' = 0, \Phi_2' = 0, \cdots, \Phi_n' = 0 \tag{15}$$

换句话说,虽然各函数 $\Phi_1, \Phi_2, \cdots, \Phi_n$ 不是由代换(2) 直接变为 $\Phi_1', \Phi_2', \cdots, \Phi_n'$;但方程系(14) 仍变为和它们等价的方程系(15).

§12. 化二次方式为典型式　现在进行研究对于变数施用平直代换,把二次方式

$$\Phi = \sum_{i=1}^{n}\sum_{j=1}^{n} a_{ij}x_iy_j \tag{1}$$

化简的问题. 即是说,通过非特殊平直代换

$$x_i = \sum_{j=1}^{n} \lambda_{ij}x_j' (i = 1, 2, \cdots, n) \tag{2}$$

每个二次方式 Φ 都可化成“典型式”

$$\Phi' = \lambda_1 x_1'^2 + \lambda_2 x_2'^2 + \cdots + \lambda_r x_r'^2 \tag{3}$$

式中只含有变数的平方,而 $\lambda_1, \lambda_2, \cdots, \lambda_r$ 为不是 0 的常数.

这里需特别注意,如已知方式的系数为实数,则代换的系数,也只需采用实数;那时在式(3) 里各系数 $\lambda_1, \lambda_2, \cdots, \lambda_r$ 当然也为实数.

联系新的和旧的变数的公式(2),也可写作(如果解方程(2) 求变数 x_i')

$$x_i' = \sum_{j=1}^{n} \mu_{ij}x_j (i = 1, 2, \cdots, n) \tag{2a}$$

为更清楚起见,先行讨论二元二次方式

$$\Phi = a_{11}x_1^2 + 2a_{12}x_1x_2 + a_{22}x_2^2$$

首先,假设上式最低限度含有一个平方项,即两数量 a_{11} 与 a_{22} 中至少有一个不是0. 我们可以假定 $a_{11} \neq 0$(在必要时,可将变数下标调换,改成这样). 由此得

$$\Phi = a_{11}\left(x_1^2 + \frac{2a_{12}}{a_{11}}x_1x_2\right) + a_{22}x_2^2 = a_{11}\left(x_1 + \frac{a_{12}}{a_{11}}x_2\right)^2 - \frac{a_{12}^2}{a_{11}}x_2^2 + a_{22}x_2^2$$

即

$$\Phi = a_{11}\left(x_1 + \frac{a_{12}}{a_{11}}x_2\right)^2 + \left(a_{22} - \frac{a_{12}^2}{a_{11}}\right)x_2^2$$

施用代换

$$x_1' = x_1 + \frac{a_{12}}{a_{11}}x_2, x_2' = x_2$$

方式 Φ 化为所求的典型式

$$\Phi' = \lambda_1 x_1'^2 + \lambda_2 x_2'^2$$

式中

$$\lambda_1 = a_{11}, \lambda_2 = \frac{a_{11}a_{22} - a_{12}^2}{a_{11}}$$

可能遇到 $\lambda_2 = 0$ 的情形,那时 Φ 化为下式

$$\Phi' = \lambda_1 x_1'^2$$

我们在上文除去 $a_{11} = a_{22} = 0$ 的情形,不加考虑. 在这情形,原来方式为

$$\Phi = 2a_{12}x_1x_2$$

我们假设原来方式不恒等于0,所以 $a_{12} \neq 0$.

施用代换

$$x_1' = \frac{x_1 + x_2}{2}, x_2' = \frac{x_1 - x_2}{2}$$

即

$$x_1 = x_1' + x_2', x_2 = x_1' - x_2'$$

我们便得

$$\Phi' = 2a_{12}(x_1'^2 - x_2'^2) = 2a_{12}x_1'^2 - 2a_{12}x_2'^2 = \lambda_1 x_1'^2 + \lambda_2 x_2'^2$$

式中

$$\lambda_1 = 2a_{12}, \lambda_2 = -2a_{12}$$

现在我们回到一般情形.

我们对于各变数,将用一系列的平直代换,把二次方式(1) 逐步化为典型

式(3).

如果在方式(1)里,所有一切变数的平方项,都不出现,那么,我们总可施用平直代换,把它化成含有平方项的方式.

事实上,设 $a_{11} = a_{22} = \cdots = a_{nn} = 0$,那时最低限度,系数 $a_{ij}(i \neq j)$ 中有一个不是0,否则这方式恒等于0. 我们可以假定 $a_{12} \neq 0$,遇必要时,可以更换变数的下标. 这时施用代换

$$\begin{cases} x_1' = \dfrac{x_1 + x_2}{2}, x_2' = \dfrac{x_1 - x_2}{2} \\ x_3' = x_3, \cdots, x_n' = x_n \end{cases} \tag{4}$$

便把这项 $2a_{12}x_1x_2$ 变为两项 $2a_{12}x_1'^2 - 2a_{12}x_2'^2$. 这两项显然不会被其他任何项所消去,因为其他各项都不含有 $x_1'^2$ 和 $x_2'^2$.

这样在必要时,预先施用代换(4),我们可以假设方式 Φ 至少含有一项为变数的平方. 再有必要时,将变数的下标更换,我们可以假设 $a_{11} \neq 0$. 现在把方式 Φ 里一切含有变数 x_1 的项列举出来,它们是

$$a_{11}x_1^2 + 2a_{12}x_1x_2 + \cdots + 2a_{1n}x_1x_n \tag{$*$}$$

这总和可以写作

$$\begin{aligned} & a_{11}\left(x_1^2 + \frac{2a_{12}}{a_{11}}x_1x_2 + \cdots + \frac{2a_{1n}}{a_{11}}x_1x_n\right) \\ = & a_{11}\left(x_1 + \frac{a_{12}}{a_{11}}x_2 + \cdots + \frac{a_{1n}}{a_{11}}x_n\right)^2 + \text{不含 } x_1 \text{ 的各项} \end{aligned} \tag{$**$}$$

用表示式($**$)来代替 Φ 中含 x_1 的所有各项($*$),得

$$\Phi = a_{11}\left(x_1 + \frac{a_{12}}{a_{11}}x_2 + \cdots + \frac{a_{1n}}{a_{11}}x_n\right)^2 + \Phi_1(x_2, x_3, \cdots, x_n)$$

其中 Φ_1 为仅含 $n-1$ 个变数 $x_2, x_3, \cdots, x_n$ 的二次方式.

施用代换

$$\begin{cases} x_1' = x_1 + \dfrac{a_{12}}{a_{11}}x_2 + \cdots + \dfrac{a_{1n}}{a_{11}}x_n \\ x_2' = x_2,\ x_3' = x_3,\ \cdots,\ x_n' = x_n \end{cases} \tag{5}$$

方式 Φ 化为下式

$$\Phi' = a_{11}x_1'^2 + \Phi_1(x_2', \cdots, x_n')$$

其中一个平方项被分开,而 Φ_1 为仅含 $n-1$ 个变数的二次方式.

如果 Φ_1 恒等于0,那么化简法至此完毕;在相反情形,继续施用上述的方

法于方式 Φ_1,我们又把它的一个平方项分开,而所留下的方式,仅含 $n-2$ 个变数,如此类推,最后得到方式(3),所含的各项,都只是变数的平方.

这样进行,所用的全是形式如(4) 或(5) 的一系列的平直代换. 这些代换显然是非特殊的,因为它们都有反变换存在. 因此这些代换继续施行的结果,是一个非特殊代换(§9).

因此得证上述的命题.

在式(3) 右边的项数 r,当然不能超过变数的数目 n,一般来说,是等于 n. 我们容易预先算出这个数目 r.

事实上,在变数的平直变换下(§11),二次方式的判别式的秩不变. 今写出方式 Φ' 的判别式,即 n 级行列式

$$\Delta = \begin{vmatrix} \lambda_1 & 0 & \cdots & 0 & \cdots & 0 \\ 0 & \lambda_2 & \cdots & 0 & \cdots & 0 \\ \vdots & \vdots & & \vdots & & \vdots \\ 0 & 0 & \cdots & \lambda_r & \cdots & 0 \\ \vdots & \vdots & & \vdots & & \vdots \\ 0 & 0 & \cdots & 0 & \cdots & 0 \end{vmatrix}$$

它的秩显然等于 r,因为由最前 r 行和最前 r 列所组成的 r 级行列式,等于 $\lambda_1\lambda_2\cdots\lambda_r$ 而不是0. 高于 r 级的一切行列式,显然含有完全是0的行和列,因此都等于0.

即是说,典型式的项数 r 等于原来方式的判别式的秩.

如果已知方式的判别式

$$A = \begin{vmatrix} a_{11} & \cdots & a_{1n} \\ \vdots & & \vdots \\ a_{n1} & \cdots & a_{nn} \end{vmatrix}$$

不为0,那么,它的秩等于 n,因此典型式取得下式

$$\Phi' = \lambda_1 x_1'^2 + \cdots + \lambda_n x_n'^2 \tag{3a}$$

其中 $\lambda_1,\lambda_2,\cdots,\lambda_n$ 都不是0. 在这情形,已知方式叫作非特殊方式.

如果 $A=0$,那么,在式(3) 里得 $r<n$,这已知方式叫作特殊的.

有时为便利起见,虽方式 Φ' 为特殊方式,也把它写作(3a) 的形式,那时各数 $\lambda_1,\lambda_2,\cdots,\lambda_n$ 中,有些等于0.

方式既经化为典型式之后,可用下面的代换把它再行简化

$$\xi_1 = \sqrt{\lambda_1} x_1', \cdots, \xi_r = \sqrt{\lambda_r} x_r', \cdots, \xi_{r+1} = x_{r+1}', \cdots, \xi_n = x_n'$$

那时这方式化简为平方和

$$\xi_1^2 + \xi_2^2 + \cdots + \xi_r^2$$

但如果只限于实数域来说，一如我们以后经常假定的（如无相反的声明），那么，只有当 $\lambda_1, \lambda_2, \cdots, \lambda_r$ 都是正数时，这样的化简才有可能.

如果各数 $\lambda_1, \lambda_2, \cdots, \lambda_r$ 之中，有些为负数不妨碍普遍性我们可设

$$\lambda_1 > 0, \lambda_2 > 0, \cdots, \lambda_k > 0, \lambda_{k+1} < 0, \cdots, \lambda_r < 0$$

（这里可能 $k = 0$，即一切 λ 都为负数；也可能 $k = r$，即一切 λ 都为正数）.

这时，令

$$\xi_1 = \sqrt{\lambda_1} x_1', \cdots, \xi_k = \sqrt{\lambda_k} x_k', \xi_{k+1} = \sqrt{-\lambda_{k+1}} x_{k+1}', \cdots, \xi_r = \sqrt{-\lambda_r} x_r',$$
$$\xi_{r+1} = x_{r+1}', \cdots, \xi_n = x_n'$$

这方式便化为下式

$$\xi_1^2 + \xi_2^2 + \cdots + \xi_k^2 - \xi_{k+1}^2 - \cdots - \xi_r^2 \tag{a}$$

我们已经知道典型式的项数 r 被原来方式所完全决定. 我们容易证明正项的项数 k（因而负项的项数 $r-k$）也和所用的化方式为典型式的方法无关（依照规定条件：原来方式的系数，和所用代换的系数，都是实数）.

事实上，设用任何方法，化得典型式如

$$\xi_1'^2 + \cdots + \xi_{k'}'^2 - \xi_{k'+1}'^2 - \cdots - \xi_r'^2 \tag{b}$$

这里 $k' \neq k$. 设 $k' > k$. 各个变数 $\xi_1, \xi_2, \cdots, \xi_r, \cdots, \xi_n$ 和 $\xi_1', \cdots, \xi_r', \cdots, \xi_n'$ 都是原来变数 $x_1, x_2, \cdots, x_n$ 的齐次一次函数. 我们总可给予 $x_1, x_2, \cdots, x_n$ 以（不同时为0的）特别数值，使得

$$\xi_1 = \xi_2 = \cdots = \xi_k = \xi_{k'+1}' = \cdots = \xi_r' = \xi_{r+1}' = \cdots = \xi_n' = 0$$

事实上，这些关系式都是未知数 $x_1, \cdots, x_n$ 的齐次一次方程，而且方程的数目 $k + (n - k') = n + k - k'$ 小于 n，因为 $k - k' < 0$；所以这方程系总有非零解答. 取这组解答为特别数值，方式(a)和(b)分别得特别数值 $-\xi_{k+1}^2 - \cdots - \xi_r^2$ 和 $\xi_1'^2 + \cdots + \xi_{k'}'^2$. 因此，（对于所述的特殊变数值）我们有

$$-\xi_{k+1}^2 - \cdots - \xi_r^2 = \xi_1'^2 + \cdots + \xi_{k'}'^2$$

上式可能成立，只当

$$\xi_{k+1} = \cdots = \xi_r = \xi_1' = \cdots = \xi_{k'}' = 0$$

因为，由假设，我们所考虑的是实数. 因此应有

$$\xi_1' = \xi_2' = \cdots = \xi_{k'}' = \xi_{k'+1}' = \cdots = \xi_n' = 0$$

而这个结果可能成立,只有当[①]

$$x_1 = x_2 = \cdots = x_n = 0$$

这与假定矛盾. 因此,必有 $k = k'$.

刚才所证明的定理,叫作“二次方式的惯性律”.

回到典型式(3),我们注意下面的情况:

如果一切系数 λ_i 都是正数,而且我们限于考虑变数的实数值,那么,显然,方式 Φ',因而原方式 Φ,只能取得非负的数值. 又如果一切系数 λ_i 都是负数,那么,这些方式只能取得非正的数值. 在这两种情形下,方式叫作定号式[②]. 在第一种情形,它叫作正号式;在第二种情形叫作负号式.

最后,我们容易推知,非特殊的定号式 Φ 化为0(对于变数的实数值),每当且只当一切变数 $x_1,\cdots,x_n$ 都化为0. 事实上,如果 $\Phi = 0$,便得

$$\Phi' = \lambda_1 x_1'^2 + \cdots + \lambda_n x_n'^2 = 0$$

那么,我们得 $x_1' = x_2' = \cdots = x_n' = 0$(因一切系数 λ_l 都不是0而且同号). 由此推得

$$x_1 = x_2 = \cdots = x_n = 0$$

注 有一个简单的普通法则,可用来鉴别已知方式是否为正号式或负号式或不定号式. 我们不再逗留于这法则的讨论(可在高等代数教程里找得)而只作如下的声明:

二元二次方式

$$a_{11}x_1^2 + 2a_{12}x_1x_2 + a_{22}x_2^2$$

为非特殊的正号式的必要且充分条件为 $a_{11} > 0, a_{11}a_{22} - a_{12}^2 > 0$(因而 $a_{22} > 0$);这可由本节开端所述的公式直接推得.

§13. 二次方式可分解为两个一次因子的条件 由§12所说,我们可以立即答复下面的问题:

在什么条件之下,二次方式

$$\Phi = \sum_{i=1}^{n}\sum_{j=1}^{n} a_{ij}x_ix_j \tag{1}$$

可以表作两个一次因子(实的或虚的)的乘积. 即表为

---

① 由假设,$\xi_1', \xi_2', \cdots, \xi_n'$ 为 $x_1, x_2, \cdots, x_n$ 的齐次一次函数,它们的关系如下式:$\xi_1' = \mu_{11}x_1 + \cdots + \mu_{1n}x_n, \cdots, \xi_n' = \mu_{n1}x_1 + \cdots + \mu_{nn}x_n$,而且各系数 μ_{ij} 所构成的行列式不为0(代换是非特殊的). 因此,如果,$\xi_1' = \cdots = \xi_n' = 0$,那么,必定得 $x_1 = \cdots = x_n = 0$.

② 有些作者把这个名词只用于非特殊方式的情形;在特殊方式情形,用“半定号式”的名词.

$$\Phi = (a_1x_1 + a_2x_2 + \cdots + a_nx_n)(b_1x_1 + b_2x_2 + \cdots + b_nx_n) \qquad (2)$$

我们证明要有这个结果,其必要且充分条件为这方式的判别式的秩等于1或2.

事实上,如果这两个一次方式

$$f_1 = a_1x_1 + \cdots + a_nx_n \text{ 和 } f_2 = b_1x_1 + \cdots + b_nx_n \qquad (3)$$

平直无关,那么在代换式

$$\begin{aligned} x_1' &= a_1x_1 + a_2x_2 + \cdots + a_nx_n \\ x_2' &= b_1x_1 + b_2x_2 + \cdots + b_nx_n \\ x_3' &= c_1x_1 + c_2x_2 + \cdots + c_nx_n \\ &\vdots \\ x_n' &= l_1x_1 + l_2x_2 + \cdots + l_nx_n \end{aligned}$$

里,我们可以选择系数 $c_1,\cdots,c_n,\cdots,l_1,\cdots,l_n$ 使这代换成为非特殊的①. 通过这个代换(它的系数可能是虚数)二次方式化为

$$\Phi' = x_1'x_2'$$

再令

$$x_1' = \xi_1 - \xi_2, x_2' = \xi_1 + \xi_2, x_3' = \xi_3, \cdots, x_n' = x_n$$

可把上式化为

$$\xi_1^2 - \xi_2^2$$

因此,在这情形,$r = 2$,即判别式的秩等于2.

其次,设两个方式(3)平直相关,那么我们得恒等式

$$(b_1x_1 + b_2x_2 + \cdots + b_nx_n) = k(a_1x_1 + a_2x_2 + \cdots + a_nx_n)$$

---

① 这选择的方法,有无穷多种. 事实上,因为一次方式(3)平直无关,所以表

$$\begin{matrix} a_1 & a_2 & \cdots & a_n \\ b_1 & b_2 & \cdots & b_n \end{matrix}$$

的秩等于2(§5),因而各行列式:$a_1b_2 - a_2b_1, a_1b_3 - a_3b_1, \cdots$ 之中有一个不为0. 在不妨碍普遍性之下,我们可设 $a_1b_2 - a_2b_1 \neq 0$. 这时,例如,代换式

$$x_1' = a_1x_1 + a_2x_2 + \cdots + a_nx_n, x_2' = b_1x_1 + b_2x_2 + \cdots + b_nx_n$$
$$x_3' = x_3, x_4' = x_4, \cdots, x_n' = x_n$$

便适合我们的条件,因为它的行列式不等于0

$$\begin{vmatrix} a_1 & a_2 & a_3 & a_4 & \cdots & a_n \\ b_1 & b_2 & b_3 & b_4 & \cdots & b_n \\ 0 & 0 & 1 & 0 & \cdots & 0 \\ 0 & 0 & 0 & 1 & \cdots & 0 \\ \vdots & \vdots & \vdots & \vdots & & \vdots \\ 0 & 0 & 0 & 0 & \cdots & 1 \end{vmatrix} = \begin{vmatrix} a_1 & a_2 \\ b_1 & b_2 \end{vmatrix} \neq 0$$

这里 k 为常数. 因此,这二次方式为

$$\Phi = k(a_1x_1 + a_2x_2 + \cdots + a_nx_n)^2 \tag{2a}$$

设,例如,$a_1 \neq 0$. 令

$$x_1' = a_1x_1 + \cdots + a_nx_n, x_2' = x_2, \cdots, x_n' = x_n$$

这方式化为

$$\Phi' = kx_1'^2$$

因此,在这情形,$r = 1$.

反过来说,如果 $r = 1$ 或 $r = 2$,我们已经知道方式 Φ 可以化为

$$\Phi' = \lambda_1x_1'^2 \text{ 或 } \Phi' = \lambda_1x_1'^2 + \lambda_2x_2'^2$$

在第一种情形,以用 $x_1, x_2, \cdots, x_n$ 表 x_1' 的表示式来代替 x_1',我们即见 Φ 取得(2a) 的形式,即 Φ 为一次函数的完全平方. 在第二种情形我们有

$$\Phi' = (\sqrt{\pm\lambda_1}x_1' + \sqrt{\mp\lambda_2}x_2')(\sqrt{\pm\lambda_1}x_1' - \sqrt{\mp\lambda_2}x_2')$$

即这方式分解为两个实的或虚的一次因子. 如果 λ_1 和 λ_2 异号,那么,我们总可选择 $\pm\lambda_1$ 和 $\mp\lambda_2$ 的符号,使这两因子都是实的. 在同号的情形,显然不可能得两个实因子. 因此得证本题.

例 二元二次方式

$$\Phi = a_{11}x_1^2 + 2a_{12}x_1x_2 + a_{22}x_2^2$$

总可分解为两个一次因子. 由前节开端时所举的公式,可以断定:如 $a_{11}a_{22} - a_{12}^2 > 0$,这两个因子不相同而且都是虚的;如 $a_{11}a_{22} - a_{12}^2 < 0$,这两个因子不相同但可以选定为实的;如 $a_{11}a_{22} - a_{12}^2 = 0$,这两个因子重合(且是实的).

§14. 正交代换 现在讨论特别形式的二次方式

$$x_1^2 + x_2^2 + \cdots + x_n^2 \tag{1}$$

通过平直代换

$$\begin{cases} x_1 = \lambda_{11}x_1' + \cdots + \lambda_{1n}x_n' \\ \quad\vdots \\ x_n = \lambda_{n1}x_1' + \cdots + \lambda_{nn}x_n' \end{cases} \tag{2}$$

就一般来说,方式(1) 化为一般形式的方式

$$\sum_{i=1}^{n}\sum_{j=1}^{n} a_{ij}'x_i'x_j'$$

但当代换(2) 的系数 λ_{ij} 在适当选择之下,我们可以使变换后的方式也有同样的形式

$$x_1'^2 + \cdots + x_n'^2 \tag{3}$$

在这情形,代换(2) 叫作正交代换. 这名词的取义,起源于当 $n = 3$ 或 $n = 2$

时直角坐标变换所用的代换式；参看第三章 §72.

容易推得正交代换的系数间的关系. 这些关系，也就是 §71 公式(3)，(4)，(3a)，(4a) 各个关系的推广. 事实上，把表示式(2) 代入(1)，更在所得结果里令 $x_r'x_s'$ 的系数等于 0 如 $r \neq s$，又令它们等于 1，如 $r = s$，我们容易得到

$$\sum_{i=1}^{n} \lambda_{ir}\lambda_{is} = \begin{cases} 0, \text{当 } r \neq s \\ 1, \text{当 } r = s \end{cases} \tag{4}$$

这些公式为 §72 公式(3)，(4) 的推广. 以 Λ 表示代换(2) 的行列式

$$\Lambda = \begin{vmatrix} \lambda_{11} & \lambda_{12} & \cdots & \lambda_{1n} \\ \vdots & \vdots & & \vdots \\ \lambda_{n1} & \lambda_{n2} & \cdots & \lambda_{nn} \end{vmatrix}$$

计算乘积 $\Lambda \cdot \Lambda$(按列相乘)，并应用公式(4)，容易求得

$$\Lambda^2 = \Lambda \cdot \Lambda = \begin{vmatrix} 1 & 0 & \cdots & 0 \\ 0 & 1 & \cdots & 0 \\ \vdots & \vdots & & \vdots \\ 0 & 0 & \cdots & 1 \end{vmatrix} = 1$$

所以

$$\Lambda = \pm 1 \tag{5}$$

给予关系式(4) 里的下标 r，以某一任意选定的数值，而从这些关系式里，选出和这固定数值的下标相当的各式，这样我们得到 n 个方程的系

$$\sum_{i=1}^{n} \lambda_{ir}\lambda_{is} = \delta_{rs} (s = 1, 2, \cdots, n)$$

这里 δ_{rs} 代表 0，如 $s \neq r$；或代表 1，如 $s = r$. 把 $\lambda_{1r}, \lambda_{2r}, \cdots, \lambda_{nr}$ 看作未知数，用 §3 的方法解这方程系，显然得

$$\lambda_{1r} = \frac{\Lambda_{1r}}{\Lambda}, \cdots, \lambda_{nr} = \frac{\Lambda_{nr}}{\Lambda}$$

这里 Λ_{kr} 表示行列式 Λ 里元 λ_{kr} 的代数余子式. 根据关系(5)，它们可以写作

$$\lambda_{kr} = \pm \Lambda_{kr} \tag{6}$$

这里所取的符号，和在式(5) 里一致. 现在解方程系(2)，求 $x_1', x_2', \cdots, x_n'$，根据式(5) 和(6) 我们得(参看 §3)

$$\begin{cases} x_1' = \lambda_{11}x_1 + \lambda_{21}x_2 + \cdots + \lambda_{n1}x_n \\ x_2' = \lambda_{12}x_1 + \lambda_{22}x_2 + \cdots + \lambda_{n2}x_n \\ \quad\vdots \\ x_n' = \lambda_{1n}x_1 + \lambda_{2n}x_2 + \cdots + \lambda_{nn}x_n \end{cases} \tag{2a}$$

由此我们可见,代换(2) 的反代换(2a),可由原来代换的系数表,换行为列换列为行而构成. 把对于代换(2) 的讨论照样施于代换(2a),我们可把关系式(4) 改为关系式

$$\sum_{i=1}^{n} \lambda_{ri}\lambda_{si} = \begin{cases} 0, 当\ r \neq s \\ 1, 当\ r = s \end{cases} \tag{4a}$$

这样推得关系式(4a) 为关系式(4) 的当然结果,正如在特别情形 $n = 3$ 时,在 §71 我们也有关系式(3a),(4a) 为该节关系式(3),(4) 的当然结果.

还有下面的声明,对于现在的情形也是很重要的. 设有任何二次方式

$$\boldsymbol{\Phi} = \sum_{i=1}^{n} \sum_{j=1}^{n} a_{ij}x_i x_j \tag{7}$$

并设用正交代换(2) 引入新变数之后,方式 $\boldsymbol{\Phi}$ 化为

$$\boldsymbol{\Phi}' = \sum_{i=1}^{n} \sum_{j=1}^{n} a_{ij}' x_i' x_j' \tag{8}$$

那么,两个方式 $\boldsymbol{\Phi}$ 和 $\boldsymbol{\Phi}'$ 的判别式相等,即

$$A = \begin{vmatrix} a_{11} & \cdots & a_{1n} \\ \vdots & & \vdots \\ a_{n1} & \cdots & a_{nn} \end{vmatrix} = \begin{vmatrix} a_{11}' & \cdots & a_{1n}' \\ \vdots & & \vdots \\ a_{n1}' & \cdots & a_{nn}' \end{vmatrix} \tag{9}$$

这是由于等式

$$A' = A \cdot \Lambda^2$$

和正交代换的性质(5) 而推得.

刚才证得的结果,可用术语表达如下:

二次方式的判别式,是正交代换下的不变量. 简括地说,判别式为“正交”不变量.

我们还可容易地举出其他一系列的别的表示式,都为二次方式 $\boldsymbol{\Phi}$ 的系数所构成,而且也具有同样的不变性质.

事实上,讨论辅助方式

$$\boldsymbol{\Psi} = \boldsymbol{\Phi} - \lambda(x_1^2 + x_2^2 + \cdots + x_n^2)$$

这里 λ 为任意参数. 经过正交代换(2),这方式化为方式

$$\boldsymbol{\Psi}' = \boldsymbol{\Phi}' - \lambda(x_1'^2 + x_2'^2 + \cdots + x_n'^2)$$

因为 $\boldsymbol{\Phi}$ 化为 $\boldsymbol{\Phi}'$ 而 $x_1^2 + \cdots + x_n^2$ 化为 $x_1'^2 + \cdots + x_n'^2$. 两个方式 $\boldsymbol{\Psi}$ 和 $\boldsymbol{\Psi}'$ 的判别式,已经证明应该相等. 方式 $\boldsymbol{\Psi}$ 的判别式 D 和方式 $\boldsymbol{\Phi}$ 的判别式 A 的差别只在于对角线上各元 $a_{11}, a_{22}, \cdots, a_{nn}$ 改为各个差值 $a_{11} - \lambda, a_{22} - \lambda, \cdots, a_{nn} - \lambda$. 即

$$D=\begin{vmatrix} a_{11}-\lambda & a_{12} & \cdots & a_{1n} \\ a_{21} & a_{22}-\lambda & \cdots & a_{2n} \\ \vdots & \vdots & & \vdots \\ a_{n1} & a_{n2} & \cdots & a_{nn}-\lambda \end{vmatrix} \tag{10}$$

方式 Ψ' 的判别式,也有同样的情形,因此,由上面所说,得等式

$$\begin{vmatrix} a_{11}-\lambda & \cdots & a_{1n} \\ \vdots & & \vdots \\ a_{n1} & \cdots & a_{nn}-\lambda \end{vmatrix}=\begin{vmatrix} a_{11}'-\lambda & \cdots & a_{1n}' \\ \vdots & & \vdots \\ a_{n1}' & \cdots & a_{nn}'-\lambda \end{vmatrix} \tag{11}$$

对于参数 λ 的任何值,这个等式都成立.

在另一方面,展开行列式(10),按 λ 的降幂排列,显然得

$$D=C_0\lambda^n+C_1\lambda^{n-1}+\cdots+C_{n-1}\lambda+C_n \tag{12}$$

这里 $C_0,\cdots,C_n$ 都是确定的表示式,由各系数 a_{ij} 所构成. 我们不需要所有这些表示式,而只限于找到 C_0,C_1,C_n①. 首先,含 λ^n 和 λ^{n-1} 的两项,显然可和其他各项分开,它们可由对角线上各元的乘积里求得

$$(a_{11}-\lambda)\cdots(a_{nn}-\lambda)=(-1)^n\lambda^n+(-1)^{n-1}(a_{11}+a_{22}+\cdots+a_{nn})\lambda^{n-1}+\cdots$$

(我们只把要讨论的两项写出). 因此

$$C_0=(-1)^n,C_1=(-1)^{n-1}(a_{11}+a_{22}+\cdots+a_{nn})$$

如欲求 C_n,我们须知,根据式(12),当 $\lambda=0$ 时,C_n 等于数值 D,因此

$$C_n=\begin{vmatrix} a_{11} & \cdots & a_{1n} \\ \vdots & & \vdots \\ a_{n1} & \cdots & a_{nn} \end{vmatrix}=A$$

现在回到等式(11). 展开右边并依 λ 的降幂排列,我们得等式

$$C_0\lambda^n+C_1\lambda^{n-1}+\cdots+C_n=C_0'\lambda^n+C_1'\lambda^{n-1}+\cdots+C_n' \tag{11a}$$

这里 $C_0',C_1',\cdots,C_n'$ 为系数 a_{ij}' 所构成的表示式,正如 $C_0,C_1,\cdots,C_n$ 为系数 a_{ij} 所构成一样. 因为在 λ 的一切数值之下,式(11) 都成立,那么,我们得

$$C_0=C_0',C_1=C_1',\cdots,C_n=C_n' \tag{13}$$

即是说,$C_0,C_1,\cdots,C_n$ 也是正交不变量. C_0 和 C_n 并非新的收获,因为 $C_0=(-1)^n$ 仅是一个常数,而 C_n 也是已经知道的不变量 A;但 $C_1,C_2,\cdots,C_{n-1}$ 都是新的不变量. 用 $(-1)^{n-1}S$ 表 C_1 得

① 在此书正文里,曾把这些表示式的特例,(即当 $n=2$ 和 $n=3$ 的情形) 直接算出以应我们当时的需要.

$$S = a_{11} + a_{22} + \cdots + a_{nn}$$

我们在上面证明了 C_1,因而 S,即对角线上各元的总和,为正交不变量.

§15. 关于利用正交代换,化二次方式为典型式的方法 由上面已经证明了的定理,我们可以用平直代换,化一切二次方式 Φ 为典型式

$$\Phi' = \lambda_1 x_1'^2 + \lambda_2 x_2'^2 + \cdots + \lambda_n x_n'^2 \tag{1}$$

(现在把右边写作 n 项的形式,但可能有些 λ_i 是0).

自然地发生一个问题:可否用正交代换,也能得到同样的化简?

如果原来方式的系数为实数,答复总是肯定的. 在这情形,变换的系数 λ_1, $\lambda_2,\cdots,\lambda_n$ 也都是实数.

要证明这个重要的命题并不困难,我们可把本书正文内(§278) 对于 $n=3$ 时所述的证法直接推广,而得到证明.

现在不再详述,只需注意:典型式里的系数 $\lambda_1,\lambda_2,\cdots,\lambda_n$ 应该为 n 次方程

$$\begin{vmatrix} a_{11}-\lambda & a_{12} & \cdots & a_{1n} \\ a_{21} & a_{22}-\lambda & \cdots & a_{2n} \\ \vdots & \vdots & & \vdots \\ a_{n1} & a_{n2} & \cdots & a_{nn}-\lambda \end{vmatrix} = 0 \tag{2}$$

的根.

事实上,左边的行列式,便是 §14 的行列式 D. 又由典型式 Φ' 所构成的行列式,显然是

$$\begin{vmatrix} \lambda_1-\lambda & 0 & \cdots & 0 \\ 0 & \lambda_2-\lambda & \cdots & 0 \\ \vdots & \vdots & & \vdots \\ 0 & 0 & \cdots & \lambda_n-\lambda \end{vmatrix} = (\lambda_1-\lambda)(\lambda_2-\lambda)\cdots(\lambda_n-\lambda)$$

因为根据 §14 所说,原来的方式和变换后的方式分别构成的行列式是恒等的,那么,我们得

$$\begin{vmatrix} a_{11}-\lambda & a_{12} & \cdots & a_{1n} \\ a_{21} & a_{22}-\lambda & \cdots & a_{2n} \\ \vdots & \vdots & & \vdots \\ a_{n1} & a_{n2} & \cdots & a_{nn}-\lambda \end{vmatrix} = (\lambda_1-\lambda)(\lambda_2-\lambda)\cdots(\lambda_n-\lambda)$$

此即说明 $\lambda_1,\lambda_2,\cdots,\lambda_n$ 为方程(2) 的根.

方程(2) 常被叫作"长期" 方程,因为在天体力学里,用这类方程来决定所谓"长期项".

编辑手记

世界著名数学家菲利克斯·克莱因(Felix Christian Klein,1849—1925)在其名著《高观点下的初等数学(全3册)》(复旦大学出版社,2008)中指出:

> 基础数学的教师应该站在更高的视角(高等数学)审视,理解初等数学问题,有许多初等数学的现象只有在非初等的理论结构内才能深刻地理解.

以上这番话正是本书得以出版的重要原因之一.

1977年德国工业设计师里多·布瑟为了保护自己的创意创立了"金鼻子剽窃奖",用来曝光那些仿制企业.德国反剽窃行动协会"Aktion Plagiarius"每年都会选出10件山寨产品,2023年的"获奖"名单上,全部为某制造大国.

中国企业高歌猛进四十年,有人评价说:"大多靠仿制,甚至有些为山寨,自己的原创很少."究其根源是中国的基础科学根基薄弱,所以国家在被"卡脖子"之后终于认识到了问题的严重性,开始强调基础科学研究的重要性,2023年2月24日国务院原总理李克强会见了丘成桐先生,以示重视.

本书是一部经典的《解析几何学教程》,学好它有三个层次的"功效".

一是在工程技术层面.例如在建立大挠度的弯曲方程上[①]:

> 初始平直、长度为L的等截面梁如图1所示,所用材料的杨氏模量(弹性模量)为E,截面惯性矩为I.通过大挠度分析可得到由3个无量纲(量纲一)方程组成的关联方程组
>
> $$\sqrt{\alpha} = F(k,\phi_2) - F(k,\phi_1) \qquad (1)$$

① 摘自《柔顺机构设计理论与实例》,Larry L. Howell,Spencer P. Magleby,Brian M. Olsen编著,陈贵敏,于靖军,马洪波,邱丽芳译,高等教育出版社,2015.

$$\frac{b}{L} = -\frac{1}{\sqrt{\alpha}}\{2k\cos\psi(\cos\phi_1 - \cos\phi_2) + \sin\psi[2E(k,\phi_2) - 2E(k,\phi_1) - F(k,\phi_2) + F(k,\phi_1)]\} \tag{2}$$

$$\frac{a}{L} = -\frac{1}{\sqrt{\alpha}}\{2k\sin\psi(\cos\phi_2 - \cos\phi_1) + \cos\psi[2E(k,\phi_2) - 2E(k,\phi_1) - F(k,\phi_2) + F(k,\phi_1)]\} \tag{3}$$

在这些方程中,多数变量在图 1 中已定义. 此外,α 为无量纲(量纲一) 力,可表示为

$$\alpha = \frac{RL^2}{EI} \tag{4}$$

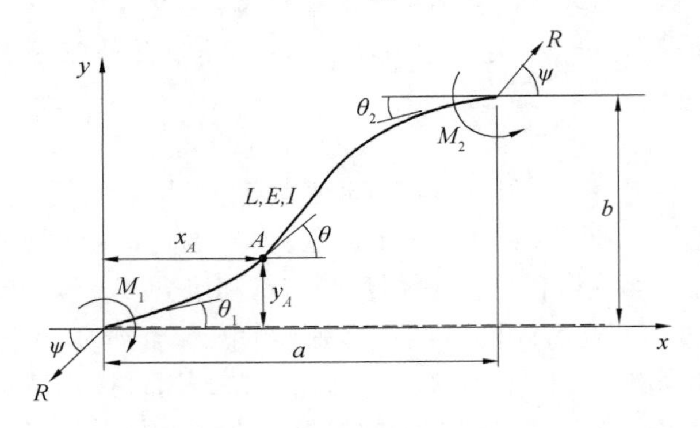

图 1　直梁及其挠曲线示意

函数 $F(k,\phi)$ 和 $E(k,\phi)$ 分别为第一类和第二类椭圆积分. 可以把这两个函数看成类似于三角函数中的正弦和余弦的函数. 与三角函数一样,在计算机上用数值方法可以非常快速地求解椭圆积分函数. 无量纲(量纲一) 参数 k 是椭圆积分函数的模数,可以在 0 ~ 1 之间变化. 在大挠度梁问题中,k 与力 R 的大小存在大致的对应关系,但不是线性的. 变量 ϕ(单位为弧度) 称为椭圆积分的幅值,它沿着梁从左端的 ϕ_1 连续地变化为右端的 ϕ_2,它与梁的转角 θ 存在如下关系

$$k\sin\phi = \cos\frac{\psi - \theta}{2} \tag{5}$$

式中,与 ϕ_1 和 ϕ_2 对应的分别是转角 θ_1 和 θ_2. 此外,梁末端所受力矩为

$$M_{1,2} = 2k\sqrt{EIR}\cos\phi_{1,2} \tag{6}$$

式(1) ~ 式(3) 是非线性梁分析的主要方程. 实质上,式(1) 表示了作用在梁末端的力,式(2) 和式(3) 分别表示了梁末端水平和垂

直挠度.

通常情况下,求解这些方程需要根据梁的边界条件进行非线性数值求解. 只要方程解出来了,整个梁的挠曲线就可以得到. 对于梁上任意一点A,变形后沿x轴和y轴的坐标可分别表示成

$$\frac{x_A}{L}=-\frac{1}{\sqrt{\alpha}}\{\cos\psi[2E(k,\phi)-2E(k,\phi_1)-F(k,\phi)+F(k,\phi_1)]+2k\sin\psi(\cos\phi-\cos\phi_1)\} \tag{7}$$

$$\frac{y_A}{L}=-\frac{1}{\sqrt{\alpha}}\{\sin\psi[2E(k,\phi)-2E(k,\phi_1)-F(k,\phi)+F(k,\phi_1)]+2k\cos\psi(\cos\phi_1-\cos\phi)\} \tag{8}$$

ϕ为介于ϕ_1和ϕ_2之间的某一值. 沿梁的方向从固定端到点A的距离s可表示为

$$s=\sqrt{\frac{EI}{R}}[F(k,\phi)-F(k,\phi_1)] \tag{9}$$

这要没点解析几何的功底还真应付不了.

第二个层次是在相关的理工科分支的学习和研究中,比如在“几何光学”的学习中要想推导深度二次反射曲面空间光线计算公式时①,如下:

在很多照明系统及灯具上都广泛使用深度二次反射曲面,从而使得被照明面可以获得足够的光照度,通过面形设计及使之偏轴,还可改善光照度的均匀性.

如图2所示为一深度二次反射曲面,在其L处有一板状光源,高度为H,其物方孔径角U往往大于90°,而深度二次反射曲面即为孔径光阑. 为此,提出了由沿光轴方向的x坐标值代替孔径角U的思想,不仅解决了孔径角U不能大于90°的问题,同时也解决了孔径光阑可以为任意形状,而且其位置也可以任意安放不受限制的问题.

---

① 摘自《应用光学例题与习题集》,顾培森,孟啸廷,顾振昕编,机械工业出版社,2009.

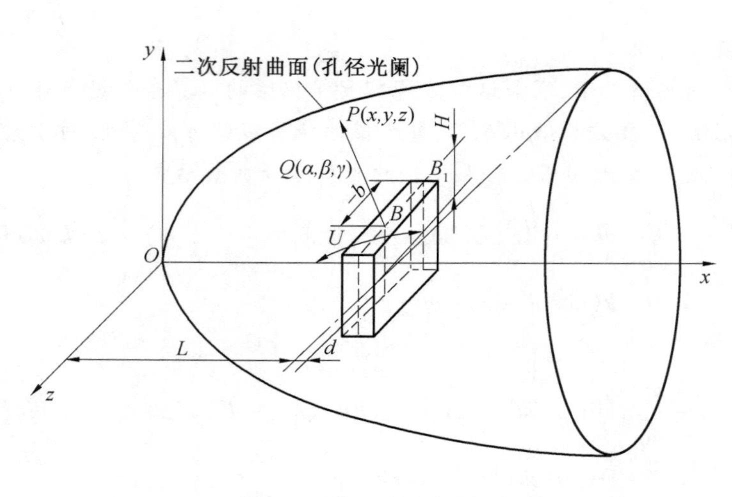

图 2　深度二次反射曲面

由光源上点 B 发出空间光线 BP(图3) 交于阴影线平面与深度二次曲面的交线上点 P,当求出其交线方程后,即可求出点 P 的坐标及 BP 光线方向余弦 $Q(\alpha,\beta,\gamma)$ 和点 P 法线方向余弦,据此就可求得反射光线方向余弦.

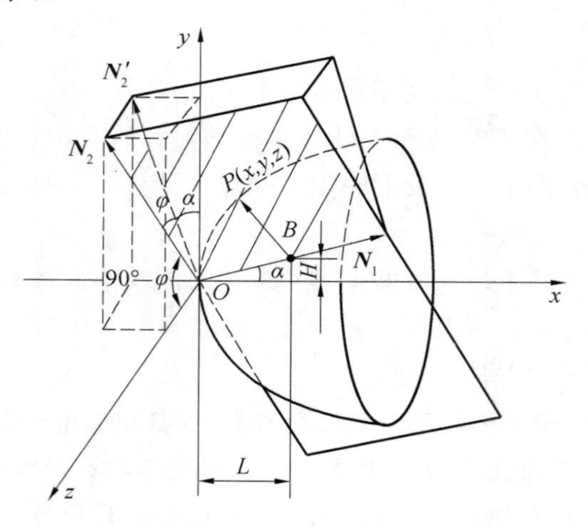

图 3　推导空间平面方程图

令二次曲面方程为

$$F(x,y,z)=kx^2-2rx+y^2+z^2=0$$

空间平面方程可由图 3 求得. 通过 OB 直线并绕之从子午平面 xOy 往

前旋转一个 φ 角的平面，即为该空间平面. N_1 为在 xOy 子午平面内沿 OB 方向的单位矢量；N_2 为绕 OB 旋转了 φ 角的空间平面内，且垂直于 OB 的空间单位矢量；N'_2 为 N_2 在 xOy 子午平面内的投影. 由矢量代数有

$$\boldsymbol{N}_1 = \cos\alpha\boldsymbol{i} + \sin\alpha\boldsymbol{j}$$

$$\boldsymbol{N}_2 = -\cos\varphi\sin\alpha\boldsymbol{i} + \cos\varphi\cos\alpha\boldsymbol{j} + \sin\varphi\boldsymbol{k}$$

由矢量 $\boldsymbol{N}_1$ 和 $\boldsymbol{N}_2$ 所组成的平面法线矢量为

$$\begin{aligned}\boldsymbol{n} &= \boldsymbol{N}_1 \times \boldsymbol{N}_2 \\ &= \begin{vmatrix} \boldsymbol{i} & \boldsymbol{j} & \boldsymbol{k} \\ \cos\alpha & \sin\alpha & 0 \\ -\cos\varphi\sin\alpha & \cos\varphi\cos\alpha & \sin\varphi \end{vmatrix} \\ &= \sin\alpha\sin\varphi\boldsymbol{i} - \cos\alpha\sin\varphi\boldsymbol{j} + (\cos^2\alpha\cos\varphi + \sin^2\alpha\cos\varphi)\boldsymbol{k} \\ &= \sin\alpha\sin\varphi\boldsymbol{i} - \cos\alpha\cos\varphi\boldsymbol{j} + \cos\varphi\boldsymbol{k}\end{aligned}$$

据此可求得该空间平面方程为

$$\sin\alpha\sin\varphi x - \cos\alpha\cos\varphi y + \cos\varphi z = 0 \tag{10}$$

而

$$\sin\alpha = \frac{H}{\sqrt{L^2 + H^2}}$$

$$\cos\alpha = \frac{L}{\sqrt{L^2 + H^2}}$$

令

$$\begin{cases} A = \sin\alpha\sin\varphi = \dfrac{H}{\sqrt{L^2 + H^2}}\sin\varphi \\ B = -\cos\alpha\sin\varphi = -\dfrac{L}{\sqrt{L^2 + H^2}}\sin\varphi \\ C = \cos\varphi \end{cases} \tag{11}$$

将式(11)代入式(10)得

$$Ax + By + Cz = 0 \tag{12}$$

联立解曲面方程和空间平面方程(12)可求得该空间平面和曲面的交线.

由式(12)得

$$y=-\frac{(Cz+Ax)}{B} \tag{13}$$

由此得曲线方程为

$$kx^2-2rx+\left[-\frac{1}{B}(Cz+Ax)\right]^2+z^2=0$$

整理后得

$$\left[\left(\frac{C}{B}\right)^2+1\right]z^2+\frac{2ACx}{B^2}z+\left(\frac{A}{B}x\right)^2+kx^2-2rx=0$$

令

$$A_1=\left(\frac{C}{B}\right)^2+1$$

$$B_1=\frac{2ACx}{B^2}$$

$$C_1=\left(\frac{A}{B}x\right)^2+kx^2-2rx$$

则曲线方程可写成如下形式

$$A_1z^2+B_1z+C_1=0 \tag{14}$$

解上述方程得前光线和后光线的 z 坐标值分别为

$$\begin{cases} z_1=\dfrac{-B_1+\sqrt{B_1^2-4A_1C_1}}{2A_1} \\ z_2=-\dfrac{B_1}{A_1}-z_1 \end{cases} \tag{15}$$

将上式代入式(13)得前光线和后光线的 y 坐标值分别为

$$\begin{cases} y_1=-\dfrac{(Cz_1+Ax)}{B} \\ y_2=-\dfrac{(Cz_2+Ax)}{B} \end{cases} \tag{16}$$

入射光线的方向余弦,由图 2 得

$$\overline{B_1P}=\sqrt{(x-L-d)^2+(y-H)^2+(z-b)^2}$$

$$\begin{cases}\alpha = \dfrac{x - L - d}{\overline{B_1P}} \\ \beta = \dfrac{y - H}{\overline{B_1P}} \\ \gamma = \dfrac{z - b}{\overline{B_1P}}\end{cases} \tag{17}$$

入射点法线方向余弦

$$\frac{\partial F}{\partial x} = 2(kx - r)$$

$$\frac{\partial F}{\partial y} = 2y$$

$$\frac{\partial F}{\partial z} = 2z$$

$$D_{\mathrm{M}} = \sqrt{\left(\frac{\partial F}{\partial x}\right)^2 + \left(\frac{\partial F}{\partial y}\right)^2 + \left(\frac{\partial F}{\partial z}\right)^2}$$

$$\begin{cases}\alpha_{\mathrm{N}} = \dfrac{\partial F/\partial x}{D_{\mathrm{M}}} \\ \beta_{\mathrm{N}} = \dfrac{\partial F/\partial y}{D_{\mathrm{M}}} \\ \gamma_{\mathrm{N}} = \dfrac{\partial F/\partial z}{D_{\mathrm{M}}}\end{cases} \tag{18}$$

反射光线的方向余弦,矢量形式的反射定律为

$$\boldsymbol{A}^{0W} = \boldsymbol{A}^0 - 2\boldsymbol{N}^0(\boldsymbol{N}^0 \cdot \boldsymbol{A}^0)$$

相应其方向余弦为

$$\alpha' = \alpha - 2(\alpha\alpha_{\mathrm{N}} + \beta\beta_{\mathrm{N}} + \gamma\gamma_{\mathrm{N}})\alpha_{\mathrm{N}}$$
$$\beta' = \beta - 2(\alpha\alpha_{\mathrm{N}} + \beta\beta_{\mathrm{N}} + \gamma\gamma_{\mathrm{N}})\beta_{\mathrm{N}}$$
$$\gamma' = \gamma - 2(\alpha\alpha_{\mathrm{N}} + \beta\beta_{\mathrm{N}} + \gamma\gamma_{\mathrm{N}})\gamma_{\mathrm{N}}$$

反射光线在像面上或者在所要考察的平面上的坐标值为

$$y' = y + \frac{(l' - x)\beta'}{\alpha'}$$

$$z' = z + \frac{(l' - x)\gamma'}{\alpha'}$$

式中,l' 为像距或者所要考察的平面离曲面顶点的距离.

同样在柱面空间光线光路计算上也要用到[①],如下:

圆柱面与球面一样是非球面的特例,它和非球面的区别是它是一种不对称于光轴的折射面.

如图4所示,光线Q由前一面上的点$P(x,y,z)$发出,其方向余弦为α,β,γ.此光线与柱面顶的切平面和柱面的交点分别为$P_p(0,y_1,z_1)$和$P_1(x_1,y_1,z_1)$,经柱面折射后的方向余弦分别为$\alpha_1',\beta_1',\gamma_1'$.柱面与前一面之间的距离为$d$,半径为$r$,与非球面空间光线光路计算一样,下面列出其空间光线光路的计算公式,即由P,Q求P_1和Q_1.

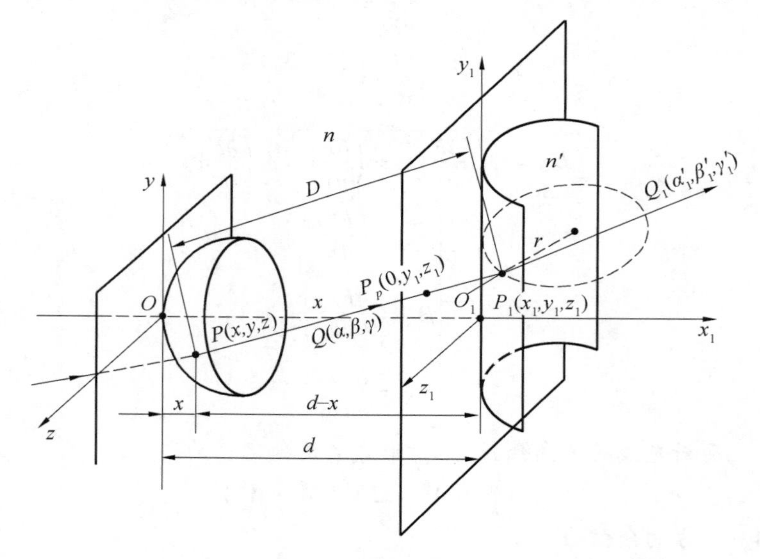

图4　柱面空间光线光路

(1) 圆柱面方程:

① 圆柱面母线平行于y_1轴,其方程为

$$z_1^2 = 2rx_1 - x_1^2 \tag{19}$$

② 圆柱面母线平行于z_1轴,其方程为

$$y_1^2 = 2rx_1 - x_1^2 \tag{20}$$

① 摘自《应用光学例题与习题集》,顾培森,孟啸廷,顾振昕编,机械工业出版社,2009.

(2) 由物方空间光线 $Q(\alpha,\beta,\gamma)$ 求点 P_1 的坐标位置,由图 4 得

$$\begin{cases}\dfrac{x_1 - x + d}{D} = \alpha \\ \dfrac{y_1 - y}{D} = \beta \\ \dfrac{z_1 - z}{D} = \gamma\end{cases} \tag{21}$$

式中,D 为光线在前后两个折射面之间沿着光线方向的长度. 可见,点 P_1 的坐标位置同前述球面、非球面一样.

(3) 求 D:

① 求圆柱面母线平行于 y_1 轴的 D:将式(21) 中 z_1 和 x_1 代入式(19) 得

$$(\alpha^2 + \gamma^2)D^2 + 2[\gamma z + \alpha(x - d) - \alpha r]D + z^2 + (x - d)(x - d - 2r) = 0$$

解上述一元二次方程便可求得 D.

② 求圆柱面母线平行于 z_1 轴的 D:将式(21) 中 y_1 和 x_1 代入式(20) 得

$$(\alpha^2 + \beta^2)D^2 + 2[\beta y + \alpha(x - d) - \alpha r]D + y^2 + (x - d)(x - d - 2r) = 0$$

解上述方程便可求得 D.

③ 求球心在$(r,0,0)$ 处的球面的 D:如果后一个折射面是一个球面顶点在 O_1 处的球面,那么它的方程为

$$z_1^2 + y_1^2 = 2rx_1 - x_1^2$$

将式(21) 代入上式得

$$(\alpha^2 + \beta^2 + \gamma^2)D^2 + 2[\gamma z + \beta y + \alpha(x - d) - \alpha r]D + z^2 + y^2 + (x - d)(x - d - 2r) = 0$$

为了使得上式具有普遍性,既可算球面也可算圆柱面母线分别平行于 z_1 轴和 y_1 轴的圆柱面的 D. 在上式中引入 G_1,G_2,而写成如下形式

$$(\alpha^2+G_1\beta^2+G_2\gamma^2)D^2+2[G_2\gamma z+G_1\beta y+\alpha(x-d)-\alpha r]D+$$
$$G_2z^2+G_1y^2+(x-d)(x-d-2r)=0 \tag{22}$$

则当 $G_1=G_2=1$ 时表示后一个折射面为球面;当 $G_1=0,G_2=1$ 时表示后一个折射面为母线平行于 y_1 轴的圆柱面;当 $G_1=1,G_2=0$ 时表示后一个折射面为母线平行于 z_1 轴的圆柱面.

令

$$\begin{cases}A=\alpha^2+G_1\beta^2+G_2\gamma_2\\B=2[G_2\gamma z+G_1\beta y+\alpha(x-d)-\alpha r]\\C=G_2z^2+G_1y^2+(x-d)(x-d-\alpha r)\end{cases} \tag{23}$$

解式(22)得

$$\begin{cases}D_1=-\dfrac{B}{2A}+\dfrac{\sqrt{B^2-4AC}}{2A}\\D_2=-\dfrac{B}{2A}-\dfrac{\sqrt{B^2-4AC}}{2A}\end{cases} \tag{24}$$

若 $B^2-4AC<0$,则表示光线与柱面(或者球面)无交点,反之,取绝对值小的解.

若后一个折射面为平面,即 $r=\infty$,则由式(22)得

$$D=\frac{d-x}{\alpha} \tag{25}$$

④ 求像方折射光线 Q_1:因为球面、圆柱面都是非球面的特例,所以非球面求像方折射光线 Q_1 的公式同样适用于球面、圆柱面. 而球面、圆柱面的法线方向余弦如图 5 所示,并考虑到光学计算的符号规则,可写成如下形式

$$\begin{cases}\alpha_{\mathrm N}=\dfrac{r-x_1}{r}\\\beta_{\mathrm N}=\dfrac{-G_1y_1}{r}\\\gamma_{\mathrm N}=\dfrac{-G_2z_1}{r}\end{cases} \tag{26}$$

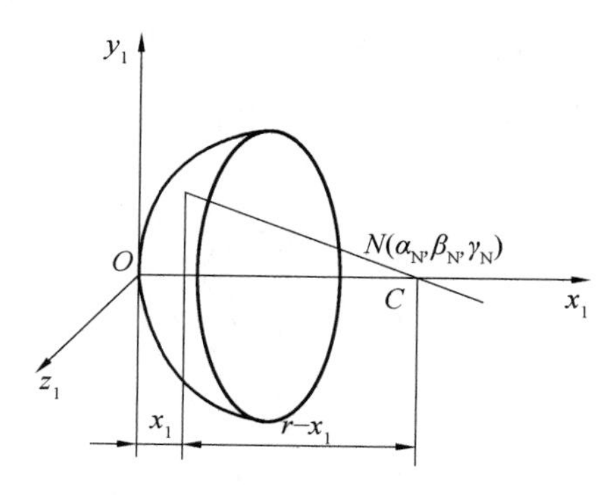

图5 球面、圆柱面法线方向余弦

第三个层次是在纯数学专业的学习中它也是必备的基础,比如在数学分析中要证明:有界闭区域内的非常数调和函数 $u(x,y)$ 在此区域内的点不能达到其最大值或最小值(极大值原理)①,如下:

设有界闭区域为 $\overline{\Omega}$,它是由有界开区域 Ω 及其边界 $\partial\Omega$ 构成. 我们要证明:如果 $u(x,y)$ 在 $\overline{\Omega}$ 内的某点 $P_0(x_0,y_0)$ 达到其最大值或最小值(例如,设达到最大值),那么 $u(x,y)$ 在 $\overline{\Omega}$ 上必为常数. 下面分三步证明.

(1) 先证:若圆域 $S_\rho=\{(x,y)\mid(x-x_0)^2+(y-y_0)^2\leqslant\rho^2\}$ 完全属于 Ω,则 $u(x,y)$ 在 S_ρ 上为常数.

对任何的 $0<r\leqslant\rho$,用 C_r 表示圆周 $\{(x,y)\mid(x-x_0)^2+(y-y_0)^2=r^2\}$,可知

$$u(x_0,y_0)=\frac{1}{2\pi r}\oint_{C_r}u(\xi,\eta)\,\mathrm{d}s$$

故

$$\frac{1}{2\pi r}\oint_{C_r}[u(x_0,y_0)-u(\xi,\eta)]\,\mathrm{d}s=0 \tag{27}$$

但因 $u(x_0,y_0)$ 为最大值,故在 C_r 上恒有

$$u(x_0,y_0)-u(\xi,\eta)\geqslant 0$$

由此,根据(27),即易知在 C_r 上 $u(x_0,y_0)-u(\xi,\eta)\equiv 0$. 因为,若有某点 $(\xi_0,\eta_0)\in C_r$ 使 $u(x_0,y_0)-u(\xi_0,\eta_0)=\tau>0$,则由 $u(x,y)$ 的连续

① 摘自《Б. П. 吉米多维奇数学分析习题集题解6(第四版)》,费定晖,周学圣编演,郭大钧,邵品琮主审,山东科学技术出版社,2015.

性可知,必有以(ξ_0,η_0)为中心的某小圆域σ存在,使当$(\xi,\eta)\in\sigma$时,恒有$u(x_0,y_0)-u(\xi,\eta)\geqslant\frac{\tau}{2}$. 用$C'_r$表示$C_r$含于$\sigma$内的部分,则

$$\oint_{C_r}[u(x_0,y_0)-u(\xi,\eta)]\mathrm{d}s\geqslant\int_{C'_r}[u(x_0,y_0)-u(\xi,\eta)]\mathrm{d}s$$

$$\geqslant\oint_{C'_r}\frac{\tau}{2}\mathrm{d}s=\frac{1}{2}\tau l'_r>0$$

其中l'_r表示圆弧C'_r之长,此显然与式(27)矛盾.

于是,在C_r上有$u(x_0,y_0)-u(\xi,\eta)\equiv 0$. 再根据$r$的任意性$(0<r\leqslant\rho)$,即知对任何$(\xi,\eta)\in S_\rho$,都有$u(\xi,\eta)=u(x_0,y_0)$. 换句话说,$u(x,y)$在$S_\rho$上是常数.

(2) 次证:设$P^*(x^*,y^*)$为$\overline{\Omega}$的任一内点(即$P^*\in\Omega$),则必有$u(x^*,y^*)=u(x_0,y_0)$.

用完全含于Ω内的折线l将点$P_0(x_0,y_0)$与点$P^*(x^*,y^*)$联结起来(图6),用δ表示$\partial\Omega$与l之间的距离,即

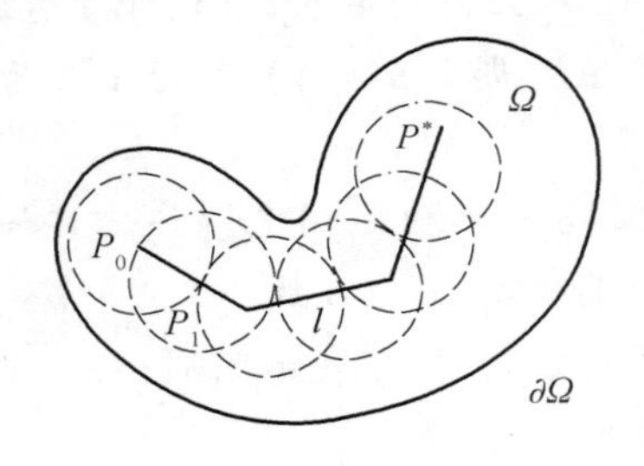

图6

$$\delta=\min\sqrt{(x-x')^2+(y-y')^2}$$

其中“min”是对一切$(x,y)\in\partial\Omega,(x,y)\in l$来取的(由于$\partial\Omega,l$是互不相交的有界闭集,可证“min”一定能达到,从而$\delta>0$). 取$0<\delta'<\delta$,以点P_0为中心,δ'为半径作一圆,得圆域$S_0=\{(x,y)\mid(x-x_0)^2+(y-y_0)^2\leqslant\delta'^2\}$,此圆域完全含于$\Omega$内,由(1)段已证的结论知,$u(x,y)$在$S_0$中为常数. 特别地,$u(x_1,y_1)=u(x_0,y_0)$,这里点$P_1(x_1,y_1)$代表圆周$C_0=\{(x,y)\mid(x-x_0)^2+(y-y_0)^2=\delta'^2\}$与$l$折线的交点. 又以点$P_1$为中心,$\delta'$为半径作一圆,得圆域$S_1=\{(x,y)\mid(x-x_1)^2+(y-y_1)^2\leqslant\delta'^2\}$. 由于$u(x,y)$在点$P_1(x_1,y_1)$也达到最大值,而$S_1$完

全含于 Ω 内,故将(1)段的结果用于 S_1,可知 $u(x,y)$ 在 S_1 上为常数,特别地,$u(x_2,y_2)=u(x_1,y_1)$,这里点 $P_2(x_2,y_2)$ 表示圆周 $C_1=\{(x,y)|(x-x_1)^2+(y-y_1)^2=\delta'^2\}$ 与 l 的交点(除 P_0 外的另一交点). 再以点 P_2 为中心,δ' 为半径作一圆域 S_2,……,这样继续作下去,显然,至多经过 n 次(n 表示大于 $\frac{s}{\delta'}$ 的最小正整数,s 表示 l 的长),点 $P^*(x^*,y^*)$ 必属于 S_{n-1},从而

$$u(x^*,y^*)=u(x_{n-1},y_{n-1})=\cdots=u(x_1,y_1)=u(x_0,y_0)$$

(3) 由(2)段的结果可知,$u(x,y)$ 在 Ω 上是常数. 根据 $u(x,y)$ 在 $\overline{\Omega}$ 上的连续性,通过由 Ω 的点趋向 $\partial\Omega$ 的点取极限,即知 $u(x,y)$ 在 $\overline{\Omega}$ 上是常数. 证毕.

注:从证明过程中看出,需假定区域 Ω(从而 $\overline{\Omega}$) 是连通的. 事实上,若 Ω 不连通,则结论不一定成立. 例如,设 $\overline{\Omega}=S_1+S_2$,其中 S_1 与 S_2 是两个互无公共点的闭圆域,而令

$$u(x,y)=\begin{cases}c_1,(x,y)\in S_1\\c_2,(x,y)\in S_2\end{cases}$$

其中 $c_1\neq c_2$ 是两个常数,则 $u(x,y)$ 显然是 $\overline{\Omega}$ 上的调和函数且在 $\overline{\Omega}$ 上不是常数,但它却在其内点达到最大值与最小值.

本书的出版是一次钩沉行为,出版的中介作用体现在出版者对有潜力的知识文本的发掘上. 在中西方的知识史上,通常被放大并给予关注的首先是作者,似乎有了作者,就有了出版品的流传. 虽然作者是知识文本的直接创造者,但很多时候,若非出版者的努力,就不可能有作品的出版. 有的作者虽然创作力旺盛,却无意于出版,是出版者的执着,使得作品面世. 美国学者戴维·卡斯顿就认为,莎士比亚成为一位文学人物,最终成为全球性的重要人物,应该归功于印刷商和出版商的种种活动,而不是他本人的抱负. 在有生之年,莎士比亚都是作为戏剧人物而存在的,他关注的是舞台演出,对于戏剧作品的出版毫不在意. 莎士比亚在世时,他的三十七个剧本仅有十八个发表过,但其中没有一个版本莎士比亚公开表示过是他自己的. 作为出版品流传后世的莎士比亚剧作,是出版商在设法谋得的莎剧手稿或在剧场记录的文本上整理出版的. 可以设想,若没有出版这个中介,生动刻画人间万象、人情冷暖的莎剧或许在16,17世纪就随着莎士比亚的辞世和戏剧演出的沉浮而销声匿迹了. 还有的作者,虽有创作才

华,但并不清楚自己的努力方向,是出版者的点拨点醒了“梦中人”,不仅成就了可能无缘创作之路的作者,也催生了影响深远的作品.

本书的出版是一个慢工程,其意是收效迟,但社会效益巨大.

孙中山先生曾说过:“凡百事业,收效愈速,利益愈小;收效愈迟,利益愈大.”

不知读者们觉得:然还是特别然!

刘培杰

修改于 2023 年 3 月 15 日

于哈工大

刘培杰数学工作室
已出版(即将出版)图书目录——初等数学

书　　名	出版时间	定　价	编号
新编中学数学解题方法全书(高中版)上卷(第2版)	2018－08	58.00	951
新编中学数学解题方法全书(高中版)中卷(第2版)	2018－08	68.00	952
新编中学数学解题方法全书(高中版)下卷(一)(第2版)	2018－08	58.00	953
新编中学数学解题方法全书(高中版)下卷(二)(第2版)	2018－08	58.00	954
新编中学数学解题方法全书(高中版)下卷(三)(第2版)	2018－08	68.00	955
新编中学数学解题方法全书(初中版)上卷	2008－01	28.00	29
新编中学数学解题方法全书(初中版)中卷	2010－07	38.00	75
新编中学数学解题方法全书(高考复习卷)	2010－01	48.00	67
新编中学数学解题方法全书(高考真题卷)	2010－01	38.00	62
新编中学数学解题方法全书(高考精华卷)	2011－03	68.00	118
新编平面解析几何解题方法全书(专题讲座卷)	2010－01	18.00	61
新编中学数学解题方法全书(自主招生卷)	2013－08	88.00	261
数学奥林匹克与数学文化(第一辑)	2006－05	48.00	4
数学奥林匹克与数学文化(第二辑)(竞赛卷)	2008－01	48.00	19
数学奥林匹克与数学文化(第二辑)(文化卷)	2008－07	58.00	36′
数学奥林匹克与数学文化(第三辑)(竞赛卷)	2010－01	48.00	59
数学奥林匹克与数学文化(第四辑)(竞赛卷)	2011－08	58.00	87
数学奥林匹克与数学文化(第五辑)	2015－06	98.00	370
世界著名平面几何经典著作钩沉——几何作图专题卷(共3卷)	2022－01	198.00	1460
世界著名平面几何经典著作钩沉(民国平面几何老课本)	2011－03	38.00	113
世界著名平面几何经典著作钩沉(建国初期平面三角老课本)	2015－08	38.00	507
世界著名解析几何经典著作钩沉——平面解析几何卷	2014－01	38.00	264
世界著名数论经典著作钩沉(算术卷)	2012－01	28.00	125
世界著名数学经典著作钩沉——立体几何卷	2011－02	28.00	88
世界著名三角学经典著作钩沉(平面三角卷Ⅰ)	2010－06	28.00	69
世界著名三角学经典著作钩沉(平面三角卷Ⅱ)	2011－01	38.00	78
世界著名初等数论经典著作钩沉(理论和实用算术卷)	2011－07	38.00	126
世界著名几何经典著作钩沉(解析几何卷)	2022－10	68.00	1564
发展你的空间想象力(第3版)	2021－01	98.00	1464
空间想象力进阶	2019－05	68.00	1062
走向国际数学奥林匹克的平面几何试题诠释.第1卷	2019－07	88.00	1043
走向国际数学奥林匹克的平面几何试题诠释.第2卷	2019－09	78.00	1044
走向国际数学奥林匹克的平面几何试题诠释.第3卷	2019－03	78.00	1045
走向国际数学奥林匹克的平面几何试题诠释.第4卷	2019－09	98.00	1046
平面几何证明方法全书	2007－08	35.00	1
平面几何证明方法全书习题解答(第2版)	2006－12	18.00	10
平面几何天天练上卷・基础篇(直线型)	2013－01	58.00	208
平面几何天天练中卷・基础篇(涉及圆)	2013－01	28.00	234
平面几何天天练下卷・提高篇	2013－01	58.00	237
平面几何专题研究	2013－07	98.00	258
平面几何解题之道.第1卷	2022－05	38.00	1494
几何学习题集	2020－10	48.00	1217
通过解题学习代数几何	2021－04	88.00	1301
圆锥曲线的奥秘	2022－06	88.00	1541

刘培杰数学工作室
已出版(即将出版)图书目录——初等数学

书　　名	出版时间	定　价	编号
最新世界各国数学奥林匹克中的平面几何试题	2007－09	38.00	14
数学竞赛平面几何典型题及新颖解	2010－07	48.00	74
初等数学复习及研究(平面几何)	2008－09	68.00	38
初等数学复习及研究(立体几何)	2010－06	38.00	71
初等数学复习及研究(平面几何)习题解答	2009－01	58.00	42
几何学教程(平面几何卷)	2011－03	68.00	90
几何学教程(立体几何卷)	2011－07	68.00	130
几何变换与几何证题	2010－06	88.00	70
计算方法与几何证题	2011－06	28.00	129
立体几何技巧与方法(第 2 版)	2022－10	168.00	1572
几何瑰宝——平面几何 500 名题暨 1500 条定理(上、下)	2021－07	168.00	1358
三角形的解法与应用	2012－07	18.00	183
近代的三角形几何学	2012－07	48.00	184
一般折线几何学	2015－08	48.00	503
三角形的五心	2009－06	28.00	51
三角形的六心及其应用	2015－10	68.00	542
三角形趣谈	2012－08	28.00	212
解三角形	2014－01	28.00	265
探秘三角形:一次数学旅行	2021－10	68.00	1387
三角学专门教程	2014－09	28.00	387
图天下几何新题试卷.初中(第 2 版)	2017－11	58.00	855
圆锥曲线习题集(上册)	2013－06	68.00	255
圆锥曲线习题集(中册)	2015－01	78.00	434
圆锥曲线习题集(下册・第 1 卷)	2016－10	78.00	683
圆锥曲线习题集(下册・第 2 卷)	2018－01	98.00	853
圆锥曲线习题集(下册・第 3 卷)	2019－10	128.00	1113
圆锥曲线的思想方法	2021－08	48.00	1379
圆锥曲线的八个主要问题	2021－10	48.00	1415
论九点圆	2015－05	88.00	645
近代欧氏几何学	2012－03	48.00	162
罗巴切夫斯基几何学及几何基础概要	2012－07	28.00	188
罗巴切夫斯基几何学初步	2015－06	28.00	474
用三角、解析几何、复数、向量计算解数学竞赛几何题	2015－03	48.00	455
用解析法研究圆锥曲线的几何理论	2022－05	48.00	1495
美国中学几何教程	2015－04	88.00	458
三线坐标与三角形特征点	2015－04	98.00	460
坐标几何学基础.第 1 卷,笛卡儿坐标	2021－08	48.00	1398
坐标几何学基础.第 2 卷,三线坐标	2021－09	28.00	1399
平面解析几何方法与研究(第 1 卷)	2015－05	18.00	471
平面解析几何方法与研究(第 2 卷)	2015－06	18.00	472
平面解析几何方法与研究(第 3 卷)	2015－07	18.00	473
解析几何研究	2015－01	38.00	425
解析几何学教程.上	2016－01	38.00	574
解析几何学教程.下	2016－01	38.00	575
几何学基础	2016－01	58.00	581
初等几何研究	2015－02	58.00	444
十九和二十世纪欧氏几何学中的片段	2017－01	58.00	696
平面几何中考.高考.奥数一本通	2017－07	28.00	820
几何学简史	2017－08	28.00	833
四面体	2018－01	48.00	880
平面几何证明方法思路	2018－12	68.00	913
折纸中的几何练习	2022－09	48.00	1559
中学新几何学(英文)	2022－10	98.00	1562

刘培杰数学工作室
已出版(即将出版)图书目录——初等数学

书　　名	出版时间	定　价	编号
平面几何图形特性新析.上篇	2019－01	68.00	911
平面几何图形特性新析.下篇	2018－06	88.00	912
平面几何范例多解探究.上篇	2018－04	48.00	910
平面几何范例多解探究.下篇	2018－12	68.00	914
从分析解题过程学解题:竞赛中的几何问题研究	2018－07	68.00	946
从分析解题过程学解题:竞赛中的向量几何与不等式研究(全2册)	2019－06	138.00	1090
从分析解题过程学解题:竞赛中的不等式问题	2021－01	48.00	1249
二维、三维欧氏几何的对偶原理	2018－12	38.00	990
星形大观及闭折线论	2019－03	68.00	1020
立体几何的问题和方法	2019－11	58.00	1127
三角代换论	2021－05	58.00	1313
俄罗斯平面几何问题集	2009－08	88.00	55
俄罗斯立体几何问题集	2014－03	58.00	283
俄罗斯几何大师——沙雷金论数学及其他	2014－01	48.00	271
来自俄罗斯的5000道几何习题及解答	2011－03	58.00	89
俄罗斯初等数学问题集	2012－05	38.00	177
俄罗斯函数问题集	2011－03	38.00	103
俄罗斯组合分析问题集	2011－01	48.00	79
俄罗斯初等数学万题选——三角卷	2012－11	38.00	222
俄罗斯初等数学万题选——代数卷	2013－08	68.00	225
俄罗斯初等数学万题选——几何卷	2014－01	68.00	226
俄罗斯《量子》杂志数学征解问题100题选	2018－08	48.00	969
俄罗斯《量子》杂志数学征解问题又100题选	2018－08	48.00	970
俄罗斯《量子》杂志数学征解问题	2020－05	48.00	1138
463个俄罗斯几何老问题	2012－01	28.00	152
《量子》数学短文精粹	2018－09	38.00	972
用三角、解析几何等计算解来自俄罗斯的几何题	2019－11	88.00	1119
基谢廖夫平面几何	2022－01	48.00	1461
数学:代数、数学分析和几何(10－11年级)	2021－01	48.00	1250
立体几何.10—11年级	2022－01	58.00	1472
直观几何学:5—6年级	2022－04	58.00	1508
平面几何:9—11年级	2022－10	48.00	1571
谈谈素数	2011－03	18.00	91
平方和	2011－03	18.00	92
整数论	2011－05	38.00	120
从整数谈起	2015－10	28.00	538
数与多项式	2016－01	38.00	558
谈谈不定方程	2011－05	28.00	119
质数漫谈	2022－07	68.00	1529
解析不等式新论	2009－06	68.00	48
建立不等式的方法	2011－03	98.00	104
数学奥林匹克不等式研究(第2版)	2020－07	68.00	1181
不等式研究(第二辑)	2012－02	68.00	153
不等式的秘密(第一卷)(第2版)	2014－02	38.00	286
不等式的秘密(第二卷)	2014－01	38.00	268
初等不等式的证明方法	2010－06	38.00	123
初等不等式的证明方法(第二版)	2014－11	38.00	407
不等式·理论·方法(基础卷)	2015－07	38.00	496
不等式·理论·方法(经典不等式卷)	2015－07	38.00	497
不等式·理论·方法(特殊类型不等式卷)	2015－07	48.00	498
不等式探究	2016－03	38.00	582
不等式探秘	2017－01	88.00	689
四面体不等式	2017－01	68.00	715
数学奥林匹克中常见重要不等式	2017－09	38.00	845

刘培杰数学工作室

已出版(即将出版)图书目录——初等数学

书　名	出版时间	定　价	编号
三正弦不等式	2018－09	98.00	974
函数方程与不等式:解法与稳定性结果	2019－04	68.00	1058
数学不等式.第1卷,对称多项式不等式	2022－05	78.00	1455
数学不等式.第2卷,对称有理不等式与对称无理不等式	2022－05	88.00	1456
数学不等式.第3卷,循环不等式与非循环不等式	2022－05	88.00	1457
数学不等式.第4卷,Jensen不等式的扩展与加细	2022－05	88.00	1458
数学不等式.第5卷,创建不等式与解不等式的其他方法	2022－05	88.00	1459
同余理论	2012－05	38.00	163
[x]与{x}	2015－04	48.00	476
极值与最值.上卷	2015－06	28.00	486
极值与最值.中卷	2015－06	38.00	487
极值与最值.下卷	2015－06	28.00	488
整数的性质	2012－11	38.00	192
完全平方数及其应用	2015－08	78.00	506
多项式理论	2015－10	88.00	541
奇数、偶数、奇偶分析法	2018－01	98.00	876
不定方程及其应用.上	2018－12	58.00	992
不定方程及其应用.中	2019－01	78.00	993
不定方程及其应用.下	2019－02	98.00	994
Nesbitt不等式加强式的研究	2022－06	128.00	1527
最值定理与分析不等式	2023－02	78.00	1567
一类积分不等式	2023－02	88.00	1579
历届美国中学生数学竞赛试题及解答(第一卷)1950－1954	2014－07	18.00	277
历届美国中学生数学竞赛试题及解答(第二卷)1955－1959	2014－04	18.00	278
历届美国中学生数学竞赛试题及解答(第三卷)1960－1964	2014－06	18.00	279
历届美国中学生数学竞赛试题及解答(第四卷)1965－1969	2014－04	28.00	280
历届美国中学生数学竞赛试题及解答(第五卷)1970－1972	2014－06	18.00	281
历届美国中学生数学竞赛试题及解答(第六卷)1973－1980	2017－07	18.00	768
历届美国中学生数学竞赛试题及解答(第七卷)1981－1986	2015－01	18.00	424
历届美国中学生数学竞赛试题及解答(第八卷)1987－1990	2017－05	18.00	769
历届中国数学奥林匹克试题集(第3版)	2021－10	58.00	1440
历届加拿大数学奥林匹克试题集	2012－08	38.00	215
历届美国数学奥林匹克试题集:1972～2019	2020－04	88.00	1135
历届波兰数学竞赛试题集.第1卷,1949～1963	2015－03	18.00	453
历届波兰数学竞赛试题集.第2卷,1964～1976	2015－03	18.00	454
历届巴尔干数学奥林匹克试题集	2015－05	38.00	466
保加利亚数学奥林匹克	2014－10	38.00	393
圣彼得堡数学奥林匹克试题集	2015－01	38.00	429
匈牙利奥林匹克数学竞赛题解.第1卷	2016－05	28.00	593
匈牙利奥林匹克数学竞赛题解.第2卷	2016－05	28.00	594
历届美国数学邀请赛试题集(第2版)	2017－10	78.00	851
普林斯顿大学数学竞赛	2016－06	38.00	669
亚太地区数学奥林匹克竞赛题	2015－07	18.00	492
日本历届(初级)广中杯数学竞赛试题及解答.第1卷(2000～2007)	2016－05	28.00	641
日本历届(初级)广中杯数学竞赛试题及解答.第2卷(2008～2015)	2016－05	38.00	642
越南数学奥林匹克题选:1962－2009	2021－07	48.00	1370
360个数学竞赛问题	2016－08	58.00	677
奥数最佳实战题.上卷	2017－06	38.00	760
奥数最佳实战题.下卷	2017－05	58.00	761
哈尔滨市早期中学数学竞赛试题汇编	2016－07	28.00	672
全国高中数学联赛试题及解答:1981—2019(第4版)	2020－07	138.00	1176
2022年全国高中数学联合竞赛模拟题集	2022－06	30.00	1521

刘培杰数学工作室

已出版(即将出版)图书目录——初等数学

书　　名	出版时间	定　价	编号
20世纪50年代全国部分城市数学竞赛试题汇编	2017-07	28.00	797
国内外数学竞赛题及精解:2018~2019	2020-08	45.00	1192
国内外数学竞赛题及精解:2019~2020	2021-11	58.00	1439
许康华竞赛优学精选集.第一辑	2018-08	68.00	949
天问叶班数学问题征解100题.Ⅰ,2016-2018	2019-05	88.00	1075
天问叶班数学问题征解100题.Ⅱ,2017-2019	2020-07	98.00	1177
美国初中数学竞赛:AMC8准备(共6卷)	2019-07	138.00	1089
美国高中数学竞赛:AMC10准备(共6卷)	2019-08	158.00	1105
王连笑教你怎样学数学:高考选择题解题策略与客观题实用训练	2014-01	48.00	262
王连笑教你怎样学数学:高考数学高层次讲座	2015-02	48.00	432
高考数学的理论与实践	2009-08	38.00	53
高考数学核心题型解题方法与技巧	2010-01	28.00	86
高考思维新平台	2014-03	38.00	259
高考数学压轴题解题诀窍(上)(第2版)	2018-01	58.00	874
高考数学压轴题解题诀窍(下)(第2版)	2018-01	48.00	875
北京市五区文科数学三年高考模拟题详解:2013~2015	2015-08	48.00	500
北京市五区理科数学三年高考模拟题详解:2013~2015	2015-09	68.00	505
向量法巧解数学高考题	2009-08	28.00	54
高中数学课堂教学的实践与反思	2021-11	48.00	791
数学高考参考	2016-01	78.00	589
新课程标准高考数学解答题各种题型解法指导	2020-08	78.00	1196
全国及各省市高考数学试题审题要津与解法研究	2015-02	48.00	450
高中数学章节起始课的教学研究与案例设计	2019-05	28.00	1064
新课标高考数学——五年试题分章详解(2007~2011)(上、下)	2011-10	78.00	140,141
全国中考数学压轴题审题要津与解法研究	2013-04	78.00	248
新编全国及各省市中考数学压轴题审题要津与解法研究	2014-05	58.00	342
全国及各省市5年中考数学压轴题审题要津与解法研究(2015版)	2015-04	58.00	462
中考数学专题总复习	2007-04	28.00	6
中考数学较难题常考题型解题方法与技巧	2016-09	48.00	681
中考数学难题常考题型解题方法与技巧	2016-09	48.00	682
中考数学中档题常考题型解题方法与技巧	2017-08	68.00	835
中考数学选择填空压轴好题妙解365	2017-05	38.00	759
中考数学:三类重点考题的解法例析与习题	2020-04	48.00	1140
中小学数学的历史文化	2019-11	48.00	1124
初中平面几何百题多思创新解	2020-01	58.00	1125
初中数学中考备考	2020-01	58.00	1126
高考数学之九章演义	2019-08	68.00	1044
高考数学之难题谈笑间	2022-06	68.00	1519
化学可以这样学:高中化学知识方法智慧感悟疑难辨析	2019-07	58.00	1103
如何成为学习高手	2019-09	58.00	1107
高考数学:经典真题分类解析	2020-04	78.00	1134
高考数学解答题破解策略	2020-11	58.00	1221
从分析解题过程学解题:高考压轴题与竞赛题之关系探究	2020-08	88.00	1179
教学新思考:单元整体视角下的初中数学教学设计	2021-03	58.00	1278
思维再拓展:2020年经典几何题的多解探究与思考	即将出版		1279
中考数学小压轴汇编初讲	2017-07	48.00	788
中考数学大压轴专题微言	2017-09	48.00	846
怎么解中考平面几何探索题	2019-06	48.00	1093
北京中考数学压轴题解题方法突破(第8版)	2022-11	78.00	1577
助你高考成功的数学解题智慧:知识是智慧的基础	2016-01	58.00	596
助你高考成功的数学解题智慧:错误是智慧的试金石	2016-04	58.00	643
助你高考成功的数学解题智慧:方法是智慧的推手	2016-04	68.00	657
高考数学奇思妙解	2016-04	38.00	610
高考数学解题策略	2016-05	48.00	670

刘培杰数学工作室
已出版(即将出版)图书目录——初等数学

书　　名	出版时间	定　价	编号
数学解题泄天机(第2版)	2017－10	48.00	850
高考物理压轴题全解	2017－04	58.00	746
高中物理经典问题25讲	2017－05	28.00	764
高中物理教学讲义	2018－01	48.00	871
高中物理教学讲义:全模块	2022－03	98.00	1492
高中物理答疑解惑65篇	2021－11	48.00	1462
中学物理基础问题解析	2020－08	48.00	1183
2017年高考理科数学真题研究	2018－01	58.00	867
2017年高考文科数学真题研究	2018－01	48.00	868
初中数学、高中数学脱节知识补缺教材	2017－06	48.00	766
高考数学小题抢分必练	2017－10	48.00	834
高考数学核心素养解读	2017－09	38.00	839
高考数学客观题解题方法和技巧	2017－10	38.00	847
十年高考数学精品试题审题要津与解法研究	2021－10	98.00	1427
中国历届高考数学试题及解答.1949－1979	2018－01	38.00	877
历届中国高考数学试题及解答.第二卷,1980—1989	2018－10	28.00	975
历届中国高考数学试题及解答.第三卷,1990—1999	2018－10	48.00	976
数学文化与高考研究	2018－03	48.00	882
跟我学解高中数学题	2018－07	58.00	926
中学数学研究的方法及案例	2018－05	58.00	869
高考数学抢分技能	2018－07	68.00	934
高一新生常用数学方法和重要数学思想提升教材	2018－06	38.00	921
2018年高考数学真题研究	2019－01	68.00	1000
2019年高考数学真题研究	2020－05	88.00	1137
高考数学全国卷六道解答题常考题型解题诀窍:理科(全2册)	2019－07	78.00	1101
高考数学全国卷16道选择、填空题常考题型解题诀窍.理科	2018－09	88.00	971
高考数学全国卷16道选择、填空题常考题型解题诀窍.文科	2020－01	88.00	1123
高中数学一题多解	2019－06	58.00	1087
历届中国高考数学试题及解答:1917－1999	2021－08	98.00	1371
2000～2003年全国及各省市高考数学试题及解答	2022－05	88.00	1499
2004年全国及各省市高考数学试题及解答	2022－07	78.00	1500
突破高原:高中数学解题思维探究	2021－08	48.00	1375
高考数学中的"取值范围"	2021－10	48.00	1429
新课程标准高中数学各种题型解法大全.必修一分册	2021－06	58.00	1315
新课程标准高中数学各种题型解法大全.必修二分册	2022－01	68.00	1471
高中数学各种题型解法大全.选择性必修一分册	2022－06	68.00	1525
高中数学各种题型解法大全.选择性必修二分册	2023－01	58.00	1600
新编640个世界著名数学智力趣题	2014－01	88.00	242
500个最新世界著名数学智力趣题	2008－06	48.00	3
400个最新世界著名数学最值问题	2008－09	48.00	36
500个世界著名数学征解问题	2009－06	48.00	52
400个中国最佳初等数学征解老问题	2010－01	48.00	60
500个俄罗斯数学经典老题	2011－01	28.00	81
1000个国外中学物理好题	2012－04	48.00	174
300个日本高考数学题	2012－05	38.00	142
700个早期日本高考数学试题	2017－02	88.00	752
500个前苏联早期高考数学试题及解答	2012－05	28.00	185
546个早期俄罗斯大学生数学竞赛题	2014－03	38.00	285
548个来自美苏的数学好问题	2014－11	28.00	396
20所苏联著名大学早期入学试题	2015－02	18.00	452
161道德国工科大学生必做的微分方程习题	2015－05	28.00	469
500个德国工科大学生必做的高数习题	2015－06	28.00	478
360个数学竞赛问题	2016－08	58.00	677
200个趣味数学故事	2018－02	48.00	857
470个数学奥林匹克中的最值问题	2018－10	88.00	985
德国讲义日本考题.微积分卷	2015－04	48.00	456
德国讲义日本考题.微分方程卷	2015－04	38.00	457
二十世纪中叶中、英、美、日、法、俄高考数学试题精选	2017－06	38.00	783

刘培杰数学工作室
已出版(即将出版)图书目录——初等数学

书　　名	出版时间	定　价	编号
中国初等数学研究　2009 卷(第 1 辑)	2009—05	20.00	45
中国初等数学研究　2010 卷(第 2 辑)	2010—05	30.00	68
中国初等数学研究　2011 卷(第 3 辑)	2011—07	60.00	127
中国初等数学研究　2012 卷(第 4 辑)	2012—07	48.00	190
中国初等数学研究　2014 卷(第 5 辑)	2014—02	48.00	288
中国初等数学研究　2015 卷(第 6 辑)	2015—06	68.00	493
中国初等数学研究　2016 卷(第 7 辑)	2016—04	68.00	609
中国初等数学研究　2017 卷(第 8 辑)	2017—01	98.00	712
初等数学研究在中国. 第 1 辑	2019—03	158.00	1024
初等数学研究在中国. 第 2 辑	2019—10	158.00	1116
初等数学研究在中国. 第 3 辑	2021—05	158.00	1306
初等数学研究在中国. 第 4 辑	2022—06	158.00	1520
几何变换(Ⅰ)	2014—07	28.00	353
几何变换(Ⅱ)	2015—06	28.00	354
几何变换(Ⅲ)	2015—01	38.00	355
几何变换(Ⅳ)	2015—12	38.00	356
初等数论难题集(第一卷)	2009—05	68.00	44
初等数论难题集(第二卷)(上、下)	2011—02	128.00	82,83
数论概貌	2011—03	18.00	93
代数数论(第二版)	2013—08	58.00	94
代数多项式	2014—06	38.00	289
初等数论的知识与问题	2011—02	28.00	95
超越数论基础	2011—03	28.00	96
数论初等教程	2011—03	28.00	97
数论基础	2011—03	18.00	98
数论基础与维诺格拉多夫	2014—03	18.00	292
解析数论基础	2012—08	28.00	216
解析数论基础(第二版)	2014—01	48.00	287
解析数论问题集(第二版)(原版引进)	2014—05	88.00	343
解析数论问题集(第二版)(中译本)	2016—04	88.00	607
解析数论基础(潘承洞,潘承彪著)	2016—07	98.00	673
解析数论导引	2016—07	58.00	674
数论入门	2011—03	38.00	99
代数数论入门	2015—03	38.00	448
数论开篇	2012—07	28.00	194
解析数论引论	2011—03	48.00	100
Barban Davenport Halberstam 均值和	2009—01	40.00	33
基础数论	2011—03	28.00	101
初等数论 100 例	2011—05	18.00	122
初等数论经典例题	2012—07	18.00	204
最新世界各国数学奥林匹克中的初等数论试题(上、下)	2012—01	138.00	144,145
初等数论(Ⅰ)	2012—01	18.00	156
初等数论(Ⅱ)	2012—01	18.00	157
初等数论(Ⅲ)	2012—01	28.00	158

刘培杰数学工作室

已出版(即将出版)图书目录——初等数学

书　　名	出版时间	定　价	编号
平面几何与数论中未解决的新老问题	2013－01	68.00	229
代数数论简史	2014－11	28.00	408
代数数论	2015－09	88.00	532
代数、数论及分析习题集	2016－11	98.00	695
数论导引提要及习题解答	2016－01	48.00	559
素数定理的初等证明.第2版	2016－09	48.00	686
数论中的模函数与狄利克雷级数(第二版)	2017－11	78.00	837
数论:数学导引	2018－01	68.00	849
范氏大代数	2019－02	98.00	1016
解析数学讲义.第一卷,导来式及微分、积分、级数	2019－04	88.00	1021
解析数学讲义.第二卷,关于几何的应用	2019－04	68.00	1022
解析数学讲义.第三卷,解析函数论	2019－04	78.00	1023
分析·组合·数论纵横谈	2019－04	58.00	1039
Hall 代数:民国时期的中学数学课本:英文	2019－08	88.00	1106
基谢廖夫初等代数	2022－07	38.00	1531

数学精神巡礼	2019－01	58.00	731
数学眼光透视(第2版)	2017－06	78.00	732
数学思想领悟(第2版)	2018－01	68.00	733
数学方法溯源(第2版)	2018－08	68.00	734
数学解题引论	2017－05	58.00	735
数学史话览胜(第2版)	2017－01	48.00	736
数学应用展观(第2版)	2017－08	68.00	737
数学建模尝试	2018－04	48.00	738
数学竞赛采风	2018－01	68.00	739
数学测评探营	2019－05	58.00	740
数学技能操握	2018－03	48.00	741
数学欣赏拾趣	2018－02	48.00	742

从毕达哥拉斯到怀尔斯	2007－10	48.00	9
从迪利克雷到维斯卡尔迪	2008－01	48.00	21
从哥德巴赫到陈景润	2008－05	98.00	35
从庞加莱到佩雷尔曼	2011－08	138.00	136

博弈论精粹	2008－03	58.00	30
博弈论精粹.第二版(精装)	2015－01	88.00	461
数学 我爱你	2008－01	28.00	20
精神的圣徒　别样的人生——60位中国数学家成长的历程	2008－09	48.00	39
数学史概论	2009－06	78.00	50
数学史概论(精装)	2013－03	158.00	272
数学史选讲	2016－01	48.00	544
斐波那契数列	2010－02	28.00	65
数学拼盘和斐波那契魔方	2010－07	38.00	72
斐波那契数列欣赏(第2版)	2018－08	58.00	948
Fibonacci 数列中的明珠	2018－06	58.00	928
数学的创造	2011－02	48.00	85
数学美与创造力	2016－01	48.00	595
数海拾贝	2016－01	48.00	590
数学中的美(第2版)	2019－04	68.00	1057
数论中的美学	2014－12	38.00	351

刘培杰数学工作室
已出版(即将出版)图书目录——初等数学

书　　名	出版时间	定　价	编号
数学王者　科学巨人——高斯	2015—01	28.00	428
振兴祖国数学的圆梦之旅:中国初等数学研究史话	2015—06	98.00	490
二十世纪中国数学史料研究	2015—10	48.00	536
数字谜、数阵图与棋盘覆盖	2016—01	58.00	298
时间的形状	2016—01	38.00	556
数学发现的艺术:数学探索中的合情推理	2016—07	58.00	671
活跃在数学中的参数	2016—07	48.00	675
数海趣史	2021—05	98.00	1314
数学解题——靠数学思想给力(上)	2011—07	38.00	131
数学解题——靠数学思想给力(中)	2011—07	48.00	132
数学解题——靠数学思想给力(下)	2011—07	38.00	133
我怎样解题	2013—01	48.00	227
数学解题中的物理方法	2011—06	28.00	114
数学解题的特殊方法	2011—06	48.00	115
中学数学计算技巧(第2版)	2020—10	48.00	1220
中学数学证明方法	2012—01	58.00	117
数学趣题巧解	2012—03	28.00	128
高中数学教学通鉴	2015—05	58.00	479
和高中生漫谈:数学与哲学的故事	2014—08	28.00	369
算术问题集	2017—03	38.00	789
张教授讲数学	2018—07	38.00	933
陈永明实话实说数学教学	2020—04	68.00	1132
中学数学学科知识与教学能力	2020—06	58.00	1155
怎样把课讲好:大罕数学教学随笔	2022—03	58.00	1484
中国高考评价体系下高考数学探秘	2022—03	48.00	1487
自主招生考试中的参数方程问题	2015—01	28.00	435
自主招生考试中的极坐标问题	2015—04	28.00	463
近年全国重点大学自主招生数学试题全解及研究.华约卷	2015—02	38.00	441
近年全国重点大学自主招生数学试题全解及研究.北约卷	2016—05	38.00	619
自主招生数学解证宝典	2015—09	48.00	535
中国科学技术大学创新班数学真题解析	2022—03	48.00	1488
中国科学技术大学创新班物理真题解析	2022—03	58.00	1489
格点和面积	2012—07	18.00	191
射影几何趣谈	2012—04	28.00	175
斯潘纳尔引理——从一道加拿大数学奥林匹克试题谈起	2014—01	28.00	228
李普希兹条件——从几道近年高考数学试题谈起	2012—10	18.00	221
拉格朗日中值定理——从一道北京高考试题的解法谈起	2015—10	18.00	197
闵科夫斯基定理——从一道清华大学自主招生试题谈起	2014—01	28.00	198
哈尔测度——从一道冬令营试题的背景谈起	2012—08	28.00	202
切比雪夫逼近问题——从一道中国台北数学奥林匹克试题谈起	2013—04	38.00	238
伯恩斯坦多项式与贝齐尔曲面——从一道全国高中数学联赛试题谈起	2013—03	38.00	236
卡塔兰猜想——从一道普特南竞赛试题谈起	2013—06	18.00	256
麦卡锡函数和阿克曼函数——从一道前南斯拉夫数学奥林匹克试题谈起	2012—08	18.00	201
贝蒂定理与拉姆贝克莫斯尔定理——从一个拣石子游戏谈起	2012—08	18.00	217
皮亚诺曲线和豪斯道夫分球定理——从无限集谈起	2012—08	18.00	211
平面凸图形与凸多面体	2012—10	28.00	218
斯坦因豪斯问题——从一道二十五省市自治区中学数学竞赛试题谈起	2012—07	18.00	196

刘培杰数学工作室

已出版(即将出版)图书目录——初等数学

书　　名	出版时间	定　价	编号
纽结理论中的亚历山大多项式与琼斯多项式——从一道北京市高一数学竞赛试题谈起	2012－07	28.00	195
原则与策略——从波利亚"解题表"谈起	2013－04	38.00	244
转化与化归——从三大尺规作图不能问题谈起	2012－08	28.00	214
代数几何中的贝祖定理(第一版)——从一道 IMO 试题的解法谈起	2013－08	18.00	193
成功连贯理论与约当块理论——从一道比利时数学竞赛试题谈起	2012－04	18.00	180
素数判定与大数分解	2014－08	18.00	199
置换多项式及其应用	2012－10	18.00	220
椭圆函数与模函数——从一道美国加州大学洛杉矶分校(UCLA)博士资格考题谈起	2012－10	28.00	219
差分方程的拉格朗日方法——从一道 2011 年全国高考理科试题的解法谈起	2012－08	28.00	200
力学在几何中的一些应用	2013－01	38.00	240
从根式解到伽罗华理论	2020－01	48.00	1121
康托洛维奇不等式——从一道全国高中联赛试题谈起	2013－03	28.00	337
西格尔引理——从一道第 18 届 IMO 试题的解法谈起	即将出版		
罗斯定理——从一道前苏联数学竞赛试题谈起	即将出版		
拉克斯定理和阿廷定理——从一道 IMO 试题的解法谈起	2014－01	58.00	246
毕卡大定理——从一道美国大学数学竞赛试题谈起	2014－07	18.00	350
贝齐尔曲线——从一道全国高中联赛试题谈起	即将出版		
拉格朗日乘子定理——从一道 2005 年全国高中联赛试题的高等数学解法谈起	2015－05	28.00	480
雅可比定理——从一道日本数学奥林匹克试题谈起	2013－04	48.00	249
李天岩一约克定理——从一道波兰数学竞赛试题谈起	2014－06	28.00	349
整系数多项式因式分解的一般方法——从克朗耐克算法谈起	即将出版		
布劳维不动点定理——从一道前苏联数学奥林匹克试题谈起	2014－01	38.00	273
伯恩赛德定理——从一道英国数学奥林匹克试题谈起	即将出版		
布查特－莫斯特定理——从一道上海市初中竞赛试题谈起	即将出版		
数论中的同余数问题——从一道普特南竞赛试题谈起	即将出版		
范·德蒙行列式——从一道美国数学奥林匹克试题谈起	即将出版		
中国剩余定理:总数法构建中国历史年表	2015－01	28.00	430
牛顿程序与方程求根——从一道全国高考试题解法谈起	即将出版		
库默尔定理——从一道 IMO 预选试题谈起	即将出版		
卢丁定理——从一道冬令营试题的解法谈起	即将出版		
沃斯滕霍姆定理——从一道 IMO 预选试题谈起	即将出版		
卡尔松不等式——从一道莫斯科数学奥林匹克试题谈起	即将出版		
信息论中的香农熵——从一道近年高考压轴题谈起	即将出版		
约当不等式——从一道希望杯竞赛试题谈起	即将出版		
拉比诺维奇定理	即将出版		
刘维尔定理——从一道《美国数学月刊》征解问题的解法谈起	即将出版		
卡塔兰恒等式与级数求和——从一道 IMO 试题的解法谈起	即将出版		
勒让德猜想与素数分布——从一道爱尔兰竞赛试题谈起	即将出版		
天平称重与信息论——从一道基辅市数学奥林匹克试题谈起	即将出版		
哈密尔顿－凯莱定理:从一道高中数学联赛试题的解法谈起	2014－09	18.00	376
艾思特曼定理——从一道 CMO 试题的解法谈起	即将出版		

刘培杰数学工作室
已出版(即将出版)图书目录——初等数学

书　　名	出版时间	定　价	编号
阿贝尔恒等式与经典不等式及应用	2018—06	98.00	923
迪利克雷除数问题	2018—07	48.00	930
幻方、幻立方与拉丁方	2019—08	48.00	1092
帕斯卡三角形	2014—03	18.00	294
蒲丰投针问题——从 2009 年清华大学的一道自主招生试题谈起	2014—01	38.00	295
斯图姆定理——从一道“华约”自主招生试题的解法谈起	2014—01	18.00	296
许瓦兹引理——从一道加利福尼亚大学伯克利分校数学系博士生试题谈起	2014—08	18.00	297
拉姆塞定理——从王诗宬院士的一个问题谈起	2016—04	48.00	299
坐标法	2013—12	28.00	332
数论三角形	2014—04	38.00	341
毕克定理	2014—07	18.00	352
数林掠影	2014—09	48.00	389
我们周围的概率	2014—10	38.00	390
凸函数最值定理:从一道华约自主招生题的解法谈起	2014—10	28.00	391
易学与数学奥林匹克	2014—10	38.00	392
生物数学趣谈	2015—01	18.00	409
反演	2015—01	28.00	420
因式分解与圆锥曲线	2015—01	18.00	426
轨迹	2015—01	28.00	427
面积原理:从常庚哲命的一道 CMO 试题的积分解法谈起	2015—01	48.00	431
形形色色的不动点定理:从一道 28 届 IMO 试题谈起	2015—01	38.00	439
柯西函数方程:从一道上海交大自主招生的试题谈起	2015—02	28.00	440
三角恒等式	2015—02	28.00	442
无理性判定:从一道 2014 年“北约”自主招生试题谈起	2015—01	38.00	443
数学归纳法	2015—03	18.00	451
极端原理与解题	2015—04	28.00	464
法雷级数	2014—08	18.00	367
摆线族	2015—01	38.00	438
函数方程及其解法	2015—05	38.00	470
含参数的方程和不等式	2012—09	28.00	213
希尔伯特第十问题	2016—01	38.00	543
无穷小量的求和	2016—01	28.00	545
切比雪夫多项式:从一道清华大学金秋营试题谈起	2016—01	38.00	583
泽肯多夫定理	2016—03	38.00	599
代数等式证题法	2016—01	28.00	600
三角等式证题法	2016—01	28.00	601
吴大任教授藏书中的一个因式分解公式:从一道美国数学邀请赛试题的解法谈起	2016—06	28.00	656
易卦——类万物的数学模型	2017—08	68.00	838
“不可思议”的数与数系可持续发展	2018—01	38.00	878
最短线	2018—01	38.00	879
数学在天文、地理、光学、机械力学中的一些应用	2023—03	88.00	1576
从阿基米德三角形谈起	2023—01	28.00	1578
幻方和魔方(第一卷)	2012—05	68.00	173
尘封的经典——初等数学经典文献选读(第一卷)	2012—07	48.00	205
尘封的经典——初等数学经典文献选读(第二卷)	2012—07	38.00	206
初级方程式论	2011—03	28.00	106
初等数学研究(Ⅰ)	2008—09	68.00	37
初等数学研究(Ⅱ)(上、下)	2009—05	118.00	46,47
初等数学专题研究	2022—10	68.00	1568

刘培杰数学工作室

已出版(即将出版)图书目录——初等数学

书　　名	出版时间	定　价	编号
趣味初等方程妙题集锦	2014－09	48.00	388
趣味初等数论选美与欣赏	2015－02	48.00	445
耕读笔记(上卷):一位农民数学爱好者的初数探索	2015－04	28.00	459
耕读笔记(中卷):一位农民数学爱好者的初数探索	2015－05	28.00	483
耕读笔记(下卷):一位农民数学爱好者的初数探索	2015－05	28.00	484
几何不等式研究与欣赏.上卷	2016－01	88.00	547
几何不等式研究与欣赏.下卷	2016－01	48.00	552
初等数列研究与欣赏·上	2016－01	48.00	570
初等数列研究与欣赏·下	2016－01	48.00	571
趣味初等函数研究与欣赏.上	2016－09	48.00	684
趣味初等函数研究与欣赏.下	2018－09	48.00	685
三角不等式研究与欣赏	2020－10	68.00	1197
新编平面解析几何解题方法研究与欣赏	2021－10	78.00	1426
火柴游戏(第2版)	2022－05	38.00	1493
智力解谜.第1卷	2017－07	38.00	613
智力解谜.第2卷	2017－07	38.00	614
故事智力	2016－07	48.00	615
名人们喜欢的智力问题	2020－01	48.00	616
数学大师的发现、创造与失误	2018－01	48.00	617
异曲同工	2018－09	48.00	618
数学的味道	2018－01	58.00	798
数学千字文	2018－10	68.00	977
数贝偶拾——高考数学题研究	2014－04	28.00	274
数贝偶拾——初等数学研究	2014－04	38.00	275
数贝偶拾——奥数题研究	2014－04	48.00	276
钱昌本教你快乐学数学(上)	2011－12	48.00	155
钱昌本教你快乐学数学(下)	2012－03	58.00	171
集合、函数与方程	2014－01	28.00	300
数列与不等式	2014－01	38.00	301
三角与平面向量	2014－01	28.00	302
平面解析几何	2014－01	38.00	303
立体几何与组合	2014－01	28.00	304
极限与导数、数学归纳法	2014－01	38.00	305
趣味数学	2014－03	28.00	306
教材教法	2014－04	68.00	307
自主招生	2014－05	58.00	308
高考压轴题(上)	2015－01	48.00	309
高考压轴题(下)	2014－10	68.00	310
从费马到怀尔斯——费马大定理的历史	2013－10	198.00	Ⅰ
从庞加莱到佩雷尔曼——庞加莱猜想的历史	2013－10	298.00	Ⅱ
从切比雪夫到爱尔特希(上)——素数定理的初等证明	2013－07	48.00	Ⅲ
从切比雪夫到爱尔特希(下)——素数定理100年	2012－12	98.00	Ⅲ
从高斯到盖尔方特——二次域的高斯猜想	2013－10	198.00	Ⅳ
从库默尔到朗兰兹——朗兰兹猜想的历史	2014－01	98.00	Ⅴ
从比勃巴赫到德布朗斯——比勃巴赫猜想的历史	2014－02	298.00	Ⅵ
从麦比乌斯到陈省身——麦比乌斯变换与麦比乌斯带	2014－02	298.00	Ⅶ
从布尔到豪斯道夫——布尔方程与格论漫谈	2013－10	198.00	Ⅷ
从开普勒到阿诺德——三体问题的历史	2014－05	298.00	Ⅸ
从华林到华罗庚——华林问题的历史	2013－10	298.00	Ⅹ

刘培杰数学工作室

已出版(即将出版)图书目录——初等数学

书　　名	出版时间	定　价	编号
美国高中数学竞赛五十讲.第1卷(英文)	2014－08	28.00	357
美国高中数学竞赛五十讲.第2卷(英文)	2014－08	28.00	358
美国高中数学竞赛五十讲.第3卷(英文)	2014－09	28.00	359
美国高中数学竞赛五十讲.第4卷(英文)	2014－09	28.00	360
美国高中数学竞赛五十讲.第5卷(英文)	2014－10	28.00	361
美国高中数学竞赛五十讲.第6卷(英文)	2014－11	28.00	362
美国高中数学竞赛五十讲.第7卷(英文)	2014－12	28.00	363
美国高中数学竞赛五十讲.第8卷(英文)	2015－01	28.00	364
美国高中数学竞赛五十讲.第9卷(英文)	2015－01	28.00	365
美国高中数学竞赛五十讲.第10卷(英文)	2015－02	38.00	366
三角函数(第2版)	2017－04	38.00	626
不等式	2014－01	38.00	312
数列	2014－01	38.00	313
方程(第2版)	2017－04	38.00	624
排列和组合	2014－01	28.00	315
极限与导数(第2版)	2016－04	38.00	635
向量(第2版)	2018－08	58.00	627
复数及其应用	2014－08	28.00	318
函数	2014－01	38.00	319
集合	2020－01	48.00	320
直线与平面	2014－01	28.00	321
立体几何(第2版)	2016－04	38.00	629
解三角形	即将出版		323
直线与圆(第2版)	2016－11	38.00	631
圆锥曲线(第2版)	2016－09	48.00	632
解题通法(一)	2014－07	38.00	326
解题通法(二)	2014－07	38.00	327
解题通法(三)	2014－05	38.00	328
概率与统计	2014－01	28.00	329
信息迁移与算法	即将出版		330
IMO 50年.第1卷(1959－1963)	2014－11	28.00	377
IMO 50年.第2卷(1964－1968)	2014－11	28.00	378
IMO 50年.第3卷(1969－1973)	2014－09	28.00	379
IMO 50年.第4卷(1974－1978)	2016－04	38.00	380
IMO 50年.第5卷(1979－1984)	2015－04	38.00	381
IMO 50年.第6卷(1985－1989)	2015－04	58.00	382
IMO 50年.第7卷(1990－1994)	2016－01	48.00	383
IMO 50年.第8卷(1995－1999)	2016－06	38.00	384
IMO 50年.第9卷(2000－2004)	2015－04	58.00	385
IMO 50年.第10卷(2005－2009)	2016－01	48.00	386
IMO 50年.第11卷(2010－2015)	2017－03	48.00	646

刘培杰数学工作室

已出版(即将出版)图书目录——初等数学

书 名	出版时间	定 价	编号
数学反思(2006—2007)	2020—09	88.00	915
数学反思(2008—2009)	2019—01	68.00	917
数学反思(2010—2011)	2018—05	58.00	916
数学反思(2012—2013)	2019—01	58.00	918
数学反思(2014—2015)	2019—03	78.00	919
数学反思(2016—2017)	2021—03	58.00	1286
数学反思(2018—2019)	2023—01	88.00	1593
历届美国大学生数学竞赛试题集.第一卷(1938—1949)	2015—01	28.00	397
历届美国大学生数学竞赛试题集.第二卷(1950—1959)	2015—01	28.00	398
历届美国大学生数学竞赛试题集.第三卷(1960—1969)	2015—01	28.00	399
历届美国大学生数学竞赛试题集.第四卷(1970—1979)	2015—01	18.00	400
历届美国大学生数学竞赛试题集.第五卷(1980—1989)	2015—01	28.00	401
历届美国大学生数学竞赛试题集.第六卷(1990—1999)	2015—01	28.00	402
历届美国大学生数学竞赛试题集.第七卷(2000—2009)	2015—08	18.00	403
历届美国大学生数学竞赛试题集.第八卷(2010—2012)	2015—01	18.00	404
新课标高考数学创新题解题诀窍:总论	2014—09	28.00	372
新课标高考数学创新题解题诀窍:必修1～5分册	2014—08	38.00	373
新课标高考数学创新题解题诀窍:选修2—1,2—2,1—1,1—2分册	2014—09	38.00	374
新课标高考数学创新题解题诀窍:选修2—3,4—4,4—5分册	2014—09	18.00	375
全国重点大学自主招生英文数学试题全攻略:词汇卷	2015—07	48.00	410
全国重点大学自主招生英文数学试题全攻略:概念卷	2015—01	28.00	411
全国重点大学自主招生英文数学试题全攻略:文章选读卷(上)	2016—09	38.00	412
全国重点大学自主招生英文数学试题全攻略:文章选读卷(下)	2017—01	58.00	413
全国重点大学自主招生英文数学试题全攻略:试题卷	2015—07	38.00	414
全国重点大学自主招生英文数学试题全攻略:名著欣赏卷	2017—03	48.00	415
劳埃德数学趣题大全.题目卷.1:英文	2016—01	18.00	516
劳埃德数学趣题大全.题目卷.2:英文	2016—01	18.00	517
劳埃德数学趣题大全.题目卷.3:英文	2016—01	18.00	518
劳埃德数学趣题大全.题目卷.4:英文	2016—01	18.00	519
劳埃德数学趣题大全.题目卷.5:英文	2016—01	18.00	520
劳埃德数学趣题大全.答案卷:英文	2016—01	18.00	521
李成章教练奥数笔记.第1卷	2016—01	48.00	522
李成章教练奥数笔记.第2卷	2016—01	48.00	523
李成章教练奥数笔记.第3卷	2016—01	38.00	524
李成章教练奥数笔记.第4卷	2016—01	38.00	525
李成章教练奥数笔记.第5卷	2016—01	38.00	526
李成章教练奥数笔记.第6卷	2016—01	38.00	527
李成章教练奥数笔记.第7卷	2016—01	38.00	528
李成章教练奥数笔记.第8卷	2016—01	48.00	529
李成章教练奥数笔记.第9卷	2016—01	28.00	530

刘培杰数学工作室

已出版(即将出版)图书目录——初等数学

书　名	出版时间	定　价	编号
第19～23届"希望杯"全国数学邀请赛试题审题要津详细评注(初一版)	2014—03	28.00	333
第19～23届"希望杯"全国数学邀请赛试题审题要津详细评注(初二、初三版)	2014—03	38.00	334
第19～23届"希望杯"全国数学邀请赛试题审题要津详细评注(高一版)	2014—03	28.00	335
第19～23届"希望杯"全国数学邀请赛试题审题要津详细评注(高二版)	2014—03	38.00	336
第19～25届"希望杯"全国数学邀请赛试题审题要津详细评注(初一版)	2015—01	38.00	416
第19～25届"希望杯"全国数学邀请赛试题审题要津详细评注(初二、初三版)	2015—01	58.00	417
第19～25届"希望杯"全国数学邀请赛试题审题要津详细评注(高一版)	2015—01	48.00	418
第19～25届"希望杯"全国数学邀请赛试题审题要津详细评注(高二版)	2015—01	48.00	419
物理奥林匹克竞赛大题典——力学卷	2014—11	48.00	405
物理奥林匹克竞赛大题典——热学卷	2014—04	28.00	339
物理奥林匹克竞赛大题典——电磁学卷	2015—07	48.00	406
物理奥林匹克竞赛大题典——光学与近代物理卷	2014—06	28.00	345
历届中国东南地区数学奥林匹克试题集(2004～2012)	2014—06	18.00	346
历届中国西部地区数学奥林匹克试题集(2001～2012)	2014—07	18.00	347
历届中国女子数学奥林匹克试题集(2002～2012)	2014—08	18.00	348
数学奥林匹克在中国	2014—06	98.00	344
数学奥林匹克问题集	2014—01	38.00	267
数学奥林匹克不等式散论	2010—06	38.00	124
数学奥林匹克不等式欣赏	2011—09	38.00	138
数学奥林匹克超级题库(初中卷上)	2010—01	58.00	66
数学奥林匹克不等式证明方法和技巧(上、下)	2011—08	158.00	134,135
他们学什么:原民主德国中学数学课本	2016—09	38.00	658
他们学什么:英国中学数学课本	2016—09	38.00	659
他们学什么:法国中学数学课本.1	2016—09	38.00	660
他们学什么:法国中学数学课本.2	2016—09	28.00	661
他们学什么:法国中学数学课本.3	2016—09	38.00	662
他们学什么:苏联中学数学课本	2016—09	28.00	679
高中数学题典——集合与简易逻辑·函数	2016—07	48.00	647
高中数学题典——导数	2016—07	48.00	648
高中数学题典——三角函数·平面向量	2016—07	48.00	649
高中数学题典——数列	2016—07	58.00	650
高中数学题典——不等式·推理与证明	2016—07	38.00	651
高中数学题典——立体几何	2016—07	48.00	652
高中数学题典——平面解析几何	2016—07	78.00	653
高中数学题典——计数原理·统计·概率·复数	2016—07	48.00	654
高中数学题典——算法·平面几何·初等数论·组合数学·其他	2016—07	68.00	655

刘培杰数学工作室
已出版(即将出版)图书目录——初等数学

书　　名	出版时间	定　价	编号
台湾地区奥林匹克数学竞赛试题.小学一年级	2017—03	38.00	722
台湾地区奥林匹克数学竞赛试题.小学二年级	2017—03	38.00	723
台湾地区奥林匹克数学竞赛试题.小学三年级	2017—03	38.00	724
台湾地区奥林匹克数学竞赛试题.小学四年级	2017—03	38.00	725
台湾地区奥林匹克数学竞赛试题.小学五年级	2017—03	38.00	726
台湾地区奥林匹克数学竞赛试题.小学六年级	2017—03	38.00	727
台湾地区奥林匹克数学竞赛试题.初中一年级	2017—03	38.00	728
台湾地区奥林匹克数学竞赛试题.初中二年级	2017—03	38.00	729
台湾地区奥林匹克数学竞赛试题.初中三年级	2017—03	28.00	730
不等式证题法	2017—04	28.00	747
平面几何培优教程	2019—08	88.00	748
奥数鼎级培优教程.高一分册	2018—09	88.00	749
奥数鼎级培优教程.高二分册.上	2018—04	68.00	750
奥数鼎级培优教程.高二分册.下	2018—04	68.00	751
高中数学竞赛冲刺宝典	2019—04	68.00	883
初中尖子生数学超级题典.实数	2017—07	58.00	792
初中尖子生数学超级题典.式、方程与不等式	2017—08	58.00	793
初中尖子生数学超级题典.圆、面积	2017—08	38.00	794
初中尖子生数学超级题典.函数、逻辑推理	2017—08	48.00	795
初中尖子生数学超级题典.角、线段、三角形与多边形	2017—07	58.00	796
数学王子——高斯	2018—01	48.00	858
坎坷奇星——阿贝尔	2018—01	48.00	859
闪烁奇星——伽罗瓦	2018—01	58.00	860
无穷统帅——康托尔	2018—01	48.00	861
科学公主——柯瓦列夫斯卡娅	2018—01	48.00	862
抽象代数之母——埃米·诺特	2018—01	48.00	863
电脑先驱——图灵	2018—01	58.00	864
昔日神童——维纳	2018—01	48.00	865
数坛怪侠——爱尔特希	2018—01	68.00	866
传奇数学家徐利治	2019—09	88.00	1110
当代世界中的数学.数学思想与数学基础	2019—01	38.00	892
当代世界中的数学.数学问题	2019—01	38.00	893
当代世界中的数学.应用数学与数学应用	2019—01	38.00	894
当代世界中的数学.数学王国的新疆域(一)	2019—01	38.00	895
当代世界中的数学.数学王国的新疆域(二)	2019—01	38.00	896
当代世界中的数学.数林撷英(一)	2019—01	38.00	897
当代世界中的数学.数林撷英(二)	2019—01	48.00	898
当代世界中的数学.数学之路	2019—01	38.00	899

刘培杰数学工作室
已出版(即将出版)图书目录——初等数学

书　　名	出版时间	定　价	编号
105 个代数问题：来自 AwesomeMath 夏季课程	2019－02	58.00	956
106 个几何问题：来自 AwesomeMath 夏季课程	2020－07	58.00	957
107 个几何问题：来自 AwesomeMath 全年课程	2020－07	58.00	958
108 个代数问题：来自 AwesomeMath 全年课程	2019－01	68.00	959
109 个不等式：来自 AwesomeMath 夏季课程	2019－04	58.00	960
国际数学奥林匹克中的 110 个几何问题	即将出版		961
111 个代数和数论问题	2019－05	58.00	962
112 个组合问题：来自 AwesomeMath 夏季课程	2019－05	58.00	963
113 个几何不等式：来自 AwesomeMath 夏季课程	2020－08	58.00	964
114 个指数和对数问题：来自 AwesomeMath 夏季课程	2019－09	48.00	965
115 个三角问题：来自 AwesomeMath 夏季课程	2019－09	58.00	966
116 个代数不等式：来自 AwesomeMath 全年课程	2019－04	58.00	967
117 个多项式问题：来自 AwesomeMath 夏季课程	2021－09	58.00	1409
118 个数学竞赛不等式	2022－08	78.00	1526
紫色彗星国际数学竞赛试题	2019－02	58.00	999
数学竞赛中的数学：为数学爱好者、父母、教师和教练准备的丰富资源．第一部	2020－04	58.00	1141
数学竞赛中的数学：为数学爱好者、父母、教师和教练准备的丰富资源．第二部	2020－07	48.00	1142
和与积	2020－10	38.00	1219
数论：概念和问题	2020－12	68.00	1257
初等数学问题研究	2021－03	48.00	1270
数学奥林匹克中的欧几里得几何	2021－10	68.00	1413
数学奥林匹克题解新编	2022－01	58.00	1430
图论入门	2022－09	58.00	1554
澳大利亚中学数学竞赛试题及解答(初级卷)1978～1984	2019－02	28.00	1002
澳大利亚中学数学竞赛试题及解答(初级卷)1985～1991	2019－02	28.00	1003
澳大利亚中学数学竞赛试题及解答(初级卷)1992～1998	2019－02	28.00	1004
澳大利亚中学数学竞赛试题及解答(初级卷)1999～2005	2019－02	28.00	1005
澳大利亚中学数学竞赛试题及解答(中级卷)1978～1984	2019－03	28.00	1006
澳大利亚中学数学竞赛试题及解答(中级卷)1985～1991	2019－03	28.00	1007
澳大利亚中学数学竞赛试题及解答(中级卷)1992～1998	2019－03	28.00	1008
澳大利亚中学数学竞赛试题及解答(中级卷)1999～2005	2019－03	28.00	1009
澳大利亚中学数学竞赛试题及解答(高级卷)1978～1984	2019－05	28.00	1010
澳大利亚中学数学竞赛试题及解答(高级卷)1985～1991	2019－05	28.00	1011
澳大利亚中学数学竞赛试题及解答(高级卷)1992～1998	2019－05	28.00	1012
澳大利亚中学数学竞赛试题及解答(高级卷)1999～2005	2019－05	28.00	1013
天才中小学生智力测验题．第一卷	2019－03	38.00	1026
天才中小学生智力测验题．第二卷	2019－03	38.00	1027
天才中小学生智力测验题．第三卷	2019－03	38.00	1028
天才中小学生智力测验题．第四卷	2019－03	38.00	1029
天才中小学生智力测验题．第五卷	2019－03	38.00	1030
天才中小学生智力测验题．第六卷	2019－03	38.00	1031
天才中小学生智力测验题．第七卷	2019－03	38.00	1032
天才中小学生智力测验题．第八卷	2019－03	38.00	1033
天才中小学生智力测验题．第九卷	2019－03	38.00	1034
天才中小学生智力测验题．第十卷	2019－03	38.00	1035
天才中小学生智力测验题．第十一卷	2019－03	38.00	1036
天才中小学生智力测验题．第十二卷	2019－03	38.00	1037
天才中小学生智力测验题．第十三卷	2019－03	38.00	1038

刘培杰数学工作室
已出版(即将出版)图书目录——初等数学

书　　名	出版时间	定　价	编号
重点大学自主招生数学备考全书:函数	2020－05	48.00	1047
重点大学自主招生数学备考全书:导数	2020－08	48.00	1048
重点大学自主招生数学备考全书:数列与不等式	2019－10	78.00	1049
重点大学自主招生数学备考全书:三角函数与平面向量	2020－08	68.00	1050
重点大学自主招生数学备考全书:平面解析几何	2020－07	58.00	1051
重点大学自主招生数学备考全书:立体几何与平面几何	2019－08	48.00	1052
重点大学自主招生数学备考全书:排列组合·概率统计·复数	2019－09	48.00	1053
重点大学自主招生数学备考全书:初等数论与组合数学	2019－08	48.00	1054
重点大学自主招生数学备考全书:重点大学自主招生真题.上	2019－04	68.00	1055
重点大学自主招生数学备考全书:重点大学自主招生真题.下	2019－04	58.00	1056
高中数学竞赛培训教程:平面几何问题的求解方法与策略.上	2018－05	68.00	906
高中数学竞赛培训教程:平面几何问题的求解方法与策略.下	2018－06	78.00	907
高中数学竞赛培训教程:整除与同余以及不定方程	2018－01	88.00	908
高中数学竞赛培训教程:组合计数与组合极值	2018－04	48.00	909
高中数学竞赛培训教程:初等代数	2019－04	78.00	1042
高中数学讲座:数学竞赛基础教程(第一册)	2019－06	48.00	1094
高中数学讲座:数学竞赛基础教程(第二册)	即将出版		1095
高中数学讲座:数学竞赛基础教程(第三册)	即将出版		1096
高中数学讲座:数学竞赛基础教程(第四册)	即将出版		1097
新编中学数学解题方法 1000 招丛书.实数(初中版)	2022－05	58.00	1291
新编中学数学解题方法 1000 招丛书.式(初中版)	2022－05	48.00	1292
新编中学数学解题方法 1000 招丛书.方程与不等式(初中版)	2021－04	58.00	1293
新编中学数学解题方法 1000 招丛书.函数(初中版)	2022－05	38.00	1294
新编中学数学解题方法 1000 招丛书.角(初中版)	2022－05	48.00	1295
新编中学数学解题方法 1000 招丛书.线段(初中版)	2022－05	48.00	1296
新编中学数学解题方法 1000 招丛书.三角形与多边形(初中版)	2021－04	48.00	1297
新编中学数学解题方法 1000 招丛书.圆(初中版)	2022－05	48.00	1298
新编中学数学解题方法 1000 招丛书.面积(初中版)	2021－07	28.00	1299
新编中学数学解题方法 1000 招丛书.逻辑推理(初中版)	2022－06	48.00	1300
高中数学题典精编.第一辑.函数	2022－01	58.00	1444
高中数学题典精编.第一辑.导数	2022－01	68.00	1445
高中数学题典精编.第一辑.三角函数·平面向量	2022－01	68.00	1446
高中数学题典精编.第一辑.数列	2022－01	58.00	1447
高中数学题典精编.第一辑.不等式·推理与证明	2022－01	58.00	1448
高中数学题典精编.第一辑.立体几何	2022－01	58.00	1449
高中数学题典精编.第一辑.平面解析几何	2022－01	68.00	1450
高中数学题典精编.第一辑.统计·概率·平面几何	2022－01	58.00	1451
高中数学题典精编.第一辑.初等数论·组合数学·数学文化·解题方法	2022－01	58.00	1452
历届全国初中数学竞赛试题分类解析.初等代数	2022－09	98.00	1555
历届全国初中数学竞赛试题分类解析.初等数论	2022－09	48.00	1556
历届全国初中数学竞赛试题分类解析.平面几何	2022－09	38.00	1557
历届全国初中数学竞赛试题分类解析.组合	2022－09	38.00	1558

联系地址:哈尔滨市南岗区复华四道街 10 号　哈尔滨工业大学出版社刘培杰数学工作室
网　　址:http://lpj.hit.edu.cn/
邮　　编:150006
联系电话:0451－86281378　　13904613167
E-mail:lpj1378@163.com